# 技术赋能
# 数字化转型的基石

顾黄亮　牛晓玲　车昕◎编著



電子工業出版社
Publishing House of Electronics Industry
北京•BEIJING

## 内 容 简 介

不同业态、规模和技术能力的企业，其数字化转型过程的步骤和关键节点有所不同，因而容易出现局部繁荣和全局收益不明显的现象。同时，数字化的理念正在经历颠覆式的发展，由方法论下沉到实践，又通过实践对方法论不断进行补充。因此，数字化转型对技术的要求越来越高。

本书从技术共享、成熟度模型、核心技术体系、场景赋能等方面，对技术赋能企业数字化转型进行全局描述，并辅以案例说明。本书还涵盖大量的数字技术体系和管理方式，以帮助读者快速掌握相应的数字工具和技术方法。

本书既适合具有一定 IT 基础、有志在企业内部实践数字化转型的技术管理者和企业管理者阅读，也适合数字化转型过程中各个能力子域的执行者参考。



**图书在版编目（CIP）数据**

技术赋能：数字化转型的基石 / 顾黄亮，牛晓玲，车昕编著. —北京：电子工业出版社，2023.1
ISBN 978-7-121-44841-6

Ⅰ. ①技… Ⅱ. ①顾… ②牛… ③车… Ⅲ. ①数字化－研究 Ⅳ. ①TP3

中国国家版本馆 CIP 数据核字（2023）第 006273 号

责任编辑：张　爽
印　　刷：三河市双峰印刷装订有限公司
装　　订：三河市双峰印刷装订有限公司
出版发行：电子工业出版社
　　　　　北京市海淀区万寿路 173 信箱　　邮编 100036
开　　本：720×1000　1/16　印张：23　字数：442 千字
版　　次：2023 年 1 月第 1 版
印　　次：2023 年 1 月第 1 次印刷
定　　价：119.00 元

凡所购买电子工业出版社图书有缺损问题，请向购买书店调换。若书店售缺，请与本社发行部联系，联系及邮购电话：（010）88254888，88258888。

质量投诉请发邮件至 zlts@phei.com.cn，盗版侵权举报请发邮件至 dbqq@phei.com.cn。

本书咨询联系方式：（010）51260888-819，faq@phei.com.cn。

# 序一

数字化转型是未来 20 年的发展趋势。企业如果不进行数字化转型，那么在未来的发展中将不具备面向市场变革的数字处理和分析能力，很难进行高效管理。随着数字技术的发展和数字理念的普及，现在的数字化已经不仅仅是以技术为核心了，而是以数字技术为先导、以数字能力为导向、以数字要素为支撑、以数字生态为目标。我个人的判断，企业数字化转型目前还处于盲人摸象似的转型探索阶段，大家都在摸索中前行，因此需要不同业态、不同规模、不同类型企业的探索经验。

麦肯锡的报告中曾指出，企业数字化转型的失败率是 80%。我个人认为这个比例偏低，应该超过 90%。究其原因，对数字化转型的支撑在于基础的数字技术，如云计算、大数据、5G、物联网、低代码。偏基础性、偏技术性的工作是数字化转型的基石，必须建设数字化新型基础设施，把数据转化成生产要素。通过面向业务的方式进行赋能，以企业经营的方式形成最终的企业价值，逐步形成一体化、个性化、模块化的数字基础设施新生态。

近年来，数字化转型的热度确实很高，尤其是过去的 5 年，数字领域的热点词层出不穷。但如果仔细观察，可以发现还是有很大变化的。5 年前，我们谈的更多是数字技术，如 5G、云计算、大数据、物联网、AI 和区块链等；今天，我们主要谈的是新型基础设施、数据生产要素、隐私保护和数字共享等。曾经关注的更多是一些技术性名词，而现在偏重于数字应用、数字治理，以及偏社会性的一些词汇。这一明显变化表明：整个行业，或者说整个社会，已经从以数字技术的创新、数字产业的培育为核心，越来越多地转向对数字技术的应用及数字产业的治理，当然也包括数字化转型。数字化转型是典型的、在引导数字技术的应用。

现在数字化转型有很多种框架、很多种方法，而且各自的关注点都不一样，有的聚焦于数字技术的运用，有的着力于数据能力的范围，有的站在数字产业的高度。但不可否认的是，还没有一种成熟的、可复制的数字化转型的成功经验和方法。当然不是说我们对数字化转型没有共识——至少有一些方面是非常清楚的、有共识的，如新型基础设施和数据生产要素。

《技术赋能：数字化转型的基石》一书，从技术能力和技术管理的角度展开讲解，着重提出技术服务模式的重要观点。当技术迈向服务，形成不同的场景化赋能模式，必将为数字化转型发展提供强有力的技术支撑。

中国信息通信研究院云计算与大数据研究所所长
何宝宏

# 序二

近年来，数字化转型成为国家和社会治理、企业经营和发展领域的一个热点课题。特别是在银行业，数字化在经营管理方式转变、服务效率提升、客户体验优化等方面的探索成果日益丰富。可以说，银行业的数字化在引领数字中国建设方面走在了前列。

数字化转型——“数字”是生产资料，“转型”是生产目的，“化”是生产力。我曾经参与了一些银行方面的数字化转型项目，深刻地意识到，数字化转型过程中的关键“三要素”是“人、技、数”，其中，又以“技”为关键中的关键。我也见证和研究了不少数字化转型项目的成败得失，领导层能不能树立数据思维、执行层能不能看清底层逻辑、落地层能不能有效利用资源，往往决定着投入与产出能不能成正比、付出与期望能不能相一致。

在数字化转型不断向纵深发展的背景下，顾黄亮先生送来了《技术赋能：数字化转型的基石》一书的初稿，为破解上述问题提供了一个非常实用且清晰的视角。在我看来，这本书具有“三性”特征。

第一是体系性。本书从数字化转型的意义到技术在数字化转型中的定位，再到具体技术、技术方案以及技术要素的描述，一直到科技管理、多维关系的厘清，非常全面具体，可以说是数字化转型的“技术全景图”。

第二是价值性。本书针对数字化转型涉及的重点技术进行了详细描述，并结合应用层面的需求进行介绍，实现了手段与目的一体化呈现的效果，用专业度体现出了价值性。

第三是可读性。本书虽然是一本技术类书籍，但总体脉络非常清晰，具体章节打磨得非常到位。特别是用到了一些比喻、类比的方式，通俗易懂，让人有醍醐灌顶的感觉。

任何技术变革都需要一批启蒙者。顾黄亮先生就是这样一位企业数字化转型的启蒙者。作为长期深耕于企业数字化转型领域的实践者和研究者，顾黄亮先生不仅实战经验丰富，成功案例颇多，而且善于总结提炼，乐于分享，可谓功德无量、善莫大焉。在本书付梓之际，恰逢党的二十大胜利闭幕，在全面建设社会主义现代化国家新征程中，企业数字化转型将是一个重要的发展引擎，希望这本书可以起到助燃、点火、推进的作用！

是为序。

中国农村金融学术委员会委员

段治龙

# 序三

通读《技术赋能：数字化转型的基石》的初稿，感慨良多！

顾老师以数字化的定义和意义作为切入点，回溯了企业数字化转型的不同发展过程，阐述了数字化转型的能力框架、数字技术的变革、数字技术的蓬勃发展对企业的深远影响，以及云原生、大数据、低代码和架构体系将会给技术体系、业务体系和企业发展带来哪些积极意义。

顾老师还基于自己在技术领域的多年思考与实践，对管理方式、DevOps、技术服务体系进行了详细的讲解，视角独特，结构完整。他在书中提出了一个重要观点：技术管理者可以从技术支撑的角度将企业的业务模式和企业的业务价值进行闭环式打通，促进企业进行价值重构，并帮助技术管理者通过数字技术解决企业内数字联动和数字映射的难题。

在数字化大潮中，企业要重塑与客户、供应商、合作伙伴及员工之间的关系，为客户提供数字化的产品和服务，用数字化来重塑企业运营。正如书中所说，数字技术不仅仅着眼于技术支撑，更要着眼于技术共享，让数字技术的能力覆盖数字化转型的各个环节和人群。

台湾辅仁大学副校长
谢邦昌

# 推荐语

数字基建是国家数字经济发展最重要且先行的一环。在新技术、新应用和新资本的浪潮下，如何实现产融结合、产融创新，让金融更健康、更及时地服务于新基建实体产业及硬科技创新企业，将是产业各界需要共同努力的方向。

以金融机构为例，金融科技实际上就是银行的数字化转型，科技要为金融服务，金融也需要科技的支持。如果不能抓住机遇，顺应时代潮流进行变革，那么传统银行就会被历史淘汰。《技术赋能：数字化转型的基石》的作者深刻理解技术管理者在数字化转型中的作用，尤其在科技管理模式和科技管理支撑方式上给出了充分的讲解。在“数字化转型过程中需要厘清的几个关系”一章中，作者从科技的视角出发，阐述了业务关系、管理关系、数据关系和模式关系，深刻指出了数字化转型过程中的各种技术难题，给封闭和开放、风险和体验、稳健和敏捷、从严和包容的矛盾提供了新的思路。

本书作者是 NIISA 联盟的专家、行业内的佼佼者，希望这本书能够给数字化转型过程中的技术管理者提供一些新的启发和思考，祝开卷有益！

国家互联网数据中心产业技术创新战略联盟理事长<br>杨志国

阅读《技术赋能：数字化转型的基石》的初稿后，有一种感觉，从技术的角度讲透数字化转型其实非常困难。理论和实践的结合往往需要更多的视角，技术视角是一个方面，技术管理的视角又是另一个方面。开心的是，我从初稿中发现了本书的亮点，那就是将数字化转型与技术相结合。

数字化转型对企业而言是一场革命，对技术管理者而言也是一场革命。技术可以给予业务支撑，业务也可以被赋予技术场景，技术与业务互为彼此发展过程中的关键因素。数字化转型的核心是四种关键性技术，即云计算、大数据、人工智能和低代码之间的聚合。这是一种发展趋势，也是通过技术重塑核心业务的关键能力，这种能力可以帮助我们解决数字化转型过程中绝大部分的应用问题。

祝阅读快乐。

中山大学软件工程学院副院长、教授、博士生导师
国家数字家庭工程技术研究中心副主任
广东省计算机学会数字经济专委会主任
郑子彬

《技术赋能：数字化转型的基石》是一本面向技术管理者且极具实践参考价值的书。它可以让企业中已经践行数字化转型或尚在犹豫的技术管理者，真实且完整地看到数字化框架和数字技术如何在企业中落地。本书的框架合理，将技术管理者需要掌握的理念和能力循序渐进地讲述出来。

在和顾黄亮老师的合作过程中，我十分敬佩他求真求细的精神。他对数字技术的运用以及科技在数字化转型过程中的定位非常清晰，同时依托于 DevOps 延伸的观点在很多企业中得到了印证。

本书中关于用户、数据、技术、场景的描述非常精彩，未来这些要素将成为大部分企业的核心竞争力，商业也将随着这些因素的发展而发展。移动互联网的发展、数字技术的变革、用户体验的提升、消费力的崛起，都将极大地考验技术管理者在数字化转型推进过程中的支撑作用。

祝愿每一家企业都可以借助数字化的力量为业务插上数据的翅膀，造就自己独一无二的数字化能力。

南京大学人文社会科学大数据研究院执行副院长
南京大学信息管理学院副院长、教授、博士生导师
江苏紫金传媒智库大数据与社会计算中心主任
裴雷

企业的数字化转型过程需要管理支持和技术支撑。本书从技术共享、成熟度模型、核心技术体系、场景赋能和相关案例等多个方面系统阐述了如何对企业数字化转型进行技术

赋能，覆盖了云计算、大数据、低代码、DevOps、软件架构与中台等技术内容，为企业数字化转型提供了全面的参考。

复旦大学计算机科学技术学院副院长、教授、博士生导师

彭鑫

随着人工智能技术的快速发展，各行业的数字化程度得到了大幅提升，科技工作在银行、证券、保险、电信、能源等不同行业变得越来越重要。但随着系统规模和架构复杂度的不断提高，以及数据种类和数据规模的不断提升，科技工作面临着巨大挑战，对业务组织的稳定支撑、对管理工作的辅助决策都成为技术管理者面临的考验。技术管理者需要针对不同的领域和场景选择合适的数字技术，贴合企业的现状，依托数字技术的优势，才能解决企业数字化转型过程中的技术难题。

企业数字化转型的整体发展经历了从信息化、网络化到目前的智能化阶段，后续还有数字化和生态化阶段。利用数字技术和数字工具分析海量的企业数据，准确发现数据的趋势并反馈至其他职能体系，进而从决策层面进一步提高企业的效率，促进企业在经营结构和商业模式等方面获得相应的技术支撑。

数字技术是模拟数字员工行为的计算机技术，企业可以利用专家知识，以及自动化、机器学习、深度学习或者它们的某种组合。技术管理者需要按照数字化转型的推进计划，将“算法+自动化+知识”形成一个有机的整体，才能更有效地落地数字技术，使其在实际的数字场景中发挥价值。

本书从技术管理的视角，将数字技术与数字可视场景、科技左移场景、数字运营场景、弹性合作场景和数字风险场景进行衔接，让人眼前一亮。

清华大学计算机科学与技术系长聘副教授

美国 AT&T 研究院前主任研究员

裴丹

很荣幸能够再次为顾黄亮老师的书写推荐语。顾老师是一位勤奋的“高效创作者”，在新概念层出不穷的数字时代，我们非常需要愿意深入思考的创作者持续为我们在技术创新与应用上厘清脉络。业务与技术的深度融合是令数字化转型中的所有参与者都头疼的问题，貌似技术侧一直都在响应业务侧的需要，为什么我们还觉得融合不够呢？我们还需要怎样演进对研发的管理乃至对企业的管理呢？“科技左移”这个概念是本书的一个重要论

述点，也是推动业务和技术深度融合的必然选择。这个概念也被称为“开发左移”。技术工作向业务侧的转移并不是在加重业务负担，而是数字时代工作技能变迁的表现，新的生产要素、工具、协作关系都要求大幅调整从业者的技能。企业该如何引导和规划这种调整，相信本书能给你足够多的启发。

《企业级业务架构设计：方法论与实践》和《银行数字化转型》作者
腾讯云 TVP
付晓岩

随着以大数据、人工智能为代表的新一代信息技术的快速发展，金融行业的数字化转型迫在眉睫。其中，科技的数字支撑能力尤为重要，科技数字化已经成为金融行业不可阻挡的趋势。可以预见，未来 20 年，数字技术将使金融机构产生深刻变革。我们可以清晰地发现，金融科技企业和科技行业巨头纷纷以数字能力的方式挑战现有持牌机构的市场地位，这也显示了金融行业数字化转型的发展态势。

金融机构自身在通过科技发展来推动服务提升的同时，也遇到了一些问题。这不仅仅是加大科技投入就能够解决的，还需要不断提升对数字技术的认知，以及全面宣贯数字文化。数字化转型的核心动力来自数字技术，技术管理者需要了解数字技术在金融领域的应用情况，明确数字化转型的理论和路径，才能将业务与技术进行融合。同时，技术管理者需要向业务侧多迈出一步，才能更好地通过数字技术来推动数字化转型过程。

四川银行金融科技部副总经理
中国商业联合会互联网应用工作委员会智库专家
曹立龙

以前听过一句话：20 年前看数字化转型，是科幻；20 年后看数字化转型，像历史。读完本书就有这样的感觉——以技术的视角看待数字化转型，居然别有一番滋味。

本书将技术人眼中的数字化底层思维描述得非常清晰，数字化的典型推进模式对大多数行业来说并不完全一致，因此，不同行业的业务组织和管理层看待数字化转型是不一样的。但不可否认的是，技术管理的思维是类似的，较为典型的有以用户为中心、数据驱动和价值交付。本书将技术领域的数字化底层思维和上层的应用思维进行了有效的贯通和衔接。

本书还利用大量篇幅分享了各种数字化转型框架和模型，帮助技术管理者在数字化转型推进过程中搞清楚处于什么阶段、该做什么、不该做什么，以便做出有用的数字化产品，避开常见的坑。

本书还详细描述了云原生、低代码、数字孪生和价值交付的案例，给予技术管理者一定的参考，包括如何选择技术和工具、如何进行场景适配，帮助读者更深刻地理解本书内容。

龙盈智达（北京）科技有限公司首席数据科学家、公司副总裁级

王彦博

在过去的几年中，数字化和数字化转型被提及得越来越频繁，国内国外均是如此。在日常与不同机构的交流中，我能感受到大家开展数字化转型的原因其实大同小异。以我所在的资管行业为例，转型的压力可以汇总为一句话：钱不好赚，成本越来越高。不同企业具有不同的信息系统能力起点，对数字化的内涵也有不同的理解。当他们开始思考数字化转型的时候，面对的第一个问题常常是该从哪儿开始。

当行业中的主要企业开始讨论甚至开展数字化转型（至少看起来像）时，同行往往因有压力而在没有完全了解和详细规划的情况下开始进行数字化转型，结果就是成功率很低。顾老师在金融科技行业有长时间的积累，了解不同机构、不同角色开展数字化转型的历程，对这个话题有着深刻的见解。本书全面介绍了数字化转型的意义、方法论，以及不同技术领域的常见技术模型与解决方案，内容提纲挈领，能够帮助希望开展数字化转型或者从事数字化转型工作的专业人士，尤其是信息科技人员厘清脉络。希望有更多的人读到顾老师的这本书，共同攀登数字化转型的高峰。

中国计算机学会区块链专委会委员

道富信息科技（浙江）有限公司董事总经理

TGO 鲲鹏会杭州分会理事

腾讯云 TVP

李卓

数字化是人类文明的新形式，数字化具有分散权力、全球化、追求和谐、赋予权力四个强有力的特质，推动着人类文明的进步。数字化包含两个层面的含义：一是技术，即数字技术把各种信息变成数字信号或数字编码，通过各种程序进行处理，逐渐进入数据化与智能化等更高级的阶段；二是生产关系层面，即数字技术带来的社会影响和产业变革。

以阿里巴巴、腾讯为代表的互联网企业正在纷纷打造自组织型生态圈，跨产业的新业态变成了常态。同时，各大高校也正在和各级政府合作，将数字能力的范围变得越来越广，场景跨度越来越大，从而更好地服务于各个产业，并覆盖更多的人群。

如今，数字技术正被融入企业经营、业务运营和客户运营等场景中。本书从技术视角出发，帮助读者深刻理解这一轮科技革命和产业变革之间的知识矩阵和思维体系，基于云计算、大数据、聚合架构、低代码等新一代信息技术，阐述了技术管理者如何在企业数字化转型的框架中更好地支撑业务发展，以提升企业的核心竞争力。

广东省 CIO 协会副理事长
马清

读完《技术赋能：数字化转型的基石》的初稿，我认识到这是一本严谨的关于数字化转型的科技读物。

本书以业务和技术的双重视角，阐述了技术管理者通过何种方式实现企业的数字化转型，共分为三部分，分别是知识体系、实践感悟和技术案例。

在知识体系方面，作者针对数字化体系的意义进行展开，重点剖析了技术在数字化转型过程中的定位、难点及存在方式，以帮助业务组织建立技术领导力和管理技术需求。同时，作者还讲解了多种数字化转型的框架体系，便于读者理解数字运营、体系布局、技术基础、行动路线等相关知识。

在实践感悟和技术案例方面，作者凭借多年深耕于数字化领域积累的知识和实践经验，将道（理论）、法（方法论）、术（技术）、用（实例）进行有机结合。全书结构高屋建瓴，叙述深入浅出，形式图文并茂。通过阅读本书，读者可以轻松理解数字化管理方式、技术支撑、数字能力等方面的架构和逻辑。

本书是一个引子，更是一个技术管理者的底层思维方式。我相信，这本书可以让读者更好地理解数字化转型的知识、方法和技巧。

ThoughtWorks 前首席金融数据科学家
常国珍

数字化转型是当今企业绕不开的话题，也是核心管理命题之一。在信息化 MIS 时代，企业引入了很多种信息管理工具来提升经营效率，如 ERP、CRM、财务软件等，但传统的职能式组织架构主导的信息化必将带来孤岛效应。数字化，是对企业能力内外、内内的全面连接与整合。内外整合强调连接客户和生态伙伴；内内整合可以使企业内多个业务单元之间的全价值链更加流畅，从而把这些连接活动以数字化的形式表达出来，提供企业经营的可观测能力。本书作者是业界首屈一指的专家，是在管理、技术实践、流程建设等多个方面的权威人士。

作者分享了多年的数字化转型实践经验，重点梳理了数字化转型的要素，其中充分阐述了数字化转型中的技术要素，从具体的技术实践到 DevOps，再到科技管理等，逻辑循序渐进，以便读者更好地了解数字化。要加强企业应对变化和不确定性的能力，技术赋能绝对是数字化转型的妙手。

优维科技 CEO

腾讯云 TVP

王津银

当大家都在谈论"数字化转型"的时候，整个社会其实已经进入了数字化的深化阶段。

不知不觉间，人们已经生活在一个现实空间和数字空间交融共存的新空间中。现实空间中的一切都已经（或正在）映射（甚至迁移）到数字空间中，包括生产资料、生产关系和生产生活。人们在数字空间中上课、开会、完成交易……从事的活动甚至已经逐渐多于现实空间。现实空间越来越逼仄，而数字空间越来越广阔，人们即将进入一个数字空间大于现实空间的新纪元。

人们从一开始以为互联网不过是一个新兴行业，到看到"互联网+"推动了交通、租房、酒店、餐饮等一个个传统行业的洗牌和重塑。各行各业都已经开始认识到，一个在数字空间中没有存在感的企业，将是没有未来的企业。进入客户所在的数字空间，建构自身的数字空间，争夺未来的数字空间，成了关乎企业未来生死存亡的核心命题，正所谓"国之大事，死生之地，存亡之道，不可不察也"。正因如此，越来越多的企业将"数字化转型"和"数智化转型"当作头等大事，投入大量资源研究、制定和推进自身的数字化转型蓝图，要打赢通往新纪元的关键战役。

正如为将者要懂地理气候、知战备战术、明行军布阵，要打赢数字化转型的仗，就需要对数字技术相关领域有深刻的理解，灵活运用技术手段，对技术组织和架构实现有效治理。不同于现实空间，数字空间有其自身的特性和独特的规律，而这些都基于数字技术提供的能力。

数字空间并不比现实空间简单，涉及的技术领域相当广泛，应用场景变化多端，技术架构庞大复杂。而且数字空间的构成技术和空间本身始终处在剧烈的变化中，各种新技术、新方法层出不穷，给企业数字化转型带来了更多挑战。

《技术赋能：数字化转型的基石》，正是为面对这些挑战的管理者准备的一本《孙子兵法》，其中既有关乎数字化转型之根本的“道”，也有管理者需要了解的关于数字化的“五事七计”。认真研读此书，相信你能更好地理解和掌握数字化转型中的“军形”“兵势”“虚实”“九变”，从而在数字化转型的关键战役中有更多的胜算，成功进入和掌控自己的数字空间，为企业在新的数字化世界中赢得美好未来。

优锘科技 CEO<br>腾讯云 TVP<br>陈傲寒

数字化转型已经成为企业生存和发展的必选题。我们可以看到很多企业通过数字化转型重构了商业模式，很多企业管理者通过数字化转型获得了巨大成就，很多技术管理者通过参与并推进企业数字化转型拓展了眼光、提升了能力。《技术赋能：数字化转型的基石》一书以全新的科技视角解读了企业的数字化转型之路，可以给正在转型的企业提供帮助和参考。

希望读者阅读此书后能有所收获，找到自身的数字化转型之路。

中国商业联合会互联网应用工作委员会智库专家<br>江苏银行业和保险业金融科技专家委员会特聘专家<br>戚文平

通常，在我们所理解的数字化转型范畴中，每家企业的数字化转型都与其基因及现有的业务架构、组织架构、人才体系、企业文化等因素相关。与之相反的是，数字技术可以作为复制对象在各个企业中传播。

技术管理者需要明白，单纯的技术理念不足以支撑企业数字化转型过程中的实践，而应该在技术复制和技术应变的过程中取得平衡，从而使技术支撑之路更加稳健长久。

本书以独特的视角将企业在数字化转型过程中遇到的技术问题、实践、科学的方法论进行融合，通过技术将各个层面进行结合，形成了一套体系化的技术架构方法论。技术管理者可以依据这套方法论来引领数字化转型工作。

祝读者阅读快乐，并有所收获。

腾讯蓝鲸创始人
腾讯互动娱乐事业群技术运营部助理总经理
党受辉

什么是数字化和数字化转型？如何建立对数字化转型的系统认知？数字化转型如何规划和落地？这其实不仅是企业管理者的事，技术管理者也需要了解其中的知识。技术管理者面对数字技术及企业的数字化转型，需要基于数字技术输出技术能力，这个过程与企业的数字化战略息息相关。技术管理者需要利用技术支撑，思考如何持续提高效率、如何持续推动创新，以及如何避免数字化转型过程中的技术风险。

此外，技术管理者还需要辩证地看待数字化，这其实也属于技术伦理的范畴。对企业而言，单纯的技术理念不足以支撑数字化转型过程中的技术管理。“生而数字化”，当业务创新遇到瓶颈时，技术管理者反而需要思考如何将技术和业务进行融合。实现有效支撑的方式其实就是数字化转型，即利用技术自身固有的优势。

“一切皆可数字化，万物皆可互联化”，这是技术管理者面向数字化转型挑战的愿景，同时道出了层出不穷的数字技术、模式与场景之间的关系。相信读完本书，你会豁然开朗！

祝各位读者的数字化转型工作顺利并收获成功！

中国航天科工南京晨光集团信息中心主任
腾讯云 TVP
黄健

# 前 言

## 写作背景

在过去的一年多时间里，我和众多行业专家展开过关于科技数字化的讨论，讨论的问题大多是：技术在数字化转型中的定位是什么？技术组织如何支撑企业数字化转型？技术组织应该怎么做，做什么，从哪个方向入手？

带着这些问题，我进行了深入的思考，同时与本书的另两位作者牛晓玲女士和车昕女士进行了深入的讨论。我们分别从技术管理者的角度和标准组织者的角度对上述问题给出了解答和阐述，这促成了本书的诞生。

在传统的数字化转型项目建设中，企业的技术管理者通常优先着眼于交付能力——如何在企业中实现业务需求的快速交付，让业务需求更好、更快、更安全地上线。我认为，技术管理者的这种思维方式是较为初级的交付思维。在这种思维下，技术组织和业务组织之间会产生一道鸿沟，从而忽略用户体验和用户满意度，最终影响基于业务需求而形成的产品在市场中的表现，甚至影响企业的商业模式。

技术管理者需要具备技术运营的思维。所谓技术运营，是指将技术与业务运营、企业运营的思维进行一致性对齐，将产品交付转变为价值交付，将流程驱动转变为数字驱动，将技术资源转变为运营资源，将业务价值转变为企业价值。总之，技术运营的目标需要与企业目标相匹配。

全球知名的咨询公司普华永道在 2016 年对 2000 多家企业进行了调研，结果显示：大部分企业正在进行数字化转型或着手准备数字化转型，但依旧存在很多问题，主要有业务和技术之间协同的问题、管理和服务之间转型的问题。

### 1. 业务和技术之间协同的问题

业务需求是企业运营的根本，技术实现为业务需求提供支撑。业务和技术协同不畅是企业数字化转型过程中的核心问题，这充分体现在技术人员的业务沉淀不够、技术选择不能贴近业务场景等方面。同时，业务人员对数字技术和工具的了解不够全面，导致数字技术无法发挥作用。

### 2. 管理和服务之间转型的问题

传统的 IT 系统重点解决企业管理和业务运营的问题，满足企业正常展业的需求。而数字化转型是在企业管理和业务运营之外，更加强调触达用户的重要性。因此，企业数字化转型的根本目的是服务客户，企业管理者的思维需要从“重管理”向“重服务”转变。

企业数字化转型并没有一个完整模板，也没有一个合理的解决路径，但有一些可供参考的方法论。技术管理者应该根据企业的实际情况，选择合适的数字技术，循序渐进地推进数字化转型；帮助其他部门理解数字化的作用和趋势，从意识上为转型做好铺垫；通过数字系统的建设、数字意识的培训等工作，为其他职能部门赋予数字化能力；连接企业中的各种资源、方法和技术，让 IT 组织成为企业数字化转型的调度中心；帮助企业管理者对未知领域和战略方向进行探索。

数字化并不是一个新名词，它是对过去几十年管理创新的延续，也是未来几十年技术创新的趋势。从信息化、网络化、数据化到智能化、生态化，这是数字化不断演进的过程。目前，很多企业在以不同的方式开展数字化转型，这对技术管理者来说是一种考验。数字化不仅影响着企业的管理方式和业务运营模式，还影响着组织内部协同和企业战略推进之间的关系。因此，企业的数字化转型需要更全面和系统，并需要更稳定、高效和全面的技术支撑。

## 本书结构

本书共分为 10 章，主要内容如下。

第 1 章“数字化转型的意义”。本章介绍数字化转型的意义，包括企业面临的数字化转型机遇和挑战、数字化转型的核心要素。通过学习本章，读者可以全面了解数字化转型的知识体系，如数字化转型广义和狭义的定义、企业数字化转型的场景，以及不同行业的企业面临的数字化转型挑战。

第 2 章“技术在数字化转型中的定位”。本章介绍技术在数字化转型中的定位，包括技术在数字化转型中能为企业带来什么价值、技术在数字化转型过程中的痛点、技术与数字化转型的关系、技术在数字化转型中的实施部署。本章可以帮助读者理解技术的价值效益和赋能效益、技术与数字化场景的关系、技术与数字化生态的关系，以及技术在数字化转型中的六个实施步骤。

第 3 章“常见的数字化转型能力框架和成熟度评估模型”。本章介绍常见的数字化转型能力框架和成熟度评估模型，包括德勤和第四范式的数字化转型能力框架、企业数字化转型总体思路和能力评估框架、数据管理能力成熟度评估模型（DCMM）。读者可以了解企业数字化能力等级和能力域的成熟度考核细则，以及常见的能力框架和成熟度评估模型之间的区别。

第 4 章“数字化转型中的核心技术”。本章介绍数字化转型中的核心技术，包括混合云技术、低代码技术、大数据技术和企业架构。混合云技术部分包括基本概念、主要功能、数据架构及应用场景；低代码技术部分包括基本概念、开发模式、核心架构和价值；大数据技术部分包括采集技术、处理技术、存储、分析和平台架构；企业架构部分包括业务架构、应用架构、数据架构和技术架构。

第 5 章“数字化转型中的 DevOps”。本章介绍如何在数字化转型中推进 DevOps，包括 DevOps 的概念、数字可视能力、科技左移能力、数字运营能力、弹性合作能力、数字风险能力。读者可以站在技术管理的角度，以 DevOps 的实施推进为契机，逐步推进科技组织实现科技数字化转型。

第 6 章“数字化转型中的科技管理”。本章介绍如何在数字化转型中进行科技管理，包括科技管理的模式，以及向上管理、知识管理、用户管理、数字变革管理、数字价值流管理的方式。通过学习本章，读者可以了解科技管理的核心能力，以及科技在数字化转型过程各个阶段的作用。

第 7 章“数字化转型过程中需要厘清的几个关系”。本章主要介绍数字化转型过程中规划和建设的关系、产品和能力的关系、存量和增量的关系、技术和规则的关系、竞争和生态的关系。通过学习本章，读者可以了解数字化转型中的规划逻辑、数字产品的需求路径、技术路线的选择方式，以及数字生态的建设方法。

第 8 章“数字化转型过程中的典型技术方案或产品”。本章主要介绍阿里巴巴云原生分布式技术的应用案例、腾讯的数字化转型案例、优维科技的低代码平台、优锘科技的数字孪生平台，供读者尤其是技术管理者在数字化转型过程中参考。

第 9 章“中台架构体系”。本章主要介绍中台架构体系在数字化转型过程中的演变过程、中台架构体系的服务方式，帮助读者了解中台架构的关键能力，如扩展即服务、计算即服务、知识即服务、开放即服务。

第 10 章“数字化转型过程中的技术要素”。本章主要介绍数字化转型过程中的技术治理、技术创新和技术共享。通过学习本章，读者可以了解技术治理的模式、技术创新的场景和过程，以及常见的技术共享方式。

本书的读者受众为：企业级数字化转型的推动者、数字化转型过程中各个能力子域的执行者。

读者在阅读本书后会有以下收获：全面理解技术在数字化转型中的定位、技术路径和价值，能够选择和构建合适的数字化技术体系，能够衔接 DevOps 体系和数字体系，能够厘清数字化转型过程中的各种管理方式，能够利用多种案例和成熟度评估模型对技术赋能进行度量和优化。

## 内容特点

### 1. 内容丰富，覆盖全面

本书紧扣企业数字化转型成熟度模型 IOMM 标准，在顶层设计上本着“以始为终”的原则，对科技数字化的全局知识体系进行展开介绍，覆盖面较广。为了让本书通俗易懂，我尽可能做到讲解深入浅出，除了介绍理论，还介绍了数字化转型的具体方法及案例。在方法层面，分别阐述了 DevOps、科技管理及技术体系；在案例层面，介绍了常用的大数据技术、云原生技术及数字孪生技术，以便于企业数字化转型过程中不同层次的参与者进行理解。

### 2. 结构清晰，条理分明

本书从数字化转型的意义、定位、常见的框架和模型等方面出发，为读者呈现全面的知识体系，引出数字化转型的价值及技术管理者需要具备的能力，并从科技的角度讲解数字化转型的核心技术，帮助读者构建全面的数字技术知识结构。本书重点聚焦于技术支撑和能力框架，在讲解上针对每个细节给出了丰富的插图及注意要点，并融入了作者多年来积累的思考技巧及心得，对现有的技术管理知识体系进行了补充，具有很高的参考价值。

### 3. 以实践为导向

本书在重点章节中对案例或最佳实践的方式进行讲解，阐述了技术和数字化转型的关系、技术在数字化转型过程中的定位、技术在数字化转型过程中的痛点等关键问题。在数字化转型的背景下，本书指出了企业应该通过对业务架构和 IT 架构的重新设计和实施，完成整体的数字化转型。

## 作者简介

顾黄亮，畅销书《DevOps 权威指南：IT 效能新基建》作者、中国商联专家智库入库专家、国家互联网数据中心产业技术创新战略联盟（NIISA）智库专家委员会副主任委员、江苏银行业和保险业金融科技专家委员会候选专家、企业数字化转型 IOMM 委员会特聘专家、江海职业技术学院客座讲师、财联社鲸平台智库入库专家、中国信通院可信云标准特聘专家、中国信通院低代码/无代码推进中心特聘专家、腾讯云最具价值专家（TVP）、阿里云最有价值专家（MVP）、《研发运营一体化（DevOps）能力成熟度模型》和《企业 IT 运维发展白皮书》核心作者、TWT 容器云职业技能大赛课程出品人。曾担任多个技术峰会演讲嘉宾，拥有丰富的企业级 DevOps 实战经验，专注于企业 IT 数字化转型和落地，致力于企业智慧运维体系的打造。

牛晓玲，DevOps 标准工作组组长、DevOps 国际标准编辑人。长期从事开发运维方面的相关研究工作，包括云服务的运维管理系统审查等。参与编写《云计算服务协议参考框架》《对象存储》《云数据库》《研发运营一体化（DevOps）能力成熟度模型》系列标准，以及 *Cloud Computing-Requirement for Cloud Service Development and Operation Management* 国际标准、《云计算运维智能化通用评估方法》等标准共 20 余项。参与多篇白皮书、调查报告的编制工作，包括《企业 IT 运维发展白皮书》《中国 DevOps 现状调查报告（2019）》《中国 DevOps 现状调查报告（2020）》《中国 DevOps 现状调查报告（2021）》等。参与 50 余个项目的 DevOps 能力成熟度评估，具有丰富的标准编制及评估测试经验。

车昕，中国信息通信研究院云计算与大数据研究所政企数字化转型部高级业务主管，主要从事企业数字化转型成熟度模型 IOMM、可信数字化服务、数字基础设施一体化云平台、中台系列、低代码/无代码、安全生产、智慧运营等领域的技术研究和转型咨询规划，负责制定相关标准、开展评估测试、组织技术实践交流等工作。

## 建议和反馈

本书部分彩图及大图文件（主要涉及第 8 章），请通过下方“读者服务”中提供的方式下载。

由于作者的水平和学识有限，且本书涉及的知识较多，书中难免存在错误和疏漏之处，敬请广大读者批评指正，反馈邮箱为 363328714@qq.com，您也可以致信本书责任编辑的邮箱：zhangshuang@phei.com.cn。

## 致谢

在本书的编写过程中，我得到了中国信通院 IOMM 标准组的很多帮助，一些想法和思考正是在多次的标准研讨过程中形成的，在此表示感谢。

感谢阿里巴巴的刘伟光、汪帆、徐赤紫，腾讯的 CODING 团队，优维科技的王津银、陆文胜、夏文勇，优锘科技的陈傲寒、刘钰胜。他们提供了大量典型的数字化技术方案或产品，供技术管理者参考使用。

感谢家人给予我的鼓励和帮助，不仅是对本书的支持，更是对我人生的支持。

感谢我所在企业提供的技术管理最佳实践平台，支持我从 0 到 1 的探索过程。

感谢行业内各位专家对书中部分观点的耐心修正和补充。

顾黄亮

2022 年 10 月

## 读者服务

微信扫码回复：44841

- 获取本书部分彩图及大图文件
- 加入本书读者交流群，与本书作者互动
- 获取【百场业界大咖直播合集】（持续更新），仅需 1 元

# 目 录

# 01

# 数字化转型的意义

近两年来，我国政府在不断强调“数字经济”的理念，鼓励企业进行数字化转型，并在《“十四五”数字经济发展规划》中明确了“十四五”时期推动数字经济发展的蓝图。在2022年的政府工作报告中，也指出了促进数字经济发展的重要性。

## 1.1 企业面临的数字化转型机遇

对于企业，尤其是中小企业而言，拥有数字化、智能化信息处理能力，将会成为中小企业逐利市场的一大优势，因此数字化转型对企业来说并不是选修课，而是必修课。

### 1.1.1 数字化的几个定义

在阐述数字化的定义之前，我们先在百度搜索指数中对“数字化”、“信息化”和“数字化转型”三个关键词进行对比，对比的时间跨度为2021年9月至2022年3月，如图1-1所示。百度搜索指数反映了互联网用户对关键词的搜索关注程度及持续变化情况。从搜索结果中可以看出，“数字化”和“数字化转型”的搜索呈上升趋势，已经超越了“信息化”的搜索数量。由此可见，“数字化”和“数字化转型”已经成为近年来的“网络热词”。

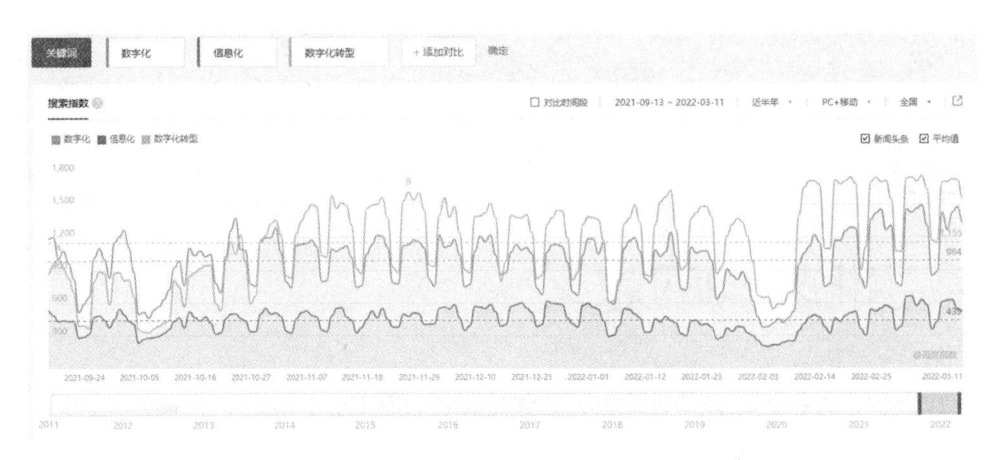


图 1-1

数字化究竟是什么？在不同行业、不同企业中，对数字化的定义有所不同。

### 1. Gartner 的定义

著名咨询公司 Gartner 对数字化的定义为：数字化是指通过二进制代码表示的物理项目或活动。当数字化被用作形容词时，它描述了最新的数字技术可以改善组织流程，改善人员、组织与事物之间的交互，或使新的业务模型成为可能等主要用途。

由此可见，Gartner 定义的数字化有一个典型的特征，即在物理项目或活动中，必须有二进制代码的存在。

例如，财务流程中的手工账和电子账。手工账在期末结转中要由手工计算完成，记账人员的工作量非常大，而且出错率很高，但手工账依旧是企业财务流程中不可或缺的备选手段，甚至在很多传统企业的财务流程中依旧有手工账场景的存在。电子账只要登记账目凭证，就可以实现自动记账，期末通过财务系统进行自动结转，只要前期有准确地登记凭证、账簿，期末就可以自动生成报表，准确率极高。

由此可见，手工账和电子账的逻辑区别在于，将手工输入和流程流转通过技术的手段变成二进制数字信息，这便是 Gartner 对数字化定义的核心。

### 2. 狭义的定义

数字化狭义的定义范围主要集中在政府政策的宣贯和传统企业的理解中，包括企业信息化、网络化和数据化三个阶段。

（1）信息化

由中共中央办公厅、国务院办公厅印发的《2006—2020年国家信息化发展战略》中明确了信息化的含义：信息化是充分利用信息技术，开发利用信息资源，促进信息交流和知识共享，提高经济增长质量，推动经济社会发展转型的历史进程。简单而言，信息化的作用是企业通过信息系统的方式实现企业正常展业的目标。也就是说，将企业的线下业务运行在信息系统中。

信息化有一些典型的特征，如对应用进行全局或局部的系统改造，使之能够为手工业务提供支撑，改造后的系统能够打通和连接业务流程，提高工作效率，系统在运行过程中能够留存并统一管理数据。信息化能够使企业的业务在系统中运行，有利于企业管理者在企业的日常事务中通过流程优化、效能提升等手段提升管理水平。

例如，有一家规模较大的制造型企业，日常的物料和库存都是通过手工的方式进行记录和管理的。这种方式非常烦琐，并容易导致数据不清晰甚至丢失，可能发生流转过程不顺畅的问题。如果通过相关的系统来承接物料管理和库存管理工作，那么管理流程会非常清晰，从而提升企业的工作效率，同时降低企业的管理成本。

这种由系统承接将线下管理变成线上管理的方式，并没有改变企业原有的管理模式，仅仅实现了用技术代替一部分重复性较高的人力工作。

（2）网络化

网络化并没有严格的定义，也被称为互联网化，其场景以国内的互联网企业为代表。网络化只是一个理念，指企业利用网络、互联网、移动互联网的平台和技术进行企业日常经营活动，使企业内部的资源整合更加合理。

网络化依托于企业信息化、云计算和互联网而发展。企业在日常经营过程中，将企业内部的管理活动、业务运营逐步与互联网结合起来，重点在于简化企业的商业流程。网络化和信息化具备相同的特征，并没有改变企业原有的商业模式。

通常，依托于互联网技术的发展，企业将产品、渠道、运营等面向市场的活动与网络进行对接，催生出产品网络化、渠道网络化、运营网络化等新的展业方式，可以有效增加商业机会，并降低企业经营成本。

网络化和信息化存在区别，主要体现在企业展业过程中的创新诉求，比较典型的有企业业务运营模式的转变和市场对产品快速迭代的需要。信息化可以快速降低企业的经营成本，加快内部流程的速度，但不能改变企业的管理模式；网络化在信息化的基础上，能够更好地让企业实现降本增效，丰富企业经营运作的手段，但依旧不能改变企业的商业模式。二者存在很高程度的重合性，但在技术层面上彼此独立。信息化需要大量的基础架构方面的资源投入；网络化在信息化的基础上，还需要大量的互联互通资源的投入，二者的关系如图 1-2 所示。

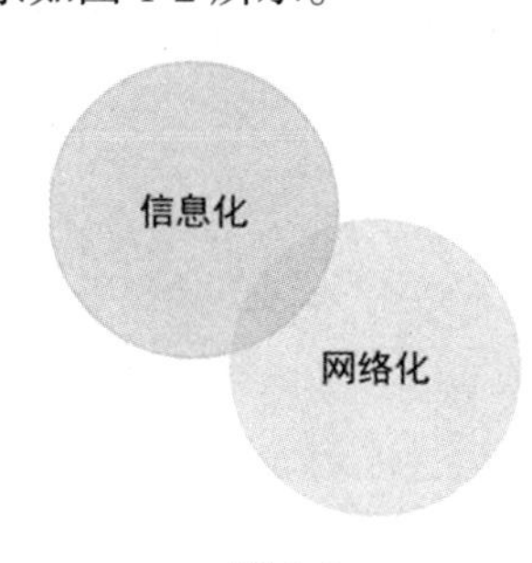


图 1-2

（3）数据化

无论是在企业活动中，还是在现代社会活动中，数据都是必不可少的因素。数据可以用于计量，还可以对各种活动进行管理，比较常见的有财务数据管理、销售数据管理、生产数据管理、行政数据管理、员工数据管理、服务数据管理等。

数据化管理是指利用完善的基础统计报表体系、数据分析体系，对业务工作进行明确计量、科学分析、精准定性，并以数据报表的形式进行记录、查询、汇报、公示及存储的过程，这是现代企业的管理方法之一。数据化管理的目标在于为管理者提供真实有效的科学决策依据，倡导与时俱进地充分利用信息技术资源，促进企业管理可持续发展。

在数字化狭义的定义范围中，数据化并不依托于信息化和网络化，更多是以“增强能力”的方式存在，因此数据化的场景更多地体现在企业文化和管理方式中。例如，无论是财务的手工账还是电子账，都会产生数据，因此数据化并不取决于信息系统是否完善，而只取决于数据使用者的需求。

数据化体现在企业中，更多是以数据报表和数据模型的方式对企业经营过程进行监控，并指导企业员工合理地开展工作。

信息化、网络化和数据化的关系如图 1-3 所示。

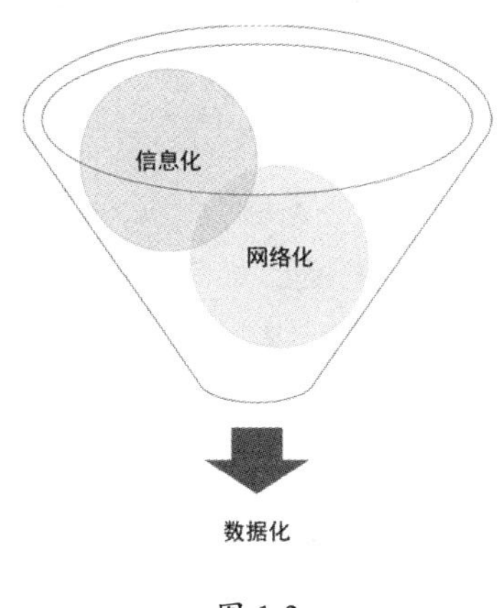


图 1-3

### 3. 广义的定义

与狭义的定义相比，数字化广义的定义有颠覆性的改变，主要体现在两个方面，分别是能力的增强和能力的延伸。数字化狭义的定义具备信息化、网络化和数据化三个阶段，数字化广义的定义在这三个阶段的基础上增加了智能化和生态化。

在能力增强方面，信息化除了实现企业业务从线下到线上的转变，还需要实现企业资源管理的标准化和规范化，同时明确 IT 技术在企业管理中的重要程度。在数字化广义的定义中，网络化成为新的门槛，互联网的发展促进了企业的数字化发展。同样，数字化也促使网络化提供资源置换和资源重新分配的能力。在大数据时代，数据化得到了更有效的能力提升，大数据技术的发展让数据在企业中获得更多的价值场景，数据化是数字化广义定义中的重要组成部分。数字化广义的定义如图 1-4 所示。

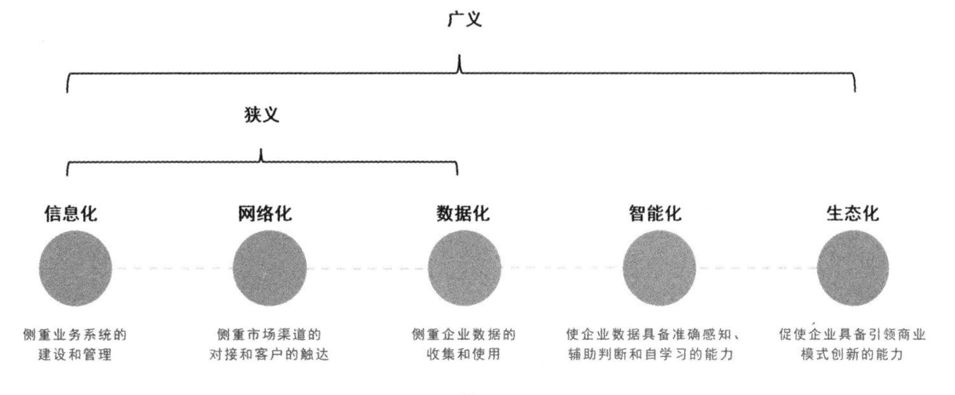


图 1-4

（1）智能化

在数字化广义的定义中，智能化属于核心阶段，是指通过大数据、算法和人工智能技术，将数据与场景进行结合，使数据场景具备一定的智慧能力，使数据的价值得到释放，提高数据在企业场景中的使用能力。同时，企业员工合理地运用技术，将数据、场景与人结合，让人得到能力提升。特别是在头部的互联网企业中，企业的经营场景和业务模式需要使数据和人具备人机对话的能力，将这个能力释放至业务活动中，提升产品在行业中的唯一性和稀缺性。

智能化和数字化的区别在于，智能化是狭义数字化的下游，狭义数字化是信息化的下游。信息化阶段负责建设系统；狭义数字化阶段负责收集并存储数据，同时在企业经营中输出一部分与业务活动联系紧密的场景。智能化阶段将数据的价值放大，对数据进行运营和预测，真正实现了从物理世界到数字世界的转变，如图 1-5 所示，其中使用到的技术有大数据、算法、人工智能和数字孪生。

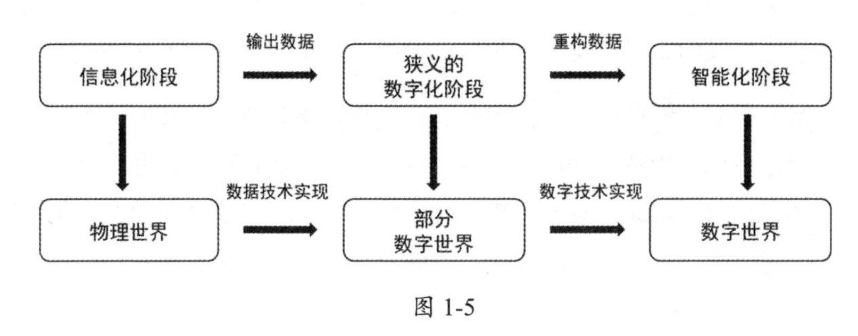


图 1-5

在数字化广义的定义中，智能化将数据能力提升为数字能力。因此，与狭义的数字化定义最明显的不同在于，广义的数字化可以重构企业的商业模式，智能化通过“数字可视”和“辅助决策”的能力扩展了企业的商业边界。

智能化的本质是智联万物，除了连接企业内部的“人、财、物”，还可以连接企业外部的“商业场景、合作伙伴、商业机会”。

（2）生态化

在企业数字化转型领域，应当将生态化聚焦在数字生态的范畴之内。当企业进入智能化阶段，企业数据已经成为企业的核心资产。也可以理解为，企业数据是企业在正常展业过程中必不可少的物料资源，这种资源甚至比传统的“人、财、物”更重要。因此，企业需要将数据资源纳入生态体系进行集成、管理，甚至交换，旨在打造一个商业领域的业务集群。

随着企业数字化能力逐步提升，移动互联网将企业产品和行业组织连接成一个巨大的网络。这种互联互通的方式将不同行业、不同规模、不同业务模式的企业组织在数据方面进行技术融合，每家企业都成为这个巨大网络中的一个节点。这种生态化的方式将给企业管理者带来数字可视、辅助决策、数字风险方面的冲击和挑战。因此，企业既需要为生态伙伴提供数据，又需要从生态伙伴那里获得数据，比较典型的有智能家居、智能穿戴、智能仓储、智能物流场景，如图 1-6 所示。

图 1-6

4. 狭义定义和广义定义的区别

数字化狭义的定义，是指利用信息系统、各类传感器、机器视觉等信息通信技术，将物理世界中复杂多变的数据、信息、知识转变为一系列二进制代码，引入计算机内部，形成可识别、可存储、可计算的数字和数据，再利用这些数字和数据建立相关的数据模型，进行统一处理、分析和应用。

数字化广义的定义，则是指通过利用互联网、大数据、人工智能、区块链、人工智能、低代码/无代码等新一代信息技术，对企业、政府等各类主体的战略、架构、运营、管理、生产、营销等各个层面进行系统全面的变革，强调数字技术对整个组织的重塑。数字技术能力不再只是单纯地解决降本增效的问题，而成为赋能模式创新和业务突破的核心力量。

在不同行业、不同业务模式、不同规模的企业中，对数字化的定义和场景也存在着不同的理解。尽管如此，企业管理者仍然可以在企业内部对数字场景进行大致分类。具体业务的数字化多为狭义的数字场景，企业、组织整体的数字化变革多为广义的数字场景，广义的数字场景一定包含狭义的数字场景。

企业管理者和员工对数字化的理解是不同的，员工的工作以执行为主，对数字化的理解大多是狭义的；管理者的工作以统筹和决策为主，对数字化的理解大多是广义的。因此，无论是管理者还是员工，都必须深入地理解数字化的定义体系。

### 1.1.2 数字化转型的几个定义

有关数字化转型的定义列举如下。

（1）标准的定义

在由中关村信息技术和实体经济融合发展联盟发布的 T/AIITRE 10001—2021《数字化转型 参考架构》团体标准中，对数字化转型是这样定义的：深化应用新一代信息技术，激发数据要素创新驱动潜能，建设提升数字时代生存和发展的新型能力，加速业务优化、创新与重构，创造、传递并获取新价值，实现转型升级和创新发展的过程。

（2）国内互联网企业的定义

国内大多数的互联网企业，尤其是以阿里巴巴、腾讯为代表的大型企业等对数字化转型是这样定义的：数字化转型就是利用数字技术来推动企业组织转变业务模式、组织架构、企业文化等的变革措施。数字化转型旨在利用各种新技术，如移动互联网、社交技术、大数据、机器学习、人工智能、物联网、云计算、区块链等，为企业组织构想和交付新的、差异化的价值。着手数字化转型的企业，一般会追寻新的收入来源、新的产品和服务、新的商业模式。因此，数字化转型是技术与商业模式的深度融合，数字化转型的最终结果是商业模式的变革。

（3）国外互联网企业的定义

国外大多数的互联网企业，尤其是以谷歌、亚马逊为代表的大型企业等对数字化转型是这样定义的：数字化转型是指企业借助新的技术，重新设计和重新定义与客户、员工以及合作伙伴的关系。企业的数字化转型涵盖了从应用的现代化改造、创建新的业务模式到为客户构建新的产品和服务的方方面面。

（4）国内数字化咨询企业的定义

国内大多数的数字化咨询企业对数字化转型是这样定义的：数字化不只是从纸质到电子的转化、从模拟到数字的转化、从孤岛到网络的转化、从定性到定量的转化、从黑盒到透明对称的转化；它还是从傲慢到谦恭的转化、从封闭到开放的转化、从传统到现代的转化；它更是思维模式与管理手段的转化。

（5）国外数字化咨询企业的定义

国外大多数的数字化咨询企业对数字化转型是这样定义的：数字化转型不仅是一种技术转型，还是一种文化和业务转型，通过彻底重构客户体验、业务模式和运营方式，采用全新的方式交付价值、创造收入并提高效率。数字化转型是一种将数字技术整合到企业经营流程、产品、解决方案与客户互动中，从而推动业务创新的战略。其重点是关注数字资产的创造与货币化过程，利用新技术带来的机会及其对业务的影响。

（6）Gartner 的定义

Gartner 对数字化转型是这样定义的：数字化转型是指开发数字技术及支持能力，以新建一个富有活力的数字化商业模式。因此，数字化转型完全超越了信息的数字化或工作流程的数字化，着力于实现“业务的数字化”，使公司在一个新型的数字化商业环境中发展出新的业务（商业模式）和新的核心竞争力。

不同行业、不同规模、不同业务模式的企业对数字化转型的定义不一样，甚至呈现一种混乱的状态。数字化转型之所以会有这么多的定义，有两个原因，分别是数字化转型的发展周期和数字化转型在企业中的场景。

在数字化转型的发展周期方面，因为数字化转型是一个新的概念，这个概念是由信息化、网络化、智能化、狭义数字化、广义数字化发展而来的，所以数字化转型的若干定义分别建立在不同的载体之上，进而导致在不同的载体之上延伸出不同的定义。

在数字化转型在企业中的场景方面，在不同类型、不同业务场景、不同规模的企业中，数字化转型对应不同的核心场景，如互联网业务中的数字孪生、数字业务、数字可视等场景，政企业务中的数字政务、数字货币、数字交通等场景，传统业务中的数字转型、数字转换、数字升级等场景。因此，在不同的场景中对数字化转型的定义也有相应的区别，即使在相同场景中对数字化转型的定义，企业管理者或数字化转型的推进者对企业自身的场景理解也存在一定的偏差，这也是数字化转型的定义无法一致的重要原因。

通过理解上述不同的定义，我们可以发现：无论是哪一种定义，都存在四个因素，分别是数字化转型对象、数字技术、企业核心场景和数字化转型目标。

- 数字化转型对象的范围涵盖企业客户、企业员工和企业的上下游生态伙伴。
- 数字技术的范围涵盖云计算、大数据、物联网、人工智能、区块链、算法、低代码/无代码技术。
- 企业核心场景的范围涵盖企业的核心业务场景、核心管理流程、核心商业模式。
- 在数字化转型目标方面，各个定义明确了数字化转型的目标和价值，如管理场景的降本增效、业务场景的运营流程和客户模式、数字场景的数字孪生和数字可视、数据场景的人工智能和数据生态。

除此之外，企业管理者或数字化转型的推进者还应从众多的数字化转型的定义中挖掘两个核心的共同点。

一是数字化转型是企业级的“一把手工程”，需要立足于企业的商业模式。企业数字化转型的核心目标是提升企业自身的竞争力、输出企业的核心价值，否则企业的数字化转型永远只是推进，而不是实践。

二是数字化转型需求来自企业的核心利润贡献部门，而不仅是企业的 IT 部门。企业的数字化转型是自上而下的需求驱动，一般源自企业管理层的战略驱动，以及市场反馈的业务模式驱动。

### 1.1.3 从技术管理的角度理解数字化和数字化转型

尽管数字化转型的需求不只来自企业的 IT 部门，但作为企业 IT 部门的负责人或企业的技术管理者，必须理解数字化和数字化转型的定义。作为技术管理者，作者是这样理解数字化和数字化转型的：数字化是手段，数字化转型是目的。

数字技术是数字化转型的基石，技术管理者需要在数字场景中运用数字技术，同时需要根据数字技术锚定数字化转型的价值，使数字化转型的价值适配企业经营的上下游需求，获取最终的转型效果。

#### 1. 数字场景

技术管理者由于自身具有技术属性，通常对数字场景的理解存在偏差，比较典型的是对数据业务化和业务数字化的理解偏差。因此，在数字场景中，技术管理者需要脱离相关的技术属性，站在企业战略和业务运营的角度理解数字场景。一般来说，这分为以下三个层面。

- 数字战略层面。数字场景属于企业战略的范畴，比较典型的有数字化战略规划、企业数字化商业模式、企业的业务上下游数字化解决方案，以及企业内部的价值流管理体系、智慧运营体系和数字员工体系。
- 数字文化层面。数字场景的核心是数字文化，这种文化与 DevOps 文化类似，重在协作。比较典型的有数字化创新文化、数字化沟通文化和数字化营销文化。在不同的职能体系中，将数字技术、数字文化和数字场景进行结合，以数字化业务线的方式为企业内外部提供用户画像、精准营销、数字员工、辅助决策等功能。
- 数字技术层面。作为数字场景的支撑，数字技术中包含了人和技术两个关键因素。技术管理者需要识别数字场景的优先级，根据数字场景战略的规划明确数字价值的大小，比如哪些是价值大见效快的、哪些是价值大见效慢的、哪些是价值小见效快的、哪些是价值小见效慢的。根据数字场景的价值，匹配现有的数字人才储备、数据的覆盖度、数据的质量，制订数字场景的推进计划。

### 2. 数字技术

技术管理者对数字技术的理解应该是全局的，其中包括技术的发展、技术的运用，以及对技术的理解。

技术管理者要从数字模型的角度来理解数字技术，利用简单且准确的模型解决数字场景中的复杂问题。例如，在人工智能场景中，如何进行语音识别、图片识别，如何将技术与场景适配并形成产品，这需要技术管理者把对技术的运用和运营形成闭环。数据运营场景的模型如图 1-7 所示。

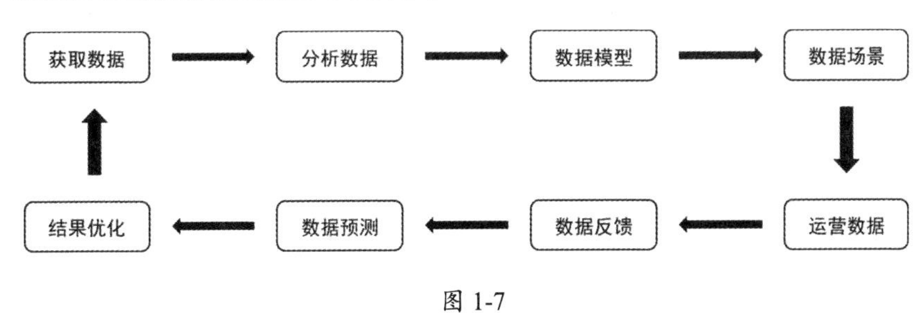


图 1-7

借鉴软件工程实践的方法论：如果技术管理者使用若干个简单的模型取代一个复

杂的模型，每个简单的模型都具备相应的数据供邻近的模型使用，那么这种模型分解的方式称为模型数据驱动。从模型数据的角度可以解释为：通过构造足够多的简单模型来解释一个复杂模型，这需要足够多的计算量和数据量，才能确保邻近的模型结果是正确的。

因此，在数字技术的管理和使用方面，技术管理者需要参考软件工程实践的方法论，将数字技术作为生产要素，将上游的数字人才和下游的数字场景连接起来，如图 1-8 所示。

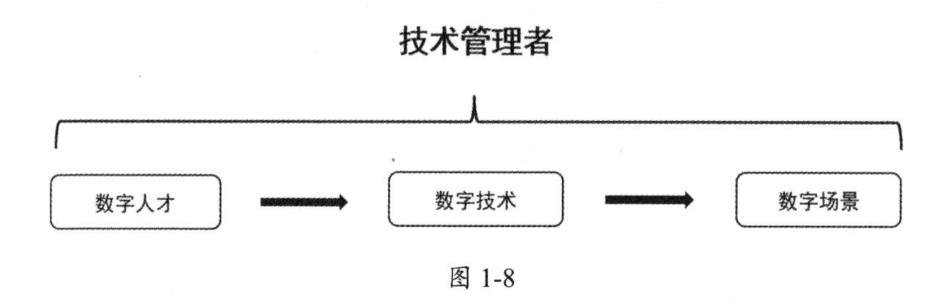


图 1-8

这种连接方式可以让上游的数字人才具备“数字可视”和“数字文化”的能力，同时提升其高阶的“数字思维”能力；下游的数字场景可以延伸企业的经营场景。

### 3. 数字技术落地

在数字技术落地方面，技术管理者需要从数字技术演进和数字技术实践两个角度来展开。

（1）数字技术演进

世界经济论坛创始人兼执行主席 Klaus Schwab 在《第四次工业革命：转型的力量》一书中对数字技术演进的描述是，伴随着数字经济而来的是数字化或数字化革命，而在人类短暂的历史长河中，公认的能匹配工业或科技革命地位的事件分别是始于 18 世纪由蒸汽驱动的机器设备、始于 19 世纪末基于劳动分工和电力的大规模生产、始于 20 世纪 60 年的代电子产品和信息技术，以及始于 2014 年的信息世界与物理世界的融合。

作者认为，始于 2014 年的将信息世界与物理世界融合的技术即数字技术，如图 1-9 所示。

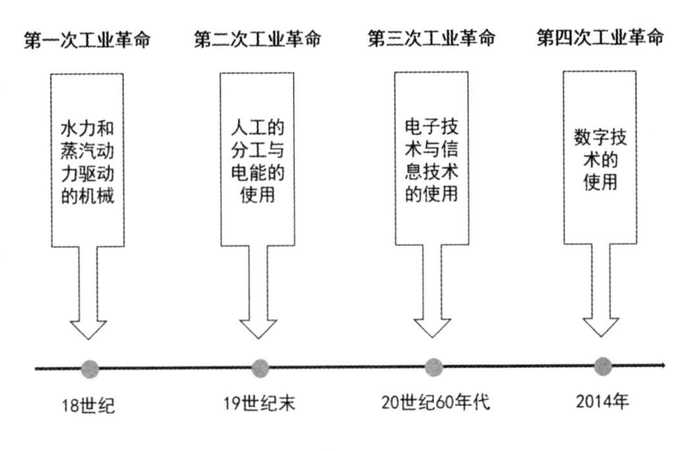


图 1-9

因此，对于数字技术演进，无论是通过狭义的数字化定义还是广义的数字化定义来理解，都可以将其分为四个演进阶段，分别是管理数字技术、业务数字技术、社交数字技术和万物互联数字技术。

- 管理数字技术

在企业管理领域，管理数字技术是数字技术演进的第一步，通常贯穿于企业价值链路活动中，如线下流程线上化、口头通信软件化、物料管理信息化。管理数字技术在工具方面，以内部通信工具、办公套件、基础软件为主；在技术方面，以传统的信息技术为主，如简单的数据处理工具、数据捕捉工具、数据分析工具和数据流转工具，用于提升企业管理过程中的效率。

管理数字技术主要是为了规划企业内部管理的标准化流程，但它仅作为企业经营活动中孤立的节点，无法释放上下游的企业活动的价值。

- 业务数字技术

业务数字技术以互联网技术为主，主要有云计算技术和大数据技术。业务数字化主要是指将线下业务线上化、线下渠道线上化，对企业的业务进行数据化运营，打破企业经营场景的狭窄空间。用户可以从多个维度及角度了解企业的产品、商品图片、商品视频、商品参数，以及商品的成交记录和评价。

除此之外，企业还可以通过线上运营的方式，对众多的业务数据进行分析，并衍生出更多的线上业务和服务。

- 社交数字技术

社交数字技术需要融入企业经营过程的多个阶段，如数据的接收阶段和生产阶段。社交数字化的主体为人，因此社交数字技术主要为人服务。

在社交数字场景内，人和企业、人和数据、企业和数据，形成了一张错综复杂的大网。作为这张大网中的节点，人的所有行为活动都用数据来表示，比如今天访问了哪些商品、点击过哪些页面、和哪些人聊天、购买了哪些产品、对产品给出哪些评价。这些支撑社交场景的数字技术将人的活动沉淀为数据。

随着移动互联网技术的发展，社交数字技术的场景也逐渐丰富。在这个过程中，除了人和企业、人和数据、企业和数据之间，人和人、企业和企业、数据和数据之间也发生了结合和碰撞，企业实体业务逐渐演变为企业虚拟业务。社交数字技术将信息、商品、人、服务融入了现实社会。

- 万物互联数字技术

万物互联数字技术是前三个技术的集合，使万物信息数据化，利用互联网、大数据、人工智能、物联网等技术，以数据的方式将所有的物理实体连接起来。

万物互联数字技术从根本上提升了行业或企业生态的生产效率和生产能力。

（2）数字技术实践

技术管理者一定要明确，数字技术实践永远不能脱离企业或组织的活动。企业和组织的活动可以概括成三个领域，分别是生产活动、管理活动和运营活动。

生产活动，顾名思义，围绕企业生产的产品，包括传统企业的实体产品、互联网企业的业务代码等。管理活动面向企业内部，用于规范员工的行为，对资源进行合理的管理和配置。管理范围包括所有的后台职能组织。运营活动是业务组织的核心职能，也是企业中最核心的利润来源，包括市场运营、业务运营、渠道运营、生态运营。三者的关系如图 1-10 所示。

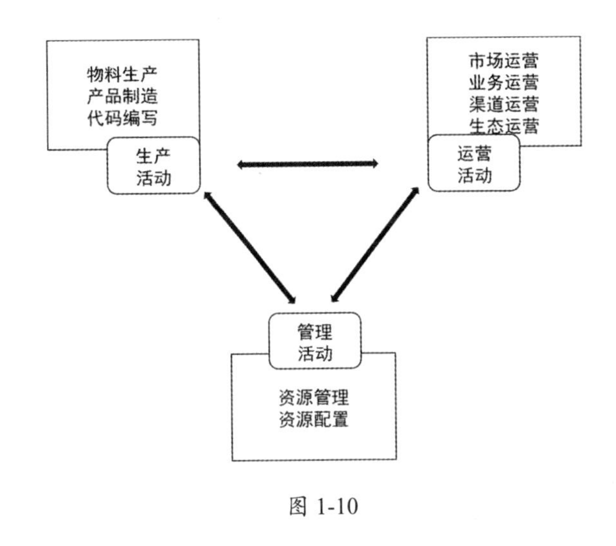


图 1-10

在生产活动、管理活动和运营活动中，根据不同的场景采取不同的技术进行数字化实践，分别对应三个方向，即降本增效、重塑内部管理流程和优化用户体验。

- 降本增效

首先必须明确，降本增效的前提是保证企业服务永远在线。其次要明确，降本增效是“全链路”的，而不是“节点级”的。在降本增效场景中，数字技术和自动化技术的能力存在很大的区别。数字技术在自动化技术的基础之上，通过协同技术和大数据技术实现生产活动的价值闭环。

降本增效通过人工智能、物联网技术对生产模式进行升级，实现人和生产载体的信息传递，如传统制造领域的智能制造技术、互联网产品领域的低代码/无代码技术。这种方式可以在自动化的基础上提高效率，使降本增效更有价值。

通过大数据技术和可视化技术对生产过程进行数据洞察，使整个生产流程高度协作，消除节点和节点之间的流程障碍和数据障碍。

- 重塑内部管理流程

重塑内部管理流程非常重要，尤其在疫情期间，“云上办公”或“远程办公”成为一种新的办公方式，这给传统的内部管理流程带来了新的挑战。数字技术实践需要重塑企业的内部管理流程，利用简化相关管理环节的方式实现办公协同和顺畅。

简化管理环节也为内部管理考核带来了挑战，如 KPI 考核和 OKR 考核之间的冲突。在从关注关键绩效指标到关注过程目标和关键成果的转变过程中，需要数字技术在内部管理场景中输出相关的指标体系能力和指标矩阵能力。

在重塑内部管理流程时，可以整合现有的组织架构和技术能力，通过基础设施的建设来构建一站式的 IT 资源输出体系，打造企业级 IT 资源统一入口。通过移动互联网、数字孪生技术对企业内部管理数据进行流转和分析，实现移动办公协同和精细化管理。

- 优化用户体验

用户体验包括企业员工体验、企业客户体验和二者交互过程中的体验。优化用户体验的前提是企业已经完成数字技术体系的建设，逐步整合用户数据、产品数据、管理数据，打通了用户体验认知层面的“断点”。例如，某企业投放的核心产品销量较好，但评价较差，原因在于产品经理在获取消费者数据后，并没有发觉消费者实际需求与产品功能中的共性，因此消费者对产品的复购率较低。

这种信息“断点”是用户体验中的常见问题，数字化转型的根本目的是将企业经营从产品运营、市场运营，延伸至渠道运营和生态运营，因此优化用户体验是关键。

## 1.2 企业面临的数字化转型挑战

企业在类型、商业模式、规模上存在不同，因此面临的数字化转型挑战也是不同的。企业需要通过提升数字素养的认知来宣贯和普及数字文化，通过整合企业内外部资源的方式提高资源配置效率，利用数字技术降低企业的经营成本，并提升企业的数字管理能力。

### 1.2.1 数字素养

#### 1. 数字素养在数字化转型中的核心高度

（1）数字素养是一个战略问题

数字素养是一个比较学术的描述。在正式介绍数字素养之前，我们通过一个简单的例子进行说明：在现实生活或工作中，有人遇到问题的第一反应就是去“百度一下”。这种解决问题的方式其实是对知识获取的方式形成了依赖，在解决问题的过程中并没有了解这个问题的内在逻辑和知识体系，只是根据搜索引擎的偏好获取表面的结果。这是典型的缺乏数字素养的表现。在万物皆数字的时代，数字素养包括数字文化、数字意识、数字判断等多种能力。可以说，没有数字素养，就不具备基本的独立思考的能力。

近些年来，各国纷纷出台了数字素养的法律法规或推进措施。美国在 2007 年发布了修订后的《21 世纪技能框架》（*Framework for 21st Century Learning*），这个框架体系重点提到了数字素养，以帮助学习者获得面对数字化及经济全球化方面的知识体系和技能体系。2009 年的 G20 峰会提出了一个重要的论点，数字经济被提升到一个很高的高度，明确了经济转型和创新发展离不开数字经济的发展，同时明确了数字素养是影响创新的重要因素。欧盟在 2015 年发布了《2015 欧盟数字技能宣言》（*The Riga Declaration on e-Skills 2015*），其中同样包含数字素养框架，并将数字素养技能放在了非常重要的位置。

我国在数字素养方面也有众多的举措，政府高度重视我国公民数字素养与技能提升。《中共中央关于制定国民经济和社会发展第十四个五年规划和二〇三五年远景目标的建议》提出“提升全民数字技能”，《中华人民共和国国民经济和社会发展第十四个五年规划和 2035 年远景目标纲要》强调“加强全民数字技能教育和培训，普及提升公民数字素养”。2021 年 11 月，中央网络安全和信息化委员会正式发布《提升全民数字素养与技能行动纲要》，对提升全民数字素养与技能做出安排部署，其中提出“要把提升全民数字素养与技能作为建设网络强国、数字中国的一项基础性、战略性、先导性工作，切实加强顶层设计、统筹协调和系统推进……促进全民共建共享数字化发展成果，推动经济高质量发展、社会高效能治理、人民高品质生活、对外高水平开放”。这充分表明，提高全民数字素养和技能既是实现我国从网络大国迈向网络强国的必由之路，也是全面推动数字中国建设的客观要求。数字素养的推进路线如图 1-11 所示。

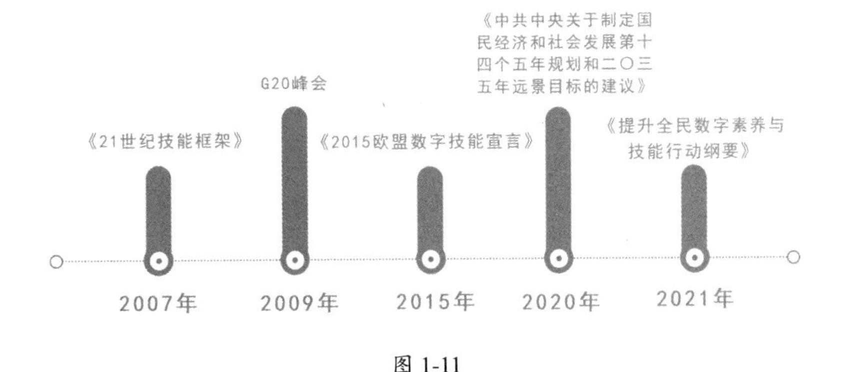


图 1-11

（2）数字素养的定义

关于数字素养的定义，图 1-11 中各个文件的侧重点和表达方式存在一定的区别。1994 年，以色列学者 Y. Eshet-Alkalai 首次提出“数字素养”的概念框架，在这套框架中，数字素养概念涵盖五个方面。

- 图形信息素养：是指学会理解视觉图形信息的能力。因为数字环境已经从原来基于文本的句法环境演变为基于图形的语义环境，所以我们必须掌握“用视觉思考”的认知技能，最终做到本能、无误地解读和理解以视觉图形形式呈现的信息。这其中最有代表性的是“用户界面”和现代计算机游戏。
- 再创造素养：是指创造性的复制能力。也就是说，通过整合各种媒体（文本、图像和声音）中现有的、相互独立的信息，赋予其新的意义，从而培养合成信息和多维思考的能力。
- 分支素养：是指驾驭超媒体信息的能力。现代超媒体的非线性特征使我们能用新的思维方式思考，因此我们应该学会运用非线性的信息搜索策略，从看似不相干的零碎信息中建构知识。也就是说，在超媒体的空间，虽然寻找到所需信息的线路可能会非常复杂，但我们不但要清楚目的，不迷失方向，而且要能在各种复杂的知识领域中“游刃有余”。
- 信息素养：是指辨别信息适用性的能力。在信息量剧增时代，我们不但要学会搜索所需的信息，还要学会去伪存真，数字环境下的每项工作都与这种素养有关。换言之，信息素养并不仅指搜索信息，还有批判性思考。这是在任何学习环境中都必须掌握的技能，但在数字学习环境中显得更加重要。
- 社会和情感素养：我们不但要学会共享知识，还要能以数字化的交流形式进行情感交流，识别虚拟空间里各种各样的人，避免掉进互联网的陷阱。Y. Eshet-Alkalai 认为这是所有素养中最高级、最复杂的一个。

这个理论框架被认为是数字素养最全面的模式之一，因此也被《现代教育技术：理论建构与实践创新》一书列入数字学习的主要模式。

根据 Y. Eshet-Alkalai 的理论框架，数字素养的定义应该是：在数字场景中利用一定的数字化手段和方法，能够快速有效地发现并获取信息、评价信息、整合信息、交流信息的综合科学技能与文化素养。数字素养涵盖了最基本的找寻和选择有效信息的能力，要掌握一定的数字技术，有创新思维，具备对社会文化背景的理解力和思辨力，对数字安全有认知，善于合作，有效沟通。

（3）技术管理者如何理解数字素养

对技术管理者而言，数字素养是一个较大的概念。在企业数字化转型的场景中，技术管理者需要将数字素养的概念进行“实践化”处理。在此提出技术管理者理解数字素养的方法，在企业数字化转型场景中，数字素养分为三个层次。

- 第一层：一般性的数字化能力，包括一般性的数字化技能、数字化方法、数字化态度。在这一层中，技术管理者需要提升数字素养的认知能力，明确自己应具备什么样的数字素养，才能满足企业数字化转型的需要。
- 第二层：专业级的数字技术应用能力，强调了数字技术在某些企业数字化转型场景中的应用。这个阶段涉及企业数字化转型过程中工具体系、技术体系、场景体系的建设，属于数字化“硬”能力的范围。
- 第三层：大范围、全链路的数字化能力的落地和创新，即运用数字技术让企业具备商业模式创新、企业全面数字化经营的能力。在这个阶段中，技术管理者能够通过凝聚、裂变、贯通、组合、关联等创新性思维活动，发现新问题，创造新知识等。

### 2. 数字素养和数字化转型的关系

数字化转型的范畴包括数字技术、数字能力、数字组织、数字文化、数字战略、数字人才。在企业数字化转型过程中，数字技术和数字素养是底层的支撑，企业管理者应该基于数字素养的框架，制定企业数字化战略，顺应“万物互联”的发展新趋势，培育数字人才，提高企业人才的数字素养，最终提升企业整体的竞争力。

（1）定义企业员工的数字素养

在企业数字化转型过程中，员工的数字素养非常重要。例如，针对一套成体系的度量指标，如果管理者理解不了数据、看不懂指标、做不了决策，那么这套度量指标就没有价值。员工的数字素养好比大数据技术，数字化转型好比数字技术。员工通过大数据技术在企业内部采集、管理、分析数据，这种针对数据开展工作的方式称为数据的内部处理，场景集中在业务层之下和系统层之上。员工通过大数据技术、人工智能技术、移动互联网技术、区块链技术等“数字技术集合”，在业务层同级或上游辅助或重构场景，如企业智能业务体系、企业数字员工体系、企业创新发展体系。

由此可见，企业员工的数字素养是结构性的。企业如果存在通过数字化转型来改变其商业模式的需求，那么就需要通过提升组织能力的方式提升员工的数字素养，比如成立智能制造团队、互联网业务团队、创新业务团队，这是典型的职能效应。

对企业而言，数字素养是企业数字场景对数字人才管理的回归，数字素养必将成为数字场景的高频词。数字素养将越来越重要，重新定义企业员工数字素养，重塑企业员工数字素养，对提升企业核心竞争力具有重要意义。

（2）数字素养的根本是数字思维

在技术管理过程中，必须将数字素养的价值锚定为数字思维。企业数字化转型的根本是以企业的经营结果为导向，因此数字素养的场景基本可以等同于数字思维的场景。

在数字素养和数字场景的关系中，数字思维来自企业全链路的数字信息，最终体现在企业数字化转型的路径中。例如，在传统的企业中，数字思维比较薄弱的管理者可以通过学习培养自身的数字思维，也可以通过现有的数字思维体系来促进自身数字思维能力的提升。管理者的数字思维通常来自体系化的数字集合，看到数字背后有价值的数据信息，并从这些数据信息中找到改善的路径，悟出管理的思路和方法。

（3）数字素养的核心是具备使用数字技术的能力

在企业的数字化转型过程中，企业人员需要熟练地利用数字技术，如逻辑运算、关系运算，还要会数据分析。与数据关联的岗位人员可能要懂算法，在有限时间内获得所在场景中要求的数字输出结果。

## 1.2.2 企业数字化转型中常见的挑战

### 1. 企业管理者眼中的企业数字化转型中的挑战

企业数字化转型中常见的挑战分析有两种方式：一种是通用性的，由咨询机构进行研究并发布；另一种是行业性的，由行业协会进行研究并发布。两种方式的分析报告存在较多的相似性，下面以通用性的研究报告为例进行介绍。

《2021 埃森哲中国企业数字转型指数》这一报告显示，在历经全球经济发展变化，尤其是进入后疫情时期，中国企业数字转型成熟度稳步提升，转型成效显著的领军企业营收增速是其他企业的 4 倍，中国企业已进入数字化转型分水岭的关键时期。尽管如此，仍有很多企业徘徊在数字化转型的门外。

在这份报告中，埃森哲的咨询专家团队对 30 多家企业高管就数字化推进过程中的挑战和思考进行了深度访谈，总结出企业数字化转型得以持续推进需突破的三个难点。

- 难点一：企业存在数字化转型战略缺位，数字化转型缺乏方向。部分企业没找到未来竞争的着眼点与商业模式。在这种情况下，企业往往孤岛式地盲目部署数字化，难以从数字化投入中看到价值。部分企业的数字化战略与业务发展是“两条线，两层皮”，企业发展战略对数字化部署方向的指导性差。此外，一些企业数字化转型难以跨业务领域拓展，难以集业务合力在全企业中共同落实。
- 难点二：企业的数字化转型能力难以建设，数字化转型难以深入。企业原有的系统老旧，管理制度传统，流程复杂，数字化转型底座不牢。在原有基础上修补往往会出现无法兼容的问题，推倒重建又容易对企业经营造成“伤筋动骨”的损失。不少中国企业还缺少数字人才。此外，企业的数字化部署大多停留在试点阶段，由于诸多阻碍因素，试点项目与经验难以快速复制和推广，不能形成全企业、全场景的数字化规模效应。
- 难点三：企业的数字化转型价值难以体现，投入无法持续。数字化转型是涉及企业全业务、跨职能的系统性改革工程。企业只有全面部署、系统深入，才能最大化解锁和释放数字价值。数字化投资见效慢、周期长，而一些企业又往往急于见到成效，用传统的绩效指标衡量转型效果，没有根据企业的实际情况与部署计划配套有针对性的评估体系。在短期内，企业会觉得数字化部署“失灵”，数字化价值常常受到管理层的质疑，数字化投资持续性弱，形成恶性循环。

### 2. 技术管理者眼中的企业数字化转型中的挑战

上述三个难点说明了大多数企业在数字化转型过程中遇到的挑战，但比较难以理解。数字化转型的挑战不仅体现在战略、价值和能力方面，还更多地体现在转型过程的细节之中。例如，在大多数企业中存在这样一种观点：数字化转型可以通过拥抱并应用包括互联网在内的新技术，最终实现企业的全面数字化经营。对数字化而言，数字技术仅仅是一种手段，应该通过数字技术对企业进行数字化赋能，在客户、运营、员工、产品与服务乃至企业文化方面不断进化，这个过程甚至可以改变企业的商业模式。

在上述研究报告的基础上，本书增加企业数字化转型中遇到的四个挑战，分别是数字人才挑战、数字技术挑战、数字化成本挑战和全域数据挑战。

- 数字人才挑战：如今，无论是在数字技术领域，还是在数字场景领域，数字化转型中的各个环节对人才的需求都有增无减，可以说技术人才的短缺已成为企业数字化转型中的最大挑战。
- 数字技术挑战：数字化转型不是一次性任务，而是一个长期过程，更是企业中的“一把手工程”。数字化转型无法通过引进一两种产品和技术来实现，而需要一套整体的解决方案，对多种技术进行协同和融合。因此，如何运用新技术对企业竞争力进行重塑，是企业必须直面的问题。
- 数字化成本挑战：由于历史原因，很多企业基础设施的架构比较复杂，既有老系统，也有新系统；既有物理环境，也有虚拟化环境，这就是所谓的“双态 IT”架构。由此带来的硬件替换成本、运维成本及能耗成本都非常高，让很多企业苦不堪言。
- 全域数据挑战：当下很多企业正在从数字化走向智能化，因此对数据的开发和利用不应该只是单纯的数据汇集过程，或者只停留在对已有的管理数据的挖掘上，而是需要对整个生产过程进行全面数字化，最终让数据为企业的数字化转型创造更大的价值。

### 1.2.3 传统制造型企业面临的挑战

十多年前，有这样一句俗语：“不上 ERP 是等麻烦，上了 ERP 是找麻烦。”如今，传统制造型企业依然可以将这句话用在数字化转型的场景中：“不转型是等麻烦，转型是找麻烦。”造成这种现象的原因是多样的，比如传统制造型企业中数字化转型的场景并非核心业务，员工普遍没有完善的数字思维，数字化基础设施能力及数字技术能力薄弱等。

#### 1. 数字技术并不契合核心业务

传统制造型企业首先应该解决信息化、网络化的问题，分别打通生产端场景和消费端场景。

（1）打通生产端场景

在传统制造型企业中，打通生产端场景是非常有必要的，它可以解决企业生产价值链上的利益结构问题。虽然在企业的信息化和网络化阶段可以解决大部分的利益结构问题，但是依旧无法将生产端场景和数字化生产、数字化运营直接打通。

如果不能实现生产端场景的数字化打通，那么会造成“大产品”的现象。在现阶段的营销模式下，“大产品”不利于企业的轻资产运营。如果打通生产端场景，那么可以将“大产品”进行拆分，形成可快速迭代且在市场中热销的“小产品”，将其与数字技术结合，增加产品的社交属性和文化属性。

在技术层面，打通生产端场景可以将单一的技术服务商进行拆分和解耦，在技术的选择和使用方式上更为灵活。

（2）打通消费端场景

传统制造型企业在消费端场景中的能力比较薄弱，尤其在目前消费互联网日趋饱和的情况下，传统制造型企业急需在消费互联网场景中拓展新业务。这个领域中最核心的数字化要素是客户数据，相应的数字化应用主要是营销分析，包括产品定位、营销管理、广告投放效果，以及用户画像和精准营销等，帮助传统企业解决“产品找人”的问题。

大多数企业在消费端场景中遇到的常见问题有：产品的潜在客户是谁？客户的直接需求和间接需求是什么？如何进行产品推广和营销？这三个问题本质上反映了同一个现象——传统制造型企业只有渠道数据，而没有一手的客户数据。因此，打通消费端场景的核心问题是如何通过数字化驱动商业模式。

### 2. 利用数字技术交付实体产品

传统制造型企业和互联网企业的显著不同在于：互联网企业大多利用数字技术交付虚拟产品，如软件服务、数据服务等；而传统制造型企业大多利用数字技术交付实体产品，如智能制造、智能工厂等。

在数字技术方面，传统制造型企业缺乏柔性、广度和深度，一般采取大规模定制的方式获取数字技术的支撑工具或软件，比较典型的有工业软件。传统制造型企业在交付实体产品过程中遇到的最大挑战是如何将企业的整体业务从物理空间映射到数字空间，如数字建模、数字孪生，并在这个基础上实现对数据的采集和分析、资源的统筹和管理。

传统制造型企业积累了大量的生产流程数据、产品模型和工艺，唯一缺乏的是具备核心知识产权的工艺软件。具备核心知识产权的工艺软件需要企业在云计算、大数据、人工智能等新兴技术和资源方面有所投入，会产生高昂的成本，传统制造型企业难以独立承受。数字技术交付实体产品的生态不具备普适性，需要在行业内推动信息共享和资源交流，促使产业链的上下游融合和生态共建，从而在真正意义上实现以数字技术的方式交付实体产品。

#### 3. 产业链的数字化

产业链的数字化其实是一个数字资源集中管控的过程。产业链的数字化依然需要以“小生态”的方式在企业中存在，这样可以使企业更好地衔接产业链上下游及精细化内部管理。

从目前的行业最佳实践结果来看，大多数重复性的、事务性的工作可以被流程机器人替代，但这种方式不能解决企业的知识沉淀和促进创新的问题。企业还需要在生产端和消费端实现数字化，在企业内部打通从需求挖掘、敏捷研发到高质量交付的闭环，在企业外部建立生态级的产品形态，同时在企业的上下游链路中做到数字能力的扩散和交互。

产业链数字化的根本不在数字技术，而在数字素养和数字协作。在大多数的传统制造型企业中，供给方和需求方之间存在一定的数字鸿沟，因此需要以产业平台或者产业集群的方式完成上下游产业链的协调。

### 1.2.4 金融企业面临的挑战

无论是 DevOps 还是数字化转型，金融企业的实践程度都仅次于互联网行业。其中以银行业为代表，银行业的数字化转型是较为深入的，其覆盖面也较为广泛。

目前，我国的许多银行已经建立了金融科技子公司，为银行的数字化进程提供充足的保障，不仅可以承接行内自身的数字化转型建设，还可以通过科技赋能的方式为金融业的其他机构提供技术输出。产生这种现象的原因有两个：一是政策的助推，二是金融类企业在业务场景和技术选型上的相似性。

随着数字时代的来临，许多数字技术已经逐渐参与到银行的运行之中，不断加快银行的数字化进程，比较典型的有数字银行和电子银行。

银行通常在风控体系和科技体系中优先进行数字化能力建设。在风控体系中，通过数据分析和模型建设提升银行的风控水平，并优化风控系统；在科技体系中，通过研发运维一体化技术，实现业务的完全线上化处理，提升服务效率。

但金融企业在全面数字化转型方面依然会遇到严峻的挑战，主要分为数字资源的价值、数字人才的缺失和数字安全三个方面。

### 1. 数字资源的价值

金融行业的数据通常比其他行业的数据多，这是由金融行业的性质决定的。金融行业的数据类型包括客户数据、机构数据、账户数据、资产数据、交易数据等，数据主要来自金融行业的众多场景，如理财、存款、借贷等。

金融企业在展业过程中对相关的金融数据进行收集和使用，由于政策因素和业务场景的原因，很难对数据进行集约化处理，也很难对所有的数据资源进行充分的挖掘和使用。尤其是在金融企业的不同业务场景中，数据的标准存在不一致的情况，从而导致金融行业在数字场景中很难充分地释放数据价值。

曾经，金融企业只提供线下场所，让客户被动地接受金融服务。随着互联网、人工智能、大数据等技术的发展，客户和金融企业的服务过程由线下转移至线上，常见的有在线核身、在线转账、在线支付等业务。客户可以根据金融企业的服务能力来选择不同的服务方式，并可随时、随地、无障碍地在多家金融企业之间进行自由选择和切换，有效解决了过去存在的信息不对称、选择空间狭窄等诸多问题。

客户和金融企业互相选择的方式是金融企业进行数字化转型的契机。但由于金融企业的业务场景存在极强的同质化，当某家金融企业推出具有较强市场竞争力的产品和服务时，其他金融企业也会快速地跟进并推出类似的产品和服务，甚至会推出升级版的产品和服务，因此，没有一家金融企业在整个行业内具备突出性的金融科技壁垒和垄断优势。

造成这种情况的根本原因在于，金融企业的数字资源价值没有在狭窄的空间内得到释放。金融科技必须更敏捷、准确地挖掘和感知客户的需求，并体现在产品和服务上。

因此，金融行业必须积极挖掘数字金融科技价值，充分利用数字金融科技促进金融业务的创新发展。通过人工智能技术充分挖掘大数据价值，持续完善分析逻辑、指标体系、模型规则，并有效应用它们来提升识别客户需求的能力，在识别和预判客户需求方面形成市场竞争优势。

### 2. 数字人才的缺失

金融行业的数字人才和其他行业的数字人才存在一定的区别，这是行业属性造成的。根据猎聘发布的《2020—2021年金融行业数字化人才趋势报告》，数字管理类人才主要集中在服务外包、消费品、政府等相关行业，数字应用类人才主要集中在互联网、服务外包、消费品三大行业，数字专业类人才主要集中在互联网、电子通信、机械制造三大行业。三类人才的行业分布集中体现了数字人才的特点。由此可见，金融行业的数字人才是相对缺乏的。

数字人才是金融企业发展壮大的核心竞争力，有了数字人才的前提，才能有创新型业务和精细化的客户运营。由于金融企业的业务复杂性，金融企业的数字化转型需要大量的数字人才作为支撑，但是目前数字化市场整体都存在着技术人才短缺的问题，更没有足够的技术人才支持数字化转型。根据猎聘发布的报告，90%以上的金融科技企业认为中国市场现在正在面临着金融科技专业人才短缺的问题，这更加限制了数字化转型的速度，从而导致传统金融企业的创新能力较弱，发展受限，又因为其发展空间和创新能力有限，降低了对数字技术人才的吸引力，从而产生恶性循环。

#### 3. 数字安全

金融行业是关乎民生与国家发展的行业，所以其安全程度至关重要。金融科技的发展是一个长期性、全球性的金融数字化进程，而这一进程与数字化、云计算、区块链、大数据、人工智能等新技术的结合日益紧密。同时，数字安全与技术风险正在演变为对金融稳定和国家安全的重大威胁。

随着电子银行、零售银行等线上业务规模不断扩大，金融行业需要收集大量数据资源进行传输、导入、计算等，在数字业务场景中很容易出现数字安全隐患，因此数字技术给金融行业生存发展带来了安全挑战。金融业务自身存在业务逻辑、程序逻辑和数据逻辑的复杂性，各种数据在数字业务场景中存在复杂的关联和影响，其安全风险持续升高，给金融行业数字化转型带来了巨大的难度和挑战。

### 1.2.5 贸易企业面临的挑战

随着中国贸易规模的不断扩大，世界贸易领域也在进行着深刻的变革，贸易企业逐步进入数字贸易阶段，因此贸易企业对数字化转型的需求越来越迫切。贸易企业需要对产业的上下游资源进行衔接和调配，因此其数字化转型存在诸多困难。比如需要加快行业数字化改造、打通上下游资源的数据孤岛、培育第三方数据服务商、构建数字技术的供给体系，同时需要优化数字资源的配给、打通数字化运营渠道。

人民网的数据显示，2019年中国生产型外贸企业第一大进出口市场仍然是欧盟，双方进出口贸易额为4.86万亿元，同比增幅为8%。与此同时，中国生产型外贸企业对东盟国家进出口贸易额为4.43万亿元，同比增长14.1%，而对美国的进出口贸易额为3.73万亿元。自“一带一路”倡议提出以来，沿线国家和地区逐渐成为中国生产型外贸企业的重要进出口市场。据海关总署统计，2019年，中国生产型外贸企业对“一带一路”沿线国家和地区的进出口贸易额同比增长10.8%，这意味着中国生产型外贸企业进出口的主要市场已经开始向“一带一路”沿线国家和地区转移。

在全球新冠肺炎疫情的背景下，中国生产型外贸企业充分发挥自身灵活运营的优势，积极开拓国际市场，极大程度展现了中国外贸发展的韧性。《中国数字贸易发展报告2020》显示，中国生产型外贸企业内生动力不断增强，海外市场开拓力度持续加大。2020年，中国生产型外贸企业对欧盟、东盟两大主要市场出口额均保持15%以上的增速，对日本、韩国、美国等国家出口额也保持增长态势，增幅分别超过13%、19%及23%。与“一带一路”沿线国家和地区的进出口贸易额为9.37万亿元，同比增长1%。

根据《中国数字贸易发展报告2020》中的数据统计，数字服务贸易在贸易企业中的占比越来越高，包括保险服务、金融服务、知识产权服务、ICT服务、其他商业服务、个人文娱服务。2019年，ICT服务出口规模为6782.2亿美元，占数字服务出口的21%；金融服务出口规模为5204.4亿美元，占数字服务出口的16%；知识产权出口规模为4091.7亿美元，占数字服务出口的13%。

虽然当前数字贸易呈现高速发展态势，但是实现全球数字贸易仍存在一定的局限性，关键原因在于贸易企业自身的数字化能力和数字化服务不够完善。全球的贸易数字化将是一个巨大的平台，它需要承载各种各样的贸易信息，包括行业上下游的信息资源、数字资源、数字服务、数字产品，以及电商平台数据、交易数据、智慧物流数据等。

#### 1. 数据孤岛

贸易企业连接行业内的上下游资源，需要依赖上游的供应商和下游的渠道商实现数据供应，同时依赖自身的数字化能力对数据进行管理和分析，达成数据供给能力的闭环。

贸易企业自身的数字化能力薄弱已成为制约其数字化转型的瓶颈，大致体现为两个方面，分别是数据处理能力和数据应用能力。

- 在数据处理能力方面，多数贸易企业的数据架构以传统架构为主，不足以承接上下游的数据流量，这意味着贸易企业在数字化转型过程中不具备处理巨大数据量的能力，可能导致数据处理过程中数据结果实时性和准确性的问题。

- 在数据应用能力方面，多数贸易企业仍处于数字可视阶段，未进入辅助决策阶段。企业往往对搜集的数据信息进行分析、解释与描述，这属于数字可视的范畴，而很少利用数据进行辅助预测与辅助决策。更为严重的是，企业没有充分挖掘行业上下游在数据方面的使用场景，以及行业上下游数据生命周期中的数据价值。

另外，许多贸易企业仍未建立覆盖全产业链、全生产流程的数据链，这种现象会导致行业上下游企业的数据在输出过程中含义不标准、转换不准确、场景不明确。这是一种典型的数据孤岛现象，数据孤岛容易造成行业上下游企业的信息隔离。

《2019 中国企业数字化转型及数据应用调研报告》中的统计数据显示，国内大部分贸易企业的数字化转型仍处于初级发展阶段，近 80%的企业的数据挖掘能力亟待提升，90%以上的企业普遍存在数据孤岛现象。造成这种现象最重要的原因在于，行业上下游的企业不具备业务系统之间数据共享的能力，最终在数据的交汇中心发生问题。企业间的数字鸿沟导致企业之间的整体协同性较差，加剧了数据孤岛现象。

对贸易企业来说，其上游对接产品生产和仓储物流，下游对接消费者和电商平台。如果内部的数据采集、处理问题的能力不足，那么会导致产品生产、数字营销与仓储物流等方面的数据无法互联互通，内部信息共享与反馈不及时，这也加大了数据孤岛对企业的影响。

### 2. 数字化生态圈

构建数字化生态圈是贸易企业进行数字化转型的必备条件，也是贸易企业的商业模式的一个关键特征。为了满足数字化转型的发展需求，多数贸易企业构建了相应领域的生态圈，主要场景为供应链协同和基础设施建设。通过数据共享和协作，贸易企业可以与数字化生态圈内的企业建立良性的数据供给循环体系。

根据《2019 中国企业数字化转型及数据应用调研报告》中的描述，部分贸易企业在建立数字化生态圈方面缺乏动力，造成这种现象的主要原因是企业的成本投入过高，导致参与数字化生态体系建设的企业数量较少。还有另一个关键的原因，由于贸易企业主要面向海外市场，信息经由消费者群体反馈至企业生产制造的中间环节繁杂，反应链条过于冗长，致使企业面临数据信息流通效率较低的发展瓶颈。

网经社旗下电子商务研究中心发布的《2018 年度中国跨境电商市场数据监测报告》显示，2018 年跨境电商 B2B 交易在国内跨境电商交易模式结构中的占比高达 83%，而 B2C 的这一占比只有 17%左右，B2B 交易仍然是占据主导地位的商业模式。贸易企业若要实现从 B2B 向 B2C 的转变，必须进一步加强数字化生态圈建设，以有效解决信息不对称的问题。另外，受资金及人力等诸多因素影响，许多贸易企业面临网络化基础较为薄弱、数字化水平较低等困境，大中小企业间存在巨大的数字鸿沟，给数字化生态圈建设带来了较大阻碍。总体而言，相比于发达国家，中国贸易行业互联网生态建设依然较为滞后，功能的完整性、产业覆盖面等亟待进一步完善，数字化发展不平衡的现象较为突出。

### 1.2.6 互联网企业面临的挑战

在 2021 中国国际数字经济博览会开幕式上，360 集团创始人、董事长周鸿祎在发言中指出，互联网的下半场是产业数字化。产业数字化的主要场景是新一代智慧城市、工业互联网、车联网等产业互联网，其主角将是各级政府和传统企业，所有行业都值得用数字化的技术重新再造。他提到，未来 10 年，可能我们不会再区分什么企业是传统企业，什么企业是数字企业，所有的企业都会成为数字企业。

互联网企业基本具备了相应的数字能力和数字化转型的场景，但在数字化转型过程中仍然会遇到很多挑战，主要有 IT 价值转变的挑战、数字化能力输出的挑战、数字化“普适性”价值的挑战。

#### 1. IT 价值转变的挑战

众所周知，互联网行业的技术能力较强，无论在新技术应用还是业务场景落地方面，都领先于传统行业或传统领域，但仍有很多互联网企业在创新技术的应用和落地过程中存在大量的泡沫。从本质看，IT 组织在科技数字化的实践过程中脱离了企业的实际需求，仅考虑技术创新的因素。IT 价值转变必须在企业的统筹战略下，将创新的数字技术运用在能够为企业的经营活动及时发现问题、快速解决问题的场景中。结合企业的核心业务场景，通过运用创新的数字技术，辅助企业管理者或员工提升数字意识和培养数字文化素养，将数字技术与应用场景相结合。

阿里巴巴集团董事局主席兼首席执行官张勇在 2020 年 7 月 10 日的“致股东信”中，用了近一半的篇幅强调“数字化”。张勇表示，面向未来的最大确定性，就是整个经济和社会生活全面走向数字化的大趋势。在阿里巴巴的企业战略中，云计算和大数据是面向未来的最核心的战略，其 IT 价值转变完全依托于阿里巴巴的数字化核心战略和业务变革战略，即服务化的开放架构、关注用户体验，以及与用户连接的智能系统，如图 1-12 所示。

图 1-12

阿里巴巴在 IT 架构方面的顶层战略是全球化、内需和云计算、大数据。其中，全球化是“长期之战”，内需是“基石之战”，云计算、大数据是“未来之战”。由此可见，基础架构已经不再是互联网企业进行数字化转型的“基础”，而是“基石”。未来，一个领先的 IT 架构将成为互联网服务领域的门槛。一个云化的 IT 架构只能解决资源层面弹性伸缩的问题，而一个服务化的开放架构可以解决业务快速响应和企业战略快速落地的问题，后者正是大多数的互联网企业所欠缺的。

### 2. 数字化能力输出的挑战

互联网企业，尤其是头部互联网企业拥有先进的科技能力及大量的数据积累，天然具备成为产业生态领导者的优势，也具备产业数字化输出的能力。但不是所有企业都有能力追求完善的跨产业数字化生态，企业所处的行业如果自身科技属性较弱，那么很难成为跨产业数字化生态圈的引领者。如果脱离了产业或跨产业的特性，再强的数字化能力也没有场景支撑，因此需要根据产业的业务特点有选择地释放数字化能力，逐渐形成数字化生态圈。

互联网企业一定要以产业的应用场景为根基，相关的数字技术也需要适配产业的应用场景。大量的创新数字技术并不是为目前的产业生态和业务模式所准备的，而是为后续的产业需求储备的，典型的有 5G 技术、元宇宙技术。

互联网企业具有先进的科技能力，在顶层的科技战略上同样具备同质化的特性，因而在数字化赋能场景和数字化产品方面的竞争异常激烈，这也给互联网数字化能力的输出带来了极大的挑战。以低代码为例，在 2019 年前后，入局低代码行业的企业和资本非常多。目前，行业内已经出现企业同质化较严重的情况，创业公司中已经有众多较有名气的品牌，头部互联网企业在低代码领域有自己的产品。因此，这个行业逐步进入了淘汰赛阶段，而某些企业不幸地成为被淘汰者。

造成这种现象的原因有两种，分别是数字技术的通用性和产业数据的局限性。

数字技术由于极具通用性和同质性，因此在产业内催生出不同业务逻辑下的共通技术场景和价值，使产业在发展过程中可以超越数字技术自身的价值。互联网企业可以思考建立或参与跨产业生态，但很难形成领先的数字技术产业集群。

由于相关法律法规的约束，不同于基础架构和技术场景在不同业务逻辑下的共享使用，对产业数据的使用局限是互联网企业在数字化能力输出方面的一个很大的挑战。

### 3. 数字化“普适性”价值的挑战

数字化“普适性”价值主要聚焦于企业的互联网业务场景，大多数情况下通过企业的数字技术价值来体现。企业的传统业务场景（如传统的获客场景和营销场景）通常依赖于员工的工作经验或企业的知识沉淀，这种业务运营方式是造成数字技术难以具有“普适性”价值的主要原因。

数字可视、科技左移、辅助决策、弹性合作、数字运营等场景，以及数字化转型过程中的产品和能力、存量和增量、规划和建设、技术和规则、竞争和生态等问题，都是造成数字技术难以具有“普适性”价值的主要因素。

针对数字化“普适性”价值，数字化管理者需要重点关注数据场景和智能场景，从“普适性”价值的角度重新构建和描绘企业的供给和需求。需要注意的是，在数据层面，未结合企业或行业的业务逻辑、未建立价值模型的数据都是无用的。数据的量级不是越大越好，能够结合业务逻辑建立模型的数据才是有用的。在数字化“普适性”价值中，数据是核心要素之一，数据不能直接发挥价值，数据的价值需要通过智能技术来释放。尤其体现在数字化“普适性”价值的过程中，需要大量时间的积累和海量的案例沉淀，这也是大多数互联网企业应该努力做到的。

互联网企业在数字场景、数字化产品方面的投入越多，其数字化“普适性”价值反而越来越不明显，因为大量“价值”被固定在企业内部的场景中。在打造数字生态的过程中，企业的数字化价值非但不是资产，反而变为了负债。

## 1.3 数字化转型的核心要素

不同类型、不同业务场景、不同规模的企业在进行数字化转型的过程中，其管理者会存在同样的疑问：企业是否具备数字化转型的条件？如果具备了条件，那么该如何实施数字化转型？这些问题其实很难回答，因为每家企业在行业内的地位不一样，遇到的内外部问题、商业模式、数字化目标不一样，数字化转型的各个阶段在企业内部的实施路径也不一样。因此，企业管理者必须厘清数字化转型的核心要素，并将其体现在企业战略中。

技术管理者对数字化转型的理解与企业管理者是不一致的，尤其在企业数字化的形态变化和商业价值认识方面。对于不同的行业及企业，数字化转型的路径各不相同，技术管理者对数字化转型的核心要素的理解角度不同，对行业通用的技术架构、数字能力的解读分别匹配不同的技术领域、商业模式和创新管理方法。互联网企业、传统制造型企业、金融企业等，对数字化转型的成效和目标也不尽相同。近些年来，在一些数字化转型实践较好的企业中，有的企业利用创新的数字技术在企业内部孵化“热门”产品，有的企业为客户带来了良好的用户体验和新的商业模式，有的企业在内部管理中降本增效显著。尽管如此，这些对实现数字化转型的核心价值来说还远远不够，本节分别从企业管理者和技术管理者的角度来阐述数字化转型的核心要素。

对企业管理者而言，数字化转型的核心要素主要有以下四点。

- 数字化转型必须以结果价值为导向，这是一个漫长的过程。
- 数字化转型必须以业务场景、商业模式为依托，实现数据驱动。
- 数字化转型必须是企业级的全局转型。
- 数字化转型必须形成数字生态，包括数字组织、数字人才体系、数字业务体系。

对技术管理者而言，数字化转型的核心要素主要有以下三点。

- 数字化转型的核心是数据自服务，必须具备数字化服务的能力。
- 数字化转型的核心是数据互联，需要实现内部员工数据互联、外部客户数据互联、产业上下游数据互联。

- 数字化转型的核心是智能服务，需要在企业内实现智能运营、智能管理、智能决策和智能驱动。

### 1.3.1 以结果价值为导向的漫长过程

管理学专家彼得·德鲁克（Peter F. Drucker）曾经在一场访谈中提出一个观点，企业管理者需要明确三个问题：企业的业务是什么？企业的客户是谁？企业的认知价值是什么？其实在数字化转型过程中也需要明确这三个问题。

企业管理者需要对数字化转型有一个清醒的认识：当企业面临商业模式的转变时，这三个问题就愈加重要。企业管理者需要重新思考企业自身的业务，明确企业自身的客户群体及客户的认知价值。因此，应该以客户为中心、以业务为基础、以价值主张为导向来开展企业的数字化转型工作，以客户的价值来衡量数字化转型的效益。然而，这些只是数字化转型的过程，而非结果，一切转型都要以结果的价值为导向。

在互联网企业中，云计算、大数据、人工智能、物联网等数字化科技得到了广泛应用，这加速了互联网企业成长和壮大的脚步。与传统企业相比，互联网企业对数字化转型的目标和阶段性结果更明确。因此，很多人认为数字化转型与数字化科技是息息相关的，甚至将二者画上了等号。但作者认为，科技本身不会创造商业价值，除非科技自身具备业务属性。因此，在大多数企业的数字化转型过程中，只有将科技应用在企业经营和业务运营的场景中，企业才真正因使用先进科技而创造商业价值。

如果企业一味无序地将新技术运用在数字化转型场景中，却忽略最终的结果考核，那么只能实现全局的数字化目标，而不能追求长期价值。企业管理者需要坚持以数字化转型的结果价值为导向，将企业持续发展的价值效益作为核心评判依据，有效平衡和兼顾数字化转型过程中阶段性的实效性价值与中长期的数字化结果价值，建立覆盖数字化转型重大投资决策、应用决策、成效评价及绩效考核的治理体系，不断激发企业数字化转型的动力和活力。

数字化转型的过程不是一蹴而就的，而是持续迭代的，它会随着社会和科技的发展而不断演变、不断进步。企业管理者对企业数字化转型必须有全局的认知，如企业自身的业务模式、数字场景、企业文化、数字组织、数字技术等。企业管理者需要制定数字化转型战略和总体规划实施蓝图、适合企业的阶段性目标和全局目标，以及实施路径。

在具体的实践过程中，让企业的所有职能部门参与其中，并观察数字能力给企业带来的变化和收益，从而让企业数字化转型持续走在正确的方向上，使企业以积极的态势继续发展，为企业带来长久的商业价值。

### 1.3.2 以业务场景、商业模式为依托，实现数据驱动

2019 年 11 月 26 日，中央全面深化改革委员会第十一次会议审议通过了《关于构建更加完善的要素市场化配置体制机制的意见》，其中明确了数据作为一种新型生产要素，与土地、劳动力、资本、技术等传统要素并列为生产要素之一，这对数字经济的发展具有重要意义。

数字化转型的核心是具备数字化能力，具备数字化能力的核心是具备数据能力。因此，很多技术管理者在技术层面开展了大范围的数据技术应用，越来越多的人意识到了数据的重要性和价值。同时，企业管理者在多个场景中释放数据的价值，如数字可视、数字决策、数字风险等。尽管如此，从阶段性的结果来看，大多数的企业仅在某些场景实现了数据价值，而非数字价值。这些企业构建的大数据平台只提供了大量的数据和更强大的数据计算能力，却不能真正为业务提供分析、洞察和预测数据的能力，无法真正为企业创造价值和效益，这没有体现出数据驱动的真正意义。

企业要想真正发挥数据能力，一定要坚持从业务场景出发，有效地沉淀和挖掘利用业务场景和系统中产生的数据，使其在业务交易和场景中发挥智能决策和优化的作用，提升业务的价值，从而实现真正的数据驱动。

依托于业务场景、商业模式，数据才能从静态的实体转变成动态的数字能力。从数据能力到数字能力的转变，主要分为三个方面，如图 1-13 所示。

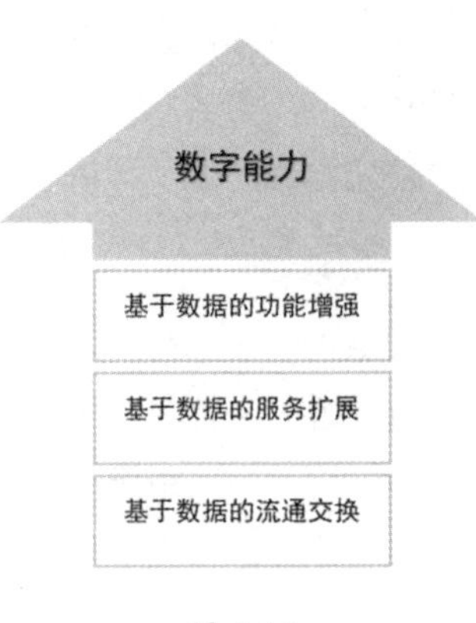


图 1-13

- 基于数据的功能增强：越来越多的公司将存量的实体数据与业务场景相结合，一方面对业务场景和商业模式进行扩展，另一方面通过盘活数据价值的方式增强数据功能。例如，国内某些线上零售商开辟了网上购物、线下取货的O2O业务模式，这就是一种典型的基于客户数据的功能增强，将数字渠道和实体渠道进行了有价值的结合。
- 基于数据的服务扩展：越来越多的公司着力于使用基于数据的服务扩展方式，对原有产品的功能和服务进行正向优化，将大数据技术、用户体验技术、用户推荐技术和人工智能技术结合到其中，为客户创造价值，并为自身创造新的收入来源。
- 基于数据的流通交换：数据的流通交换在本质上基于数据的生态体系，比较典型的有共享汽车平台、二手货品交易平台。基于数据的流通交换可以改造企业自身的商业模式，为客户提供相应的数据商品流通交换服务。

对企业而言，业务、数据、技术的融合让数据具有可输出、可优化、可迭代的服务能力，这也是数据对企业的核心价值所在。因此，从数字化转型的角度来说，企业管理者不再完全以数字功能为主，而是围绕数字价值谋求互联共享，以数据为核心视角为企业和客户带来新的价值。

作为一种新的生产要素，数据能够在企业竞争活动中起到重要的作用。尤其在数字化转型的场景中，数据具备战略资产的特性，应该在企业经营和业务运营的场景中得到很好的运用。例如，以数据为核心的新型产品与服务创新的方式，以数据流带动资金流、人才流、物流进行流转的方式，加快各类资源汇聚和按需流动，最终提高全要素的生产率和创新水平。

### 1.3.3 企业级的全局转型

从企业管理者的角度来看，数字化转型是企业的核心战略，承接着企业级的全局转型任务，最终实现企业的全面数字化经营目标。企业的核心战略一定是针对企业的所有业务模块和整个业务链路的，而且不是局部的优化升级。

从技术管理者的角度来看，数字化转型的本质是在数据+算法的世界中，通过数据的自动流动化解复杂系统的不确定性，优化资源配置效率，构建企业的新型竞争优势。因此，企业数字化转型建立在从基于传统 IT 架构的信息化管理到基于云架构的智能化运营之上，这个过程同样是全局性的。

国内的企业通常具备业务驱动型的属性，企业信息系统的建设往往是从业务视角和业务需求出发来构建的，缺乏全局视角，易造成业务定义不统一、数据口径不一致、技术选型不标准的问题，进而导致数字化转型过程中的业务联动成本高、协作性差的问题。这不但不利于数字资产的沉淀，而且无法支撑业务快速响应和探索创新。

因此，企业在数字化转型的过程中应该构建全局的技术支撑和业务场景体系，从企业经营的全局视角贯穿企业的整个业务价值链，沉淀可复用的核心数字资产，实现业务需求的快速响应和创新支撑，以技术驱动业务的方式实现企业的商业模式转型。

通常，数字化转型的落地包含三种技术手段，分别是业务中台、数据中台和技术中台，如图 1-14 所示。这三种技术手段也被称为中台战略，中台为前台提供接口服务，同时依赖后台提供运营支撑。

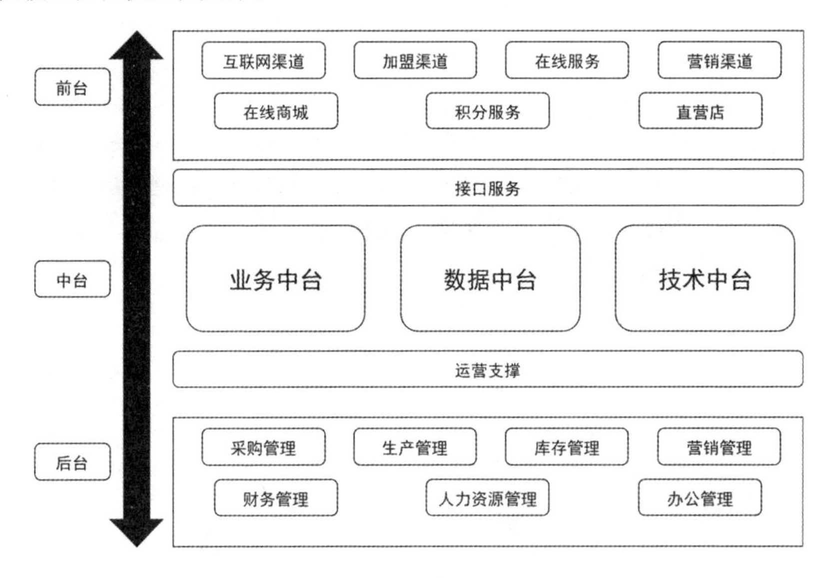


图 1-14

（1）业务中台

业务中台是中台战略的核心。业务中台建设的本质是从业务链的全局出发，利用实时、统一、在线的业务数据实现业务的全局数字贯通。业务中台可以将多个业务环节、链条中均会使用的业务能力沉淀下来，形成通用的服务组件，以接口服务的方式支撑前台中不同业务的在线处理过程。这很好地解决了以往独立建设业务系统的种种弊端，避免了重复建设和资源浪费。总结来说，企业数字化转型是管理者站在一个更高的起点上思考企业的未来和数字化建设之路，一定要改变过去从各个业务局部思考和建设系统的方式，应该站在整个业务链全局的视角思考如何更科学地构建整体架构，实现基于中台的数据统一和业务联动。

（2）数据中台

简单来讲，数据中台用于提取各个业务的数据，统一标准和口径，通过数据计算和加工为用户提供数据服务。对企业而言，建设数据中台包含数据模型存储、数据资产管理、对外提供数据服务、更深层次的数据分析和挖掘等过程。这是广泛意义上的数据中台，其核心是构建一个数据服务共享体系。

（3）技术中台

技术中台在数据中台的基础上提供通用化的智能服务，它的出现基于客户对数据服务需求的演变。例如，一些客户希望在企业提供的服务的基础上增加语音识别的输入方式，另一些客户可能需要一些实时的数据动画效果展示。针对用户对当前服务的个性化需求，技术中台应运而生，它需要在数据的存储、管理、分析和展示方面实现自动化、智能化。

### 1.3.4 形成数字生态

数字技术的创新有两种方式：一种是封闭式创新，另一种是生态化创新。

- 封闭式创新的典型代表是中央研究院式的贝尔实验室。贝尔实验室在市场中的失败证明了封闭式创新容易导致企业与新技术演进、新技术市场失之交臂。贝尔实验室的晶体管技术衍生出了英特尔等第一代“信息化原生公司”。
- 生态化创新的典型代表是华为。华为通过完善合作生态组织、持续优化面向伙伴的 IT 和工具两种方式实现生态化创新，结果显而易见：完善合作生态可以使企业向目标市场和产业优势资源靠拢，与行业领军客户及玩家联合创新，做大市场，做强生态，支撑合作伙伴一站式完成联合创新、方案验证和合作落地。持续优化面向合作伙伴的 IT 和工具，向华为的客户和渠道展示华为数字生态，为合作伙伴提供解决方案。

在数字化转型过程中，企业应该充分利用自身沉淀的技术和引进的新技术，构建数字技术体系，提升科技组织的快速响应能力和复杂创新能力，最终形成体系化的数字服务平台，提供全方位洞察顾客所需、快速供给数字化服务、快速赋能新业务的能力。这种数字能力可以帮助企业构建强大的“生态圈”，助力企业快速发展。强大的数字能力突破了传统公司对管理边界的认知，利用一种互联网工具或数字化的工具，以及生态协同系统，大幅加快企业的发展速度。

对传统企业或传统行业而言，数字化生态圈可以带来新的价值重构的思路。依托于数字化生态圈，传统企业可以摆脱信息屏蔽和行业准入壁垒，实现业务上的创新；数字企业可以更好地实现全产业、全生态的数据和服务闭环，通过创新来创造更多的社会价值，同时将沉淀下来的有社会价值的数字能力对外输出给企业的上下游产业链甚至整个社会，用事实证明企业数字化转型比传统的信息化建设有更多本质上的改变。

数字化生态圈形成后，通过大数据技术、人工智能技术、算法技术对生态圈实现主动管理，形成面向生态圈的量化运营能力。

### 1.3.5 数据自服务

数据自服务既是数字化转型中的关键一环，也是技术管理者在数字化转型过程中需要关注的一环。数字化转型过程需要对数据进行采集、存储、分析，这也被称为建设数据仓库。通常情况下，企业在处理数据的过程中，需要拉通数据所在的不同部门或组织架构，最终洞察整体业务流程。但由于康威定律的影响，这个过程不是很顺利，典型的是在数字化转型初期，各个部门分别建设 IT 系统，各个 IT 系统分别输出不同口径的数据。

为了解决这个问题，技术管理者应该建立专门的数据团队对数据进行专门管理，使用专门的数据技术和工具提取、转换、装载数据，并建立数据立方、多维钻取、生成报表。大多数企业的数字化团队由数据团队转化而来，但这种方式也有弊端。由于专门的数据技术和工具存在一定的技术门槛，因此对数据处理、分析和呈现的变更都必须由数据团队来完成，最终导致数据团队的需求响应能力下降，从数据分析到企业获得市场洞察的时间周期拉长。

在数字化能力范畴内，数据属于中间状态的生产要素，应该以场景化的方式输出数据，使其在业务运营场景和企业经营场景中发挥价值。因此，技术管理者应采取数据即产品的管理方式，这种方式也称为数据自服务。

数据自服务，是指将数据以产品的方式进行资产变现。这种方式有两个优点：面向数据的使用者，一份数据可以多重消费，进而具备多种使用场景；面向数据的生产者，数据可以通过血缘分析和去向分析的方式被再次加工。

在实现数据自服务时，不仅要把数据打包，更重要的是数据之间的互联。数据产品的生产者需要提出意见，指导用户做决策，而不只是提供数据点。数据产品需要结合用户的使用场景和用户体验，并不断迭代演进。

### 1.3.6 数据互联

数据互联有两种方式：一种是数据的生产者和数据的使用者互联，另一种是数据的使用场景和企业经营场景互联，如图 1-15 所示。

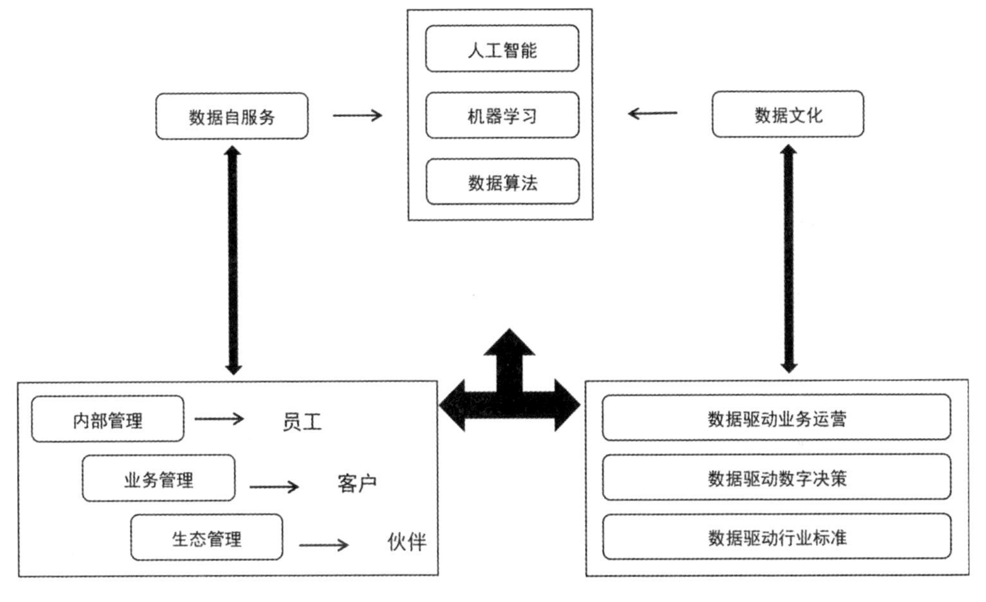


图 1-15

在图 1-15 中，通过数据技术和工具对内部管理、业务管理、生态管理过程中的数据进行处理、分析和洞察，形成数据自服务的数据产品，并驱动业务运营、数字决策和行业标准。同时对数据持续积累，最终支持更高级别的自我学习，进一步驱动业务运营、数字决策和行业标准，形成数据互联的闭环，并持续优化改进。

综上我们可以发现，数据互联不仅是人和数据、数据和场景联通，还包括数据和生态联通，通过互联形成对数据的采集、处理、应用和优化；数据互联不仅是物和人联通，还包括物和物联通、人和人联通，通过互联实现信息的自动产生、采集、处理和应用。在数字化转型过程中，通过数据互联技术和对业务场景进行数字标记，使业务场景具备数字标签的能力，数据只有在流通、共享、跨界后才能实现其价值的飞跃。

数据互联的目的是从“大数据”中捕获“小数据”。这里的大数据是指数据量级，小数据是指有价值的核心数据。例如，一个顾客进店选购商品，当他看到某一个商品时，售货员会极力推销，促进成交，然而最终顾客并没有付款购买该商品。这个案例表明了一种现象，顾客的浏览记录并不是顾客的潜在购买商品，售货员缺失顾客的购买习惯数据，如价位、品牌、款式。因此，如果通过数据互联的方式获取顾客的消费习惯、商品购买记录、购买能力，那么不仅可以辅助售货员捕获顾客的购买意向，而且可以提升其精准营销和精准推广的能力。

## 1.3.7 智能服务

技术管理者一定要对智能服务有清晰的认知，企业的数字化转型是否具备智能服务的能力是判断数字化能力的关键标准。真正的智能服务不是简单的信息采集、存储和分析，而是基于存量数据进行持续学习，最终具备数据自服务、数据产品、数据服务、数据价值体系的能力，并持续优化企业经营，支撑业务场景，构建行业数字生态。

数字化转型的最佳实践一定是智能服务。作为数字技术和大数据技术的自然产物，智能服务也是数字化转型过程中的核心所在。智能服务的对象一定是企业的业务场景，并不是企业的 IT 场景，即使 IT 具备业务属性。如图 1-16 所示，智能服务的对象包括业务检测、业务洞察、业务优化、数据变现和商业重塑等场景。

图 1-16

当企业数字化转型逐步进入智能服务的阶段时，数据将从工具变为资产，从辅助内容变为生产资料。智能服务就是以数据为生产资料，通过结合大规模数据处理、数据挖掘、机器学习、人机交互、可视化等多种技术，从大量的数据中提炼、发掘、获取知识，为管理者做决策时提供有效的数据智能支持，减少或消除决策的不确定性。

# 02

# 技术在数字化转型中的定位

周春生教授在《新二元经济：新经济繁荣与传统经济再造》一书中对华为数字化转型的战略和战术进行了深度解读。他认为，在数字化转型过程中，企业管理者和技术管理者需要尽快将“工具改造思维”转变为“真正的数字化企业思维”。数字化转型从根源上看不是一个技术问题，但技术在数字化转型过程中十分重要。数字技术可以将企业的价值链生态与企业的商业模式、业务场景进行有机结合。

## 2.1 技术在数字化转型中能为企业带来什么价值

近年来，随着信息技术和数字技术的不断发展，以及为了满足企业自身的数字化转型的需要，众多企业开始利用技术为企业的数字可视、科技左移、弹性合作、数字风险、数字运营等场景赋能。新冠肺炎疫情暴发之后，国内企业逐步进入数字资产化的阶段，同时面临着企业数字化转型的新机遇。技术管理者需要把握数字技术的新特性，在企业数字场景中重新塑造技术的价值。

企业的数字化转型之路并不是一蹴而就的，从技术的角度分析，企业需要基于数字技术提供的数字场景，让业务和技术产生真正的价值交互，让企业具备建设和使用技术的能力。数据已经成为企业最重要的资产之一，搭建数字化平台可以有效利用数据，为企业持续创造价值。

数字技术将逐步对现实世界的组成部分（如物质、关系和思维）进行模拟和重构，从而实现对数据的溯源和预测，以及对场景的再现和预演。数字技术不单指某一项技术，而是强调一系列新兴技术的融合应用。以大数据、人工智能、云计算等为数字技术的底座，叠加物联网、5G 网络、区块链等行业技术，构建全体系、全方位的数字技术集群，使物理世界与数字世界无缝衔接，如图 2-1 所示。

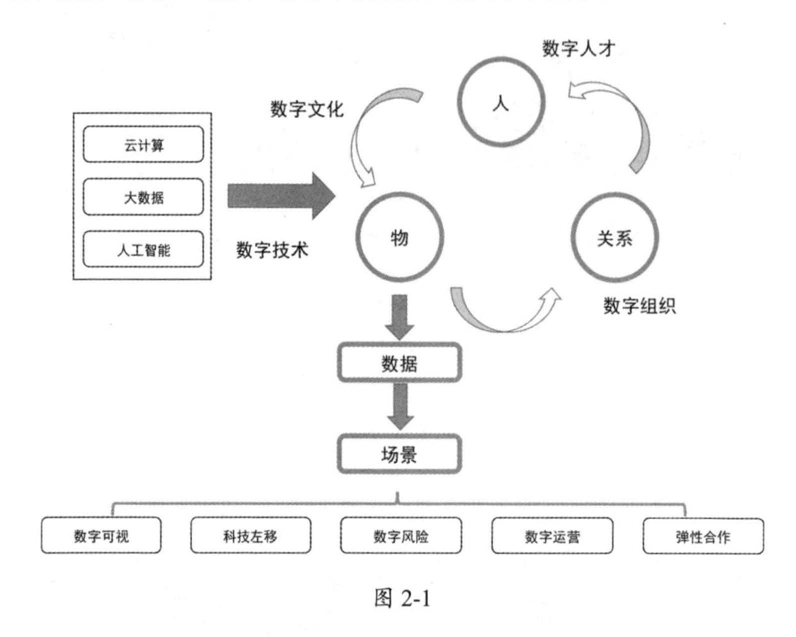


图 2-1

在当今的数字化转型实践中，很少有人能说清楚技术的价值，甚至当下我们看到的价值可能只是“冰山一角”。技术在数字化转型中给企业带来的价值主要集中在企业内部管理、业务运营和服务创新场景中。技术自身具备价值效益和赋能效益两种特性。

## 2.1.1 技术的价值效益

对大多数业务驱动型的企业而言，技术的价值效益需要通过业务场景的结果来体现。从业务模式创新和业务价值度量的角度分析，数字化转型中技术的价值效益主要体现为三种方式，分别是生产运营过程的优化、产品和服务的创新、数字生态体系的构建。

- 生产运营过程的优化：主要是指基于企业中存量的业务模式和生产过程，聚焦于内部技术，支撑价值链开展价值创造和传递活动，通过优化业务模式过程、提升产能、扩大产品规模化的方式获取降本、增效、提质等方面的价值和效益。
- 产品和服务的创新：主要是指基于企业现有存量业务的服务延伸，对现有的产品和服务链开展价值创造和传递活动，通过创新产品和服务扩大现有业务的增量发展空间，获取新技术、新产品、新服务的增值，以及核心业务增长等方面的价值和效益。

- 数字生态体系的构建：主要是指将存量业务逐步转型为数字业务，自建生态或依托现有生态，与生态伙伴共建开放的价值生态，开展价值创造和传递活动，获取用户与生态合作伙伴的连接与赋能，以及数字新业务和绿色可持续等方面的价值和效益。

无论是业务驱动领域，还是技术驱动领域，技术的价值效益都聚焦于降本、增效和提质，这是技术在数字化转型过程中带给企业的直接价值。

- 降本：降低成本。IT 组织通过数字化容量评估管理，减少创新试错，降低研发成本。同时通过对人、财、物的合理配置，减少资源浪费，降低内部管理成本。在与生态伙伴共建开放的价值生态及开展价值创造和传递活动的过程中，实现产品上下游的数据供给及数据传递的闭环，降低生态资源的获取成本。
- 增效：提升效率。IT 组织通过数据驱动的方式推动数据流动、数据映射和数据关联等工具的落地，提高企业内部职能组织的数据口径标准化和一致性，提高资源配置的效率，进一步提升规模化效率与数据场景的适配度。同时，通过应用大数据、人工智能、云计算等技术，实现内部资源的弹性伸缩，以及业务需求的快速响应和持续交付。通过数据的度量和反馈来优化生产过程，降低成本，提高组织产出价值的能力。
- 提质：提高质量。IT 组织通过数据的度量和反馈，对生产过程进行优化，对阶段性结果进行回溯，对内提升产品设计、服务设计的能力，对外提高产品和服务质量，持续提供满足客户需求的产品和服务。

### 2.1.2 技术的赋能效益

在数字化转型过程中，技术的价值效益能够给企业带来直接价值，而技术的赋能效益能够给企业带来间接价值。间接价值是不可度量的，也是可以无限放大的。技术的赋能效益越大，代表企业的数字化转型越成功。

在企业的产品、服务、业务模式、数字生态方面，技术的赋能效益可以为企业的新技术、新产品、新服务、新生态提供技术支撑。一方面，企业自身的数字技术与产业的数字技术进行吸纳、融合和创新，为企业创造数字文化、数字组织和数字产品的孵化条件，最终创造新的商业模式和业务场景。另一方面，通过技术手段为企业现有的产品提供数字增值服务，如感知、触达、交互、决策等能力，实现产品和服务的功能增强，提升用户体验以及企业在市场和产业中的竞争力。

在服务能力方面，企业通过数字化转型，依托内部数字管理和外部数字产品，打通产业链上下游的数字能力。例如，用户全生命周期管理和供应链数字协作，将一次性的产品和服务获取价值转变为多次服务获取价值。

例如，大多数 SaaS 厂商的关注点在于如何提升终端用户的使用体验，因此 SaaS 产品的价值主导权将从厂商侧向用户侧倾斜。产品的效益和提升终端用户的使用体验正在成为 SaaS 厂商的核心关注点，SaaS 产品的价值厘定主导权也将从厂商侧向用户侧倾斜。产品服务价值将作为评估 SaaS 产品价值的重要标准，以及驱动 SaaS 厂商良性发展的关键因素。一方面，流量聚拢和促进成单，可以帮助上下游相对分散的企业创收；另一方面，交易型 SaaS 为厂商提供了新的收入来源，有效提升用户黏性和忠诚度。

如图 2-2 所示，企业内部的技术部门通过 DevOps 技术为业务部门提供持续且快速的产品交付能力，经过云计算、大数据、人工智能等数字技术的赋能，使产品具备智能特性，覆盖用户从产品端到用户端的感知场景，这就是常见的技术赋能效应。

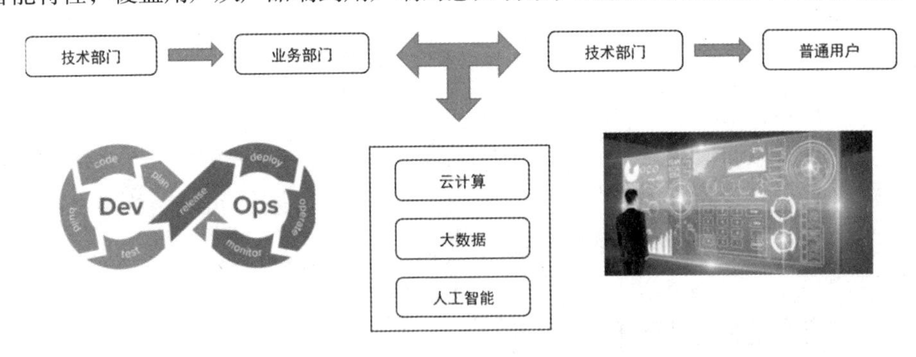


图 2-2

同时，数字技术能够在数字生态内连接普通用户和生态合作伙伴。在数字生态内，通过技术衔接和数据共享，将用户、员工、供应商、经销商、服务商等利益相关者转化为增量价值的创造者，不断提升用户黏性。利用“长尾效应”满足用户的碎片化、个性化、场景化需求，创造增量价值。企业通过技术赋能，将自身的数字资源、数字知识和数字能力进行封装，完善生态功能，以服务的方式提供给生态伙伴，实现技术价值。对内实现业务模式的创新和数字技术的输出，对外为企业带来可持续的增量价值。

## 2.2 技术在数字化转型过程中的痛点

数字化转型的一个重要步骤是数字化能力的建设。与信息化能力相比，数字化能力的要求更高，既要支持企业在全面数字化经营、数字生态的全局场景中具备数字化能力，还要在数字可视、科技左移、弹性合作、数字风险、数字运营等细分场景中将数字场景与业务场景进行融合，确保企业在竞争过程中做到敏捷应对、高效运营与持续创新。

但是大多数企业在数字化转型的过程中，其技术层面的痛点往往导致数字化“底座”出现不稳固的情况。例如，在企业系统的数字化改造过程中，因原有的系统老旧、管理制度传统、流程复杂，传统的业务系统和数字化系统出现流程、数据、场景不兼容等问题，整体重构成本高昂，同时会影响企业的正常展业。企业的数字化系统架构需要众多的新技术赋能，而新技术的自主掌控能力对企业来说是一个很大的挑战，同时会出现一系列的技术伦理问题。

### 2.2.1 技术伦理

技术伦理和商业伦理的概念比较类似，是技术管理者很容易忽视的问题。数字化转型中的技术选型，如人工智能技术、活体检测技术、机器人技术等，不可避免地会涉及业务场景中客户的隐私权和个人信息保护等敏感问题。此外，数字生态内部的虚假信息泛滥，以及业务场景中数据孤岛和数字鸿沟的问题，也属于技术伦理的范畴。

尤其在远程办公过程中，交付流水线的用户体验不友好、数字可视场景中的数字对象不敏感、数字风险场景中的风险对象识别较弱都是数字化转型会遇到的一些问题。

#### 1. 个人隐私泄露和滥用

由全国信息安全标准化技术委员会等机构发布的《人脸识别应用公众调研报告（2020）》显示，有九成以上的受访者使用过人脸识别。在具体用途中，“刷脸支付”最为普及，有六成受访者认为人脸识别技术有滥用趋势；还有三成受访者表示，已经因为人脸信息泄露、滥用而遭受到隐私或财产损失。

### 2. 人工智能技术引发的社会问题

人工智能是计算机科学的一个分支，它企图了解智能的实质，并生产一种新的、以与人类智能相似的方式做出反应的智能机器。该领域的研究包括机器人、语音识别、图像识别、自然语言处理和专家系统等。人工智能从诞生以来，理论和技术日益成熟，应用领域也在不断扩大。可以设想，未来人工智能带来的科技产品将是人类智慧的“容器”。人工智能可以对人的意识、思维等信息过程进行模拟。人工智能虽然不是人的智能，但能像人那样思考，也可能超过人的智能。

目前，人工智能在实际应用场景（如智慧医疗、智能制造、智能驾驶等）中均取得了较好的效果。然而，如果智慧医疗的设备由于系统故障或电力供应等问题而导致误诊，进而导致医疗事故且对患者健康造成损害时，该如何判定医疗损害责任？如果具备智能驾驶功能的汽车在行驶过程中由于网络故障或数据异常导致严重的交通事故，该如何判定驾驶员在使用智能驾驶功能时的责任？在人工智能的场景运用过程中，技术是否需要承担责任？这些都是社会问题。

### 3. 技术伦理的治理薄弱

2022 年，中共中央办公厅、国务院办公厅印发了《关于加强科技伦理治理的意见》，其中明确：科技伦理是开展科学研究、技术开发等科技活动需要遵循的价值理念和行为规范，是促进科技事业健康发展的重要保障。当前，我国科技创新快速发展，面临的科技伦理挑战日益增多，但科技伦理治理仍存在体制机制不健全、制度不完善、领域发展不均衡等问题，已难以适应科技创新发展的现实需要。

同时，相关的抽样调查结果显示，大量的技术从业人员认为我国科技伦理审查监管制度仍不完善，我国对科技伦理失范事件的打击力度仍显不足。因此，对技术伦理的治理还需较长的时间。

## 2.2.2 数字技术是 IT 技术的延伸

技术管理者对数字技术的认知通常存在误区，认为“数字技术就是数据技术”或“数字技术就是 IT 技术”。其实，数字技术本质上是 IT 技术的延伸，IT 技术通常不具备业务属性，而数字技术具备业务属性。业务属性体现在数字场景中，如何将企业的商业模式和 IT 技术进行衔接，企业的 IT 系统如何被赋予业务的功能角色，都是技术管理者需要思考的内容。

随着数字化转型的深入，企业对 IT 部门的定位和期望发生了颠覆性变化，比较典型的有从后端到前端的转变、从技术属性到业务属性的转变、从功能化到非功能化的转变、从平台能力到生态能力的转变。技术管理者需要明确，IT 技术依然是基础能力，而数字技术是 IT 技术的延伸。因此，企业应该将以业务流程为核心的 IT 能力转向以企业数字化运营为核心的数字能力。

除了赋能业务和内部管理，企业在将 IT 能力上升至数字能力的过程中还需要触达更多的用户，包括企业内部员工、企业产品的用户、企业生态上下游的合作伙伴等。向上聚合生态、向下融合资源，充分发挥技术红利，全面赋能数字化商业形态，助力数字化转型战略的达成。

对技术管理者来说，IT 技术的最大痛点在于从成本中心向利润中心的转变，通过利用“向上管理”和“价值链管理”等思维方式对 IT 技术价值进行升华，将价值的边界扩大到企业全域、全流程、全业务。

例如，作者所在的企业将“安全、稳定、高效、低成本”作为 IT 组织能力的四大象限，安全和稳定能够确保企业的业务在线，高效和低成本能够确保企业的效能提升和价值交付能力。尽管接近 70%的数字化需求来自业务场景，但这些需求均通过业务在线和产品价值交付来实现，所以数字技术对数字场景的洞察能力远比业务需求更强。尤其随着数字技术的不断发展，相关的数字技术门槛在不断降低，最终 IT 技术和数字技术的耦合度会不断增加。

IT 技术和数字技术的边界在于企业战略的执行力，这也可以概括为技术管理者是否具备向上管理的思维，比如思考企业的技术演进和业务战略的匹配度，IT 发展趋势和数据战略的匹配度等。

数字技术是对 IT 技术的能力增强，让 IT 技术具备数字属性和业务属性。通过 IT 技术、数字技术的支撑和驱动，使企业实现业务目标，让企业的业务战略在市场中变得更有竞争力。

### 2.2.3　过早的技术投入

过早地投入数字技术是典型的技术先行，然而对数字化转型而言，这种方式存在较多的弊端。作者在企业中实践 DevOps 的过程中曾遇到过类似的情况，投入数字技术主要基于两点考虑：第一，快速将 DevOps 方法论转化成科技核心生产力；第二，发挥科技的核心价值，促使科技内部快速进行资源整合。最终，由于 DevOps 组织尚未成型、DevOps 文化尚未被 IT 组织完全接受等原因，DevOps 平台的价值没有得到完全释放。如果等到 DevOps 组织组建完成且 DevOps 文化完全被接受，那么由于“价值交付”需求的变化，最终将不得不重构 DevOps 平台。

根据《2019 中国企业数字化转型及数据应用调研报告》中的描述，众多企业进行数字化转型的最终结果变成了技术转型。技术转型本没有错，无论是业务驱动型的企业，还是科技驱动型的企业，在企业经营和业务运营方面都需要技术创新和技术支撑，而技术转型和数字化转型的本质是不同的。因此，技术先行的前提是技术应具备业务属性或数字化属性。

例如，目前很少人会问：“为什么要上云？为什么要使用 DevOps？为什么要上数据分析？”而是会问：“为什么不上云？为什么不使用 DevOps？为什么不上数据分析？”这就是技术管理者在技术思维上的转变，这种转变的本质是将技术属性和业务场景进行了关联和融合。

目前有很多技术适合在前期投入，如云计算技术、大数据技术、人工智能技术。一方面，这些技术可以让企业通过技术转型进入数字化领域；另一方面，企业可以通过这些技术革新将产品快速地投放市场，并获得反馈。技术先行或过早地投入技术需要结合技术自身的特性和技术架构的前瞻性来考虑。比如，企业可以通过云计算技术减少在基础设施方面的投入；借助云计算技术的快速构建和弹性伸缩能力，保证业务的连续性和稳定性。再比如，当数据作为企业核心资产时，通过大数据技术对数据进行采集、存储和分析，帮助企业对内实现数据可视化管理，对外寻求业务增长方式的可能性。

如果技术管理者盲目地进行技术架构升级和转型，会导致以下两种问题。

#### 1. 投入与产出不成正比

在大多数企业中，技术投资并不能给企业带来直接收益，除非技术自身就是业务，如技术输出型企业。技术管理者需要思考技术转型或技术变革是否可以解决企业经营及业务运营中的痛点，并思考技术投入的目标、价值、阶段及方式，循序渐进地在技术上进行投入，并根据反馈逐步完善。

#### 2. 技术架构与数字场景不匹配

大多数企业数字化转型失败的一个重要原因就是技术架构与数字场景不匹配。如果技术管理者过多地关注技术架构，而忽略业务场景，会导致企业的技术架构无法适应企业自身的业务演进和数字场景。最为严重的是，如果已成型的技术架构与数字场景存在不匹配的问题，那么很难通过转变技术架构来解决问题。当发生这种问题时，即使投入大量的资源对技术架构进行升级，企业也难以收获数字化转型带来的好处，相反还会挫伤企业管理者对数字化转型的信心。

例如，目前云原生技术在深度融合数据库、开发、运维等云产品，提升这些产品的应用表现可以带来实时性、敏捷性、低成本方面的产品创新。从数字化转型的角度来看，云原生技术能够在云基础设施的层面推动 IT 敏捷化和易用化，并直接推进企业在应用与基础架构方面的融合，以及产品创新方面的能力，如图 2-3 所示。

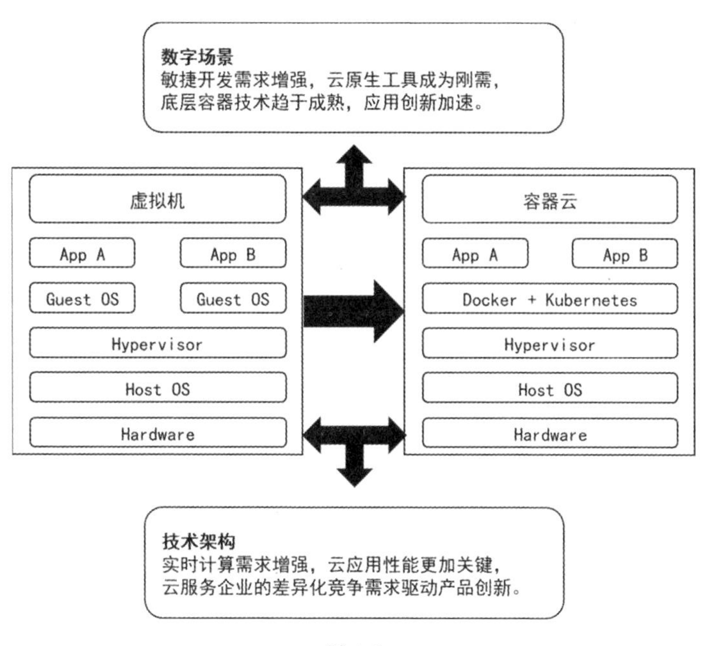


图 2-3

## 2.2.4 无法持续地进行技术投入

无法持续地进行技术投入是大多数企业在数字化转型过程中会遇到的问题，这种情况通常出现在数字化转型的中间阶段。在数字场景的需求比较明确的同时，技术架构能够匹配数字场景。但由于技术管理者或技术团队对技术的理解和储备存在不足，前期的技术架构因技术选型或技术工具的问题，使技术架构在扩展性、稳定性、开源许可证等方面存在约束，因此只能支撑局部的数字化业务场景，无法长期支撑企业的全部数字化转型场景，最终导致企业无法持续地进行技术投入。

### 1. 可持续的技术投入

技术管理者要明确，对技术的投入不是一次性的，引进的某个技术框架或技术工具并不是一成不变的。同时，技术匹配的数字场景或业务场景肯定不会被某个技术框架和场景绑定，因此技术管理者要对技术和场景进行解耦。

例如，某个业务需求分为产品需求和用户需求，其中产品需求来自内部产品规划和业务战略，用户需求来自市场反馈和竞争对手。通过市场转化的方式，将产品需求投放到市场中运营；针对用户需求，通过用户体验转化的方式，提升用户体验或用户黏性，如图 2-4 所示。市场转化主要依托技术输出的方式来体现产品的数字价值，用户体验转化主要依托终端用户或合作伙伴的反馈，以数字赋能的方式对数字产品进行持续优化，最终形成数字生态。

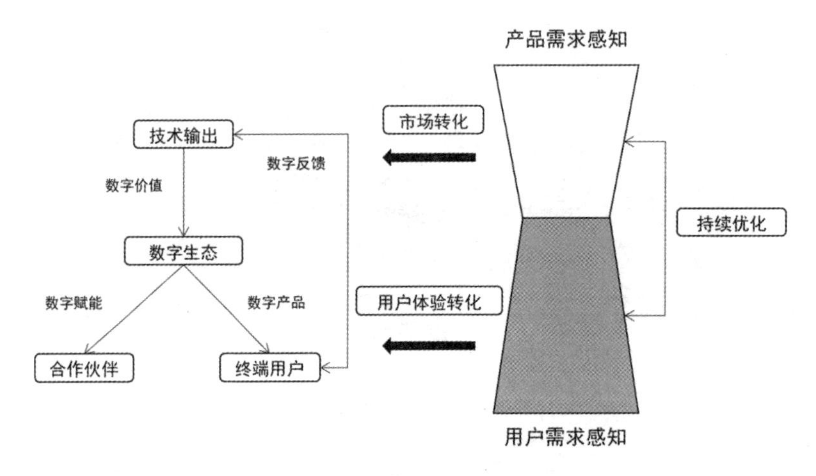


图 2-4

### 2. 迭代的技术发展趋势

众所周知，当技术架构或技术工具进入了实践阶段，就意味着技术债务开始积累。这是因为在设计技术架构或引进技术工具之初，随着使用场景和需求的迭代，其缺陷开始暴露甚至逐渐放大，这个过程是不可逆的。在实际的 IT 活动中，业务需求的迭代优先于技术框架的迭代。为了保证产品快速迭代的需要，技术管理者往往需要通过承受技术债务的方式来呈现技术的价值。因此，技术管理者应该时刻保持对技术的洞察能力，在合适的数字场景中对技术架构或技术工具进行迭代升级。

# 2.3 技术与数字化转型的关系

在数字化转型过程中，技术管理者应明确：技术归根结底要为企业经营和业务运营服务，而且企业经营和业务运营需要在具体场景中体现价值，也就是贡献利润。

## 2.3.1 技术与数字场景的关系

围绕数字场景的争论始终没有停止，这是由企业的不同业态和不同规模造成的。不可否认的是，技术与数字场景的关系是相互依存的，任何一项技术本身是没有直接价值的，只有与场景结合起来，发挥其作为工具的核心作用，才能真正创造可持续的场景价值。

技术架构与数字场景的关系如图 2-5 所示。

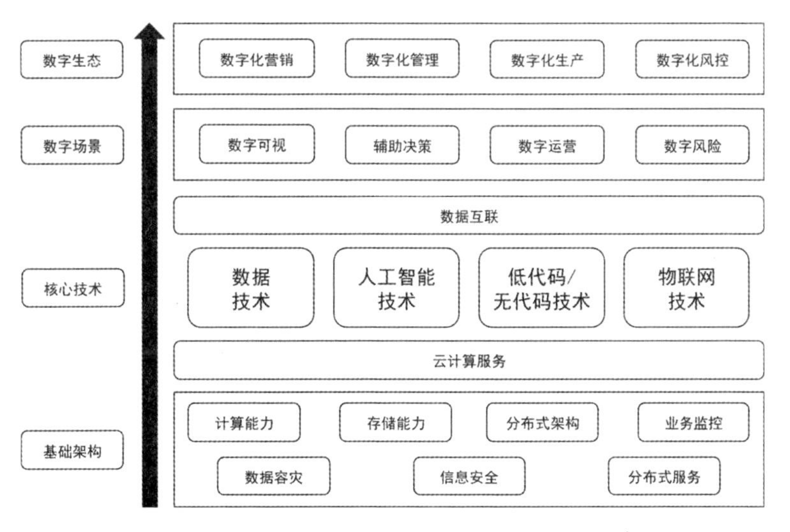


图 2-5

### 1. 基础架构层

第一层是基础架构层，包括以云计算为代表的“云”服务层，以及计算能力、存储能力、分布式架构、业务监控、数据容灾、分布式服务、信息安全等。这一层是封装的，对大多数企业来说是不可见的。基础架构层是构成技术支撑能力的基础，也是支撑业务的“底座”。没有一个足够坚固的基础设施，上面所有的“建筑”都将是“空中楼阁”。

#### 2. 核心技术层

第二层是核心技术层，数字场景中所运用的核心技术通常有数据技术、人工智能技术、低代码/无代码技术和物联网技术，这些在企业数字化转型中是必不可少的。数据技术是实现产业数字化的技术基础和前提，人工智能技术是从数据化到数智化的核心技术，物联网技术是实现万物互联的最重要的技术之一。

#### 3. 数字场景层

第三层是数字场景层，数字技术依托于场景，用来解决具体的数字应用需求问题。面向企业数字化转型的实际场景需求，比较常见的有数字可视、辅助决策、数字运营和数字风险。数字场景层通常需要与核心技术层中的技术结合，比如将数据技术与人工智能技术相结合实现辅助决策，将数据技术与物联网技术相结合实现智慧运营。

#### 4. 数字生态层

第四层是数字生态层，当企业在数字场景层中形成强大的场景化能力后，可以对企业内部实际的运营模块进行探索、推进和落地，如数字化营销、数字化管理、数字化生产和数字化风控，还可以针对行业痛点进行技术输出，推动产业数字化，构建行业内的数字生态。

### 2.3.2 技术与数字生态的关系

技术下沉是构建数字生态最好的方式，这个观点来自《云端革命：全球 ICT 生态链下的中国突围》一书中关于 ICT 产业生态链的描述。ICT 产业生态链包含信息制造链、感知层、网络层、IT 平台层及应用层，这些层级需要一个庞大的基础设施作为支撑。这个庞大的基础设施被称为“流动基础设施”，主要有以下特征。

- 生态内的技术流动并不一定最终形成系统，这种技术流动的方式可以是变化的。尤其是技术的引入和最终的技术输出之间的关系是不固定的，不同企业之间的技术生态存在竞争，这取决于企业数字化转型中构建数字生态的方式。
- 技术的流动可能是碎片化的、变化的，但基础设施需要保持稳定性和连贯性。技术管理者需要关注技术的流动过程，而不是如何构成一个自有边界的技术生态。

技术与数字生态的核心是发挥数字技术的优势，这种优势在于可以与企业的经营场景及上下游的商业生态进行融合，最大程度上发挥技术的优势。例如，字节跳动以算法技术和弹性的基础设施为核心，快速构建视频直播生态，并横向打通商城、社交等场景。

数字生态的技术优势体现在各种数字场景中，比如数字可视和辅助决策，为企业带来最直接的影响是减少企业经营和业务运营过程中对人的依赖，并拓展人员获取及积累知识的边界，通过数据洞察的方式确保工作结果的准确性。

将技术进行下沉式处理，使其同时具备技术属性和业务属性。技术下沉主要有两种方式：一是数字场景和数字产品的透明化，技术的价值开始从“创新”回归到“基础”；二是技术的使用规模从小到大，开始从功能输出到能力输出。

## 2.4 技术在数字化转型中的实施步骤

如今，大多数企业利用先进的云基础架构来支撑企业的产品和业务，基于云端和云端交付的业务模式支撑公司的全面运营，从而提供良好的用户体验。

### 2.4.1 以云计算技术为底座

作为数字化转型的技术底座，云计算技术具备可弹性伸缩的 IT 资源和多样化的算力。

- 可弹性伸缩的 IT 资源：意味着云基础架构能够提供灵活的 IT 资产，加快企业的产品上市时间，降低 IT 资产管理中的运营成本并提高效率，增强企业自身的竞争力。
- 多样化的算力：随着 5G 技术的运用，我们迎来了万物智联的时代。同时，企业的各种数字化产品，如数字零售、数字供应链、数字员工、数字管理、数字交通，在复杂的应用过程中产生了海量的数据。数据量的激增对算力提出了更高的要求，云计算拥有协同分布式的特点，可以提升计算资源的利用率，有效应对数据量激增的问题。

云计算技术作为底座，为核心技术层、数字场景层、数字生态层提供云计算服务，具体服务如表 2-1 所示。

表 2-1

| 服务能力 | 简称 | 含　义 |
| --- | --- | --- |
| 软件即服务 | SaaS | 软件即服务是最常见的基于云计算的解决方案之一，具有高度可扩展性和可访问性 |
| 平台即服务 | PaaS | 云计算产品之一，服务提供商可以为用户提供平台，使用户开发、运行和管理业务应用程序，而无须构建和维护此类软件的基础架构 |
| 基础设施即服务 | IaaS | 把 IT 基础设施作为一种服务通过网络对外提供，包括计算资源、存储资源、网络资源和其他基本的基础设施资源，用户能够部署和运行任意软件，包括操作系统和应用程序 |
| 灾难恢复即服务 | DRaaS | 企业的核心业务停机时间成本很高，灾难恢复可以作为企业的一个备份计划，并且随时可以使用，无须从头开始构建 |
| 备份即服务 | BaaS | 云计算存储的服务方式，通过多数据副本的方式对数据进行备份 |
| 软件定义的广域网 | SD-WAN | 是指将 SDN 技术应用到广域网场景中所形成的一种服务，这种服务用于连接广阔地理范围内的企业网络、数据中心、互联网应用及云服务 |
| 桌面即服务 | DaaS | 也叫虚拟桌面或托管桌面服务，它是虚拟桌面基础架构（VDI）对第三方服务供应商的服务方式。一般来说，桌面即服务有多重租赁架构，这种服务通常需要付费购买 |

在制定数字化转型战略时，技术管理者需要将云计算能力作为企业数字化转型的技术底座。作为数字化核心基础设施之一，云计算技术承载着构建新型 IT 架构的作用。从底层看，云计算技术实现了对数字资源的集约化统筹、灵活调度、统一运营和智能化运维管理，为数字化转型构建了稳健的底座。从中层来看，云计算技术正在做厚中台，实现对技术和资源的组件化封装及上层业务的持续沉淀，是数字化转型的关键方向之一。从上层来看，云计算技术通过更加灵活的 SaaS 服务或云化软件方案，对传统商业套装软件进行拆分解构，灵活构建松耦合的信息系统，快速响应场景化的业务需求。从整体上看，云计算技术是数字化转型的关键引擎，在数字经济加速发展、数字化转型工作逐步深入推进的大趋势下，云计算技术的重要性将愈发凸显。

### 2.4.2　以数字规划为起点

数字化转型不仅是对数字技术的实施和运用、利用数字技术对数字场景的赋能，而且是针对企业全面数字化经营的战略之一。对 IT 行业而言，数字化转型需要匹配相应的科技数字化战略、数字人才战略、IT 数字组织战略。IT 组织的负责人需要深入参加企业数字化转型活动，将数字能力全面运用到企业经营和业务运营的场景中。随着国内的企业逐步进入数字化转型“深水区”，数字化建设的投入成本越来越高，数字风险也越来越大。面对数字化转型过程中的技术风险，技术管理者对数字技术的运用应该越来越谨慎。

在数字化转型战略中，需要重点考虑数字价值驱动、数字场景关联、由上而下地推进数字项目，构建数字生态。企业数字化转型是一个系统性工程，数字化转型的推进者和技术管理者需要采用数字化思维，立足当下、着眼未来、统筹规划，围绕企业的全面数字化经营和业务运营展开数字化转型的顶层设计，主要有以下几个方面。

#### 1. 建立数字化转型的远景和目标

数字化转型是一项长期的项目，不可能一蹴而就，需要分阶段、分场景实施，经历一个不断迭代和进化的过程。数字化转型的推进者和技术管理者应结合企业、行业、产业的未来发展趋势，以及整个行业的数字化进程和领域政策，对企业的实际情况进行认真细致的分析，以确认企业数字化转型的长期目标。

此外，数字化转型的推进者还需要为企业数字化转型绘制较为准确的蓝图，为未来五年甚至十年的发展制定合理的政策。

#### 2. 评估企业的数字化基础

技术管理者是评估企业数字化基础的主要负责人，利用相关的数字化基础测评方法，了解数字技术在企业生产链、管理链、业务链等各链路的深度、广度及应用效果，判断是否需要引进新的数字技术来解决现有的痛点。

对企业数字化基础的评估也是分阶段的，评估阶段与数字化转型的阶段相匹配，如信息化阶段、万物互联阶段、数字场景阶段和数字生态阶段。技术管理者根据评估结果来明确现阶段的工作内容，并制定相应的数据驱动指标或流程驱动指标。

#### 3. 搭建数字化转型框架

企业数字化转型会涉及全面的系统性转型和创新，因此顶层设计与数字化转型框架的规划和设计是分不开的。只有对企业战略、文化、数据、技术、流程、组织和服务进行全面的战略部署，明确各个细分阶段的数字化转型框架规划，才能有效实施企业的数字化转型计划。

图 2-6 在图 2-5 的基础上展示了数字化转型的通用性框架。

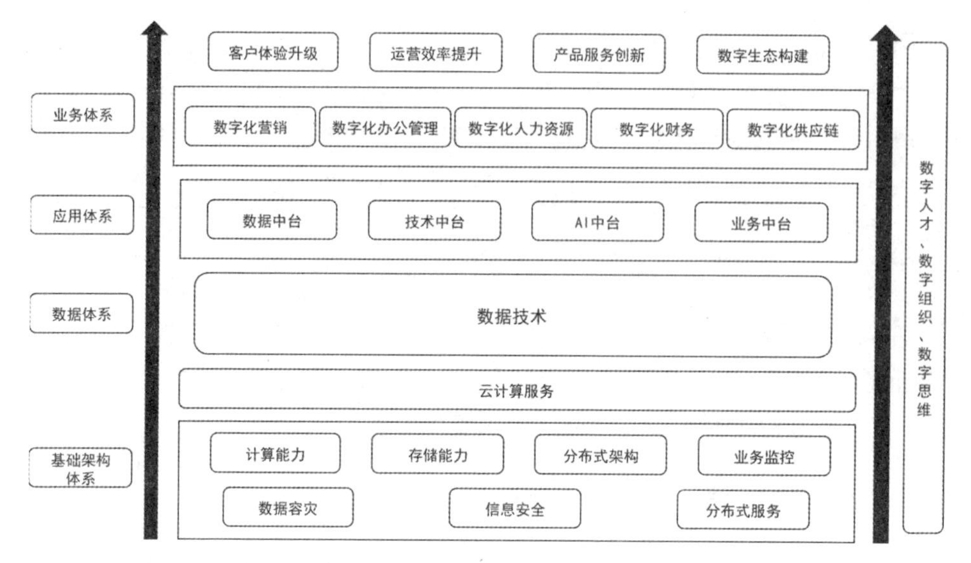


图 2-6

在业务体系中，数字化营销包括线下营销活动预热、营销活动的开展等。企业管理者通常对营销活动进行数字化管理，基于历史的营销活动数据进行分析，对即将开始的营销活动进行规划和预测，实现营销活动的自动化和智能化。数字化办公管理是指利用 NLP、图计算、RPA 等技术，进一步优化和普及智能化办公工具。数字化人力资源是指推进人力机器人的优化和应用，为员工提供规模化、标准化和专业化的人力服务。数字化财务是指基于 OCR、NLP 等 AI 技术，进一步普及账务的智能填报、智能稽核等应用，持续提升财务工作效率。数字化供应链是指推进物资主数据的优化管理，进一步拉通物资采购、工程领用、站点建设、工程转资、网络交维的物资流。

在应用体系中，数据中台、技术中台、AI 中台和业务中台通过服务化的形式为业务体系提供能力支撑。

在数据体系中，通过数据技术构建企业级数据资源目录，实现源端数据资产的统一管理，打造企业级数据中台，实现对公司数据资产的线上化、规范化、目录化管理，促进数据的高效和开放使用。

在基础架构体系中，以云计算为代表的“云”服务层中包括计算能力、存储能力、分布式架构、业务监控、数据容灾、信息安全及分布式服务等。

企业所在的行业不同、规模不同，数字化转型解决方案及面临的具体问题也不同。因此，数字化转型的推进者和技术管理者需要根据企业的实际情况，评估每一套数字化转型解决方案带来的收益和风险，确定优先级，制订数字化转型计划，明确数字化转型路径。

数字化转型的推进者和技术管理者需要根据数字技术的能力和数字场景的情况，设计和评估数字化转型效果的关键指标，并定期复盘，确保数字化转型的推进过程是有序的、合理的、科学的。

### 2.4.3 以数字技术为核心

数字技术是数字化转型的重要手段和核心能力，企业可以通过数字能力提升内部管理、资源统筹、业务开展和企业经营的效率。如果企业缺乏数字技术，会影响企业在数字化转型过程中对数字产品需求的快速响应、数字业务的快速开展、数字场景的快速适应，最终导致企业数字化转型难以落地。

数字技术构成了企业的数字能力，企业数字化转型需要将数字能力贯穿于企业经营的全过程、全环节和全链路中。常见的数字技术有云计算、人工智能、数据中台、低代码/无代码、物联网等技术。

### 2.4.4 以数字能力为导向

数字技术给企业和行业带来的冲击已经渗透到企业的各个环节中，如内部管理、业务运营、产品创新。企业如果不能真正理解数字化带来的改变，并随之做出调整，那么即使现在处于一个相对具有优势的位置，未来也依然可能会被淘汰出局。可以说，拥有数字能力已成为企业的基本功。

技术管理者要明确，构建数字能力不是简单地采纳与应用数字技术的问题，而是数字能力的整体变革，其核心是发挥经营上的协同共生效应，通过整体的治理方案实现组织内外的协同共生。

在组织内，企业要思考在经营层面如何借助技术创新，并结合组织战略、结构和文化价值观的变革，为组织员工和顾客创造价值，这是促进企业成长的根本。当组织内建立起扁平化、去中心化的敏捷反应机制与高效的协同共享网络时，企业内部的协同共生力才得以形成，“从上到下”的各层员工才会在经营上达成共识，并获得协同行动力。

在组织外，将数字技术融入企业价值网络与业务流程重构中，并构建跨边界的组织学习与协同经营网络。企业能够实现的且最重要的经营价值就是促进同行或非同行之间的共同成长，并满足顾客的所有细分需求。在这一过程中，构建基于数字能力的平台或网络治理是企业应该考虑的重点。企业可以根据自身情况构建或加入特定的平台或网络，利用平台或网络对资源的汇聚效应进行组织学习，不断提升价值创造能力。

### 2.4.5 以数字要素为支撑

1.3.2 节中提到了《关于构建更加完善的要素市场化配置体制机制的意见》，其中明确了数据作为新型的生产要素。这意味着数据将成为企业的核心生产要素，地位等同于人、财、物，属于企业的核心生产力之一。尤其是随着 5G、物联网技术的应用，个人、企业、行业生态的行为都会产生各种各样的数据，最终构成海量的数据集群，涵盖企业经营、业务运营、内部管理、技术架构及行业上下游产业链场景。利用物联网技术、大数据技术、人工智能技术、算法技术、数字技术，构建从动态感知、辅助决策到数据洞察的全链路数据应用体系，实现以数据驱动、数据决策、数据赋能为代表的数字化能力，支撑企业的风险管理、数字供应链、数字营销、数字管理、数字运营、数据生态等场景，最终助力企业实现效率提升、成本压降、业务在线，以及构建数字生态。

#### 1. 数据驱动

企业利用数据驱动的方式，通过数据的采集、存储和分析过程，对内形成完整的用户画像数据链路，精准触达目标用户，提高企业智能运营的效率，提升投入产出比。通过多维度的数据分析和数据可视，驱动企业业务运营的发展，最终实现优化运营策略、拓展业务场景、商业模式创新的目标。利用数字技术延长企业的产品链，提升服务价值，最终提高企业的利润。

#### 2. 数字生产

通过实时采集、存储和分析海量数据，以及对存量数据进行精准分析，实现企业内部资源的配置优化、企业上下游资源的统筹整合，助力企业实现降本增效和柔性生产，最终以提供优质产品的方式为企业贡献利润。

将数字技术用在生产中，为企业的生产流程赋能，以可视化的方式对企业的生产过程进行质量管控，不断提升产品质量。

### 3. 数字管理

企业通过打通内部跨业务系统、管理系统、财务系统、生产系统的数据，并整合外部数据，形成一体化的数据中台或数据平台，对业务场景、管理场景、财务场景和生产场景进行全链路的一体化分析，根据数字分析结果更有效地对企业进行管理。以数据驱动的方式促进对数字可视、数据决策和数字风险的管理，同时对流程驱动的结果进行优化。

## 2.4.6 以数字生态为目标

数字化转型的最终目标是形成数字生态。对企业而言，数字生态既可以是内部的，打通企业从产品制造到市场运营的数字链路；也可以是外部的，构建企业产业链上下游的产品体系。二者都可以给企业带来降本增效和协作创新的好处。

在合适的数字场景中运用数字技术，能够使企业内外部的互动更直接、更频繁。当数字生态形成时，企业内部成员与外部成员之间的协作价值会大大提升。尤其是当数字生态中的成员具备一致的数字思维时，会加速提升数字技术的能力与价值。

数字生态构建完成后，企业的生产效率问题、产品质量问题和服务质量问题，其实都可以归结为企业的数字能力问题。例如，企业内部的 DevOps 实践、外部的数据赋能模式实践，都是企业对数字生态的探索。这种探索本质上属于现代企业的管理制度，为了提升企业的适应能力和创新力，通过内部协作的方式对产品进行创新，通过外部协作的方式促进商业变革。

大数据、人工智能和云计算等技术构建起当下的数字生态。未来，随着更多的企业通过数字化转型变为数字型企业，企业的全面运营会越来越集成化，越来越具备可扩展性，数字生态的赋能效应会更加明显。

# 03

# 常见的数字化转型能力框架和成熟度评估模型

本章主要介绍几种常见的数字化转型能力框架，以及数据管理能力成熟度评估模型。

## 3.1 德勤和第四范式的数字化转型能力框架

2018 年年底，德勤和第四范式通过企业调研的方式对企业数字化转型进行了评估，并发布了调查报告《数字化转型新篇章：通往智能化的“道法术”》，以下简称“调查报告”。该“调查报告”中的结果显示，在接受调研的企业中，大部分的企业已经启动了数字化转型，并有近 30%的企业已经开展了丰富的实践且有所回报；部分企业采取了相对保守的策略进行企业数字化转型；其他的企业尚未开始或即将进行企业数字化转型。

作者认为，近 70%的企业尚未在数字化转型方面取得一定的成绩，主要取决于以下因素：如企业管理者的数字思维不足、技术管理者对数字技术的认识不足、企业的数字组织形态落后，等等。

众所周知，当企业数字化转型进入智能化阶段后，企业能够通过数字场景在市场中获得业务价值。因此，在企业内部深入实践数字技术、智能化技术，可以为企业在业务层面、管理层面带来更多价值，如敏捷运营、灵活的定制化需求、业务在线、智能决策和全新的价值主张。

- 敏捷运营：在数字化运营场景中，企业可以通过先进的智能感知与认知技术来提升业务运营流程的效率，并降低业务运营的成本，同时大幅提升产品的用户体验。

- 灵活的定制化需求：随着数字化能力的释放，通过“科技左移”的方式充分满足客户的独特需求，并提供更好、更优质的服务，同时确保产品交付过程的灵活性。通常情况下，企业在市场中推出一款产品，需要经过市场调研、产品研发和产品交付等一系列流程，整个流程是从左到右的。为了更好地支撑业务和服务客户，IT 组织或团队需要更早地参与产品的调研、研发和交付流程，这种 IT 组织提前参与的方式称为“科技左移”。

- 业务在线：对企业而言，业务在线属于业务连续性的范畴；对用户而言，业务在线是指针对不同客群、不同渠道，以不同的形式在不同的时间内覆盖用户的使用需求。

- 智能决策：企业管理者通过数字可视技术、辅助决策技术，对企业经营场景和业务运营场景实现数字技术赋能，提升战略决策的正确性，实现有价值的商业洞察。

- 全新的价值主张：新的数字业务场景和数字业务能够促使企业构建数字生态，提升数字服务能力。

### 3.1.1 企业智能化转型的三个步骤

“调查报告”中提出一种新颖的理念，能够帮助企业顺利推动智能化转型，它分别解决了企业在智能化建设过程中的方法、方式和路径的问题。在“调查报告”中，将这种方法概括为“道、法、术”。

#### 1. 道

“道”是指企业在数字化转型的核心愿景。可以说，愿景是指企业的核心场景，它通常是唯一的，企业需要通过不计代价地投入数字成本以获取最终的业务效果。“调查报告”中将这个唯一的核心场景定义为“1”，将除这个唯一的核心场景以外的大量长尾场景定义为“N”。通过相对较为经济的、稳妥的、标准化的数字技术对“N”进行数字化和智能化赋能，推动局部的数字化落地。因此，“1+N”是企业数字化或智能化转型的核心愿景。

### 2. 法

“法”是解决企业在实践“1+N”的过程中所遇到的各种问题和挑战的方法。在企业的具体场景中可以构建六大能力，分别是智能化战略、智能化人才体系、智能化运营、智能化需求、智能化技术与智能化数据，最终实现企业的全面数字化经营。

### 3. 术

“术”指可执行的、具体的、可优化的行动措施。在“道”和“法”之后，通过具体的数字化实践步骤，企业最终将数字化愿景和数字化方法转化成全面数字化经营的价值。“术”需要针对智能化战略、智能化人才体系、智能化运营、智能化需求、智能化技术与智能化数据分别制订相应的实施计划和路径。

在“调查报告”内容的基础上，本书对“术”进行拓展，具体为六大举措：数字化“拓展+耕耘”战略、尝试创新场景、深化数据治理、夯实技术基础、重塑运营机制、建设人才体系。

我们将“道、法、术”简单概括为图 3-1，“道”指的是企业智能化转型的愿景和价值，这是数字化转型的本质；“法”指的是企业智能化转型的方法论，目的是解决数字化转型中可能出现的问题；“术”指的是具体的行动措施，如智能化转型过程中的实践计划和推进路径。

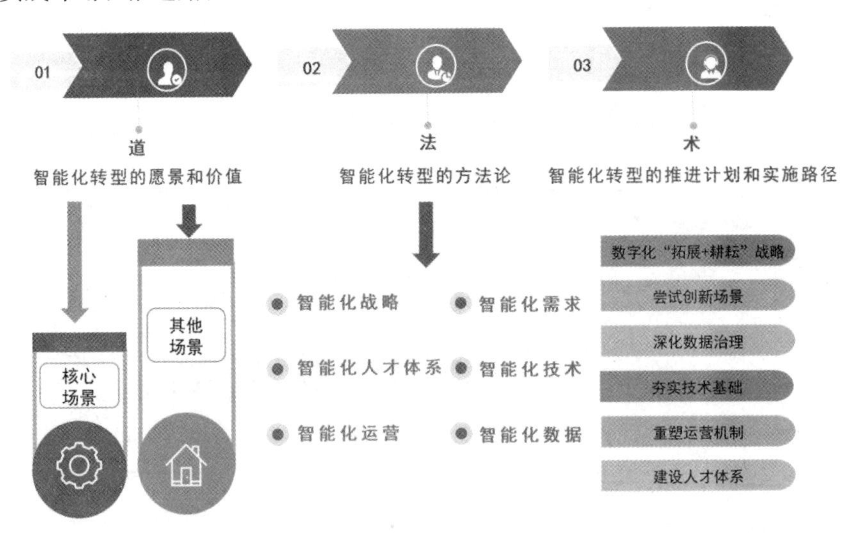


图 3-1

### 3.1.2 数字技术的演进路径

随着企业数字化转型实践逐渐进入深水区，相关的数字场景逐步进入智能化阶段。尤其是很多互联网企业通过自身的技术沉淀，已度过信息化、网络化等数字化关键阶段。例如，企业核心系统的数字化改造、移动数字技术的运用、企业大数据挖掘和分析等，已经逐步进入数智化或智能化的阶段，并开始将流程机器人技术、智能制造机器人技术、数据预测和分析技术等运用到企业的众多业务场景中。

随着数字技术的不断发展，企业的数字场景与技术的适配度会越来越高。同样地，构建数字生态的方式也将越来越灵活。

在"调查报告"中，数字技术的适用场景主要有六类，分别是优化体验、客户管理、控制风险、产品提升、提升效率、优化决策。数字技术的演进和数字场景的关系是相互依存的。如果从时间的维度来看，随着时间的不断推进，相关的数字技术的优化迭代会越来越频繁。相应地，在数字应用场景中，数字技术的应用也会越来越深入。因此，在一个合适的数字场景中运用一项合适的数字技术，企业数字化转型终将进入智能化或数智化阶段。

- 在优化体验场景中，有移动应用、基于分析的体验优化、实时服务、自动控制等细分场景或能力。
- 在客户管理场景中，有线上服务、客户标签、精准营销、千人千面、实时营销、智能投顾等细分场景或能力。
- 在控制风险场景中，有生物识别、区块链、分析风控、交易实时监控、自动审批、智能核身等细分场景或能力。
- 在产品提升场景中，有产品线上化、精准定价、IoT、实时定制等细分场景或能力。
- 在提升效率场景中，有企业内部协作平台、云计算架构、RPA（机器人流程自动化）、智能客服、智能检测等细分场景或能力。
- 在优化决策场景中，有商业分析、大数据分析、智能决策建议、实时分析报告等细分场景或能力。

如图 3-2 所示，数字技术中涵盖了数字技术的六大适用场景，其中横轴表示时间，纵轴表示数字场景。技术演进分为三个阶段，分别是连接阶段、分析阶段和智能阶段。

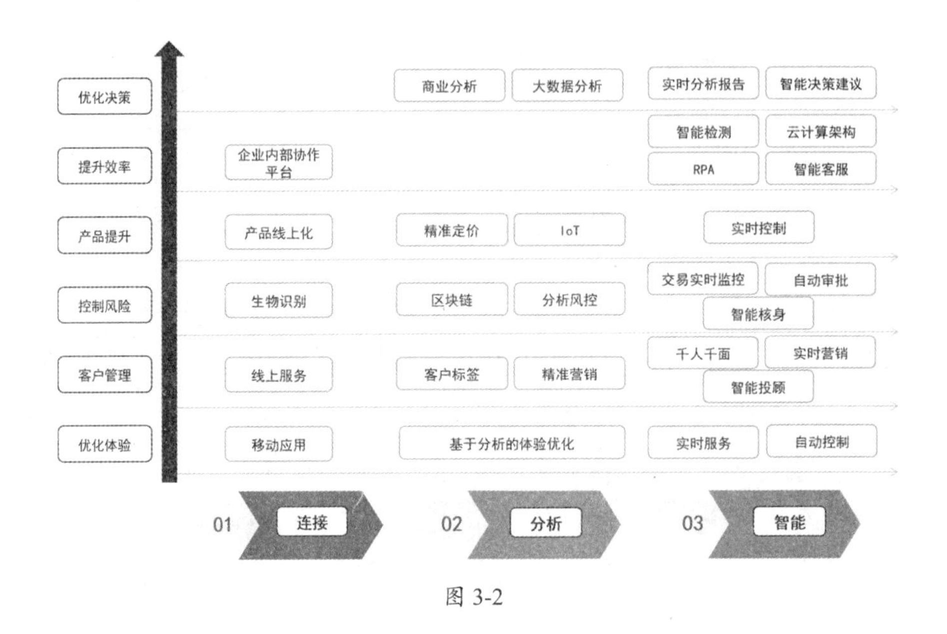


图 3-2

## 3.1.3 智能化在数字化转型阶段的价值

在数字化的广义定义中，智能化属于核心阶段。通过大数据、算法和人工智能技术，将数据与场景结合，使数据的价值得到释放，提高数据在企业场景中的使用范围和深度。

在数字化转型的过程中，智能化能给企业经营场景和业务运营场景带来质的变化，主要体现在以下三个方面。

### 1. 为企业带来颠覆性改变

数字化转型给企业带来的变化是由表及里的。企业的经营发展重心逐步从推动边际效益转变为底层的业务逻辑，涵盖企业的业务模式、外部环境、市场竞争的核心规则等。

企业进入数字化转型的智能化阶段后，通过优化底层业务逻辑，可以获得更好的发展机遇，实现降本增效、增加收入，对外提供更优质的客户服务及更好的用户体验。这个阶段也需要企业具备足够的数字人才和技术能力。

### 2. 大幅改善企业的现有业务

企业的业务规模不断增大，业务流程也随之越来越复杂，智能化技术的应用可以精简复杂的业务流程。通过 RPA 等数字技术提升业务流程的效率，从而降低企业成本，充分释放企业产能，在保证用户在线的同时改善用户体验。

在产品结构方面，应用智能化技术可以帮助企业将更多自助服务融入数字场景，随时随地为不同类型的客户提供服务，通过辅助决策和数字运营的方式扩大企业的用户覆盖范围，增强企业的竞争力。

### 3. 为企业带来一系列衍生服务

智能化技术的应用将衍生出定制化的自动服务，也就是为不同客群、不同类型、不同场景的用户提供差异化的用户体验。有了数字技术的加持，企业可以大幅降低定制化成本，并在标准化和定制化之间取得平衡。

同时，智能化技术的应用可以提升企业数字辅助决策的能力，提供业务运营价值和数字生态价值，提升数字决策的前瞻性和准确率，最终实现对经营业绩、风险控制的正向驱动。

以大数据、物联网、人工智能为代表的智能化技术可以让企业现有的产品具备智能化功能，使企业更好地应对来自非传统竞争者和商品化市场的挑战，在现有的产品市场中具备更强的竞争力。

## 3.1.4 智能化建设中的挑战

与数字化转型中遇到的挑战类似，智能化建设的挑战也主要集中在数字技术、数字组织和数字文化中。智能化阶段处于数字化转型的核心阶段，且以数字技术和数字场景为核心。由于数字技术和数字场景的特殊性，因此需要额外考虑创新技术的安全问题、合规风险，以及技术道德方面的问题。

根据“调查报告”中的内容，智能化建设的挑战主要集中在企业的硬实力和软实力两个层次，如图 3-3 所示。

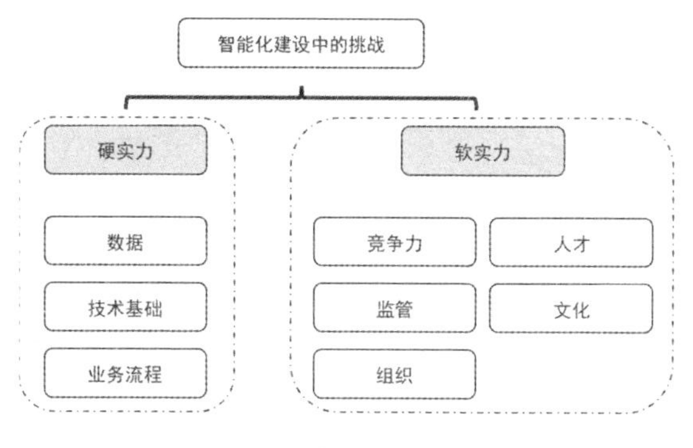


图 3-3

### 1. 硬实力

硬实力主要有数据、技术基础和业务流程。

（1）数据

数据是企业的重要生产要素，也是智能化阶段企业硬实力的组成部分之一。智能技术的能力由输入数据的广度、深度和质量决定，数据的广度、深度和质量的上限决定了智能技术的能力上限。大多数企业的大量信息系统和数据库系统很难在智能化应用中得到有效的应用和部署，可能有以下原因。

- 企业在日常经营中积累的大量数据，没有在企业内实现统一的组织级数据标签，也没有进行数据治理，因此数据的质量不高，甚至存在数据错误的情况。
- 企业的大量数据存储在企业的不同信息系统中，而智能化应用需要从不同的信息系统中采集并整理数据，因此不可避免地造成数据碎片化的问题。
- 智能化应用需要以非传统的数据输入方式输出价值，因此数据成为智能化应用的核心支撑，企业的数据需要具备一定的深度和广度。
- 大部分大型企业的数据架构仍然停留在面向传统商业智能的阶段，在管理与技术上都无法满足智能化时代海量数据的实时获取与应用的需求。

（2）技术基础

对数字化转型而言，基础架构与数字技术都属于技术基础的范畴。尤其在智能化阶段，技术基础是智能化场景的重要支撑，这个阶段对技术基础能力的要求非常高，需要将智能技术与核心系统基础设施紧密集成，才能实现智能化场景的价值。因此，传统的技术基础是部署智能化能力时需要面对的挑战，主要体现在以下几个方面。

- 智能化应用需要通过程序接口、实时数据流、数据分析等技术手段进行部署，而传统的信息系统对这些技术手段缺乏足够的支撑。
- 大多数的传统企业缺乏灵活的、基于云计算体系的技术架构，不能很好地存储智能化应用需要的海量数据，同时缺乏对海量数据进行计算的算力资源，而敏捷和可弹性伸缩的云计算技术是处理海量数据的重要手段。
- 相比于传统的 IT 技术，智能化技术具备领域新、变化快和范围广的特征。领域新主要是指企业需要构建一套新的技术体系来支撑智能化应用的实施。变化快是指智能化技术的更新迭代非常频繁。范围广是指智能化应用需要数据技术、算法技术和网络技术，涉及的技术领域更加广泛。

（3）业务流程

以金融行业为例，金融服务中的业务流程有合规性要求，通常以人和人之间的信息流动为基础。随着人工智能等技术的运用，人和人的信息流动逐步演变为机器和人之间的交互。

因此，围绕人建立的传统业务流程所造成的低效率和低可靠性制约了企业的发展，需要以智能化技术为传统业务流程赋能。

### 2. 软实力

软实力主要有竞争力、监管、组织、人才和文化。

（1）竞争力

每家企业的成功都具有基于行业、规模或商业模式的特征，智能化可以提升企业的核心竞争力，让企业成功的基本要素聚焦在高效运营和数字场景中。在数字化转型过程中，判断一家企业是否成功不仅要判断企业的资产规模，更重要的是判断企业在产业链上下游或数字生态中的地位。企业的盈利模式由标准化的产品服务逐步演变为提供高度定制化的产品，并通过智能化技术实现与客户的个性化互动。

在数字化的世界中，服务提供者将因其能够创建与客户高度契合的匹配链接能力而脱颖而出。客户留存下来不是因为难以更换供应商，而是因为该供应商给他们带来的收益要高于其他供应商。

（2）监管

现有的监管制度难以跟上新兴技术的步伐，从而给智能化部署造成了阻碍。监管与技术要达成一致，这存在较大的复杂性。企业需要向监管部门解释解决方案符合监管要求，但难度很大，因为某些框架的设计并未考虑到智能化技术，公司在采用智能化技术时也可能违规。

（3）组织

传统企业的组织架构在智能化面前可能会显得过时。组织架构应向智能化转型，追求精简和灵活，并改变企业中各个职能部门的价值定位，以适应智能化带来的变化。同时，在本部门利益的驱动下，企业内各个职能部门可能会成为推动变革的阻碍。

（4）人才

人才是推进智能化建设的核心动力。无论是在企业内部还是在外部市场中，符合智能化要求的人才都相当稀缺。同时，企业受限于以往的招聘框架与薪酬体系，容易在人才竞争中错失补充关键人才的机会。

（5）文化

大部分企业没有构建智能化转型企业文化的主观能动性和完善计划，企业管理者的能力与转型定力不足，企业内部各层级的组织未形成统一认识，以数据、智能、敏捷为核心的工作文化无法建立，这些都会使企业内部难以形成向智能化转型的合力。

### 3.1.5 “1+N”的含义

“调查报告”中基于企业数字化转型过程中的趋势对“1+N”进行了详细的阐述，这种趋势主要是由企业数字化转型标准的变化造成的。通常情况下，我们主要通过企业核心财务指标，如企业的资产负债率、利润、净资产的收益率等评价一家企业的现状。随着企业数字化转型逐步进入智能化阶段，除核心财务指标外，我们还会关注企业的非财务类指标，如技术创新指标、数字场景指标。在细分领域中的很多头部企业，通过将数字技术运用到数字场景中的方式，更好地洞察客户需求、降低企业经营成本、提升业务运营效率，从而提升自身的竞争力。

因此，当数字化转型过程逐步进入智能化阶段，企业需要借助自身的智能化能力加快创新速度，结合数字场景，最终落实为具体的创新产品。由于企业形态、规模、商业模式的不同，企业应根据自身的特点采取差异化的方式完成业务的智能化改造，其中涵盖技术、组织、文化等领域。

德勤公司曾组织多家企业的负责人沟通讨论，得出一个结论：企业在经营过程中，一般对核心客户采取 VIP 式的服务模式，这种服务模式通常是定制化的，期望实现最好的业务效果；而对长尾客户通常采取 “产品工厂”“流程工厂”“销售工厂”等标准化的方式为其提供标准化的服务。

这种针对不同客户的服务模式同样适用于企业的数字化转型，尤其是智能化转型阶段。数字化转型的负责人需要针对企业内部不同的业务场景采用差异化的推进措施，这种差异化的推进措施称为“1+N”，其中企业的核心业务场景被定义为“1”，除核心场景之外的长尾业务场景被定义为“N”。

### 1. 核心业务场景

企业通常会有一个或多个核心业务场景，如传统制造业的智能制造场景、金融行业的智能信贷和智能风控场景等。核心业务场景与企业的战略目标是息息相关的，核心业务场景带来的提升效果可以促进企业达成经营目标。因此，企业数字化转型应重点聚焦于企业的核心业务场景，将智能化资源向核心业务场景倾斜，将核心业务场景的智能化能力推进到“极致”。

达成这种“极致”需要企业具备三种核心能力，分别是高维、实时和闭环。

（1）高维

高维是指通过高维算法与海量业务特征的结合，帮助企业达到最细粒度的业务洞察，进而产生优化及重构现有业务的可能。以电商个性化推荐系统为例，假如企业需要研究 100 万名用户与 100 个产品之间的购买兴趣关联关系，这会涉及 1 亿种产品与用户的关联组合。如果采用传统的低维建模方式，只能得到“抓大放小”的业务结果。而采用高维算法与海量业务特征相结合的方式，可以对这 1 亿种组合逐一生成概率洞察，最终达到为每位客户进行个性化精准推荐的目的。

（2）实时

实时是指事物发生过程中的实际时间。在数字化转型领域，实时的场景主要有数据的实时计算、事件的实时决策、需求的实时洞察。对企业而言，实时意味着业务运营可以从“事后分析”转变为“实时决策”，达到运营效果的最大化。如果企业能够实时采集客户的行为数据，并基于实时决策分析立即给客户反馈，为其提供所需的服务，那么不仅能够带给客户极致体验，还可以通过充分挖掘客户需求来提升业务效果。

（3）闭环

闭环代表了一种自学习的能力。任何一个数字系统或智能系统都可能存在缺陷，因此，需要持续利用业务应用过程中的反馈数据实现系统的自我更新与优化，这是未来智能化系统需要具备的极其重要的核心能力。智能化能力的大幅提升，往往来自业务上线以后长年累月的自我迭代。

### 2. 长尾业务场景

企业中除核心业务场景以外的其他业务场景统称为长尾业务场景。长尾业务场景由于没有企业内部的资源倾斜，所以更需要全面的、标准的智能化改造，从而实现批量化、标准化落地的目标。

一般情况下，很多企业面临着大量长尾业务场景的智能化改造的难题。同时，大量长尾业务场景的业务价值与智能化场景的应用呈现出分散的特点。因此，我们需要对长尾业务场景进行标准化和规模化的改造，通过规模效应提升长尾业务场景的价值。

企业需要建立构建智能化应用的统一方法论，以此作为企业智能化转型的行动指南，从而降低构建智能化应用的认知门槛，解放智能化转型的生产力。同时，企业需要开展面向智能化应用的数据治理，通过实时的数据采集和访问、全量原始数据累积、线上及线下数据一致性、自动标注回流数据等关键能力的落地来满足数据的实时性、全量及闭环等需求。

最后，通过自动化建模技术与构建智能化应用统一方法论的紧密结合，打造规模化的生产流水线。在大量长尾业务场景中，通过机器代替人力的方式构建多场景的自动化模型。在保障模型快速规模化落地的同时，可以通过数据的持续积累与供给，保证决策能力的持续优化和演进，最终达到扩大规模化效应的目标。

### 3.1.6 企业智能化转型的能力框架

根据“调查报告”中的阐述，智能化建设的核心挑战有三种，分别是企业对智能化转型的认知问题、智能化转型遇到的数据问题、数字人才的问题。

#### 1. 企业对智能化转型的认知问题

大多数企业在数字化转型过程中，尤其是进入智能化阶段后，智能技术在数字场景中的应用少有行业示范案例可供参考。因此，在企业内部，尤其在管理层中并没有形成统一的智能化转型的方法论，进而导致数字化转型的领导者、推进者及数字团队成员对智能化的目标和效果存在认知差异，造成智能化转型推进过程中对技术选型、数字场景目标的认知不一致，最终影响企业智能化应用构建的统一性和有序性。

#### 2. 智能化转型遇到的数据问题

无论是在数字化转型的信息化阶段、数据化阶段，还是在智能化阶段，数据问题始终存在。尤其在智能化阶段，智能技术和数字技术都要依靠海量数据进行分析和应用，因此企业在智能化落地中有近一半的工作集中在数据处理环节。由于企业的数据治理不完善或数据规模过小，无法满足数字场景对数据的量级、实时和闭环的要求，导致数据处理耗时长、数据分析不可靠、数据应用不合理等问题。

### 3. 数字人才的问题

缺乏优秀的数据人才导致企业无法同时开展多个智能化应用场景的快速构建，智能化项目排期紧张，最终影响落地效率。

为了帮助企业更好地解决及规避智能化转型过程中的潜在问题，德勤公司收集了多家企业的数字化转型案例及经验，从前瞻性的视角进行洞察，制订了企业智能化转型的具体方法。其中提出构建六大方面的核心能力，以快速实现智能化转型的终极目标。如图 3-4 所示，六大核心能力分别为战略、需求、数据、技术、运营和人才。这六大核心能力为一级能力，一级能力面向不同的场景可以分解为二级能力。

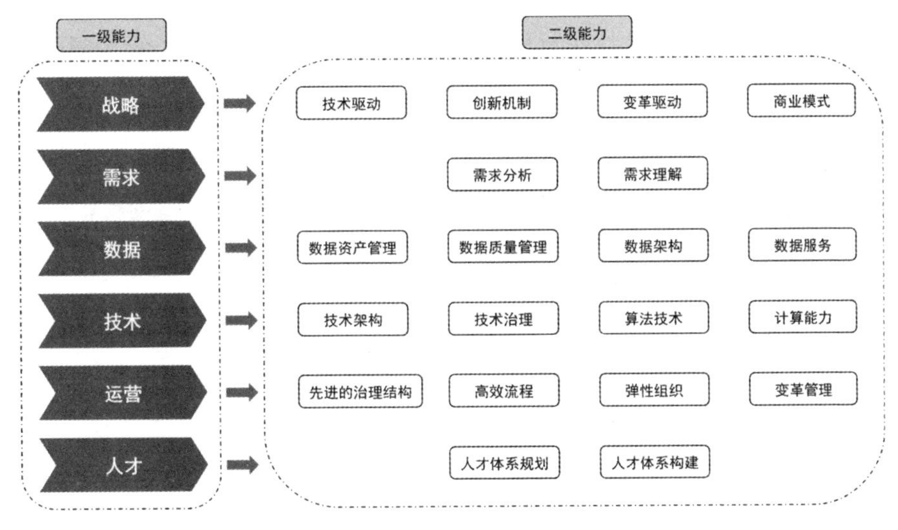


图 3-4

（1）战略

战略作为一级能力包含四重含义，可以分解为四个二级能力，分别是技术驱动、创新机制、变革驱动和商业模式。

- 技术驱动：是指企业具备能够主动识别对企业自身发展有利的新技术的能力，并提早布局，将前沿技术与企业自身业务深度融合，最终达到引领业务发展的目的。
- 创新机制：是指在企业全员范围内形成创新意识，积极将创新融入日常工作。企业为员工提供充分的创新资源支持，并且从量变到质变，基于创新成果产出新的商业模式。

- 变革驱动：是指企业管理层对智能化转型所需完成的变革形成决议，全方位推动并深化变革，将智能化转型真正变成“一把手工程”，在组织、治理结构和制度流程等方面就变革目标达成一致。
- 商业模式：是指企业通过数字化转型推进商业模式的转型。尤其在智能化阶段，智能化能力驱动的商业模式成为最主要的业务组成部分，使企业自身的市场定位和形象完成相应的转变。

（2）需求

在需求方面，通过将智能技术与数字场景结合，企业能够成体系地对数据和技术进行匹配，识别自身与目标之间的差距，并通过数据探查、需求分类的方式了解和弥补差距。

（3）数据

数据作为一级能力包含四重含义，可以分解为四个二级能力，分别是数据资产管理、数据质量管理、数据架构和数据服务。

- 数据资产管理：当企业进入智能化阶段，数据作为核心生产资料，企业需要整合优化企业经营过程中的所有数据，建设基于实时数据流的数据资产服务目录，达到服务智能化应用的标准，形成面向各业务领域的数据资产。
- 数据质量管理：企业的数据部门需要对数据质量负责，使用数据质量制度、数据质量工具定期对数据质量进行检查和优化。
- 数据架构：数据部门需要建设大数据平台，具备对企业的全域数据进行存储、计算和处理的能力，使其符合智能化应用的需求。
- 数据服务：数据服务是智能化应用的核心，数字场景需要根据数据的分析结果输出场景能力，使数据具备企业经营、业务运营和内部管理的价值。

（4）技术

技术作为一级能力包含四重含义，可以分解为四个二级能力，分别是技术架构、技术治理、算法技术和计算能力。

- 技术架构：企业的各类信息系统和基础设施需要共同完成面向智能化的企业架构转型。通过智能应用编排和发现技术、数据存储和分析技术，如数据处理技术、可弹性伸缩的云计算技术，为企业智能化应用提供架构基础能力，打造面向企业的智能化技术平台。

- 技术治理：通过对智能化应用的统一治理，如技术伦理、技术资产、技术指标、技术创新等，将企业的智能化能力资产化。
- 算法技术：搭建企业智能算法平台，使智能化算法在生产中可用，在企业内部沉淀算法的使用场景、数据、使用方法、性能、工程化架构等相关知识和最佳实践。
- 计算能力：随着企业数据的不断积累，数据规模越来越大，因此需要面向智能化的高性能算力，为智能化应用提供足够的算力保障。

（5）运营

运营作为一级能力包含四重含义，可以分解为四个二级能力，分别是先进的治理结构、高效流程、弹性组织和变革管理。

- 先进的治理结构：企业管理者需要作为数字化转型的推进者，为创新业务领域或创新技术应用提供决策支持；企业中各职能部门的负责人需要充分理解智能化转型的目标、执行路径和推进计划，并引导和激发员工积极主动地参与智能化转型的工作。
- 高效流程：在运营流程中广泛应用智能化技术，形成适配企业经营管理及业务技术发展现状的标准流程，并输出流程图和相应的管理规范，明确责权，保证数字技术在业务场景中的顺利应用。
- 弹性组织：企业管理者需要将技术组织和业务组织进行整合，形成“事业部”实体或虚拟组织，对组织的管理理念、工作方式、组织结构、人员配备、组织文化进行革新，实现对智能化转型各项工作的适配。
- 变革管理：企业内应形成包含识别变革潜在问题、推动规划变革、追踪与优化变革等环节在内的变革管理机制。

（6）人才

人才作为一级能力包含两重含义，可以分解为两个二级能力，分别是人才体系规划和人才体系构建。

- 人才体系规划：是指规划建设与公司发展战略匹配的人才队伍，设计新型人才岗位的绩效考核指标。
- 人才体系构建：是指通过培训、招聘等措施，构建支撑企业智能化转型所需的人才及能力。

### 3.1.7 智能化企业成熟度的五个阶段

“调查报告”中将智能化企业成熟度分为五个阶段，分别是认知阶段、探索阶段、应用阶段、系统化阶段和全面转型阶段，如表 3-1 所示。

表 3-1

| 阶段 | 说明 |
| --- | --- |
| 认知阶段 | 企业有兴趣但并不具备建设能力，开始着手启动相关基础能力的建设 |
| 探索阶段 | 企业开始在局部或某些业务点上尝试智能应用的试点建设与验证 |
| 应用阶段 | 大面积应用 AI 技术，持续不断地尝试创新，寻找规模化场景 |
| 系统化阶段 | 达到完善的智能化水平，受益于智能化驱动，重构业务流程 |
| 全面转型阶段 | 完成智能化转型，成为真正的智慧型企业 |

企业智能化转型能力框架的六大核心能力与智能化企业成熟度的五个阶段相结合，分别对应战略成熟度、需求成熟度、数据成熟度、技术成熟度、运营成熟度和人才成熟度。

六大核心能力的认知阶段如表 3-2 所示。

表 3-2

| 六大核心能力 | 认知阶段 |
| --- | --- |
| 战略 | 技术驱动：有限的技术了解<br>创新机制：创新依赖于个别员工的意识与行动<br>变革驱动：未形成变革与创新的方向或思路<br>商业模式：认识到运营与商业模式的制约 |
| 需求 | 需求分析：有模糊的认知，无科学的方法<br>需求理解：不具备将智能化需求落实到企业业务中的能力 |
| 数据 | 数据资产管理：无过程性的数据采集与沉淀<br>数据质量管理：未制定数据质量管理标准<br>数据架构：缺乏基本的元数据管理手段<br>数据服务：无数据服务支撑能力 |

续表

| 六大核心能力 | 认知阶段 |
| --- | --- |
| 技术 | 技术架构：初步识别智能化为企业架构带来的变化<br>技术治理：初步识别智能化为技术治理带来的变化<br>算法技术：分散的应用智能化算法<br>计算能力：未明确各类算法硬件的应用场景 |
| 运营 | 先进的治理结构：沿用传统的治理结构来决策业务的创新探索<br>高效流程：缺乏创新领域配套的管理流程<br>弹性组织：组织缺乏对创新的支持<br>变革管理：未形成对企业变革的认知 |
| 人才 | 人才体系规划：对智能化人才有初步的认知<br>人才体系构建：部分人员对智能化技术有初步的认知 |

六大核心能力的探索阶段如表 3-3 所示。

表 3-3

| 六大核心能力 | 探索阶段 |
| --- | --- |
| 战略 | 技术驱动：初步验证技术价值，并探索落地的可能性<br>创新机制：在组织内部推动创新与变革<br>变革驱动：建立有限的资源与机制保障<br>商业模式：对商业模式创新形成初步的构想 |
| 需求 | 需求分析：通过探索识别智能化需求分析的关键点<br>需求理解：初步形成对智能化需求的理解，并尝试提出需求 |
| 数据 | 数据资产管理：开始关注并尝试过程性数据的采集与存储<br>数据质量管理：具备一定的数据质量管理能力<br>数据架构：积累部分数据服务接口<br>数据服务：缺乏对业务层数据的管控 |
| 技术 | 技术架构：对企业架构进行点对点的调整，以应对智能化转型<br>技术治理：对技术治理进行点对点的调整，以应对智能化转型<br>算法技术：探索并构建高维算法能力<br>计算能力：结合利用 CPU、GPU 应对算力需求 |
| 运营 | 先进的治理结构：在有限的领域推动智能化转型探索<br>高效流程：针对创新业务和技术运用建立匹配的流程<br>弹性组织：设立创新组织，进行小规模的技术调研和应用探索<br>变革管理：个别领域智能化转型的变革探索 |

续表

| 六大核心能力 | 探索阶段 |
| --- | --- |
| 人才 | 人才体系规划：初步尝试定义智能化人才岗位<br>人才体系构建：开始启动对智能化技术的讨论和培训 |

六大核心能力的应用阶段如表 3-4 所示。

表 3-4

| 六大核心能力 | 应用阶段 |
| --- | --- |
| 战略 | 技术驱动：在战略层面推动智能化技术的规模化应用<br>创新机制：明确的机制、资源与绩效保障<br>变革驱动：由企业层面的变革意识推动<br>商业模式：商业新模式的局部探索与验证 |
| 需求 | 需求分析：总结归纳智能化需求的工作方法<br>需求理解：从业务流程中清晰地识别智能化需求 |
| 数据 | 数据资产管理：积累一定的过程性和历史数据，并梳理数据资产<br>数据质量管理：对核心数据进行治理，提升数据质量<br>数据架构：构建非结构化和结构化的数据管理与处理能力<br>数据服务：构建数据服务的管理体系 |
| 技术 | 技术架构：通过匹配调整企业架构，实施高维的实时决策应用<br>技术治理：制定关键的技术治理机制，并实现统一管理<br>算法技术：构建完整的算法库，运用于各类场景的训练和预测中<br>计算能力：尝试使用软硬一体化技术提升算力 |
| 运营 | 先进的治理结构：建立智能化转型落地的决策、管理和监督机制<br>高效流程：建立明确的职责边界，并完成体系化的流程建设<br>弹性组织：设立专职部门负责推进转型工作<br>变革管理：管理层意识到智能化转型的必要性并开始推动变革 |
| 人才 | 人才体系规划：定位智能化人才的岗位和角色<br>人才体系构建：智能化团队初具规模，具备局部智能化应用的建设能力 |

六大核心能力的系统化阶段如表 3-5 所示。

表 3-5

| 六大核心能力 | 系统化阶段 |
| --- | --- |
| 战略 | 技术驱动：构建技术引入、验证和推广机制<br>创新机制：畅通的创新成果持续转化通道 |

续表

| | |
|---|---|
| | 变革驱动：决议与推动企业级变革<br>商业模式：引入核心市场的新商业模式 |
| 需求 | 需求分析：具备专业的需求分析团队，并形成体系化的方法论<br>需求理解：理解智能化与现有流程的融合，具备从需求识别到应用的洞察力 |
| 数据 | 数据资产管理：对数据进行妥善的采集和管理<br>数据质量管理：数据质量被集中管理并定期跟踪<br>数据架构：具备海量数据实时采集、储存和获取的能力<br>数据服务：数据服务体系逐步完善 |
| 技术 | 技术架构：形成企业级的架构原则并调整整体架构<br>技术治理：全面的技术治理机制落地与匹配的系统支撑<br>算法技术：自动化建模技术被广泛运用<br>计算能力：搭建与智能化相匹配的算力设施 |
| 运营 | 先进的治理结构：管理层成为智能化转型的推动者，并塑造灵活的决策机制<br>高效流程：建立标准的工作流程和方法论<br>弹性组织：通过组织的动态变化推动企业持续地开展智能化转型<br>变革管理：智能化转型具备明确的目标和规划 |
| 人才 | 人才体系规划：定义完善的智能化人才的“选育用留”机制<br>人才体系构建：智能化团队具备智能化场景的落地能力 |

六大核心能力的全面转型阶段如表 3-6 所示。

表 3-6

| 六大核心能力 | 全面转型阶段 |
|---|---|
| 战略 | 技术驱动：持续推动业务和技术的结合<br>创新机制：创新成为企业的核心驱动力量<br>变革驱动：企业具备自我迭代变革的基因<br>商业模式：市场定位和企业形象的改变 |
| 需求 | 需求分析：形成清晰的流程与团队分工，保障智能化需求落地过程的顺利<br>需求理解：能够站在技术与业务的视角，提出创新的业务变革模式 |
| 数据 | 数据资产管理：具备策略性的数据采集和管理能力<br>数据质量管理：数据质量管理与制度完备<br>数据架构：支持数据实时采集、存储、应用和反馈的数据架构<br>数据服务：数据资产被高效、有序、可控地应用 |

续表

| 六大核心能力 | 全面转型阶段 |
| --- | --- |
| 技术 | 技术架构：实现面向实时高维决策与反馈闭环的企业架构<br>技术治理：匹配智能化发展的技术治理架构并持续优化<br>算法技术：持续保证成熟算法的集成<br>计算能力：企业智能化需求的算力持续匹配 |
| 运营 | 先进的治理结构：灵活开放的治理结构，推广智能化运营文化<br>高效流程：高效流程与创新应用相互促进<br>弹性组织：组织具备弹性变化的能力，适应智能化转型的快速迭代<br>变革管理：企业管理层对智能化转型有统一的愿景，并共同推动变革 |
| 人才 | 人才体系规划：完善的智能化人才规划机制和实施计划<br>人才体系构建：智能化人才具备技术创新驱动意识和能力，持续推动业务创新并引领业务发展 |

## 3.2 企业数字化转型总体思路和能力评估框架

中关村信息技术和实体经济融合发展联盟与中国企业联合会共同编制了《2021国有企业数字化转型发展指数与方法路径白皮书》（以下简称“白皮书”），其中围绕国有企业数字化转型“为什么”“是什么”“怎么干”“怎么推”等关键问题，以系统思维为主线，以科学系统、前瞻引领、可读可操作为原则，以“指数+案例+观点”的形式，剖析了国有企业数字化转型现状，介绍了国有企业数字化转型方法、路径及研究成果。

### 3.2.1 数字化转型的总体思路

“白皮书”中指出，数字化转型是企业中一项系统性的工作，涵盖了企业经营、业务运营、科技支撑和内部管理，涉及企业、产业、部门、人员等多个层面。因此，数字化转型的总体思路需要具备四个部分的内容，分别是企业数字化转型需要把握什么核心主线、需要做什么、需要如何做、企业管理者和数字化转型的推进者需要如何推进数字化转型。

（1）需要把握什么核心主线

企业在进行数字化转型前，需要根据企业的实际情况规划可持续发展的趋势导向和核心主线，制定企业数字化转型的核心战略，围绕核心业务和长尾业务场景分步骤、分阶段地制订数字化转型的目标和路径。

（2）需要做什么

企业数字化转型的本质是不断优化、创新和重构企业的价值。企业需要构建一套涵盖企业战略、能力、技术、管理和业务的数字化转型体系，最终实现企业的全面数字化经营。

（3）需要如何做

企业数字化转型一定是一个长期的、不断迭代和优化的过程。企业需要根据数字化转型的方法论和演进规律，结合企业的实际情况，制订数字化转型的推进计划，并把握数字化转型各个阶段的特征，有效地将数字组织、数字人才、数字技术和数字场景进行结合。

（4）如何推进数字化转型

企业管理者和数字化转型的推进者一定要将企业数字化转型项目定义为“一把手工程”，以强有力的工作抓手，在统筹转型全局的基础上做好机制设计，找准突破方向，抓住工作要点，以点带面地推进数字化转型。

企业数字化转型的总体思路分为四层：第一层为总体要求，需要明确把握数字化转型的价值导向、核心主线和数字驱动；第二层为数字化能力，主要有战略和发展、组织和人才、技术和平台、数据和应用、业务和流程；第三层为数字化发展，主要分为认知级、初始级、发展级、先进级和领先级；第四层为推进措施，主要包括宣贯动员、内部诊断、总体设计、试点示范、规模推广和价值传播，如图 3-5 所示。

图 3-5

### 3.2.2 数字化转型的核心任务

#### 1. 价值导向

创造、传递和获取价值是企业的核心价值导向。除此之外，构建产品上下游的数字生态和承担社会责任是企业核心价值导向的延伸。企业的价值导向可以分为三个层面，分别是价值导向的需求、任务和类型。

（1）价值导向的需求

企业价值导向的需求主要来自社会、市场和企业自身。社会需求主要以国家政策、监管要求为主，比较典型的有个人隐私保护、信息安全及社会责任。市场需求主要有企业在市场中的成长性和影响力、企业自身的可持续发展能力，以及产品在市场中的竞争力。企业自身的需求主要来自企业的软硬实力，以及企业自身的创新能力、管理能力和内部风险控制能力，如图 3-6 所示。

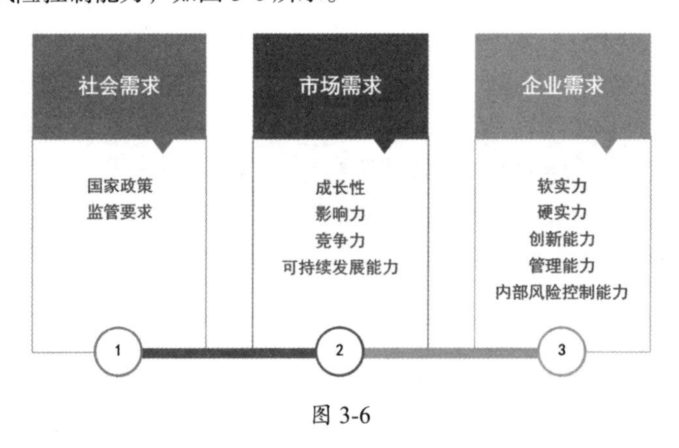


图 3-6

（2）价值导向的任务

企业应该通过数字化转型来重构自身的价值体系，以满足社会需求、行业需求和企业自身需求的变化。重构企业的价值体系需要重构价值主张体系，明确为企业内所有的人员或组织提供价值；重构价值创造方法，明确通过哪些过程或手段创造价值；重构价值传递通道，明确使用何种方式或方法将价值传递给企业内所有的人员或组织；重构价值支持资源，明确企业在创造价值过程中需要具备创造价值的条件或资源；重构价值获取模式，明确企业需要利用何种管理模式或商业模式最大化地获取价值。

在重构价值体系后，可以将企业传统的内部管理、业务运营和企业经营推进至数字化内部管理、数字化业务运营和数字化经营层面，如图 3-7 所示。在业务运营方面，通过提升产品竞争力的方式提升企业的影响力，通过构建数字生态实现产业链的数字能力共享，通过运用数字技术提升企业内数字驱动能力，基于数字能力赋能构建快速响应、动态柔性的企业价值生态，并获得更高的产品收益和规模化增长。

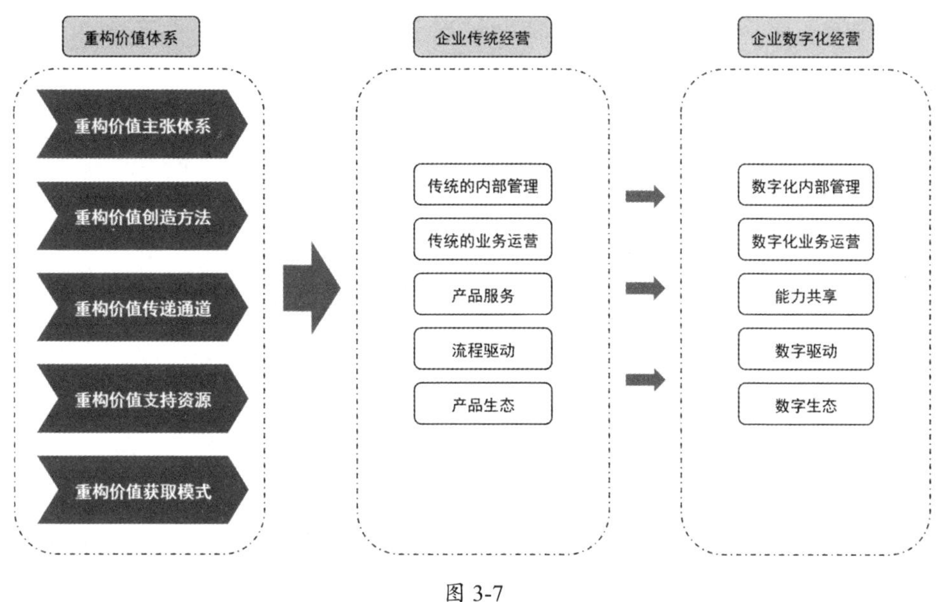


图 3-7

（3）价值导向的类型

价值导向的类型主要分为技术导向、业务导向和结果导向。技术导向以数字技术或数字产品的先进性，以及与数字场景的结合能力作为主要衡量标准。业务导向以满足业务需求和业务能力的提升作为主要衡量标准。结果导向以企业数字化转型的最终结果，尤其是数字场景和数字产品的价值效应作为主要衡量标准，如图 3-8 所示。

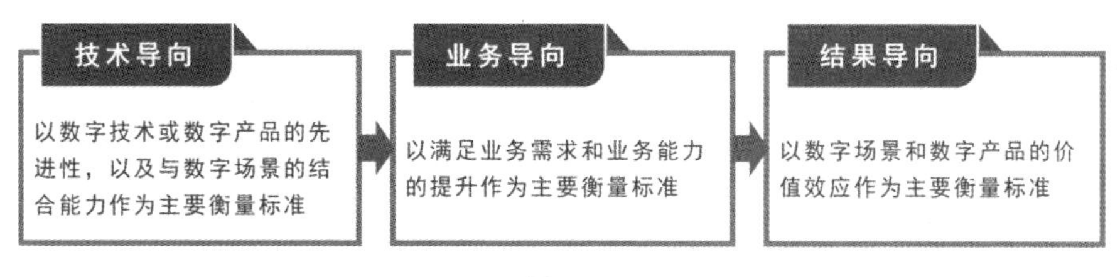


图 3-8

## 2. 战略转型

企业在数字化转型过程中，首先需要规划战略转型的方向。由于存在数字技术壁垒和数字场景缺失等问题，通常的方法是通过构建封闭价值体系的方式制定企业战略。企业管理者需要依托基于数字技术的数字场景，重新构建共享、开放、动态的企业价值体系。

数字战略转型主要有数字商业模式的转型、数字业务模式的转型、价值生态模式的转型三种方式。数字商业模式聚焦于企业的竞争合作关系，需要由单纯地关注竞争转变为构建多重竞争的关系。数字业务模式聚焦于企业的创新业务场景，需要由职能分工型的固定业务场景转变为柔性、灵活、动态的数字业务场景。价值生态模式聚焦于企业的价值获取模式，需要由基于产品能力的短周期价值获取方式转变为基于数字能力的长周期价值获取方式。

以某企业的企业战略为例，从关注内部提升到关注外部资源整合和价值创造，再到关注基于平台的产融对接和产业链动态赋能能力，最终实现企业战略的动态化、价值化、开放化和生态化，如图 3-9 所示。

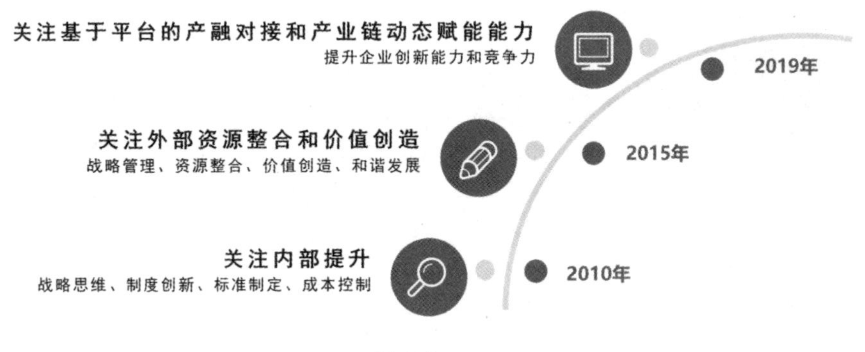


图 3-9

### 3. 能力转型

企业进行数字化转型的一个重要目标是实现数字能力的转型，因此建设数字能力是数字化转型的核心路径。企业管理者或数字化转型的推进者需要从创造和传递数字价值的各个环节统筹考虑，将相对固化的传统能力体系转向相对柔性的数字能力体系。按照价值体系的创新和重构要求，数字能力具体可以分为产品创新能力、生产与运营管控能力、用户服务能力、数字生态能力、数字员工能力、数据开发能力，如表 3-7 所示。

表 3-7

| 数字能力 | 能力解释 | 与价值体系的创新和重构的关系 |
|---|---|---|
| 产品创新能力 | 推动传统产品向数字产品升级 | 与价值创造的载体有关 |

续表

| 数字能力 | 能力解释 | 与价值体系的创新和重构的关系 |
|---|---|---|
| 生产与运营管控能力 | 推动生产运营由流程驱动向数字驱动升级 | 与价值创造的过程有关 |
| 用户服务能力 | 推动传统的用户服务向个性化、精准化的服务升级 | 与价值创造的对象有关 |
| 数字生态能力 | 构建数字生态并共享、共创数字能力 | 与价值创造的合作伙伴有关 |
| 数字员工能力 | 推动员工关系由指挥管理向赋能管理升级 | 与价值创造的主体有关 |
| 数据开发能力 | 推动数据资源管理向数据资产管理升级 | 与价值创造的驱动要素有关 |

### 4. 技术转型

数字化转型需要有数字技术提供支撑。传统的技术支撑是以技术要素为主的系统解决方案，而数字化转型需要以数字要素为核心的系统解决方案。技术转型涵盖数据、数字技术、数字流程和数字组织四个要素，如图 3-10 所示。通过这四个要素的互动创新和协同优化，推动数字能力的持续运行并不断改进。

图 3-10

以某公司的技术转型为例，整个转型过程分为两个阶段，分别是业务上云阶段和业务平台化阶段，如图 3-11 所示。在业务上云阶段，实现了资源的共享和弹性伸缩；在业务平台化阶段，实现了资源、数据和能力的共建共享。

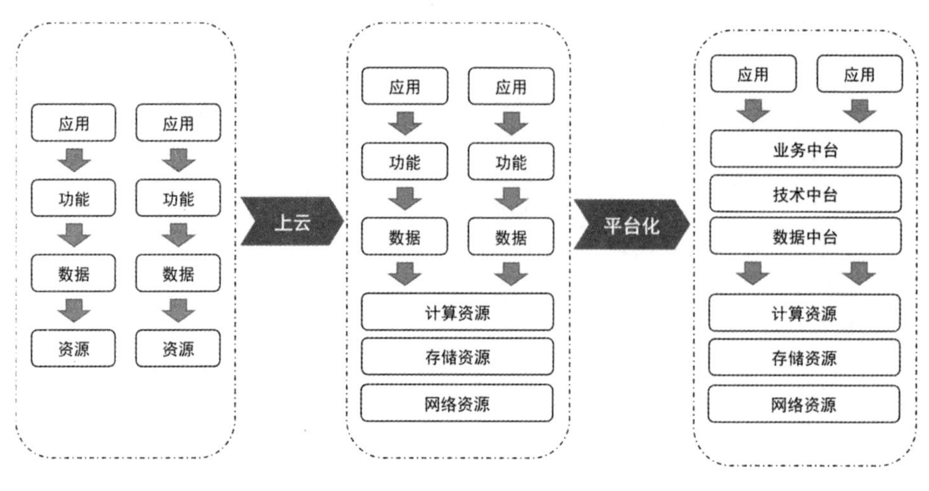


图 3-11

在数字化转型四个要素的互动创新和协同优化方面，该公司分别有如下实践。

- 在数据方面，建设数据服务平台，构建多个数据资源模型，支持财务管理、办公管理、业务管理、物流管理等业务领域数据分析类应用。
- 在数字技术方面，建设技术中台，以平台为支撑，促进内外协同、跨界融合，实现跨行业、跨企业的资源汇集、数据共享、协同创新，构建开放、共享、共创的数字生态体系。
- 在数字流程方面，围绕 IT 需求管理精准化重新优化流程，并实现业务流程上平台。
- 在数字组织方面，围绕 IT 需求管理精准优化岗位职责，将所有业务分成不同的业务域，由专业人员与业务人员共同梳理业务需求。

### 5. 业务转型

从业务的视角来看，数字化转型的重点在于业务与数字场景的结合，因此业务转型需要围绕业务数字化和数字业务化两个层面展开。推动传统的业务创新升级，当业务数字化的目标达成后，推动业务模式的创新和数字业务的培育，最终改变传统的、垂直的业务体系，建立开放式的、生态化的数字业务场景。

业务数字化本质上不会改变现有的业务运营模式和企业商业模式，通常以提升单项应用水平为重点，开展业务单元内的业务数据获取、开发和利用。在研发、生产、运营、服务等业务环节部署应用工具级数字化设备设施和技术系统，提升单项业务数字化水平，以获取降本、增效、提质等价值效益。

数字业务化可以促进现有的业务运营模式和企业商业模式的创新转型，以实现全面数字化为重点，开展全企业、全价值链、产品全生命周期的数据获取、开发和利用。依托支持企业全局优化的网络级能力，逐步构建数字企业，发展并延伸业务，实现产品和服务创新，以获取新技术和新产品、服务延伸与增值、主营业务增长等网络化价值效益。

### 3.2.3 企业数字化能力评估维度

#### 1. 战略和发展

企业的生存和发展是企业经营的核心目标，也是企业需要解决的核心问题。企业的生存和发展建立在服务客户、创造客户价值的企业活动之上，因此企业在数字化转型时需要制定企业数字化发展战略和规划。企业数字化发展战略和规划主要有四个评估指标，分别是数字化战略、数据驱动、价值驱动和发展驱动，如图 3-12 所示。

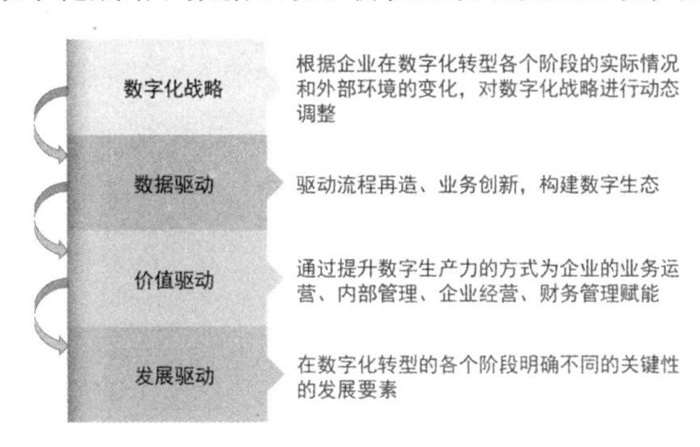


图 3-12

（1）数字化战略

企业需要制定明确的数字化发展战略和规划，并根据企业在数字化转型各个阶段的实际情况和外部环境的变化进行动态调整。在战略和规划的基础上，企业管理者或数字化转型的推进者还需要执行详细的、可执行的数字化转型推进计划，明确数字化转型是否能够为现有的核心业务和长尾业务赋能，提升企业的核心竞争力。同时，利用企业数字化转型实现企业业务模式的转型和商业模式的重构与增强。

（2）数据驱动

企业需要制定数据驱动型的企业战略和规划。数据作为企业最核心的生产要素之一，在数据资产化、数据挖掘、创新驱动等场景中应当得到深入的应用。企业的数据团队需要加强数据资源的输出能力，对企业的全域数据进行采集、存储、计算、管理、开发、应用，将数据场景和业务运营、内部管理、企业经营、财务管理等场景进行融合，驱动流程再造和业务创新，进而构建数字生态。

（3）价值驱动

企业需要制定价值驱动型的企业战略和规划。企业管理者或数字化转型的推进者需要站在提升“组织级”效能的高度，通过提升数字生产力的方式为企业的业务运营、内部管理、企业经营、财务管理赋能，促进企业存量业务流程优化、压降成本、提升效率，帮助企业获取新的发展增量空间，最终提升“组织级”效能，实现企业的高效发展。

（4）发展驱动

企业需要制定发展驱动型的企业战略和规划。企业规模的扩大、外部环境的不断变化都会给企业的经营方式和商业模式带来很大的挑战。因此，企业管理者和数字化转型的推进者应该在企业数字化转型的不同阶段明确不同的关键性发展要素，如信息化阶段的系统、网络化阶段的互联互通、数字化阶段的数据等。在不同的数字化转型阶段，企业需要将相应的发展因素作为驱动力，驱动企业的发展。

### 2. 组织和人才

数字化转型必须依赖数字人才和数字组织。数字人才的引进和培养、数字组织的构建和目标设定，都需要健全的组织和人才机制来提供资源配给和能力评价，保证数字化转型过程中各项工作的顺利开展。同时，企业管理者和数字化转型的推进者需要从企业文化层面建立数字组织和数字人才的数字价值观，形成“组织级”的体系化数字创新能力。

在数字组织和数字人才方面有四个评估指标，分别为组织保障、管理保障、技术保障和人才保障。

（1）组织保障

企业的人力资源部门需要在组织制度和机制上保障数字化转型的顺利执行，为数字组织在数字活动中提供组织结构、组织人才和组织文化等资源，同时为开展数字化转型提供相应的基础资源保障。

（2）管理保障

构建完善的数字化转型管理保障是数字化转型工作能够正常有序开展的前提。因此，企业应该具备完善的管理制度和管理措施，确保数字化转型过程中的数字活动计划能够被及时、准确地执行。

（3）技术保障

技术保障体系包含技术平台和数字技术两个方面。技术保障体系能够推动技术中台、数据中台等创新技术平台的架构演进及技术管理能力的优化，确保企业利用数字技术有效执行和推进数字化转型计划。

（4）人才保障

数字人才是企业数字化转型的关键要素之一，大多数企业在数字化转型中遇到问题的根本原因是数字人才的缺失。因此，企业需要围绕数字化转型的战略目标，根据企业的实际情况和数字化转型计划，针对数字人才的引进、培养、使用和考核形成完善的数字人才管理和保障机制。

### 3. 技术和平台

数字技术与数字平台是企业数字化转型的重要支撑，以云计算、大数据、人工智能、区块链、物联网、低代码/无代码为代表的数字技术为数字化转型提供了强有力的“底层”支撑工具。企业依托数字技术建设数字平台，将其应用于企业的数字场景中，形成大量的数字产品。

企业通过数字产品以场景赋能的方式，最终实现洞察客户需求和构建数字生态。在数字平台和数字产品的建设过程中，企业需要根据实际业务场景引入和应用数字技术，避免数字技术过度超前于业务场景，同时需要将数字技术复用在不同场景中。技术管理者需要根据数字化转型战略为企业可预期的核心业务发展预留相应的空间，提前考虑技术发展趋势，如数字技术的迭代和演进、数字场景的适配和升级、数字风险的可控和规避，最终形成合理的数字技术准入和准出机制、数字平台的可靠性和安全性评估体系。

在技术和平台方面有三个评估指标，分别是资源规划、平台建设和平台运营，如图 3-13 所示。

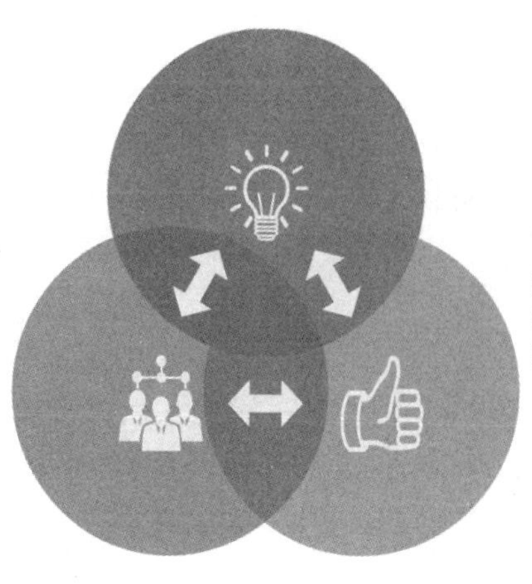


图 3-13

（1）资源规划

资源规划不应该局限于数据资源、人力资源、软硬件资源。技术管理者应该以企业数字化转型的愿景和目标为导向，制订相应的资源规划，满足企业数字化转型的需求。资源规划应以数据驱动的方式，统筹企业内部技术平台、数字资产、数字场景，以及外部的产业链、数字生态，有目标、分阶段地推动企业各项数字化资源协调发展。

（2）平台建设

企业需要为数字化转型建立相应的数字平台，包括数字业务平台、数字技术平台、数据平台。数字平台是推动企业数字化转型的重要载体，数字业务平台应具备敏捷的特征，数字技术平台应具备高效性的特征，数据平台应具备弹性的特征。此外，数字平台应该与企业的数字业务场景紧密结合，尽可能利用数字技术推动创建新的业务场景和商业模式。

（3）平台运营

企业需要在业务发展过程中做好数字平台的运营，让数字平台具备业务属性。数字平台运营不仅需要关注技术自身的迭代和优化，还需要承载业务流程重构和业务运营的活动。在数字平台的运营过程中，通过引入和适配数字技术，结合数字场景，形成企业数字化平台生态，最终在业务场景中构建数字业务流程。

4. 数据和应用

数据已经成为企业的核心生产要素，无论在日常的业务运营，还是在企业经营过程中，都需要通过数据驱动的方式发挥数据的价值，将其运用到数字可视、辅助决策、数字运营等场景中，帮助企业管理者快速决策、快速洞察用户需求。

在企业数字化转型过程中，数据产生价值的方式有很多种。例如，通过提升用户体验和产品黏性的方式定义产品对消费者的价值，使数字产品在数字场景中发挥价值，通过数据挖掘和数据标签的方式释放数据的价值。

在数据和应用方面有五个评估指标，分别是数据治理、数据管理、数据应用、数据智能和数据安全。

（1）数据治理

企业需要对数据进行治理，形成科学的数据基线，指导其他数据管理职能模块的执行，更好、更科学地管理数据。数据治理一方面可以确保企业数字化转型战略和数据管理战略的衔接，另一方面可以将数据能力和数据价值最大化，更好地为企业数字化转型服务。

（2）数据管理

数据价值取决于企业对数据的管理能力，合理地管理数据可以解决企业内数据孤岛、数据应用的广度和深度不足的问题。因此，企业在数据管理方面需要遵循数据管理方法论，以企业的业务模式、运营方式为基础，制定相关的数据管理制度和规范，对企业的数据管理能力进行评估，找出现阶段数据管理存在的问题，明确数据管理的路径，并分阶段实施。

（3）数据应用

对数据的有效管理和创新考验着企业的数据应用能力水平，高水平的数据应用能力可以确保数据被准确地使用、敏捷地流通。只有数据被有效、充分、高效地使用，才能最大限度地满足企业的业务需求，并促进数据价值的转化。

技术管理者需要提升数据团队对数据的应用能力。因此，数据的应用需要以数据应用质量管理为基础，探索数据场景的应用创新，加强企业内全域数据的开放和合作，并完善相关的数字场景孵化机制，推动企业内所有职能组织在相应的场景中应用数据，最终提升企业级的数据应用能力。

（4）数据智能

如果企业不能从数据中提炼有价值的信息，那么数字化转型和数据驱动很难成功。数据在数字化转型中的核心价值是数据智能。技术管理者需要将数据处理技术、数据挖掘技术、数据分析技术和机器学习技术运用到数据管理和数据应用中，从数据中提炼出有价值的、可操作的信息，为数字可视、辅助决策、数字风险等场景提供智能支持。

（5）数据安全

企业在数字化转型中面临的风险不仅来自信息安全、网络安全、政策法规等，还有内部数据在分享和输出过程中带来的风险。因此，在数据发挥价值的过程中同样需要考虑数据合规。

技术管理者需要基于数据全生命周期对其进行安全合规管理，并在数字化转型的各个阶段利用相应的数据安全技术对企业的数据进行安全能力评估，找出现阶段有关数据安全的问题，明确数据安全的路径，并分阶段实施。

### 5. 业务和流程

在企业数字化转型过程中，企业管理者和数字化转型的推进者需要以企业经营或业务运营的场景为源头，构建技术平台、业务系统，并对内部管理和安全管理进行体系化建设。一方面，使内部员工和外部客户享受数字化转型带来的方便和快捷；另一方面，给予产品适度的、无干扰的数字化环境和生态。

在业务和流程方面有五个评估指标，分别是数字化营销、数字化运营、数字化产品、数字化服务和数字化生态。

（1）数字化营销

企业开展数字化营销最直接的方式是将线上和线下的业务场景进行融合，比较典型的有电商场景中的线上商城和线下门店的 O2O 模式。同时，基于数字交互技术、移动互联网技术、物联网技术、智能设备技术，有效贯通企业内外部资源，通过数据挖掘和智能搜索技术对客户进行精准触达和精准营销，将客户全生命周期管理嵌入产品管理体系，提升客户黏性和用户体验。

（2）数字化运营

数字化运营是企业数字化转型中的核心场景，也是最重要的挑战之一。为了更多地获取客户、更好地服务客户、更充分地发挥企业员工的积极性，最终创造新的营收增长点或形成新的商业模式，企业需要以数字化的方式优化现有的运营方式。

企业应该在技术、人员和流程等方面进行全面转型，提升数字化运营能力，实现智能化运营。数字化运营不仅是运营组织的数字化转型，还需要中后台组织的配合和赋能，如财务组织、供应链组织、人力资源组织。

（3）数字化产品

数字化产品是指在产品的全生命周期中对产品进行数字化描述，如在产品全生命周期中对各个阶段的数字化信息描述，各个阶段数字化信息之间相互关系的描述。比较典型的是知识在产品全生命周期过程中的传递，让产品在设计、生产、维护和升级过程中具备知识属性。

数字化产品需要建立在企业数字化转换、数字化升级的基础之上，并匹配企业的核心业务场景，以达到企业的商业模式目标为目的。

（4）数字化服务

数字化服务主要是指借助软件服务能力、运营服务能力和数据服务能力，为内部员工和外部客户提供服务，将移动互联网技术、大数据技术和人工智能技术与企业传统的服务模式进行融合，为用户提供更快、更好、更人性化、更低成本、更有价值的服务。

（5）数字化生态

数字化生态是指整合企业内部的各个职能组织和企业外部的上下游资源，利用移动互联网、大数据、人工智能技术，形成数字共享、服务共享、能力共享的新型经济体。数字化生态是一种新的组织模式，也是一种新的商业模式，是实体经济、科技创新、人力资源协同发展的承载单元。

通常，数字化生态由产业、生态运营平台和生态服务三个要素构成。产业包括企业所在行业的上下游资源和合作伙伴；生态运营平台主要是以数字技术为代表的数字产品服务平台，也是为产业提供数字共享和能力承载的平台；生态服务主要包括技术孵化、科技输出等方式。

### 3.2.4 企业数字化能力等级

根据企业数字化能力评估的维度，可以将企业的数字化能力分为五个等级，分别为认知级、初始级、发展级、先进级和领先级，如图 3-14 所示。

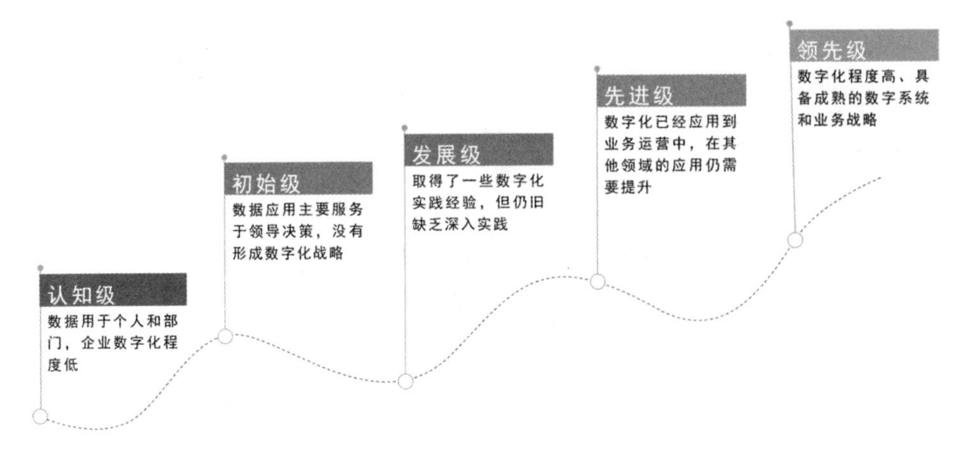


图 3-14

### 1. 认知级

在认知级阶段，企业数字化转型刚刚起步，数据场景仅应用在部门级或某些工作领域，数据价值不突出，企业的数字化程度较低。

企业的数据较为分散，存在于各个信息系统之间，没有统一进行采集和存储。根据实际需求，数据被某些部门或场景初步使用，相关数据工具没有形成体系。因此，使用数据的人数不多，而且数据的应用深度不够、使用频率偏低，企业也没有开展数据体系的规划和建设。

### 2. 初始级

在初始级阶段，企业开始逐步规划数据体系、培养数据意识，并出现初级的数字化迹象。数据应用场景主要由数据意识引导，并率先应用于企业管理层的决策中，但没有形成整体的数字化战略。

企业的数据团队主要根据管理者的需求来构建数据决策体系，比较典型的有商业智能（BI）系统。数据场景已经由部门级别上升至企业级别，辅助决策主要以数据分析为主，场景局限于企业经营或业务运营中，缺乏从单维数据到多维数据的能力、数据的预测能力，无法覆盖企业全方位的日常管理和业务发展的需求。

### 3. 发展级

在发展级阶段，企业形成了比较明确的企业数字化战略，由技术部门构建数据工具体系，并构建多个数字场景，对企业内的各个职能部门开展细分领域内的数字化转型，比较典型的有内部管理数字化、供应链数字化、业财一体数字化。在此阶段，企业数字化转型取得了一定的实践经验，但依然缺乏数字化领导，也缺乏统筹的数字化推进管理和考核机制。

企业的技术部门通过技术运营的方式对数据进行场景化的能力输出，以数字技术和数字工具为基础，搭建系统化的数据运营体系，支撑企业的内部管理和业务发展。企业的技术部门是产生数据价值的主体，通过实现业务需求的方式贡献技术价值，从而更好地服务业务团队。技术部门通常需要组建相关的数据分析团队来对接业务数据需求，主要负责数据建模和需求分解。

在发展级阶段，数据的应用场景并没有渗透至企业的核心业务中，数据的使用深度依然不足，且使用成本过高。比较典型的有，业务人员由于缺乏数字意识，提出的业务数据需求仅是数据分析需求。因此，在场景使用方面需要投入大量的时间和精力对数据需求进行层层分解，导致数据运营成本过高，无法实现全场景的数字化运营体系。

#### 4. 先进级

在先进级阶段，企业的数字化转型战略重点面向业务运营场景和业务创新场景。以提升企业竞争力为目标，数字能力已经完全覆盖业务运营领域，但在其他领域仍有提升空间，如内部管理数字化和构建数字生态。

企业的数据应用场景主要聚焦于业务的数字化运营，并形成了以业务为中心的数字化运营体系。企业的各个职能组织通过数据赋能的方式为业务提供场景化能力，企业利用数字化运营体系逐步形成自身的数字产品和数字服务能力。技术部门通过搭建数据仓库、数据湖、数据中台、低代码/无代码平台的方式，对数据进行全生命周期管理，为前台应用赋予数据场景化能力，让业务人员更好、更便捷、更有价值地使用数据，并提高自身的数据分析能力。

#### 5. 领先级

在领先级阶段，企业已经具备了成熟的数字化战略和明确的数字化推进路径，企业内部各领域的数字化能力较强，凭借数字技术和商业模式创新，企业已经成为市场和行业的领跑者。

企业形成了较强的数字能力体系，涵盖企业经营过程中各领域的活动，如数字员工、数字管理、数字运营、数字财务、数字科技。企业已经能够通过数据引领业务，并通过数字能力引导企业进行业务创新和商业变革，构建完善的数字生态体系。

企业对全域、全体系的数据进行生命周期管理，实现企业级的数据场景和数字能力融合，并以数据驱动的方式构建数字决策、数字可视、数字运营的能力。

## 3.3 数据管理能力成熟度评估模型

为了规范国内各行业的数据管理和应用工作，提升数据管理和应用能力，全国信息技术标准化技术委员于 2014 年启动了数据管理能力成熟度评估模型（Data Capability Maturity Model，DCMM）的制定工作，并将其作为一项国家标准（GB/T 36073-2018）。该标准于 2018 年 3 月 15 日发布，于 2018 年 10 月 1 日正式实施。

### 3.3.1 DCMM 简介

DCMM 由中国电子技术标准化研究院牵头制定，由中国人民大学、清华大学、中国建设银行、光大银行、华为、御数坊、阿里巴巴等单位起草，是国内关于数据能力成熟度模型的一项国家标准。在其制定过程中，各方充分吸取了国内先进行业的发展经验（以金融业为主），并结合了 DAMA 国际（国际数据管理协会）发布的《数据管理知识体系指南》（DAMA-DMBOK）中的内容。

DCMM 是一个整合了标准规范、管理方法论、评估模型等多方面内容的综合框架，目标是提供一个全方位评估组织数据能力的模型。在模型的设计过程中，结合数据生命周期管理各个阶段的特征，对数据管理能力进行分析和总结，提炼出组织数据管理的八大能力，并将这八大能力划分为 8 个能力域，即数据战略、数据治理、数据架构、数据应用、数据安全、数据质量管理、数据标准、数据生命周期。DCMM 描述了每个能力域的建设目标和度量标准，可以作为长期开展数据管理工作的参考模型。

### 3.3.2 DCMM 的能力域和能力项

DCMM 定义了数据管理的关键过程域，将其分为 8 个一级过程域（能力域），每个能力域中包含多个能力项，共有 28 个数据管理的能力项，如表 3-8 所示。

表 3-8

| 能力域 | 能力项 |
| --- | --- |
| 数据战略 | 数据战略规划 |
| | 数据战略实施 |
| | 数据战略评估 |
| 数据治理 | 数据治理组织 |
| | 数据制度建设 |
| | 数据治理沟通 |
| 数据架构 | 数据模型 |
| | 数据分布 |
| | 数据集成与共享 |
| | 元数据管理 |
| 数据应用 | 数据分析 |
| | 数据开放共享 |
| | 数据服务 |
| 数据安全 | 数据安全策略 |
| | 数据安全管理 |
| | 数据安全审计 |
| 数据质量管理 | 数据质量需求 |
| | 数据质量检查 |
| | 数据质量分析 |
| | 数据质量提升 |
| 数据标准 | 业务术语 |
| | 参考数据与主数据 |
| | 数据元 |
| | 指标数据 |
| 数据生命周期 | 数据需求 |
| | 数据设计和开发 |
| | 数据运维 |
| | 数据退役 |

### 3.3.3 DCMM 的成熟度评估等级

DCMM 将数据管理能力的成熟度划分为五个等级，从低到高依次为初始级、受管理级、稳健级、量化管理级和优化级，如图 3-15 所示。不同的等级代表企业数据管理和应用的成熟度不同。

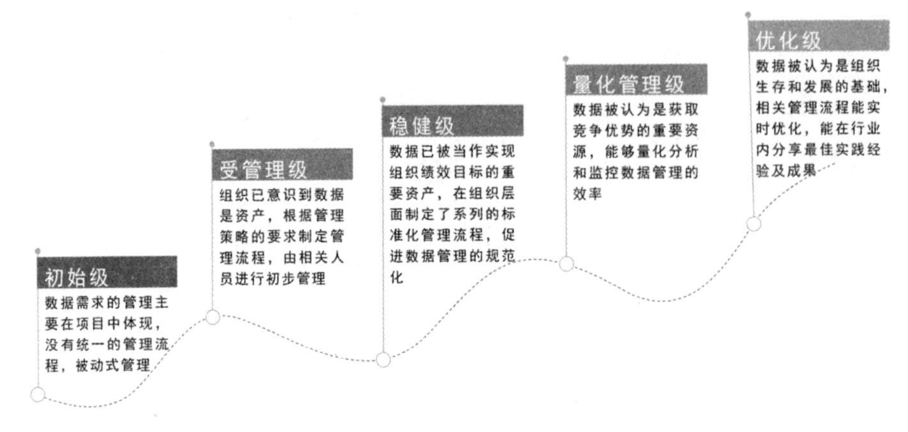


图 3-15

### 1. 初始级

数据需求的管理主要体现在项目级，主要是被动式管理，没有统一的管理流程。具体特征如下：组织在制定战略决策时，未获得充分的数据支持；没有正式的数据规划、数据架构设计、数据管理组织和流程等；业务系统各自管理自己的数据，各业务系统之间存在数据不一致的现象；组织未意识到数据管理或数据质量的重要性；数据管理仅根据项目实施的周期进行，无法核算数据维护、管理的成本。

### 2. 受管理级

组织已意识到数据是资产，根据管理策略的要求制定了管理流程，指定了相关人员进行初步管理。具体特征如下：组织意识到数据的重要性，并制定部分数据管理规范，设置了相关岗位；意识到数据质量和数据孤岛是一个重要的管理问题，但目前没有解决问题的办法；执行了初步的数据集成工作，尝试整合各业务系统的数据，设计了相关数据模型和管理岗位；将一些重要数据汇集为文档，在重要数据的安全、风险等方面设立相关管理措施。

### 3. 稳健级

数据已被当作实现组织绩效目标的重要资产，在组织层面制定了一系列的标准化管理流程，促进数据管理的规范化。具体特征如下：组织意识到数据的价值，在组织内部建立了数据管理的规章和制度；数据的管理及应用能结合组织的业务战略、运营管理需求及外部监管需求；建立了相关数据管理组织、管理流程，能推动组织内各部门按流程开展工作；组织在日常决策和业务开展过程中能获取数据支持，明显提升工作效率；参与行业数据管理相关培训，具备数据管理人员。

#### 4. 量化管理级

数据被认为是获取竞争优势的重要资源，数据管理的效率能量化分析和监控。具体特征如下：组织层面认识到数据是组织的战略资产，了解数据在流程优化、绩效提升等方面的重要作用，在制定组织业务战略时可获得相关数据的支持；在组织层面建立了可量化的评估指标体系，可准确测量数据管理流程的效率并及时优化；参与国家、行业等相关标准的制定工作；组织内部定期开展数据管理、应用相关的培训工作；在数据管理、应用的过程中充分借鉴了行业最佳案例，以及国家标准、行业标准等外部资源，促进组织本身对数据管理和应用的提升。

#### 5. 优化级

数据被认为是组织生存和发展的基础，能实时优化相关管理流程，能在行业内分享最佳实践。具体特征如下：组织将数据作为核心竞争力，利用数据创造更多的价值，并提升和改善组织的效率；能主导国家、行业等相关标准的制定工作；能将组织自身数据管理能力建设的经验作为行业最佳案例进行推广。

### 3.3.4 能力域的成熟度考核细则

在初始级、受管理级、稳健级、量化管理级和优化级五个等级中，有不同的成熟度考核细则，分别对应数据战略成熟度、数据治理成熟度、数据架构成熟度、数据应用成熟度、数据安全成熟度、数据质量管理成熟度、数据标准成熟度和数据生命周期成熟度。

其中，数据战略成熟度、数据治理成熟度、数据架构成熟度、数据应用成熟度是核心。本小节以这四个成熟度为代表来阐述能力等级标准。

#### 1. 数据战略成熟度

数据战略成熟度分为三个能力项成熟度，分别为数据战略规划成熟度、数据战略实施成熟度和数据战略评估成熟度。

数据战略规划成熟度的考核细则如表 3-9 所示。

表 3-9

| 等级 | 能力等级标准 |
| --- | --- |
| 初始级 | 在项目建设过程中反映了数据管理的目标和范围 |
| 受管理级 | （1）识别与数据战略相关的利益相关者；<br>（2）数据战略的制定能遵循相关管理流程；<br>（3）维护了数据战略和业务战略之间的关联关系 |
| 稳健级 | （1）制定能反映整个组织业务发展需求的数据战略；<br>（2）制定数据战略的管理制度和流程，明确利益相关者的职责，规范数据战略的管理过程；<br>（3）根据组织制定的数据战略提供资源保障；<br>（4）将组织的数据管理战略形成文件，并按组织定义的标准过程进行维护、审查和公告；<br>（5）编制数据战略的优化路线图，指导开展数据工作；<br>（6）定期修订已发布的数据战略 |
| 量化管理级 | （1）对组织数据战略的管理过程进行量化分析并及时优化；<br>（2）能量化分析数据战略路线图的落实情况，并持续优化数据战略 |
| 优化级 | （1）数据战略可有效提升企业竞争力；<br>（2）在业界分享最佳实践，成为行业标杆 |

数据战略实施成熟度的考核细则如表 3-10 所示。

表 3-10

| 等级 | 能力等级标准 |
| --- | --- |
| 初始级 | 在具体项目中反映数据管理的任务、优先级安排等内容 |
| 受管理级 | （1）在部门或数据职能领域内，结合实际情况评估关键数据职能与愿景、目标的差距；<br>（2）在部门或数据职能领域内，结合业务因素建立并遵循数据管理项目的优先级；<br>（3）在部门或数据职能领域内，制定数据任务目标，并对所有任务进行全面分析，确定实施方向；<br>（4）在部门或数据职能领域内，针对具体管理任务建立目标完成情况的评估准则 |
| 稳健级 | （1）针对数据职能任务，建立系统完整的评估准则；<br>（2）在组织范围内全面评估实际情况，确定各项数据职能与愿景、目标的差距；<br>（3）制定推进数据战略的工作报告模板，并定期发布，使利益相关者了解数据战略实施的情况和存在的问题； |

续表

| 等级 | 能力等级标准 |
| --- | --- |
| | （4）结合组织业务战略，利用业务价值驱动方法评估数据管理和数据应用工作的优先级，制订实施计划，并提供资源、资金等方面的保障；<br>（5）跟踪评估各项数据任务的实施情况，并结合工作进展调整更新实施计划 |
| 量化管理级 | （1）可应用量化分析的方式，对数据战略进展情况进行分析；<br>（2）积累了大量的数据用来提升数据任务进度规划的准确性；<br>（3）数据管理工作任务的安排能及时满足业务发展的需要，建立了规范的优先级排序方法 |
| 优化级 | 在业界分享最佳实践，成为行业标杆 |

数据战略评估成熟度的考核细则如表 3-11 所示。

表 3-11

| 等级 | 能力等级标准 |
| --- | --- |
| 初始级 | （1）在项目范围内建立数据职能项目和活动的业务案例；<br>（2）通过基本的成本收益分析方法对数据管理项目进行投资预算管理； |
| 受管理级 | （1）在单个部门或数据职能领域内，根据业务需求建立了业务案例和任务效益评估模型<br>（2）建立业务案例的标准决策过程，明确了利益相关者在其中的职责；<br>（3）利益相关者参与制定数据管理和数据应用项目的投资模型；<br>（4）根据任务效益评估模型对相关的数据任务进行了评估 |
| 稳健级 | （1）根据标准工作流程和方法建立数据管理和应用的相关业务案例；<br>（2）制定数据任务效益评估模型及相关的管理办法；<br>（3）业务案例的制定能获得高层管理者、业务部门的支持和参与；<br>（4）通过成本收益准则指导数据职能项目的实施优先级安排；<br>（5）通过任务效益评估模型对数据战略实施任务进行评估和管理，并纳入审计范围 |
| 量化管理级 | （1）构建专门的数据管理和数据应用 TCO 方法，衡量评估数据管理实施切入点和基础设施的变化，并调整资金预算；<br>（2）使用统计方法或其他量化方法分析数据管理的成本评估标准；<br>（3）使用统计方法或其他量化方法分析资金预算满足组织目标的有效性和准确性 |
| 优化级 | （1）建立并发布数据管理资金预算蓝皮书；<br>（2）在业界分享最佳实践，成为行业标杆 |

### 2. 数据治理成熟度

数据治理成熟度分为三个能力项成熟度，分别为数据治理组织成熟度、数据制度建设成熟度和数据治理沟通成熟度。

数据治理组织成熟度的考核细则如表 3-12 所示。

表 3-12

| 等级 | 能力等级标准 |
| --- | --- |
| 初始级 | （1）在具体项目中体现数据管理和数据应用的岗位、角色及职责；<br>（2）依靠个人能力解决数据问题，未建立专业组织 |
| 受管理级 | （1）制订了数据相关的培训计划，但没有制度化；<br>（2）在单个数据职能域或业务部门设置数据治理兼职或专职岗位，岗位职责明确；<br>（3）数据治理工作的重要性得到管理层的认可；<br>（4）明确数据治理岗位在新项目中的管理职责 |
| 稳健级 | （1）管理层负责数据治理工作相关的决策，参与数据管理相关工；<br>（2）在组织范围内有明确统一的数据治理归口部门，负责组织协调各项数据职能工作；<br>（3）数据治理人员的岗位职责明确，可体现在岗位描述中；<br>（4）建立了数据管理工作的评价标准，以及对相关人员的奖惩制度；<br>（5）在组织范围内建立健全数据责任体系，覆盖管理、业务和技术等方面人员，明确各方在数据管理过程中的职责；<br>（6）在组织范围内推动数据归口管理，确保各类数据都有明确的管理者；<br>（7）定期进行培训和经验分享，不断提高员工能力 |
| 量化管理级 | （1）建立数据人员的职业晋升路线图，可帮助数据团队人员明确发展目标；<br>（2）建立复合型的数据团队，能覆盖管理、技术和运营等；<br>（3）建立适用于数据工作相关岗位人员的量化绩效评估指标，并发布考核结果，评估相关人员的岗位绩效；<br>（4）业务人员能落实、执行各自相关的数据管理职责 |
| 优化级 | 在业界分享最佳实践，成为行业标杆 |

数据制度建设成熟度的考核细则如表 3-13 所示。

表 3-13

| 等级 | 能力等级标准 |
| --- | --- |
| 初始级 | （1）针对各个项目分别建立数据相关规范或细则；<br>（2）数据管理制度的落实和执行由各项目人员自行决定 |

续表

| 等级 | 能力等级标准 |
| --- | --- |
| 受管理级 | （1）在部分数据职能框架领域建立跨部门的制度管理办法和细则；<br>（2）识别数据制度相关的利益相关者，了解相关诉求；<br>（3）明确数据制度的相关管理角色，推动数据制度的实施；<br>（4）跟踪制度实施情况，定期修订管理办法，维护版本更新；<br>（5）初步建立了防范法律和规章风险的相关制度 |
| 稳健级 | （1）在组织范围内建立制度框架，并制定数据政策；<br>（2）建立全面的数据管理和数据应用制度，覆盖各数据职能域的管理办法和细则，并以文件形式发布，以保证数据职能工作的规范性和严肃性；<br>（3）建立有效的数据制度管理机制，统一管理流程，用于指导数据制度的修订；<br>（4）能根据实施情况持续修订数据制度，保障数据制度的有效性；<br>（5）定期开展数据制度相关的培训和宣贯；<br>（6）业务人员积极参与制定数据制度，并有效推动业务工作的开展；<br>（7）数据制度的制定参考了外部合规、监管方面的要求 |
| 量化管理级 | （1）数据制度的制定参考了行业最佳实践，体现了业务发展的需要，推动了数据战略的实施；<br>（2）量化评估数据制度的执行情况，优化数据制度管理过程 |
| 优化级 | 在业界分享最佳实践，成为行业标杆 |

数据治理沟通成熟度的考核细则如表 3-14 所示。

表 3-14

| 等级 | 能力等级标准 |
| --- | --- |
| 初始级 | （1）在项目内沟通活动的实施和管理；<br>（2）存在部分数据管理和数据应用的沟通计划，但未统一 |
| 受管理级 | （1）在单个数据职能域，制订跨部门的数据管理相关的沟通计划，并在利益相关者间达成一致，按计划推动活动开展；<br>（2）数据管理的相关政策、标准纳入沟通范围，并根据反馈进行更新；<br>（3）根据需要在组织内部开展相关培训；<br>（4）根据需要整理数据工作综合报告，汇总组织内部各阶段发展情况 |
| 稳健级 | （1）建立组织级的沟通机制，明确不同数据管理活动的沟通路径，满足沟通升级或变更管理要求，在组织范围内发布并监督执行；<br>（2）识别数据工作的利益相关者，明确各自诉求，制订并审批相关沟通计划和培训计划； |

续表

| 等级 | 能力等级标准 |
| --- | --- |
| | （3）明确组织内部沟通宣贯方式，定期发布组织内外部的发展情况；<br>（4）定期开展数据相关的培训工作，提升人员的能力；<br>（5）在组织范围内沟通数据管理的相关政策、方法、规范，覆盖大多数数据管理和数据应用相关部门，并根据反馈更新；<br>（6）明确数据工作综合报告的内容组成，定期发布组织的数据工作综合报告 |
| 量化管理级 | （1）建立与外部组织的沟通机制，扩大沟通范围；<br>（2）收集并整理了行业内外部数据管理相关案例，包括最佳实践、经验总结，并定期发布；<br>（3）组织人员了解数据管理与应用的业务价值，全员认同数据是组织的重要资产 |
| 优化级 | （1）通过数据治理沟通，建立了良好的企业数据文化，促进了数据在内外部的应用；<br>（2）在业界分享最佳实践，成为行业标杆 |

### 3. 数据架构成熟度

数据架构成熟度分为四个能力项成熟度，分别为数据模型成熟度、数据分布成熟度、数据集成与共享成熟度和元数据管理成熟度。

数据模型成熟度的考核细则如表3-15所示。

表 3-15

| 等级 | 能力等级标准 |
| --- | --- |
| 初始级 | （1）在应用系统层面编制数据模型开发和管理的规范；<br>（2）根据相关规范指导应用系统数据结构设计 |
| 受管理级 | （1）结合组织管理需求，制定了数据模型管理规范；<br>（2）对组织中部分应用系统的数据现状进行梳理，了解当前存在的问题；<br>（3）根据数据现状的梳理，结合组织业务发展的需要，建立组织级数据模型；<br>（4）应用系统的建设参考了组织级数据模型 |
| 稳健级 | （1）对组织中应用系统的数据现状进行全面梳理，了解当前存在的问题并提出解决办法；<br>（2）分析业界已有的数据模型参考架构，学习相关方法和经验；<br>（3）编制组织级数据模型开发规范，指导组织级数据模型的开发和管理；<br>（4）了解组织战略和业务发展方向，分析利益相关者的诉求，掌握组织的数据需求；<br>（5）建立覆盖组织业务运营管理和决策数据需求的组织级数据模型； |

续表

| 等级 | 能力等级标准 |
| --- | --- |
| | （6）使用组织级数据模型指导系统应用级数据模型的设计，并设置相应的角色进行管理；<br>（7）建立了组织级数据模型和系统级数据模型的映射关系，并根据系统的建设定期更新组织级的数据模型；<br>（8）建立了统一的数据资源目录，方便数据的查询和应用 |
| 量化管理级 | （1）使用组织级数据模型，指导和规划整个组织应用系统的投资、建设和维护；<br>（2）建立了组织级数据模型和系统应用级数据模型的同步更新机制，确保一致性；<br>（3）及时跟踪、预测组织未来和外部监管的需求变化，持续优化组织级数据模型 |
| 优化级 | 在业界分享最佳实践，成为行业标杆 |

数据分布成熟度的考核细则如表 3-16 所示。

表 3-16

| 等级 | 能力等级标准 |
| --- | --- |
| 初始级 | 在项目中实现了部分数据分布关系管理，如数据和功能的关系、数据和流程的关系等 |
| 受管理级 | （1）对应用系统数据现状进行部分梳理，明确需求和存在的问题；<br>（2）建立数据分布关系的管理规范；<br>（3）梳理部分业务数据和流程、组织、系统之间的关系；<br>（4）业务部门内部已对关键数据确定权威数据源 |
| 稳健级 | （1）在组织层面制定统一的数据分布关系管理规范，统一数据分布关系的表现形式和管理流程；<br>（2）全面梳理应用系统数据现状，明确需求和存在的问题，提出了解决办法；<br>（3）明确数据分布关系梳理的目标，梳理数据分布关系，形成数据分布关系成果库，包含业务数据和流程、组织、系统之间的关系；<br>（4）组织内的所有数据分类管理，确定每个数据的权威数据源和合理的数据部署；<br>（5）建立数据分布关系应用和维护机制，明确管理职责 |
| 量化管理级 | （1）通过数据分布关系的梳理，可量化分析数据相关工作的业务价值；<br>（2）通过数据分布关系的梳理，优化数据的存储和集成关系 |
| 优化级 | （1）数据分布关系的管理流程可自动优化，提升管理效率；<br>（2）在业界分享最佳实践，成为行业标杆 |

数据集成与共享成熟度的考核细则如表 3-17 所示。

表 3-17

| 等级 | 能力等级标准 |
| --- | --- |
| 初始级 | （1）应用系统间通过离线方式进行数据交换；<br>（2）各部门间的数据孤岛现象明显，拥有的数据相互独立 |
| 受管理级 | （1）建立业务部门内部应用系统间公用数据交换服务规范，促进数据间的互联互通；<br>（2）对内部的数据集成接口进行管理，建立复用机制；<br>（3）建立适用于部门级的结构化、非结构化数据集成平台；<br>（4）部门之间点对点数据集成的现象普遍存在 |
| 稳健级 | （1）建立组织级的数据集成共享规范，明确全部数据归属于组织的原则，并统一提供技术工具上的支持；<br>（2）建立了组织级数据集成和共享平台的管理机制，实现组织内多种类型数据的整合；<br>（3）建立数据集成与共享管理的管理方法和流程，明确各方的职责；<br>（4）通过数据集成和共享平台对组织内部数据进行集中管理，实现统一采集、集中共享 |
| 量化管理级 | （1）采用行业标准或国家标准的交换规范，实现组织内外应用系统间的数据交换；<br>（2）能有预见性地采用新技术，持续优化和提升数据交换和集成、数据处理能力 |
| 优化级 | （1）参与行业、国家相关标准的制定；<br>（2）在业界分享最佳实践，成为行业标杆 |

元数据管理成熟度的考核细则如表 3-18 所示。

表 3-18

| 等级 | 能力等级标准 |
| --- | --- |
| 初始级 | （1）元模型的定义遵循应用系统项目建设的需要和已有的工具；<br>（2）在项目层面生成和维护各类元数据，如业务术语、数据模型、接口定义、数据库结构等；<br>（3）在项目层面收集和实现元数据应用需求，如数据字典查询、业务术语查询等 |
| 受管理级 | （1）在某个业务领域，对元数据分类并设计每一类元数据的元模型；<br>（2）元模型设计参考国际、国内和行业的元模型规范；<br>（3）在某个业务领域建立集中的元数据存储库，统一采集不同来源的元数据；<br>（4）在某个业务领域制定元数据采集和变更流程；<br>（5）在某个业务领域，初步制定元数据应用需求管理的流程，统筹收集、设计和实现，元数据应用需求； |

续表

| 等级 | 能力等级标准 |
| --- | --- |
| | （6）实现对部分元数据的应用，如血缘分析、影响分析等，初步实现本领域内的元数据共享 |
| 稳健级 | （1）制定组织级的元数据分类及每一类元数据的范围，设计相应的元模型；<br>（2）规范和执行组织级元模型变更管理流程，基于规范流程对元模型进行变更；<br>（3）建立组织级集中的元数据存储库，统一管理多个业务领域及其应用系统的元数据，并制定和执行统一的元数据集成和变更流程；<br>（3）元数据采集和变更流程与数据生存周期有效融合，在各个阶段实现元数据采集和变更管理，元数据能及时、准确地反映组织真实的数据环境现状；<br>（4）制定和执行统一的元数据应用需求管理流程，实现元数据应用需求统一管理和开发；<br>（5）实现了丰富的元数据应用，如基于元数据的开发管理、元数据与应用系统的一致性校验、指标库管理等；<br>（6）各类元数据内容以服务的方式在应用系统之间共享使用 |
| 量化管理级 | （1）定义并应用量化指标，衡量元数据管理工作的有效性；<br>（2）与外部组织合作开展元模型融合设计、开发；<br>（3）组织与少量外部机构实现元数据采集、共享、交换和应用 |
| 优化级 | （1）参与国际、国家或行业相关元数据管理相关标准的制定；<br>（2）参与国际、国家或行业的元数据采集、共享、交换和应用；<br>（3）在业界分享最佳实践，成为行业标杆 |

### 4. 数据应用成熟度

数据应用成熟度分为三个能力项成熟度，分别为数据分析成熟度、数据开放共享成熟度和数据服务成熟度。

数据分析成熟度的考核细则如表 3-19 所示。

表 3-19

| 等级 | 能力等级标准 |
| --- | --- |
| 初始级 | （1）在项目层面开展常规报表分析，数据接口开发；<br>（2）在系统层面提供数据查询服务，满足特定范围的数据使用需求 |
| 受管理级 | （1）各业务部门根据自身需求制定了数据分析应用的管理办法；<br>（2）各业务部门独立开展各自数据分析应用的建设；<br>（3）采用点对点的方式处理数据分析中跨部门的数据需求；<br>（4）数据分析结果的应用局限于部门内部，跨部门的共享大部分在线下进行 |

续表

| 等级 | 能力等级标准 |
| --- | --- |
| 稳健级 | (1)在组织级层面建设统一的报表平台，整合报表资源，支持跨部门及部门内部的常规报表分析和数据接口开发；<br>(2)在组织内部建立了统一的数据分析应用的管理办法，指导各部门数据分析应用的建设；<br>(3)建立了专门的数据分析团队，快速支撑各部门的数据分析需求；<br>(4)能遵循统一的数据溯源方式协调数据资源；<br>(5)数据分析结果能在各个部门之间复用，数据分析口径定义明确 |
| 量化管理级 | (1)建立了常用的数据分析模型库，支持业务人员快速进行数据探索和分析；<br>(2)能量化评价数据分析效果，实现数据应用量化分析；<br>(3)数据分析能有力支持业务应用和运营管理 |
| 优化级 | (1)能推动自身技术创新；<br>(2)在业界分享最佳实践，成为行业标杆 |

数据开放共享成熟度的考核细则如表 3-20 所示。

表 3-20

| 等级 | 能力等级标准 |
| --- | --- |
| 初始级 | (1)按照数据需求进行点对点的数据开放共享；<br>(2)对外共享的数据分散在各个应用系统中，没有统一的组织和管理 |
| 受管理级 | (1)在部门层面制定了数据开放共享策略，用于指导本部门数据的开放和共享；<br>(2)建立了部门级的数据开放共享流程，审核数据开放共享需求的合理性，并确保对外数据质量；<br>(3)对部门内部的数据进行统一整理，实现集中对外共享 |
| 稳健级 | (1)在组织层面制定开放共享数据目录，方便外部用户浏览、查询已开放和共享的数据；<br>(2)在组织层面制定了统一的数据开放共享策略，包括安全、质量、组织和流程，用于指导组织的数据开放和共享；<br>(3)有计划地根据需要修改开放共享数据目录，开放和共享相关数据；<br>(4)对开放共享数据实现了统一管理，规范了数据口径，实现了集中开放共享 |
| 量化管理级 | (1)定期评审开放数据的安全、质量，消除相关风险；<br>(2)及时了解开放共享数据的利用情况，并根据开放共享过程中外部用户反馈的问题，提出改进措施 |

续表

| 等级 | 能力等级标准 |
| --- | --- |
| 优化级 | （1）通过数据开放共享创造更大的社会价值，同时促进组织竞争力的提升；<br>（2）在业界分享最佳实践，成为行业标杆 |

数据服务成熟度的考核细则如表 3-21 所示。

表 3-21

| 等级 | 能力等级标准 |
| --- | --- |
| 初始级 | （1）根据外部用户的请求有针对性地定制化开发数据服务；<br>（2）数据服务分散在组织内的各个部门 |
| 受管理级 | （1）对数据服务的表现形式有统一的要求；<br>（2）组织层面明确数据服务安全、质量、监控等要求；<br>（3）组织层面定义数据服务管理相关的流程和策略，指导各部门规范化管理 |
| 稳健级 | （1）在组织层面制定了数据服务目录，方便外部用户浏览、查询已具备的数据服务；<br>（2）统一数据服务对外提供的方式，规范数据服务状态监控、统计和管理功能，并由统一的平台提供；<br>（3）进一步细化数据服务安全、质量、监控等方面的要求，建立企业级的数据服务管理制度；<br>（4）有意识地响应外部的市场需求，积极探索对外数据服务的模式，主动提供数据服务 |
| 量化管理级 | （1）与外部相关方合作，共同探索、开发数据产品，形成数据服务产业链；<br>（2）通过数据服务提升组织的竞争力，并实现数据价值；<br>（3）对数据服务的效益进行量化评估，量化投入产出比 |
| 优化级 | 在业界分享最佳实践，成为行业标杆 |

### 3.3.5 DCMM 和其他数据管理框架的区别

除 DCMM 外，业界较为知名的介绍数据管理框架的资料还有《DAMA 数据管理知识体系指南》（以下简称“DAMA 指南”），以及信通院在 2021 年数据资产管理大会上发布的《数据资产管理实践白皮书（5.0 版）》（以下简称“白皮书”）。

“DAMA 指南”主要包括三个方面的内容：一是为数据管理工作提供指导原则，并说明如何在数据管理功能领域应用这些原则；二是为数据管理实践提供功能框架；三是为数据管理概念建立通用词汇表，从整体视角呈现数据管理的方方面面。

“白皮书”主要面向数据资产管理实践的场景，目的是解决企业面临的数据资产管理内驱力不足、数据资产管理与业务发展存在割裂、数据开发效率和敏捷程度较低、数据资产难以持续运营等问题。一方面，企业需要充分利用技术手段，结合企业实际情况，优化数据资产管理策略，制定数据资产管理实施路径，覆盖战略、组织、制度、技术等方面，提升管理效率，降低管理成本。另一方面，企业需要丰富数据资产应用场景，加速数据资产的内部共享与外部流通，构建数据价值评估方法，持续开展数据资产的闭环运营，使数据资产成为企业数字化转型源源不断的动力。

DCMM 与“DAMA 指南”“白皮书”的区别主要体现在三个方面，分别为数据管理职能、数据治理和数据管理活动。

### 1. 数据管理职能

DCMM 将数据管理的关键过程域分为 8 个能力域，如表 3-8 所示。

“DAMA 指南”将数据管理体系分为 10 个数据管理职能，也称为 10 个能力域，分别是数据架构管理、数据开发、数据操作管理、数据安全管理、参考数据和主数据管理、数据仓库和商务智能管理、文档和内容管理、元数据管理、数据质量管理及数据治理，如图 3-16 所示。

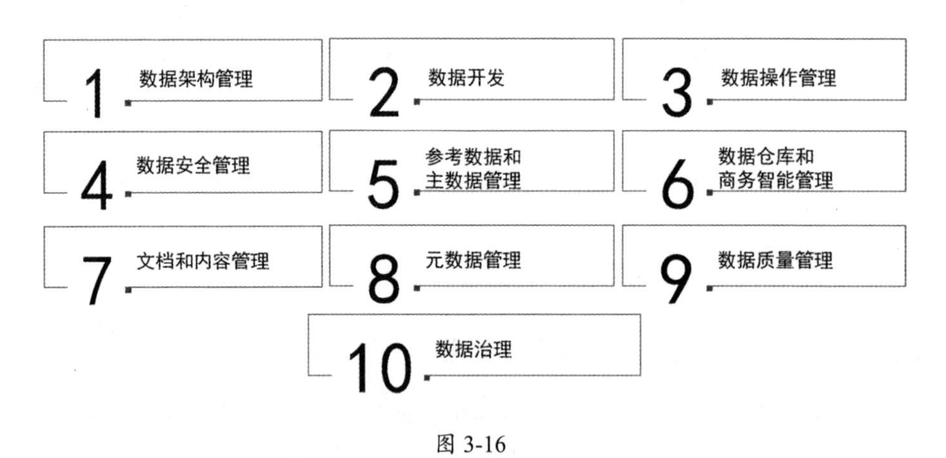


图 3-16

“白皮书”将数据管理体系分为 8 个管理职能和 5 个保障措施，8 个管理职能包括数据标准管理、数据模型管理、元数据管理、主数据管理、数据质量管理、数据安全管理、数据价值管理和数据共享管理。5 个保障措施分别是战略规划、组织架构、制度体系、审计制度及培训宣贯，如图 3-17 所示。

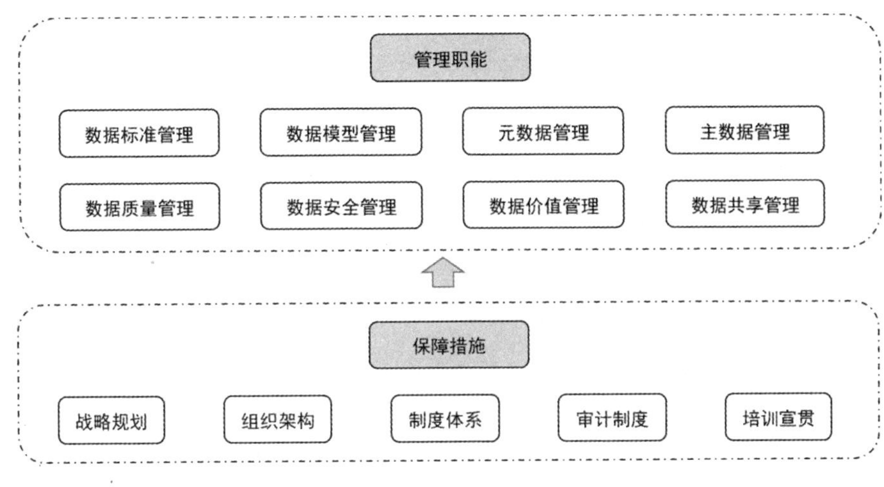


图 3-17

DCMM 与“DAMA 指南”相比，在数据管理职能方面主要有以下区别。

第一，数据战略成为一个单独的能力域，与数据治理并列。这无疑提高了数据战略的重要性，也表示在数字化转型过程中，数据战略需要先行。

第二，增加了数据应用能力域。DCMM 中的数据应用包含“DAMA 指南”中的商务智能管理。在数字化转型的时代，商务智能管理已经成为数据应用的一部分。

第三，增加了数据标准能力域。DCMM 中的数据标准包含“DAMA 指南”中的参考数据和主数据管理。

第四，增加了数据生命周期管理能力域。DCMM 中的数据生命周期管理包含“DAMA 指南”中的数据开发、数据操作管理和数据仓库管理。这是一个很好的迭代和总结，数据生命周期管理的能力更全面，范围更广。

DCMM 与“白皮书”相比，DCMM 更侧重于框架体系，而“白皮书”更侧重于实践指南，且更易于理解，二者主要有以下区别。

第一，“白皮书”将元数据管理和主数据管理各自独立，形成了单独的能力域。

第二，“白皮书”将数据架构管理聚焦在实践层面，形成了数据模型管理，更贴合实践。

第三，“白皮书”将数据应用管理聚焦在实践层面，形成了数据共享管理。

第四，为了达到更好的实践效果，“白皮书”增加了数据价值管理，用来评估数据价值。

第五，“白皮书”将数据治理分解为保障措施。

### 2. 数据治理

“DAMA 指南”的数据治理包含战略、组织、政策、审核等内容。DCMM 的数据治理包括组织、制度、沟通等内容。“白皮书”以保障措施代替数据治理，相关的内容与 DCMM 类似，与“DAMA 指南”存在细微的区别。

从数据治理实践的角度看，“DAMA 指南”的内容最全面，但不易于理解和实践；DCMM 的内容既全面又聚焦，主要面向评估；“白皮书”的内容通俗易懂，主要面向实践。

### 3. 数据管理活动

数据管理活动的能力域在三者中存在一定的差异性，有各自的侧重点。这是因为数据管理活动都是在特定的背景下为解决实际的数据问题而产生的，不是抽象总结的结果。

三者面向不同的场景，导致各自的数据管理活动存在一定的差异性。比如：“DAMA 指南”包括参考数据和主数据管理，却不包括数据标准管理；DCMM 包括数据标准管理，参考数据和主数据管理却只作为标准管理的一部分；为了帮助企业更好地实践，“白皮书”将参考数据管理、主数据管理和数据标准管理并列。由此可见，三个数据管理框架在本质上是一致的，它们的差异其实是技术迭代和场景需要造成的。

三者都涵盖了 8 个能力域，数据战略、数据治理、数据架构、数据应用、数据安全、数据质量管理、数据标准、数据生命周期。因此，无论是数据管理职能还是数据管理活动，无论面向的是评估还是实践，这 8 个能力域都是核心。

# 04

# 数字化转型中的核心技术

云计算、低代码、大数据、架构框架、物联网、5G、人工智能和机器学习是数字化转型过程中的核心技术。对大多数企业而言，云计算、低代码、大数据、架构框架这四种技术更具备通用性和普适性，因此本章对这四种技术进行重点分析。

## 4.1 混合云技术

混合云技术是 IT 技术的基础架构，也是云计算的部署模式之一。混合云基础架构将至少一个公有云和至少一个私有云相连接，并在它们之间提供编排、管理和应用程序可移植性，从而打造单一、灵活且最优的云环境，以作为公司的计算工作负载。

### 4.1.1 云计算的基本概念

关于云计算的定义众多，目前被云计算从业者广泛认同的一个观点是：云计算是分布式处理、并行处理和网格计算的进一步发展，或者说，云计算是这些计算机科学概念的商业实现。云计算是一种资源交付和使用模式，指通过网络获得应用所需的资源，如硬件、软件和平台。云计算将计算从客户终端集中到“云端”，作为应用通过互联网提供给用户，通过分布式计算等技术由多台计算机共同完成计算。用户只关心应用的功能，而不关心应用的实现方式。应用的实现和维护都由其提供商完成，用户可以根据自己的需要选择相应的应用。可以说，云计算不仅是一个工具、平台或架构，而且是一种计算方式。

需要明确的是，计算设备也称为计算资源。计算资源包括 CPU、内存、硬盘和网络。在数据中心的概念中，磁盘只是存储大类中的一种。存储还包括磁带库、阵列、SAN、NAS 等，这些统称为存储资源。此外，CPU、内存只是服务器的关键计算部件，因此我们统一用服务器资源代替 CPU 和内存资源的说法。广义的计算资源还包括应用软件和人力服务。

不同于传统的计算机，云计算技术引入了一种全新的、便于人们使用计算资源的模式，即云计算能让我们更方便、快捷地自助使用远程计算资源。计算资源所在地称为云端，也称为云基础设施，输入/输出设备称为云终端。云终端就在人们触手可及的地方，而云端位于“远方”。此处的“远方”与地理位置的远近无关，主要是指需要通过网络才能到达。云端与云终端通过计算机网络连接在一起，二者之间是标准的 C/S 模式，即客户端/服务器模式：客户端通过网络向云端发送请求消息，云端计算处理后返回结果。

云计算的可视化模型如图 4-1 所示。

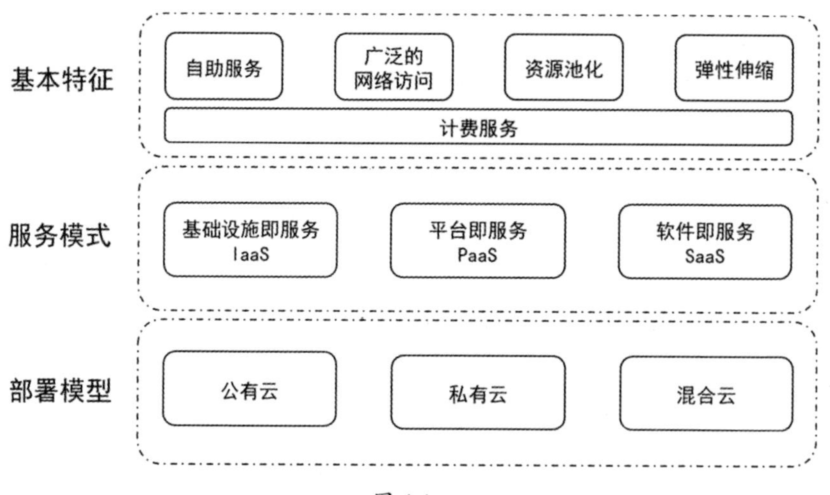


图 4-1

1. 基本特征

云计算的基本特征分为自助服务、广泛的网络访问、资源池化、弹性伸缩和计费服务。

（1）自助服务

消费者不需要或很少需要云服务提供商的协助，就可以单方面按需获取云端的计算资源。

（2）广泛的网络访问

消费者可以随时随地使用任何云终端设备接入网络并使用云端的计算资源。常见的云终端设备包括手机、平板电脑、笔记本电脑和台式计算机等。

（3）资源池化

云端计算资源需要被池化，以便通过多租户形式共享给多个消费者。只有池化能根据消费者的需求动态分配或再分配各种物理资源和虚拟资源。消费者通常不知道自己正在使用的计算资源的确切位置，但是在自助申请时允许指定大概的区域范围。

（4）弹性伸缩

消费者能方便、快捷地按需获取和释放计算资源。也就是说，在需要时能快速获取资源以便扩展计算能力，在不需要时能迅速释放资源以便降低计算能力，从而节省资源的使用费用。对消费者来说，云端的计算资源是无限的，可以随时申请并获取任何数量的计算资源。

需要明确的是，一个实际的云计算系统不一定是投资巨大的工程，不一定要购买成千上万台计算机，也不一定具备超大规模的运算能力。其实，一台计算机就可以组建一个最小的云端。云端建设方案务必采用可伸缩性策略，在开始时采用几台计算机，然后根据用户数量规模来增减计算资源。

（5）计费服务

消费者使用云端计算资源是要付费的。付费的计量方法很多，既可以根据某类资源（如存储、CPU、内存、网络带宽）的使用量和使用时长计费，也可以按照使用次数计费。但不管如何计费，对消费者来说，价格要清楚，计量方法要明确。云服务提供商需要监视和控制资源的使用情况，并及时输出各种资源的使用报表，做到供需双方费用结算清晰。

### 2. 服务模式

服务模式分为 IaaS、PaaS 和 SaaS。

（1）IaaS

IaaS，全称为 Infrastructure as a Service，基础设施即服务。

IaaS 把计算基础（如服务器、网络技术、存储）作为一项服务提供给客户。IaaS

是云服务的最底层，主要提供一些基础资源。普通用户不用自己构建数据中心等硬件设施，而是通过租用的方式，利用互联网从 IaaS 服务提供商获得计算基础设施服务，包括服务器、存储和网络等服务。在这种服务模型中，服务商提供所有计算基础设施，包括处理 CPU、内存、存储、网络和其他基本的计算资源，并收取一定的维护费。在使用模式上，IaaS 与传统的主机托管有相似之处，但是在服务的灵活性、扩展性和成本等方面，IaaS 更具优势。

（2）PaaS

PaaS，全称为 Platform-as-a-Service，平台即服务。

PaaS 实际上是指将软件研发的平台作为一种服务，以 SaaS 模式提交给用户，因此 PaaS 也是 SaaS 模式的一种应用。PaaS 是远程订购服务，服务商已将底层的平台搭建好，用户只需要开发自己的上层应用。大多数 PaaS 厂商拥有 SaaS 产品设计开发和运营能力，经由 PaaS 搭建的企业应用拥有较好的终端用户体验。

（3）SaaS

SaaS，全称为 Software as a Service，软件即服务。

SaaS 是一种通过互联网提供软件的模式。用户不用再购买软件，而改用向提供商租用基于 Web 的软件来管理企业经营活动，且无须对软件进行维护，提供商负责全权管理和维护软件。SaaS 提供商为企业搭建信息化所需要的所有网络基础设施及软件、硬件运作平台，并负责所有前期的实施工作、后期的维护工作等一系列服务。对用户来说，SaaS 将软件的开发、管理、部署都交给第三方，可以拿来即用。普通用户接触到的互联网服务几乎都是 SaaS。

### 3. 部署模式

（1）公有云

公有云是指由云服务提供商部署云计算基础设施并进行运营维护，将基础设施承载的标准化、无差别的 IT 资源提供给公众客户的服务模式。公有云的核心特征是基础设施所有权属于云服务商，云端资源向社会大众开放，符合条件的任何个人或组织都可以租赁并使用云端资源，且无须负责底层基础设施的运维。公有云的优势是成本较低、无须维护、使用便捷且易于扩展，能够满足个人、互联网企业等大部分客户的需求。

（2）私有云

私有云是指云服务商为单一客户构建的云计算基础设施，相应的 IT 资源仅供该客户内部员工使用的产品交付模式。私有云的核心特征是云端资源仅供特定客户使用，其他客户无权访问。

由于私有云模式下的基础设施与外部分离，因此数据的安全性、隐私性比公有云更强，能够满足政府机关、金融机构及其他对数据安全要求较高的客户的需求。

（3）混合云

混合云是指用户同时使用公有云和私有云的模式。一方面，用户在本地数据中心搭建私有云，处理大部分业务并存储核心数据；另一方面，用户通过网络获取公有云服务，满足峰值时期的 IT 资源需求。

混合云能够在部署互联网化应用并提供最佳性能的同时，兼顾私有云本地数据中心的安全性和可靠性，并根据各部门工作负载更加灵活地选择云部署模式，因此受到规模庞大、需求复杂的大型企业的广泛欢迎。

## 4.1.2 混合云的基本概念

如今，企业 IT 架构已经从过去的集中式大型机演进到分布式虚拟化架构，并正在向多地多云的架构演进。根据业务自身特点的不同，总体上可以将其分为稳态业务和敏态业务两类，不同的业务适合分别部署在私有云、公有云中。

- 稳态业务：通常由物理机承载，要求高可靠、低时延等。通常部署在传统网络或私有云中，满足裸机、数据库、核心业务等业务诉求，以及各种不入云服务器的接入需求。
- 敏态业务：通常由虚拟机承载，采用 DevOps 模式来迭代应用程序。通常部署在公有云中，满足对资源的敏捷、弹性诉求。用户可以根据业务特点灵活地选择云计算模式。例如，出于安全考虑，用户可以将私密数据存放在自己的私有云中；同时，将测试类业务、外部用户经常访问的业务部署在公有云上，充分利用公有云可靠、运维专业、资源扩容快速等优点。

混合多云就是混合云基础架构，其中包含来自多个云服务供应商的多个公有云或多个私有云。混合多云支持公司将来自多个云计算供应商的最佳云服务和功能结合起来，为每个工作负载选择最佳的云计算环境，当情况发生变化时，可以在公有云和私有云之间自由迁移工作负载。与单一公有云或私有云相比，混合云（特别是混合多云）可以帮助公司更加有效且低成本地实现其技术和业务目标。信通院发布的《中国混合云发展调查报告（2019 年）》中显示，企业从混合云中获得的价值是从单云、单供应商方法中所获价值的 2.5 倍之多。

### 1. 传统的混合云架构

最初，混合云架构的运作机制是将公司内部部署数据中心的各个部分转换为私有云基础架构，然后将该基础架构连接到公有云提供商外部托管的公有云环境上，如 AWS、Google Cloud Service、Microsoft Azure。这是使用预先打包的混合云解决方案完成的，如 Red Hat OpenStack，或者通过采用复杂的企业中间件集成环境中的云资源，并采用统一管理工具从中央控制台或“单一界面”对这些资源进行监视、分配和管理。

传统的混合云架构有如下特点。

- 安全性和合规性：保留防火墙后的私有云资源，供敏感数据和高度监管的工作负载所用，而为不太敏感的工作负载和数据使用更经济的公有云资源。
- 可扩展性和弹性：使用公有云计算和云存储资源实现快速、自动且低成本的扩展，以应对计划外的流量峰值，且不会影响私有云工作负载。
- 快速采用新技术：采用或切换到最新的 SaaS 解决方案，甚至将这些解决方案集成到现有的应用程序中，而无须提供新的内部部署基础架构。
- 增强原有应用程序：使用公有云服务改进现有应用的用户体验，或将其扩展到新设备中。
- 优化资源和节约成本：以可预测的私有云容量运行工作负载，并将更多的可变工作负载迁移到公有云中；使用公有云基础架构，根据需要快速启动开发和测试资源。

### 2. 现代的混合云架构

混合云架构更多地关注支持跨所有云环境的工作负载可移植性，以及将这些工作负载自动部署到最佳云环境以实现特定业务目的，而较少关注物理连接。

混合云架构是企业数字化转型中关键步骤的一部分，各组织正在构建新应用程序并实现原有应用程序现代化，从而利用云原生技术在各个云环境和云供应商之间实现一致且可靠的开发、部署和管理。

具体来说，混合云正在通过构建或转换应用程序以适用微服务架构。该架构针对各个具体的业务功能，将应用程序分解为规模较小、松散耦合且可复用的组件。混合云在容器中部署这些应用程序。容器是仅包含应用程序代码和运行该应用程序所需的虚拟操作系统依赖关系的轻量级可执行单元。

在很多混合云的使用场景中，公有云和私有云不再是用于连接的物理位置。例如，现在的云供应商提供可在客户内部部署数据中心内运行的公有云服务；而曾经专供内部部署运行的私有云如今通常托管于外部数据中心、虚拟专用网络或虚拟私有云中，或者托管于从第三方供应商那里租用的专用基础架构中。

基础架构虚拟化也称为基础架构即代码，它允许开发人员使用位于防火墙后或防火墙之外的任何计算资源或云资源按需创建应用环境。这凸显了边缘计算的重要性，边缘计算通过将工作负载和数据移动至距离实际计算更近的位置，更有可能改进全局应用程序的性能。

由于上述原因及其他因素，现代混合云基础架构开始围绕一个统一的混合多云平台进行整合，其中包括跨所有云类型和云供应商支持云原生应用程序的开发和部署、跨所有环境的单一操作系统，以及跨云环境自动部署应用程序。

云原生开发支持开发人员将整体式的应用程序转换为以业务为中心的功能单元，这些功能单元可以在任意位置运行并在各种应用程序中复用。标准操作系统允许开发人员将任何硬件依赖关系构建到任何容器中，而容器云编排和自动化跨多个云环境为开发人员提供了针对容器配置和部署的“一劳永逸”型的精细控制，包括安全性、负载均衡、可扩展性等。

### 3. 通用的混合云架构

我们将传统的混合云架构和现代的混合云架构结合，可以形成具有代表性的通用的混合云架构，该架构分为四层，分别为场景混合层、应用混合层、数字技术混合层和资源混合层，如图 4-2 所示。

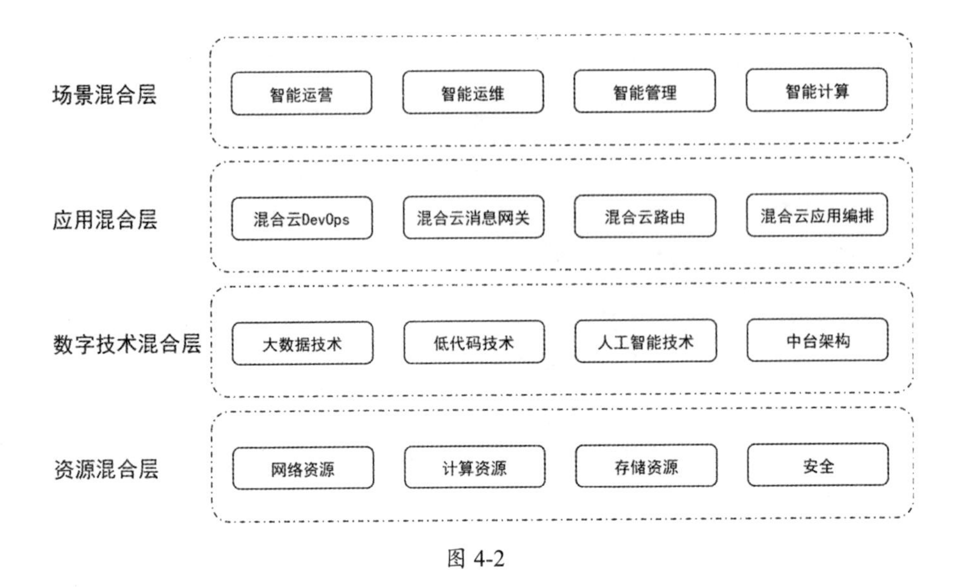


图 4-2

通用的混合云架构兼具传统的混合云架构和现代的混合云架构的优点，主要有以下优势。

- 提升了开发人员的工作效率：统一混合云平台有助于扩大敏捷方法和 DevOps 方法的使用范围，开发团队开发一次即可部署到所有云。
- 提高了基础架构的效率：通过细化资源控制，开发和 IT 运营团队可以优化公有云服务、私有云和云供应商的支出。混合云还提高了迁移原有应用程序的速度，从而帮助企业避免更多的内部部署基础架构的技术债务。
- 提升了合规一致性和安全性：统一平台使组织能够利用一流的云安全性和合规性技术，并以一致的方式实现所有环境的安全性与合规性。
- 总体业务加速：包括缩短产品开发周期，加快创新和上市，更快地响应客户反馈，更快地交付更贴近客户的应用程序，更快地与合作伙伴或第三方联合来交付新产品和服务。

## 4.1.3 混合云的主要功能

混合云应具备资源整合和统一管理能力、数据一致访问和协同能力、数据高效联通和安全合规能力，以及推动企业生态发展和创新能力。

### 1. 资源整合和统一管理能力

资源整合和统一管理能力是混合云具备的最基本的能力。资源整合不仅是公有云和公有云、私有云和私有云、公有云和私有云之间简单的资源整合，而且可以实现存量资源和可扩展资源的集中展现和池化管理，以及资源按需进行跨云、跨环境、跨技术平台的编排和调度，让应用能够跨云部署和迁移。除了这些基本能力，资源整合和统一管理能力还可以在多个方面更深入地发展，让用户更好地面对技术发展和更多类型资源的需求，如资源整合、多元算力和精细化管理等场景。

（1）资源整合

在数字化转型体系中，资源的范围需要无限扩大，不仅局限于物理资源（如服务器、网络、数据中心），还需要将平台和应用纳入资源的范围，比较典型的有 DevOps 服务、大数据服务、低代码服务、人工智能应用、数字应用。

技术管理者需要将物理资源、平台资源和应用资源进行统一管理并整合，形成完整的混合云能力，以云上服务的方式为企业提高效率，加速创新。

（2）多元算力

随着企业规模越来越大，以及人工智能、物联网等创新数字技术的运用，企业对算力的需求越来越多。因此，混合云要整合更多的新技术和新资源，满足多元算力的需要，为企业提供多样化、丰富的算力。

（3）精细化管理

资源的统一管理需要混合云具备精细化管理能力。企业无须在多个公有云、私有云的平台之间来回切换，就能够保证在不同的云部署模式和不同环境下的标准和流程统一，从而解决混合云给企业带来的运维和运营难题。

精细化管理包含跨云和跨环境的运维能力、灵活的权限控制能力、精细化的费用管理能力、精确的成本预测和优化能力，可以为业务提供更好的支撑，在提升效率的同时合理地控制成本。

### 2. 数据一致访问和协同能力

混合云作为基础架构的核心“底座”，能够解决数据孤岛和数据流通不畅的问题，让企业在数字化转型过程中具备数据一致访问和协同的能力，有效保证数据流通顺畅，实现数据的共享和协同。

（1）数据的流通和访问

在混合云架构中，系统或应用可能由公有云和私有云共同支撑。因此，解决数据的流通和访问问题意味着需要在公有云和私有云之间建立近乎相同的数据访问体验。各类数据具备统一的标准，以及一致的存储、访问和备份策略，可在一定程度上实现自由迁移。

混合云架构需要具备数据集成和交换功能，可以对不同位置的数据进行管理。根据业务的需要让数据在混合云架构中双向传输和高效访问，并具备数据一致性的能力，这适用于数字化转型中的应用协同、数据挖掘、人工智能等场景。

（2）数据备份

为了防止数据丢失，跨云的数据备份能力也是不可或缺的。混合云架构应该能够帮助企业有效地进行风险管理，减少业务损失。

### 3. 数据高效联通和安全合规能力

混合云体系内的公有云和私有云之间需要具备数据高效联通和数据安全合规的能力。

（1）高效联通

混合云通过先进的网络架构提供完善的数据高效联通能力，保障公有云和公有云、私有云和私有云、公有云和私有云之间的数据和应用的共享和协同，以及资源的灵活编排和共享。业内较为成熟的网络架构有私有 IP 的逻辑网络和私有三层网络，这两种技术有效保证了在跨云和跨环境的情况下数据联通顺畅。

（2）安全合规

在大多数传统企业中，由于用户的认知局限及监管政策的影响，用户对混合云在安全和合规性方面仍有顾虑。因此，混合云架构应该提供高标准的安全可信和合规机制，从技术架构层面、产品层面、国家法律法规和标准层面全面保障用户在云上的数据和系统的安全和合规性。

### 4. 推动企业生态发展和创新能力

为了保证业务的持续发展、创新或者商业模式的转型顺利，企业需要快速构建与企业战略匹配的生态模式，对传统的基础架构进行升级和转型。

通用的私有云架构或公有云架构很难匹配已有的业务生态和实际的经营场景，且耗费大量的精力和成本。因此，企业需要通过更快捷的途径来打造和聚合云生态。

混合云架构能够整合资源，并具备资源统一管理能力、数据一致访问和协同能力、数据高效联通和安全合规能力，可以将混合云能力落实到数字化转型的各个数字场景中，统一线上和线下的业务生态，加速企业的创新和转型。

### 4.1.4 混合云的数据架构

无论是 IT 架构、应用架构还是中台架构，都需要具备面向数字化转型场景的数据架构。混合云是一种新型的 IT 基础架构，在多云协同、云上云下协同的基础能力之外，还需要适配企业的数据应用场景。

#### 1. 数据应用场景

企业的数据应用场景主要如下。

- 将敏感数据放在本地，将非敏感数据或公开访问入口放在公有云上，这种场景通常存在于以持牌金融为代表的强监管企业中。这种场景中包含个人信息、财务数据等敏感信息，因此需要将敏感业务和非敏感业务进行分离，混合云的多云构成可以很好地满足此类需求。
- 从公有云获取数据，使用公有云的计算服务，将分析后的数据存放在本地，这种场景通常适用于联营业务的运营，即利用公有云强大的计算能力和弹性伸缩能力实现海量数据的获取、分析和计算，提升可靠性和稳定性。
- 使用公有云的计算服务分析本地的数据，同样利用了公有云强大的计算能力和弹性伸缩能力的特性，通常适用于 AI 计算和分析场景。
- 在高峰期利用公有云的资源无限拓展数据访问能力，通常适用于电商场景。例如，在大促节点利用公有云资源的弹性伸缩能力对流量进行有效的削峰填谷，确保大促期间系统的稳定性和可靠性。
- 通过公有云实现多数据中心的星形连通，从而实现物理分散、逻辑统一的数据互通。
- 多级云互联，上下级云之间可以实现协同计算，可以整合不同的云部署资源，提升资源的利用率，通常适用于边缘计算场景。

- 本地数据加密备份在公有云中，或者实现跨云的灾备，有效地在多个地域形成多个数据备份，通常适用于对数据安全要求较高的场景。

### 2. 混合云的数据架构的体系

混合云的数据架构体系属于企业级系统架构的一部分，同样遵循企业架构的设计方法，如图 4-3 所示。但由于混合云具备跨云类型、跨云部署方式及跨地域的特殊性，与常见的数据架构相比，混合云的数据架构主要基于公有云和公有云、私有云和私有云、公有云和私有云之间的数据整合、管理和应用，因此，数据的计算和存储过程更为复杂。

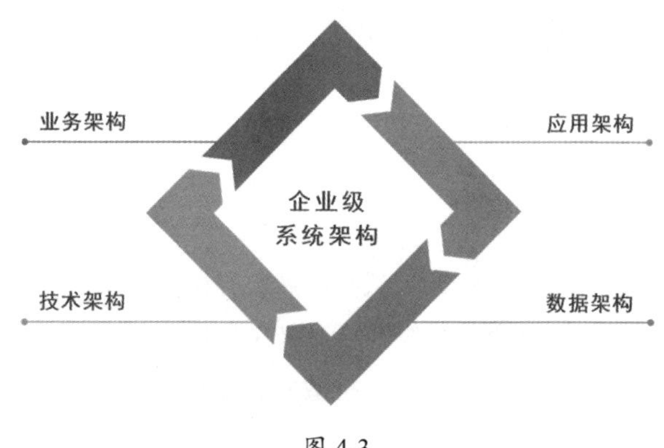


图 4-3

从数据架构体系的角度出发，混合云的数据架构遵循数据资产化、数据服务化、数据价值化、数据标准化等原则，数据架构由数据愿景、数据标准、数据模型、数据存储、数据治理与数据安全等部分组成，如图 4-4 所示。

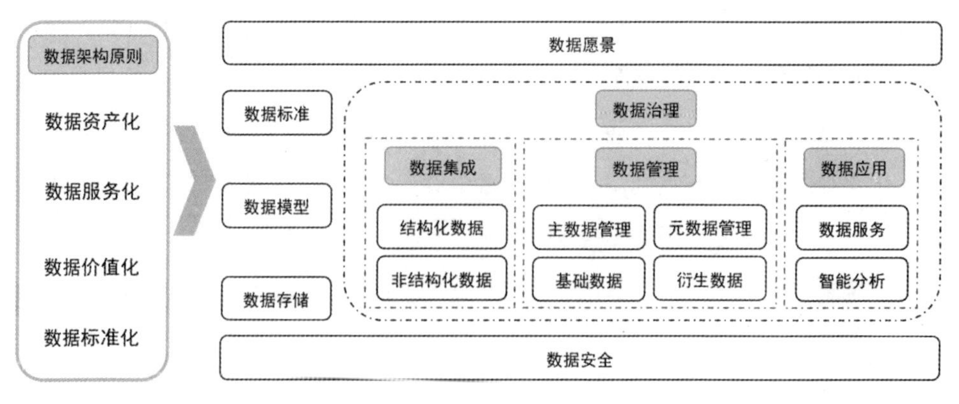


图 4-4

（1）数据愿景

数据愿景通常也称为数据目标，是一种战略级的思维模型，在数据架构体系中主要面向业务运营的场景，建立面向未来的数据规划思维，是打通数据孤岛、实现数据全集成的基础。

数据愿景是指基于数字化转型过程中的各个数字场景制定目标，利用数据思维模型对数据能力进行思考和规划。由于混合云存在多云、多部署模式、多地域的特性，因此数据愿景的规划非常重要，需要提前规划。缺失数据愿景会导致形成数据孤岛，影响数据的采集、存储、计算、分析等一系列过程，最终使数据治理、数据安全和数据服务出现问题。

（2）数据标准

在数据架构体系中，数据标准是非常关键的一个环节，用于对各项数据进行规范化定义与统一解释，并对数据间的关系、业务规则及数据质量要求进行统一定义。混合云的数据标准体系能够实现跨云、跨业务、跨系统的数据统一和全局化管控，包括主数据管理、基础数据管理、数据交换标准管理。

（3）数据模型

混合云的数据模型包括概念模型、逻辑模型和物理模型。在混合云的数据模型设计过程中，需要根据混合云考虑业务支撑的场景、范围及能力，并充分考虑业务在运营中遇到的各种问题，如性能问题、可用性问题、可靠性问题，以及可维护性等功能性问题。除功能性问题之外，非功能性问题也需要纳入数据模型的考虑范围，以确保融合云的数据模型的全面性。比较典型的有混合云内部数据的引用关系、血缘关系和去向关系，通过数据边界的方式更好地与业务模型进行对接。

（4）数据存储

混合云的数据存储有两种方式，分别为集中存储和离散存储。这两种存储方式对应于不同的场景，例如：集中存储可以有效解决数据的关联性、数据量、网络带宽等问题；离散存储可以有效解决数据类型、并发数和安全边界等问题。存储数据时还需要考虑数据存储策略和数据访问策略，如分析数据的实时处理、批量处理、实时检索、交互查询。

（5）数据治理

数据治理通常包括高度复杂的任务，如结构化数据的集成、非结构化数据的集成、主数据管理、元数据管理、基础数据管理、衍生数据管理、数据服务和智能分析。在很多企业中，从数据采集、存储到最终的数据应用，不可避免地会出现各种数据治理方面的问题，导致企业不能充分释放数据能力，无法有效支撑业务运营。

通常，数据治理是指对数据全生命周期进行管控和治理，通过数据集成、数据管理和数据应用，构建从数据采集、数据存储、数据分析、数据应用、数据决策到数据反馈的数据价值闭环。完整的数据治理流程还应该包括建立相应的组织和制度、发布数据标准、定义数据质量、监控反馈评价等。

（6）数据安全

数据安全是指用于保护数据的流程和技术，阻止无意、有意或恶意及未经授权的访问、查看、修改或删除数据的情况。混合云的数据安全以生命周期的方式进行管理，共有六个阶段，分别为创建、存储、使用、共享、归档和销毁，如图 4-5 所示。

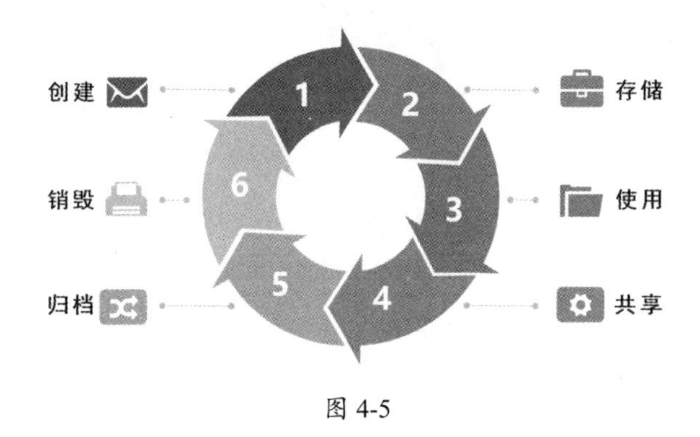


图 4-5

- 创建阶段：用户通过混合云创建结构化或非结构化的数据，如业务附件、业务文档、数据库中的记录或图片文件。在此阶段，通常根据企业的数据安全策略对新产生的数据进行密级分类。
- 存储阶段：一个文件一旦被创建，就应该被保存在某个地方。因此，需要确保存储的数据受到保护，并应用必要的数据安全控制措施。通过对敏感数据的有效保护，降低信息泄露的风险。本阶段与创建数据的动作几乎同时发生。
- 使用阶段：一个文件一旦被创建并存储，那么它随后可能被使用。在使用数据的过程中，数据被查看、处理、修改并保存，因此需要施加安全控制，以确保数据不被泄露。

- 共享阶段：数据经常在内外部人员或合作伙伴之间共享，因此必须持续监控已存储的敏感数据信息。数据在混合云的存储、应用程序和操作环境之间移动，并被各个数据所有者通过不同的设备访问，这些情况可能会发生在数据安全生命周期的任何一个阶段。
- 归档阶段：数据离开生产活动领域，并进入长期离线存储状态。
- 销毁阶段：采用物理或数字手段永久销毁数据，物理手段如硬盘消磁等，数字手段如加密切碎等。

### 3. 数据架构的设计原则

数据架构的设计原则主要体现在五个方面，分别是以数字化转型为目标进行数据规划、聚焦数据管理的核心问题、利用数据治理推进数据架构的优化和实施、以数据为中心推进数据与应用的松耦合、全面系统地建立数据安全防护体系。

#### （1）以数字化转型为目标进行数据规划

数据是企业数字化转型的核心要素。在企业的数字场景中，数据通常具备战略资源的价值，因此需要以数字化转型过程中的各个数字场景为核心，对数据架构进行设计和规划。数据架构需要考虑数据的可扩展、可管理、弹性伸缩和安全等因素，并通过数据分类和标签匹配相应的数字场景，根据数字场景的业务规则指定数据的流动方向，最终将数据对象输出到业务活动中。

#### （2）聚焦数据管理的核心问题

混合云的数据管理的核心问题包括数据存储和数据权责。数据存储需要通过统一的管理进行路径编排，保证数据的采集和加工过程不出现问题。同时，混合云的数据服务和数据应用需要确保在混合云架构中数据存储过程的数据完整性和数据一致性。数据权责明确界定了数据管理责任，利用数据目录对数据进行分级分类，以数据标准化的方式保障数据在增长和多元化过程中的准确性。

#### （3）利用数据治理推进数据架构的优化和实施

任何类型的数据架构都需要进行数据治理，数据治理的过程本质上是对数据架构的优化和实施过程。混合云作为基础架构的“底座”，提供了数字化转型过程中各个数字场景所需要的数据集成服务、数据管理服务、数据应用服务。因此，利用数据治理可以更好地释放混合云的能力，并更好地推进混合云数据架构的优化和实施。

（4）以数据为中心推进数据与应用的松耦合

大多数企业需要围绕核心业务线开展数字化转型，而核心业务系统通常采用传统的业务架构。即每个业务系统都有一个独立的专属数据库，而没有共享的数据基础，最终形成了数据孤岛。因此，我们应该以数据为中心，坚持将数据与应用解耦，以数据视角对待应用需求和数据需求，从而实现一数多用，充分发挥数据的价值。

（5）全面系统地建立数据安全防护体系

在技术架构方面，要构建大数据安全防护体系，包括云和大数据基础平台安全防护、接入网络与大数据网络安全防护、接入设备与用户安全防护等。在管理制度方面，要明确组织、管理角色职责、管理制度与流程，使用安全管控工具提升数据安全保障能力。在数据管控方面，要建立数据的分类分级、数据生命周期安全防护、数据脱敏处理、数据备份、数据加密、数据防护和审计、数字签名和数字水印等保障能力。

### 4.1.5 混合云在数字化转型过程中的价值

艾瑞咨询数据显示，在全球企业云战略中，混合云整体发展占比已由 2017 年的58%增长至 2020 年的 87%，众多企业借助混合云开展数字化转型是未来的发展趋势。通过应用与实践混合云数据，可以降低企业生产、供应及销售的成本，并兼顾私有云的数据安全需求和公有云的弹性资源能力，有效增强企业的核心竞争力，推动企业更好地实践数字化转型。

在实际的数字化转型过程中，混合云不仅在企业层面输出能力，也为企业的不同角色带来了价值。

#### 1. 数字化转型的推进者和技术管理者

数字化转型涵盖企业经营情况的诸多方面，包括整体文化、技术框架和数字场景，而这一切需要面向业务的应用系统和基础架构提供支撑，混合云的弹性伸缩特性可以灵活地支撑业务。

混合云可以友好地拥抱新技术，降低基础架构成本，提高内部管理效率，优化客户体验，有效保障信息系统的可靠性和稳定性，同时支持海量数据的计算和反馈。数字化转型的推进者和技术管理者可以在混合云中更轻松地运行企业的核心服务，因此可以通过开发新产品，使其更快地进入市场，加速企业的数字化转型进程。

#### 2. 运维人员

对运维人员来说，混合云可以带来颠覆式的职责改变，主要体现在三个方面，分别是灵活的基础设施投入、大规模的成本优势和提高运维的响应速度。

- 灵活的基础设施投入：混合云的资源按需投入，能够避免在业务规划阶段中对基础设施的过度投入，将资本投入变成可变投入。
- 大规模的成本优势：运维人员可以访问任意规模的资源，并根据需要扩展或缩减所需的资源。
- 提高运维的响应速度：在混合云环境中，运维人员通过自动化的方式提升工作效率，从而有更多的精力关注架构优化、新技术的发展趋势，以及思考业务相关问题，更深入地参与到企业的发展中。

#### 3. 数据开发人员

随着大数据时代的来临，信息技术的发展产生了巨大的变革。大数据技术的研究和发展提升了企业对大数据的使用频率，包括业务场景中的智慧运营和搜索推荐、管理场景中的数据可视和辅助决策。混合云为企业的数据开发提供了灵活的开发环境和强大的计算能力，提高了数据开发效率。

#### 4. 业务线

业务能力是企业的核心竞争力之一，也是衡量企业发展进程的标准之一。混合云技术能够促进商业生态环境中各方的协作，包括业务运营、管理及资源分配，混合云的应用能够提升企业的市场竞争力。

### 4.1.6 常见的混合云应用场景

常见的混合云应用场景有数据分析、云边协同和混合部署，下面来逐一介绍。

#### 1. 数据分析

随着企业业务的扩展，以及企业信息化程度的加深，各个业务线都积累了众多的数据。数据是企业的核心资产，如何存储、计算和应用数据成为企业数字化转型过程中的一个亟待解决的问题。一方面，企业信息系统的分散导致数据存储在不同的环境和区域中；另一方面，海量数据的计算和分析需要庞大的计算资源和计算能力。因此，要有一个稳定可靠的环境为后续积累的业务数据提供保障，并为数据分析、机器学习等场景提供可靠且稳定的“底座”。

围绕混合云建设数据统一采集、统一存储和统一计算平台，以数据集散中心的方式集中存储各个系统的业务数据，使这些数据自由流动，从而彻底解决数据孤岛和无法进行全景数据分析的问题。如图 4-6 所示，企业的两个核心业务模块分别由公有云 A 和公有云 B 承载，相关的数据分别存储在 A 和 B 中。通过建设数据集散中心的方式，将 A 和 B 的数据以主动抽取和汇聚导入的方式集中至企业级数据平台。数据平台部署在企业的私有云环境中，可以满足数据的安全合规要求。数据中台的海量数据由公有云 C 负责计算，计算结果将被回吐至企业级数据平台，分别为数字可视、辅助决策、数字运营等数字场景提供支撑。

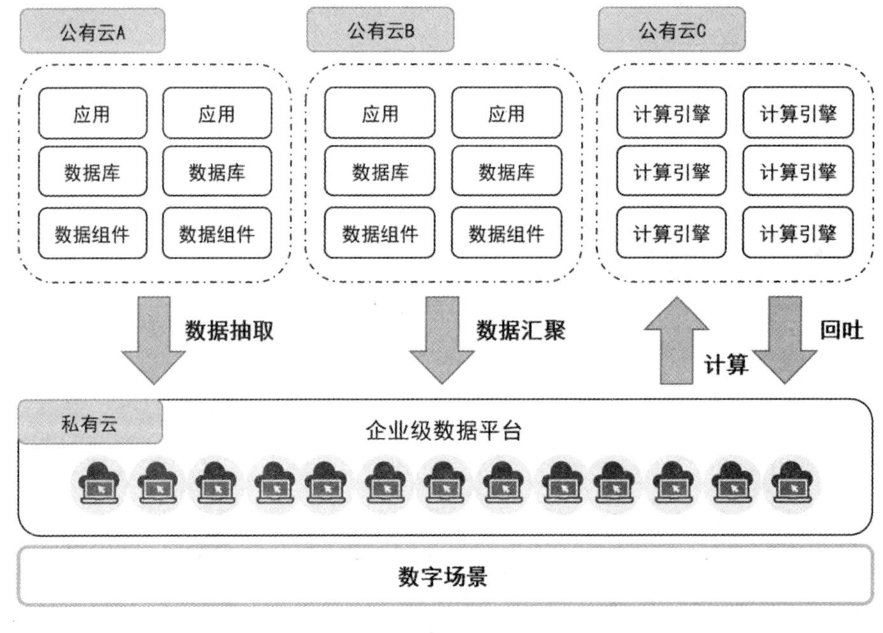


图 4-6

数据云平台可以通过分布式存储建立一个海量数据湖，存放各种类型的数据，包括结构化数据，以及文件、图片、音视频等非结构化数据。这样既能够实现各个应用之间的数据流动，又能够在一定程度上降低存储成本。将所有数据汇聚在一个统一的平台中，后续可以利用各类数据分析和机器学习工具，将企业的全景业务数据建设为一个数据集，用于各类企业级场景中的数据挖掘和分析。

### 2. 云边协同

云边协同技术主要用于物联网场景。物联网中的设备产生大量的数据都上传到云端进行处理，这种处理方式会给云端造成巨大的压力。为了分担中心云节点的压力，边缘计算节点将负责自己范围内的数据计算和存储工作。

大多数的数据并不是一次性数据，那些经过处理的数据仍需要从边缘节点汇聚并集中到中心云，通过云计算实现大数据分析挖掘、数据共享，同时训练和升级算法模型，将升级后的算法推送到前端，更新和升级前端设备，完成自主学习闭环。当边缘计算过程中出现意外情况时，存储在云端的数据可以作为备份。

混合云与边缘计算需要紧密协同，才能更好地匹配各种需求场景，从而将混合云与边缘计算的应用价值最大化。从边缘计算的特点出发，实时或更快速地处理和分析数据、节省网络流量、可离线运行并支持断点续传、保护本地数据更安全等，在应用云边协同的各个场景中都有充分的体现。云边协同的示意图如图 4-7 所示。

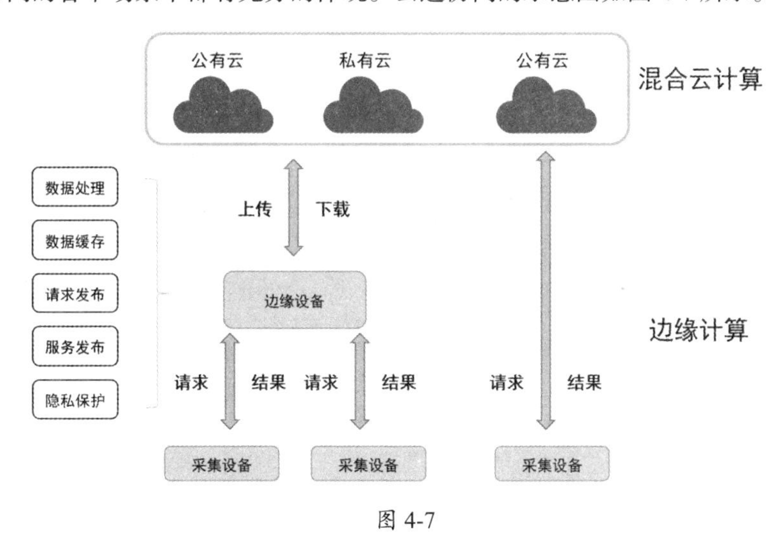


图 4-7

### 3. 混合部署

以银行为代表的持牌金融机构对系统可靠性和业务连续性的要求较高，如果采用单一的公有云或私有云，则存在以下局限性。

- 单一的云平台面向的服务面窄，且布局呆板、不灵活。底层基础和运维服务都由单一的服务商提供，严重制约了应用编排的适用范围。

- 单一的云架构性能较差。单云网络系统的输出性能受广域网波动的影响，不同地区的带宽差异较大，网络运行速度在高峰期和闲余期能相差几千倍，用户满意度较差。
- 供应商锁定性较强。单一的云平台服务将企业或其他用户的大量数据信息锁定在单一的云平台上，数据转移及交互性能差。
- 成本高，可靠性差。单一的云架构造价高，容错性和安全性能差，一旦出现故障或者无法正常运行，会导致整个系统处于瘫痪状态。

开发人员通常倾向于将基础设施和相关托管服务外包给公有云，而运维部门则希望通过自建数据中心和基础设施的方式构建私有云。混合部署综合了公有云和私有云的优点，在确保稳定性的同时兼顾灵活性，也就是说，能够将正确的工作负载定位到正确的位置。

在混合部署前，首先需要应用架构师和云平台架构师对用户进行拆分和改造，以满足多样化的业务需求。然后对数据传输链路、网络传输链路进行编排，实现多云环境下业务网络的互联互通，以及数据的相互协同。同时，需要对组件进行环境隔离，满足应用之间的安全隔离。常见的混合部署方案分为四层，第一层为应用层，第二层为数据传输层，第三层为多云管理层，第四层为多云部署层，如图 4-8 所示。

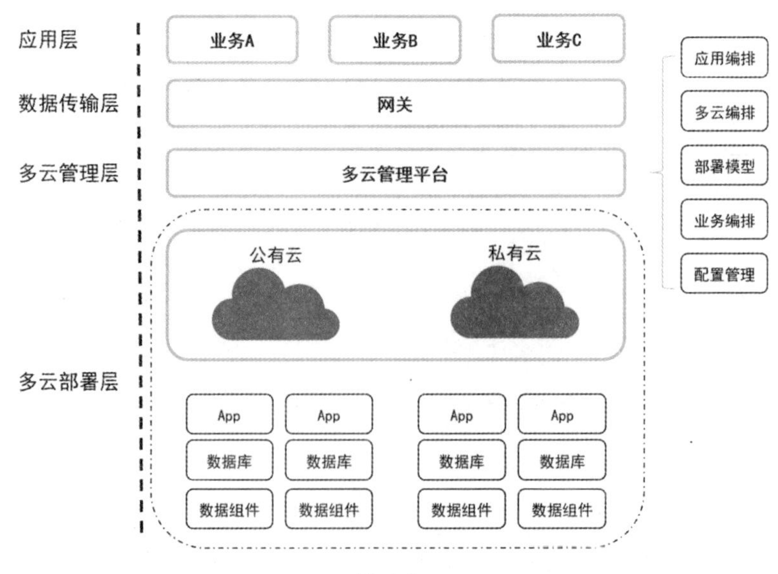


图 4-8

需要注意的是，混合部署后续的工作存在极大的挑战性。当应用成功地在多云环境中进行混合部署后，意味着企业需要确保运行在混合云中的数据是安全的。除网络因素之外，不同云平台对数据安全合规的不同理解，也会导致数据在混合云体系中的流通产生新的问题。

# 4.2 低代码技术

企业在数字化转型过程中，通过引入低代码技术来解决技术支撑与技术赋能之间的问题。例如，通过使用低代码工具或低代码产品，业务人员可以自主地编辑流程或完成数据加工；技术人员可以更好、更快地编写业务逻辑代码；管理人员可以将低代码产品和 RPA、AI 等产品进行融合，释放更强大的数智化能力。

## 4.2.1 低代码的基本概念

20 世纪 80 年代，欧美的一些公司和实验室开始对可视化编程进行研究，并推出了第四代编程语言，简称“4GL”，后来衍生为 VPL，全称为“Visual Programming Language”，即可视化编程语言。2014 年，Forrester Research 公司正式提出低代码（Low-Code）的概念。

### 1. 低代码的定义和起源

Forrester Research 公司对低代码的定义是，利用很少的代码或几乎不需要写代码就可以快速开发应用，并可以快速配置和部署的一种技术和工具。2017 年，Gartner 提出了 aPaaS（应用程序平台即服务）的概念。随着这一概念的出现与推广，低代码开发平台（Low-Code Development Platform，LCDP）在全球市场得到了快速发展。

低代码是一种可视化的应用开发方法，它用较少的代码、以较快的速度交付应用程序，并对程序员不想开发的代码实现自动化。低代码是一组数字技术工具，基于图形化拖曳、参数化配置等更为高效的方式，实现场景快速构建、数据编排、连接生态、中台服务。使用少量代码或不用代码实现数字化转型中的场景应用创新。

低代码的概念需要借助低代码开发平台这一工具实现。维基百科将低代码平台定义为一种提供开发环境的软件，基于低代码平台，开发者不需要使用传统的手写代码的方式进行编程，而是通过低代码平台图形化的用户界面和参数设置来创建应用软件。低代码平台面向的用户群体是无须具备专业开发能力的企业业务人员和部分专业开发人员。人事、财务、销售等业务人员完全可以独立开发或者在技术人员的指导下开发更符合特定业务工作需求的应用程序，而专业技术人员则可以通过可视化、流程化的开发方式，实现比纯代码模式更高效的开发工作。

有关低代码这一概念的时间线如下。

2010 年，麻省理工将这一概念应用于儿童编程领域，推出风靡全球的 Scratch。

2014 年，低代码的概念正式被 Forrester Research 公司提出。随后，Gartner 又提出了 aPaaS 和 iPaaS 的概念，其中 aPaaS 与低代码的概念吻合。随着这一概念的不断推广，全球市场上涌现出了很多低代码平台。

2021 年，中国市场逐渐形成完整的低代码生态体系。

2022 年，中国信通院开始着手制定低代码的相关标准。

### 2. 低代码的技术路径和能力

低代码的技术路径可以分为四类，分别为表格驱动、表单驱动、数据模型和领域模型。

- 表格驱动：主要围绕表格或关系数据库的二维数据，通过工作流配合表格完成业务流转。这是一种面向业务人员的开发模式，大多面向类似 Excel 表格界面的企业信息应用程序。
- 表单驱动：主要围绕表单数据，通过系统中的业务流程来驱动表单，进而对业务表单数据进行分析和设计。数据层次关系简单，类似于传统的 BPM 软件，应用场景相对有限，更适合轻量级应用。
- 数据模型：主要围绕业务数据定义，包括数据名称、数据类型等。抽象表单展示与呈现的业务流程，在实践层面通过数据模型建立业务关系。通过表单、流程支持完善的业务模式，灵活性高，能够满足企业复杂场景和整体系统的开发需求，适合对大中型企业的核心业务创新场景进行个性化定制。
- 领域模型：主要围绕业务架构对软件系统涉及的业务领域进行领域建模，从领域知识中提取和划分不同的子领域，如核心子域、通用子域、支撑子域，并对子领域构建模型，再分解领域中的业务实体、属性、特征、功能等。将这些实体抽象成系统中的对象，建立对象与对象之间的层次结构和业务流程，最终在软件系统中解决业务问题。

低代码的底层逻辑和本质是一个开发平台，具备四种能力，分别为场景构建能力、数据编排能力、连接生态能力和业务中台能力。

- 场景构建能力：通过图形可视化和拖曳的方式快速构建运营管理所需的应用场景，敏捷响应需求变更的快速迭代，做到调研即开发、开发即部署。
- 数据编排能力：通过可视化的业务规则编排，重新盘活散落在企业烟囱式系统中的数据，提供前端各类业务场景需要的数据服务和业务服务。
- 连接生态能力：通过平台的集成能力轻松连接企业上下游的组织与系统，扩大企业的业务链服务边界，积累更多的数据资产，用数据反哺业务，实现更精细化的业务场景运营。
- 业务中台能力：以数字化形式快速构建面向服务中心所需的各类创新微应用，实现企业核心经营场景的业务在线化。

## 4.2.2 低代码开发模式和传统开发模式的区别

### 1. 传统开发模式

传统开发通常是指传统定制开发，即由专业 IT 技术人员根据用户需求编写代码，实现软件系统或者系统软件搭建的工程。整个过程包含需求捕捉、需求分析、设计、实现和测试等环节，因此开发周期一般比较长。与更传统和应用更广泛的现成软件相比，这种模式可以精准地满足客户的需求，通常由特定实体与第三方签订合同或由内部开发团队创建，而不是打包出售。

传统开发模式如图 4-9 所示。

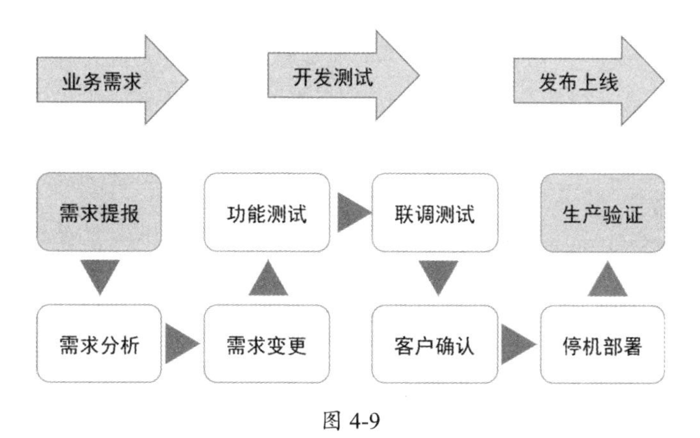


图 4-9

### 2. 低代码开发模式

低代码开发是一种通过可视化的方式开发应用程序的方法。经验水平不同的开发人员可以在图形化的用户界面中，使用拖曳组件和模型驱动的逻辑来创建网页和移动应用程序。业务部门和 IT 部门可以共同创建、迭代和发布应用程序，花费的时间比传统方式更少。

低代码开发旨在简化企业管理系统的搭建流程，节约时间和成本，降低企业管理系统的搭建门槛，以普通员工皆可入门的标准达到快速搭建系统的目的。

低代码开发模式如图 4-10 所示。

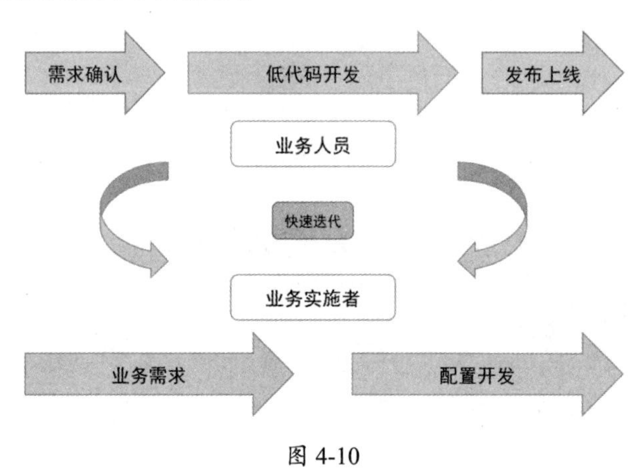


图 4-10

### 3. 二者的管理模式上对比

（1）受众人群

低代码开发平台不仅面向 IT 技术人员，还面向没有编程基础的人员，如运营、销售、人事或财务人员等，他们经过简单的学习后可以在短时间内学会搭建一个系统。而传统的开发模式需要具备编程经验的 IT 技术人员，使用代码逻辑思维对业务需求进行分析和分解，才能开发相应的功能模块。

（2）开发效率

低代码开发模式采用可视化、模块式的搭建方法，可以实现随搭随用、即时上线，最快几分钟即可完成一个系统的搭建工作。而传统开发需要前期获取用户需求，对用户需求进行分析，中期设计框架和编写代码，后期进行多轮测试，才能将项目实施落地，开发周期较长。

（3）开发成本

传统开发模式主要依靠 IT 技术人员操作，技术人员的成本高，系统软件的价格也高，综合成本可能是一个庞大的数字。由于传统开发模式周期长，流程多且烦琐，基本无法在短时间内完成软件的上线使用，因此很难满足业务快速上线的需求。低代码开发平台不需要专业的代码开发过程，大多数的功能可以通过可视化拖曳模式完成，只有少量的特殊功能需要由 IT 技术人员来开发，可以大幅降低企业的开发成本。

### 4. 二者的开发过程对比

（1）系统搭建代码的程度

在传统开发模式中，开发任何一个功能性和非功能性模块或搭建系统都需要编写大量的代码。在低代码开发模式中，通过可视化操作，只需少量代码或者无代码，无须编写大量的代码。

（2）对技术人员的依赖程度

在传统开发模式中，开发任何一个功能性和非功能性模块或搭建系统都需要若干个专业的 IT 技术人员配合完成。在低代码开发模式中，企业中的运营、销售、人事或财务人员经过简单学习后，无须技术人员支持即可搭建功能模块。

（3）安全性

在传统开发模式中，功能模块或系统需要经过多轮测试排查安全漏洞，安全性高。在低代码开发模式中，低代码平台开发团队通过低代码技术快速进行产品交付，可以节省大量的时间和精力。利用这些时间和精力去排查可能出现漏洞的地方，并进行安全处理，避免出现漏洞。

（4）开发周期

在传统开发模式中，IT 团队有一系列软件开发流程，开发周期长。在低代码开发模式中，用户可以自主搭建功能模块，随搭随用，即时上线。

（5）灵活性和扩展性

在传统开发模式中，所有的业务逻辑和框架逻辑都需要专业的 IT 技术人员逐一编写，可以匹配企业内不同场景的软件需求。在低代码开发模式中，低代码平台开发团队通过代码转化的方式将常见的业务逻辑形成可操作的组件工具，使用拖曳组件和模型驱动的逻辑来搭建功能模块或系统。由于业务逻辑的大部分功能模块或系统存在一定的相似性，因此低代码开发模式具备较好的灵活性和扩展性。

相比于传统开发模式，低代码开发模式在通用性、低成本、高效率、敏捷性和稳定性方面更具优势，如图 4-11 所示。

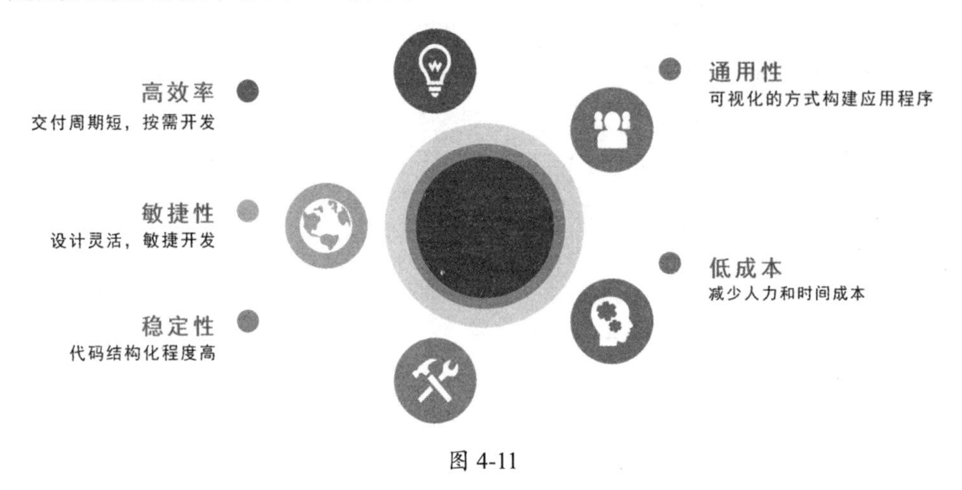


图 4-11

## 4.2.3 低代码平台的核心架构和技术

### 1. 低代码平台的技术架构

低代码平台的技术架构有两种设计方式，分别为通过技术路径进行设计和通过运行模式进行设计。

从技术路径的角度设计低代码平台，有表单驱动和模型驱动两种模式。表单驱动模式与传统的流程软件类似，通过流程的方式将表单串联起来，适用于轻量级流程应用系统的建设，如办公领域的流程审批、业务领域的客户管理。模型驱动模式面向数据对象，对业务实体进行建模，灵活性较高，能够满足企业的复杂场景开发需求，适合大中型企业根据核心业务实现个性化定制。

从运行模式的角度设计低代码平台，有通过配置运行和通过生成代码运行两种方式。通过配置运行需要首先生成配置文件，经过低代码平台的引擎进行解析，然后运行。这种方式灵活性不强，很难对生成的配置文件进行迭代和扩展。通过生成代码运行是指使用低代码平台的可视化模块拖曳组件，最终生成可读的代码。这种方式灵活性强，易于后期迭代和扩展。

常见的低代码平台技术架构如图 4-12 所示。

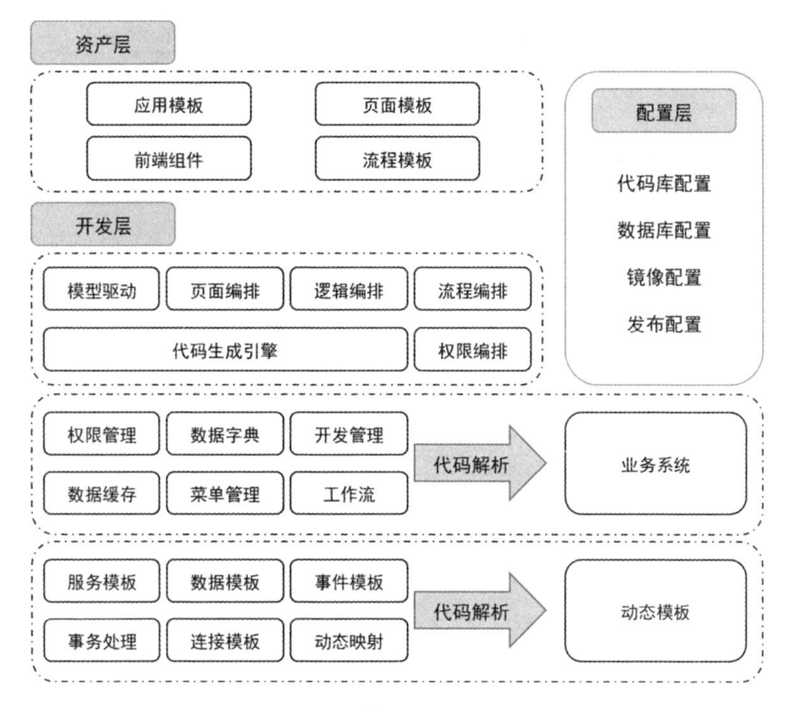


图 4-12

常见的低代码平台技术架构的设计思路如下。

第一，管理存量的技术资产，构建可复用、可迭代、可优化的数字资产能力。

第二，建设可视化的低代码开发平台，以数据模型驱动为核心，面向整个研发过程，实现全流程的可视化开发能力。

第三，要确保代码的扩展性，让低代码平台的产出具备灵活性和扩展性。

第四，和现有的配置体系相结合，兼容现有的代码库配置、数据库配置、镜像配置和发布配置。

因此，在技术选型层面，低代码平台技术架构需要具备以下能力。

第一，支持多种数据库，包括常见的 Oracle 和 MySQL。

第二，使用动态映射机制，用户不再需要将书写实体与数据库表进行映射关联，而是直接使用 DynaBean 机制，具备动态 Bean 能力。

第三，尽可能提升开发效率，兼容常见的工具集、组件集和应用集。

第四，尽可能缩短开发周期，兼容常见的资源表引擎、数据字典引擎、功能引擎和工作流引擎。

低代码平台技术架构的设计最终需要以产品的方式面向使用者。在行业方面，需要面向企业所在的行业，并根据企业的数字化转型战略，尽可能形成通用的行业解决方案。在场景方面，需要面向企业办公场景、内部管理场景。在数据方面，需要具备可视化看板和数据报表的能力。在权限方面，需要与企业的组织架构和角色管理相结合。在基础架构方面，需要支持公有云、私有云和混合云的部署方式，如图 4-13 所示。

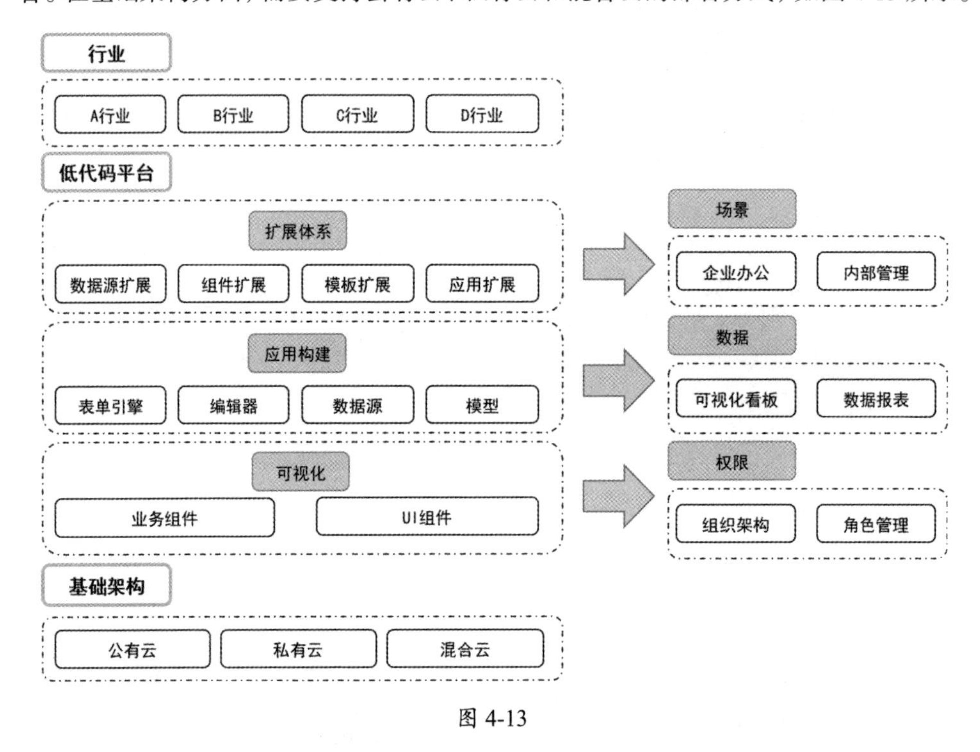


图 4-13

### 2. 低代码平台的流程引擎选型

市场上比较常见的开源流程引擎有 OSWorkflow、JBPM4、Activiti、Flowable、Camunda。其中，Activiti、Flowable、Camunda 都来源于 JBPM 的技术体系，在此不进行深入介绍。

（1）OSWorkflow

OSWorkflow 是完全用 Java 语言编写的开放源代码的工作流引擎，特点是具有显著的灵活性，完全面向有技术背景的用户。用户根据自身的需求，利用 OSWorkflow

设计简单或复杂的工作流。用户可以把工作重心放在业务和规则的定义上，无须通过硬编码的方式实现一个 Petri 网或一个有穷自动机。用户可以以最小的代价把 OSWorkflow 整合到自己的程序中。

OSWorkflow 几乎提供了用户在实际流程定义中可能用到的所有工作流构成元素，如环节、条件、循环、分支、合并、角色等。

需要明确的是，环节是 OSWorkflow 中的核心概念，每个工作流中包含多个环节。我们可以把环节理解成工作流中的每一个重要活动。每个环节可以有一些状态，如“已完成”“正在处理”“已添加至处理队列”和“未处理”等。我们可以根据实际需要自定义工作流的设计过程。

在每个环节中，动作被用户指定为自动执行或手动执行。每个动作被执行后，都会得到一个反馈结果。反馈结果决定了工作流的下一个流转方向，如可以停留在同一环节、跳转到另一环节、跳转到一个分支，或者汇集到一个合并等。

动作的执行代表了业务流程的执行，每个动作都有一组预处理功能和一组后处理功能。其作用如同字面意义：“一个在动作触发之前执行”为预处理功能，“一个在动作触发之后执行”为后处理功能。例如，对某个数据执行数据库插入的动作，可以在预处理功能中检验申请表格数据的正确性，在后处理功能中把经过检验的数据保存至数据库。

动作的执行结果可以是有条件的或无条件的。对于有条件的结果，引擎首先检查条件是否被满足，再交给工作流来处理。如果条件不满足，那么引擎将进一步判断下一个有条件的结果是否得到满足。以此类推，直到系统最终执行到无条件的结果。事实上，每个动作都强制要求具有唯一的无条件的结果，对应地可以有多个有条件的结果。

业务规则常常在最终结果中带有条件判断，例如：如果申请来自普通用户，则流转到下一个环节；如果申请来自管理员，则直接流转到最后一个环节。

（2）JBPM4

JBPM4 是一种基于 Java 语言的开源工作流和业务流程管理框架，它主要包括工作流引擎和基于 Eclipse 平台的图形化流程设计器。JBPM4 凭借其良好的开放性和扩展性被广泛应用于所有需要“流程”的企业应用系统中，包括金融、电信、制造业、政府部门等诸多行业和领域。

JBPM4 有两个核心对象，分别为 Process Engine 和 Configuration。Process Engine 是一个服务工厂，负责创建 JBPM4 的每个服务，类似于 Hibernate 中的 Session Factory。在 Process Engine 接口中有六个服务的定义，分别为 Repository Service（知识仓库）、Execute Service（执行）、Task Service（任务）、History Service（历史）、Management Service（管理）和 Identity Service（身份），如图 4-14 所示。

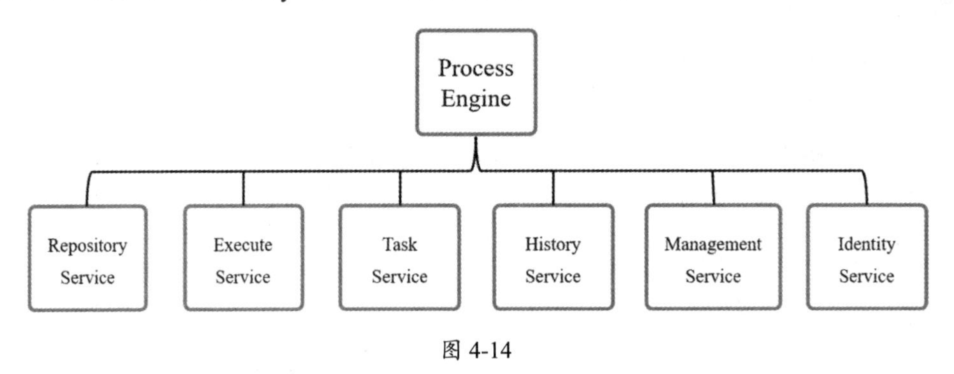


图 4-14

Configuration 是 JBPM4 的配置文件管理对象，即资源加载对象，负责加载 JBPM4 的各种配置，如数据库连接配置、事务配置、身份认证、jPDL（JBoss jPBM Process Definition Language）等，也就是加载 JBPM4 项目的 jbpm.cfg.xml 和 jbpm.hibernate.cfg.xml 配置文件中的各种配置信息。在 Configuration 中，以单例的形式创建 Process Engine 对象。Process Engine 是线程安全的，所有的线程和请求都使用同一个 Process Engine 对象。

JBPM4 的工作流程如下：首先加载流程定义，流程定义通过 JBPM4 的插件或者其他工具来制定；然后启动流程，建立流程实例；最后处理任务。在流程流转的过程中，JBPM4 会生成任务实例并对其进行处理，直至任务实例处理结束。流程的相关状态也需要记录下来，如开启流程实例、建立任务实例、开始执行任务实例、结束任务实例和结束流程实例。

### 3. 低代码平台的流程设计器选型

流程设计器主要用于实现低代码平台中的流程设计可视化，常见的流程设计器有 bpmn-js、mxGraph、Activiti Modeler、easy-flow 等。

（1）bpmn-js

bpmn-js 是 BPMN 2.0 的工具包和 Web 建模器，由 JavaScript 语言编写而成。它可以将 BPMN 2.0 图表嵌入 Web 浏览器，且不需要服务器后端技术提供支撑，从而轻松地将 BPMN 2.0 图表嵌入任何 Web 应用程序。

在使用 bpmn-js 时需要用到两个重要的库，分别为 diagram-js 和 bpmn-moddle。其中，diagram-js 为图交互和建模库，bpmn-moddle 为 BPMN 元模型库。bpmn-js 的体系结构如图 4-15 所示。

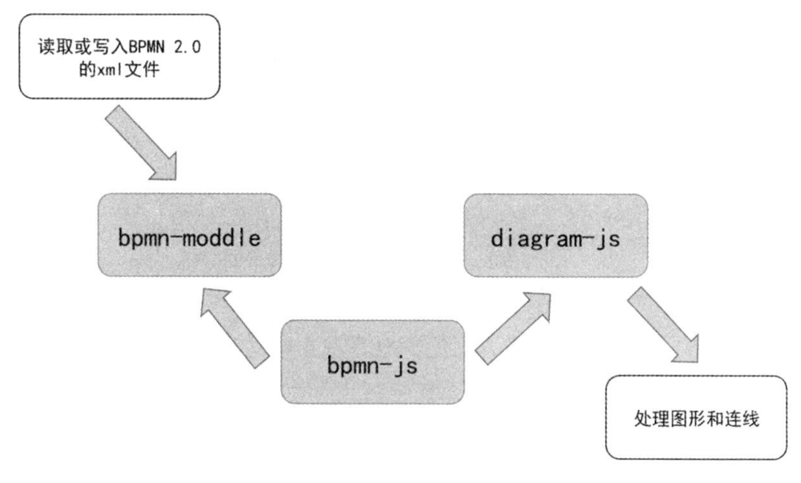


图 4-15

diagram-js 是 bpmn-js 的核心库，具备五个基本服务，分别为 Canvas、EventBus、ElementFactory、ElementRegistry、GraphicsFactory。其中，Canvas 提供用于添加和删除图形元素的 API，处理生命周期中的元素，并提供 API 实现缩放和滚动；EventBus 使用 fire 和 forget 两种策略实现各种事件之间的通信；ElementFactory 会根据 diagram-js 的内部数据模型创建图形和连线的工厂；ElementRegistry 用于管理添加到图表中的所有元素，并提供 API 来检索元素，对其进行图形化表示；GraphicsFactory 负责创建图形和连线。

bpmn-moddle 也是 bpmn-js 的核心库，具备两个基本服务，分别为 moddle 和 moddle-xml。其中，moddle 用于定义 JavaScript 中的元模型；moddle-xml 基于 moddle 的输出编写 xml 文件。

需要注意的是，对 bpmn-js 来说，bpmn 元模型非常重要。因为 bpmn 元模型提供了适当的建模规则，并可以导出规范有效的 bpmn 文件。

（2）mxGraph

mxGraph 是由 JavaScript 语言编写的流程图前端库，用于在网页中设计和编辑流程图、图表、普通图形及 UML 图。

如图 4-16 所示，mxGraph 的架构共分为三层，分别是 Web Client 层、Web Server 层和后端服务层。mxGraph 本质上是一个 JavaScript 库，除 js 文件外，还包括图片和 css 等静态文件，它们通常部署在 Web Server 层。用户通过前端的 Web Client 层访问包含 mxGraph 的网页，并进行浏览和编辑，然后将修改的数据和记录同步至后端服务层保存。用户也可以加载保存在服务器上的流程图，与其他用户共享流程图。

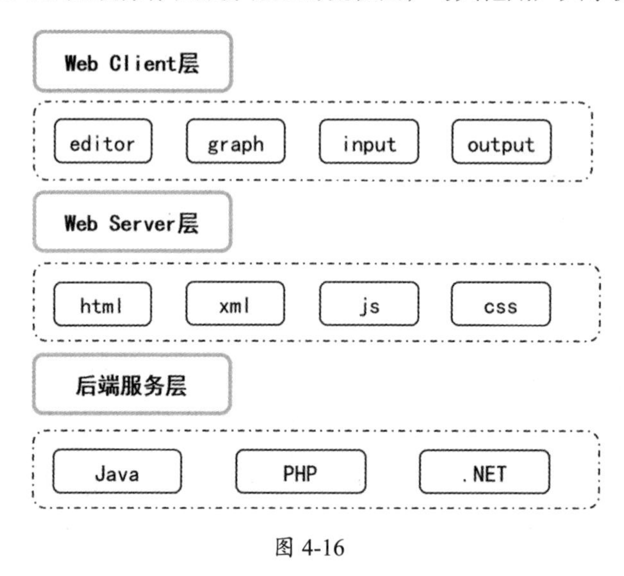


图 4-16

mxGraph 的特点是：不依赖任何第三方库；解决了不同浏览器的兼容性问题；不依赖网络环境，所有数据都保存在本地，即使网络断开，仍然可以编辑和修改数据。

（3）Activiti Modeler

Activiti Modeler 是一个 BPMN Web 建模组件，也是 Activiti Explorer Web 应用的一个功能模块。Activiti Modeler 的目标是支持所有对 BPMN 元素和 Activiti 引擎的扩展。当运行 Activiti Explorer 使用默认配置时，模型工作台中会有一个示例流程，用于指导用户完成流程设计。

Activiti Modeler 具备五个基本功能，分别是编辑模型、导入模型、将模型定义转换为模型、将模型导出为 BPMN xml、将模型部署至 Activiti 引擎。

- 编辑模型：用户可以使用 BPMN 元素工具面板或 Activiti 的扩展组件，将新元素拖曳到画布中，并在其中填写用户任务的属性，如任务分配、表单属性和持续时间。

- 导入模型：用户首先需要将模型导入模型工作台，导入成功后在 Activiti Modeler 中编辑模型。
- 将模型定义转换为模型：用户可以将发布的流程定义转换为模型，转换成功后可以在 Activiti Modeler 编辑模型。需要注意的是，流程定义必须包含 BPMN DI 坐标信息。
- 将模型导出为 BPMN xml：用户可以将模型工作区中的模型导出为 BPMN xml 文件，利用 Activiti Modeler 中的模型导出选项。
- 将模型部署至 Activiti 引擎：用户在模型中设置运行属性后，可以将模型部署在 Activiti 引擎中，利用 Activiti Modeler 中的模型发布选项。

（4）easy-flow

easy-flow 是基于 Vue.js+Element UI+jsPlumb 技术的流程设计器，通过 vuedraggable 插件实现节点拖曳。easy-flow 具备以下特性：支持拖曳添加节点支持点击线设置条件，支持给定数据加载流程图，支持画布拖曳，支持连线样式、锚点、类型自定义覆盖，支持力导图。

### 4. 低代码平台的表单设计器选型

表单设计器主要用于实现低代码平台中的表单设计可视化，常见的表单设计器有 form-generator、vue-form-making 和 k-form-design。

（1）form-generator

form-generator 是基于 Schema 的表单生成器组件，可以基于 Schema 构建反应式表单。

form-generator 提供了 21 种字段类型，生成的模板对 Bootstrap 友好。用户也可以使用自定义字段进行扩展，并且可以轻松自定义样式。

（2）vue-form-making

vue-form-making 是基于 Vue.js 3.0 和 Element UI 实现的表单设计器，使用了最新的前端技术栈，内置 i18n 国际化解决方案，可以让表单开发简单且高效。

vue-form-making 具备以下特性：可视化配置页面；提供栅格布局，并采用 flex 实现对齐；一键预览配置的效果；一键生成配置 json 数据；一键生成代码，立即运行；提供自定义组件满足用户自定义需求；提供远端数据接口，方便用户异步获取数据并加载；提供功能强大的高级组件；支持表单验证；快速获取表单数据。

vue-form-making 有两个核心组件，分别是 MakingForm 和 GenerateForm。MakingForm 是表单设计器，可以基于可视化操作快速设计表单页面，并获取表单配置 json 数据。GenerateForm 是表单生成器，可以根据设计器中获取的表单配置 json 数据快速渲染表单页面。

（3）k-form-design

k-form-design 设计器的布局和 form-generator 类似。它是基于 Vue.js 和 ant-design-vue 实现的表单设计器，使用 less 作为开发语言，主要功能是通过简单的操作生成配置表单及可保存的 json 数据，并将 json 数据还原成表单，使表单开发更简单、更快速。

k-form-design 具备以下特性：可视化配置页面；提供栅格、表格等布局；布局嵌套使用；提供预览、保存、生成 json 数据、生成可执行代码等操作；支持表单验证；快速获取表单数据；自定义组件插入；自定义主题色。

k-form-design 有两个核心组件，分别是 KFormDesign 和 KFormBuild。KFormDesign 是表单设计器，可以基于可视化操作快速设计表单页面，生成配置 json 数据或页面。KFormBuild 是表单构建器，可以根据设计器中获取的配置 json 数据快速构建表单页面。

### 5. 低代码平台的 Vue.js 框架选型

Vue.js 是一套用于构建用户界面的渐进式 JavaScript 框架。与其他大型框架不同，Vue.js 可以自底向上逐层应用。Vue.js 的核心库只关注视图层，不仅易于上手，还便于与第三方库或既有项目整合。当与现代化的工具链及各种支持类库结合使用时，Vue.js 也完全能够为复杂的单页应用提供驱动。常见的 Vue.js 框架有 Element UI、Ant Design Vue 和 Vue Vben Admin。

（1）Element UI

Element UI 是饿了么前端团队推出的一款基于 Vue.js 2.0 的桌面端 UI 框架，其中包含丰富的 PC 端组件，可以减少用户对常用组件的封装，降低开发难度。

Element UI 具备单独引入组件的能力，可以有效减小项目体积，但这需要工程师完成大量的代码工作，增加了开发人员的负担。另外，繁多的组件样式会导致代码庞大复杂，不利于代码的标准化及美观度。

（2）Ant Design Vue

Ant Design 作为一门设计语言，经历过多年的迭代和积累。它对 UI 的设计思想已经成为一套事实标准，受到众多前端开发者及企业的追捧和喜爱，也是 React 开发者手中的“神兵利器”。Ant Design Vue 是 Ant Design 的 Vue.js 实现，其组件风格与 Ant Design 保持同步，组件的 html 结构和 css 样式也保持一致，真正做到了样式零修改，并且组件 API 也尽量保持了一致。

Ant Design Vue 具备以下特性：可以提炼自企业级中后台产品的交互语言和视觉风格；提供开箱即用的高质量 Vue.js 组件；共享 Ant Design of React 设计工具体系。

（3）Vue Vben Admin

Vue Vben Admin 是一个基于 Vue.js 3.0、Vite、Ant Design Vue、TypeScript 的后台解决方案，用于为开发大中型项目提供开箱即用的解决方案，包括二次封装组件、utils、hooks、动态菜单、权限校验、按钮级别权限控制等功能。它会使用较新的前端技术栈作为项目的启动模板，帮助用户快速搭建企业级中后台产品原型，也可以作为一个示例，用于学习 Vue.js 3.0、vite、TypeScript 等主流技术。

### 6. 低代码平台的平台架构

低代码开发平台是一款通过少量代码即可快速生成应用程序的工具，本质上是一种为了满足日益增长的应用创建需求而产生的供给侧技术改革形式。它通过标准化的“组件”和便捷的“工具”，让不同编程技术基础的开发者以“搭积木”的方式实现应用开发。

低代码开发平台一方面通过降低技能要求门槛、减少开发人员数量，并精简开发岗位种类，有效降低了企业的人力和研发成本；另一方面，可以大幅缩短开发时间，从而帮助企业实现降本增效，缩短创新周期。因此，通用的低代码平台的架构应该具备四个能力要求，分别是平台易用性、平台开放度、功能完备性和平台安全性，如图 4-17 所示。

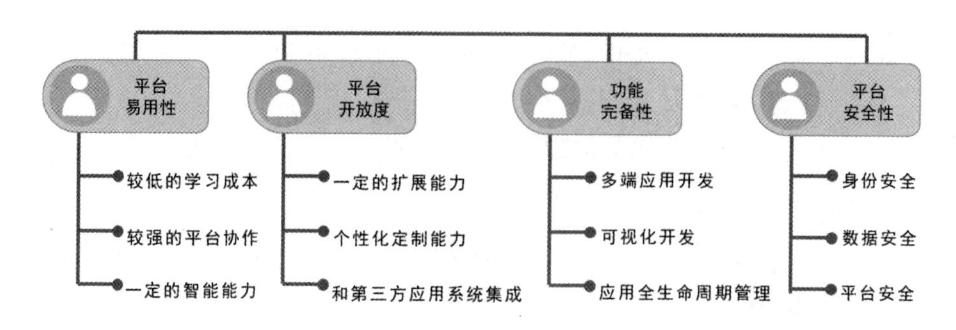


图 4-17

在平台易用性方面，低代码平台的平台架构需要具备较低的学习成本、较强的平台协作能力，以及一定的智能能力；在平台开放度方面，低代码平台的平台架构需要具备一定的扩展能力和个性化定制能力，能够和第三方应用系统集成，方便功能模块的扩展；在功能完备性方面，低代码平台的平台架构需要具备多端应用开发能力、可视化开发能力和应用全生命周期管理能力；在平台安全性方面，低代码平台的平台架构需要达到数据安全、平台安全及身份安全的水平。

通用的低代码平台应采取四层架构设计，分别是基础架构层、平台能力层、服务能力层和应用运营层，如图 4-18 所示。

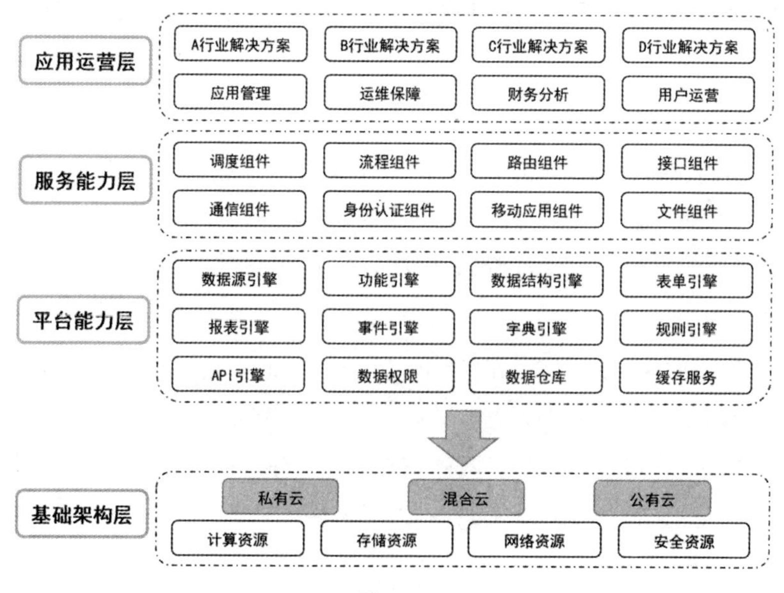


图 4-18

- 基础架构层：既可以基于公有云的基础服务能力，也可以基于私有云的基础服务能力。如果考虑平台开放度和平台安全性，那么可以基于混合云的方式进行部署。在基础架构层需要存储结构化数据或非结构化数据，并需要考虑用户数据的保密性和高可用性。
- 平台能力层：在低代码平台中需要完成元数据的设计及结构关系的创建，数据的拉取及表格、表单、图形的展示，以及菜单的设计、角色的创建、权限的分配等。利用平台能力层提供的各种低代码工具，用户可以轻松地搭建低代码应用。
- 服务能力层：主要提供企业级的各低代码场景的组件，如调度组件、路由组件、通信组件、流程组件。通过将平台能力层的低代码应用和服务能力层的场景组件结合，最终形成用户所需的服务功能。
- 应用运营层：用于发布具备投产条件的应用，面向不同行业领域，以产品的形式获得收益，并正式进入产品运营阶段。

### 4.2.4 低代码技术在数字化转型过程中的价值

#### 1. 推动 IT 资源的快速流动

企业在数字化转型过程中，对产品的功能优化、模块迭代的速度有很高的要求，同时需要根据市场需求及数字生态的反馈，提升 IT 组织自身的研发效能及代码质量。技术管理者需要推动 IT 资源的快速流动,低代码技术可以为 IT 资源的流动注入动能。

通常，业务的产品活动分为在企业内部进行产品开发和在企业外部进行产品运营。在企业内部，需要通过投入 IT 成本和资源，对产品需求进行分解、研发、测试、交付和运维。在企业外部，产品运营过程共有两个核心阶段，分别是捕捉业务需求和市场反馈。企业管理者或技术管理者需要尽可能缩短企业内部和企业外部这两个阶段的反应时间，因此应该通过引入新技术，推动 IT 组织内部资源的快速流动，如图 4-19 所示。

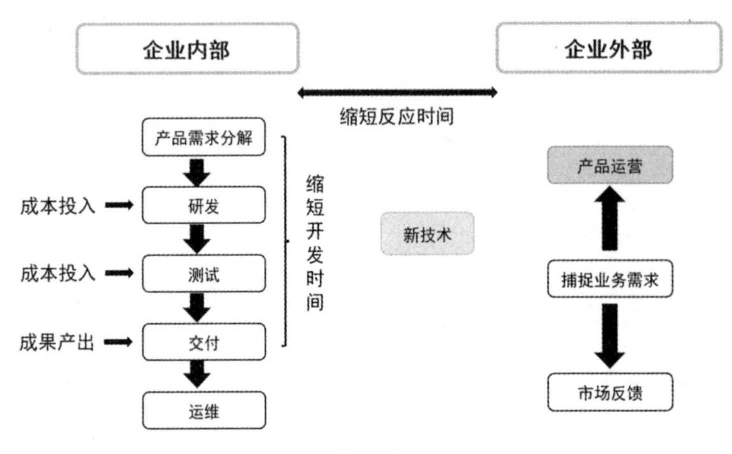


图 4-19

在推动 IT 资源的快速流动方面，低代码技术可以提升企业内部非 IT 人员输出产品功能的能力，让技术资源从 IT 组织向业务组织进行横向转移。同时，低代码平台的应用可以增强企业内部组织的沟通能力，减少因业务需求在 IT 组织和业务组织之间传递而造成的理解偏差。低代码技术提升了研发效能，缩短了敏态业务需求的响应时滞，盘活了企业间资金、人员和信息资源周转，帮助企业快速把握新机遇，推动企业快速响应业务需求。

### 2. 加速数字场景的落地

如今，数字化转型的方法及路径存在一些变化，企业通过更新原有的数字流程，使自己的数字产品在数字场景中满足用户不断变化的需求。

传统的数字场景落地需要 IT 组织围绕企业数字化转型战略进行总体设计。这种方式过度依赖超大规模的转型项目，因此风险高、开销大、落地慢，难以满足快速变化的业务需求。这也是众多企业的数字化转型无法获得期望结果的原因。

随着低代码技术的兴起，非 IT 人员可以被纳入产品“价值交付”的链路，通过少量的成本投入实现产品交付，以此应对企业潜在的爆发式的数字场景。同时，可以通过低代码技术的实践培养企业的数字文化和员工的数字理念，在构建数字产品的过程中获得产品交付的乐趣和成就感，最终加速企业数字场景的落地。

### 3. 降低数字化转型的技术门槛

低代码技术使企业在产品开发方面的分工得到进一步聚焦和细化。IT 技术人员通过低代码平台向非 IT 人员进行能力输送，将开发技能下放至一线业务人员和后台职能人员，不仅降低了数字化转型的技术门槛，还可以倒逼企业加快数字化转型的步伐。

随着企业数字化转型的推进和实践，尤其在进入数字生态的构建阶段后，企业应该鼓励员工运用低代码平台和工具，掌握相应的技能，以便在数字场景中创造价值。这种高度参与的方式将提升产品的用户体验，推动用户需求的精准触达，使市场的正向反馈等能力得到持续提升。

### 4. 推动数字技术的快速迭代

在数字化转型过程中，IT 技术经过信息化、网络化及数字化等多个阶段的应用而得到显著发展。IT 技术的发展也推动了企业运行模式的变革，如从传统开发模式向敏捷开发模式转型、从敏捷开发模式向 DevOps 开发模式转型。但这几种开发模式依然在 IT 组织或产品交付链路过程中进行内部循环，典型的有需求分解、产品设计、软件开发、软件测试和软件部署。

随着低代码技术的运用，业务组织在可视化界面中拖曳封装好的代码模块，即可搭建具体的应用。业务部门可以拥有更多的自主权，根据业务逻辑即可快速搭建流程管理、表单等轻量级应用，而不需要关注系统可靠性、系统稳定性及业务连续性等底层的技术指标。

这种分割式的产品输出方式给数字技术带来了极大的考验，低代码产品的函数与系统解耦势必导致对技术底座的高要求，也推动了云计算、大数据等数字技术的快速迭代，如图 4-20 所示。

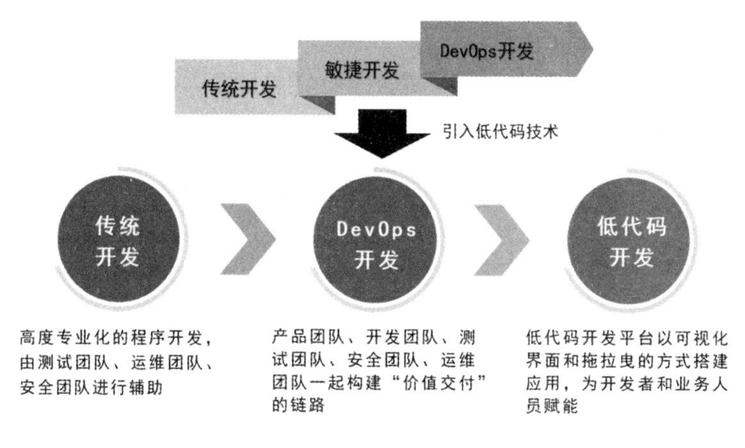


图 4-20

# 4.3 大数据技术

大数据，通常也称为“Big Data”。不同机构对大数据有着不同的定义或理解，下面介绍一些有关大数据的定义和概念。

## 4.3.1 大数据技术的基本概念

### 1. 大数据的定义

Gartner 对大数据的定义是：大数据是指需要新处理模式才能具有更强的决策力、洞察发现力和流程优化能力来适应海量、高增长率和多样化的信息资产。

麦肯锡对大数据的定义是：大数据是一种规模大到在获取、存储、管理、分析方面远超传统数据库软件工具能力范围的数据集合，具有海量的数据规模、快速的数据流转、多样的数据类型和价值密度低四大特征。

2015 年，国务院发布的《促进大数据发展行动纲要》中也对大数据进行了定义：大数据是以容量大、类型多、存取速度快、应用价值高为主要特征的数据集合，正快速发展为对数量巨大、来源分散、格式多样的数据进行采集、存储和关联分析，从中发现新知识、创造新价值、提升新能力的新一代信息技术和服务业态。

随着技术的发展以及对数字场景的运用，数据呈现爆发式增长，大数据不再聚焦于数据量级的“大”，而聚焦于价值和能力的“大”。因此，大数据是指从各种各样类型的数据中快速获得有价值信息的能力，是将大数据技术，包括大规模并行处理技术、数据挖掘技术、分布式存储技术、大数据预测技术及大数据治理技术运用于数字场景中的一种能力。

大数据技术的战略意义不在于掌握庞大的数据信息，而在于对这些有意义的数据进行专业化处理。换言之，如果把大数据当作一种产业，那么这种产业实现盈利的关键在于提高对数据的“加工能力”，即通过“加工”实现数据的“增值”。

### 2. 大数据的特征

大数据主要有四个特征，分别是大量（Volume）、多样（Variety）、高速（Velocity）、有价值（Value），因此大数据的特征也可以概括为“4V”，如图 4-21 所示。

大量：数据量非常大

多样：数据类型多且复杂

大数据特征

高速：大数据必须得到高效、迅速的处理

有价值：大数据的价值更多地体现在零散数据之间的关联上

图 4-21

（1）大量

大数据的首要特征就是数据规模大、体量大。随着企业的发展及数字技术的投入运用，企业采集的不仅是运营数据、业务数据、财务数据和内部管理数据，还有与业务属性相关的数据，如人员的生物特征、商品的行动轨迹，因此，数据量会呈现爆发式增长。

（2）多样

数据的多样性取决于数据源的类型和数据结构。数据类型主要分为三类，分别是结构化数据、非结构化数据及半结构化数据。

结构化数据主要有财务数据、业务系统数据和内部管理数据，此类数据之间的因果关系强。非结构化数据有音视频数据、附件文本数据等，此类数据之间通常不存在因果关系。半结构化数据有网页、文档、邮件、地理信息，此类数据之间的因果关系较弱。

（3）高速

大数据的高速特性是指大数据必须得到高效、迅速的处理。数据量的爆发式增长速度也是高速的体现之一。在大数据时代，数据的价值体现和能力输出主要通过数据的传输和计算实现，因此，需要控制数据的传输过程和计算过程，确保响应速度尽可能快。

（4）有价值

大数据的核心特征是有价值，价值密度的高低和数据总量成反比：数据价值密度越高，数据总量越小；数据价值密度越低，数据总量越大。任何有价值的信息的提取都要依托海量的基础数据，如何在海量数据中快速地完成数据价值提纯是数字化转型过程中应重点关注的问题。

### 3. 大数据的发展过程

大数据发展过程分为四个阶段，分别是发展阶段、成熟阶段、大规模应用阶段、数字场景阶段。

（1）发展阶段

20 世纪 90 年代，随着数据库系统的广泛应用和网络技术的高速发展，数据库技术也进入了一个全新的阶段，即从过去仅管理一些简单数据发展到管理由各种计算机所产生的图形、图像、音频、视频、电子档案、Web 页面等多种类型的复杂数据，并且数据量越来越大。同时，数据挖掘理论逐步成熟，基于数据挖掘理论和数据库技术建立的商业智能系统开始在企业内得到应用，比较典型的有数据报表、知识管理和数据仓库。这是大数据的发展阶段，在这个阶段，数据主要被用于统计或基本的运营工作。

（2）成熟阶段

大数据技术的发展得益于云计算技术在企业中的大范围推广及企业互联网化转型。在这个阶段，数据开始呈现爆发式增长，数据的种类越来越多，具有大量、多样性、价值密度低等特点，开始出现海量的文档数据、图片数据及视频数据。海量的数据导致传统的数据挖掘技术和数据存储技术难以应对，因此，大数据工具开始通过集群化的方式形成大数据平台。

（3）大规模应用阶段

大数据的大规模应用阶段也是数据产业化的阶段。大数据和其他创新技术相结合，逐步落地到企业经营的各个场景中，比较典型的有数据运营、数据分析和数据决策。

在数据的大规模应用阶段，大数据产业会形成较为成熟的产业链，随着产业互联网的发展，数据产业化的进程也会加快。

（4）数字场景阶段

随着企业逐步进入数字化转型阶段，物联网和 5G 等数字技术得到广泛的运用，带来了海量、多样、具有高价值的数据。同时，大数据应用逐步渗透至企业的数字场景中，数据智能化程度得到大幅提升。在这个阶段，数据成为企业的核心资源，利用机器学习、人工智能等技术对数据进行赋能，逐步构建以智慧政府、智慧交通、智慧农业、智慧物流等为代表的数字场景。

## 4.3.2 大数据采集技术

数据采集是指为了满足数据统计、分析和挖掘的需要，而进行搜集和获取各种数据的过程。在数据体系中，数据采集属是第一个核心阶段。如果将数据体系比作三峡大坝，那么数据源就是三峡大坝的蓄水池，数据采集是获取水源的水道。通常情况下，数据采集主要面向企业的各种数据场景，大多数的数据是企业的内部数据。

数据采集分别对应数据仓库场景和数据平台场景。在数据仓库场景中，数据采集主要是提取、转换及加载数据。在数据采集的过程中需要根据企业的数据使用场景对数据进行治理，如数据检测、数据过滤、数据格式转换及数据规范，确保数据的可用性和完整性。在数据平台场景中，数据源更多、数据量更大、数据更多样，因此数据采集的方式更复杂，也更成体系。

在数字化转型过程中，数据是重要的生产要素，企业的精益化运营、业务的精准化运营及 IT 系统的精细化运行都离不开数据。无论是数字化转型体系还是 DevOps 体系，都需要通过数据驱动的方式再造数据的价值，打造多层次数据应用能力，提升数据价值。在各种数据场景中利用数据进行决策，数据采集是实现数据驱动的基础。

在进行数据采集的技术选型及体系建设前，需要明确数据的需求场景。数据场景既可以是统计报表、数据分析，也可以和业务场景结合，提供数据价值。可以说，数据采集是数据体系的基础，是一切数据应用的起点。

一个通用的数据应用场景通常包含六个步骤，如图 4-22 所示。我们需要将采集的数据进行传输并存储，通过合适的数据模型进行数据建模，并将根据数据的使用范围进行数据统计、数据分析和数据挖掘，直至获得最终可应用的数据。一方面，通过可视化的方式呈现数据，以便企业管理者、业务管理者、技术管理者进行数据决策；另一方面，通过数据反馈的方式，进一步优化或迭代产品。

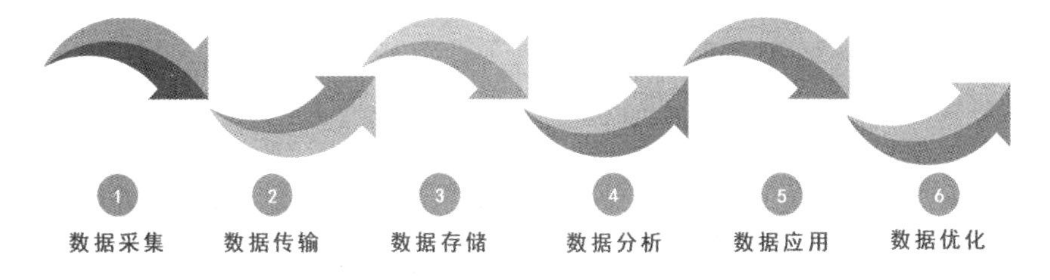


图 4-22

数据采集是一切数据应用的起点，如果数据采集环节出现问题，那么会对后续环节造成严重的影响，尤其是在数据分析和数据应用阶段。

### 1. 数据采集的范围

本节主要围绕数字化转型的数字场景展开。数据采集的范围主要集中在企业内部，包括行业生态数据、业务数据、内容数据、用户行为数据、企业管理数据、机器设备数据和社交系统数据等。

- 行业生态数据：主要围绕企业产品生态的上下游进行数据收集，包括竞品数据、监管政策文件的数据、上下游供应链的数据、舆情数据等。
- 业务数据：主要围绕企业的业务运营活动进行数据收集，包括业务运营数据、产品数据、消费者数据、客户关系数据等。
- 内容数据：主要有产品内容数据、文档数据、音视频数据等。
- 用户行为数据：主要有用户交互数据、用户轨迹数据、用户反馈数据等。
- 企业管理数据：主要包括产品交付过程的数据、企业各职能部门日常开展工作的数据、财务管理数据、流程数据等。
- 机器设备数据：主要是在企业内围绕运营过程收集的机器仪表数据、机器设备数据等。
- 社交系统数据：主要包括社交系统和社交软件的数据、行业交流数据等。

### 2. 数据采集的方式

根据数据源的不同，有多种数据采集方式，比较常见的有埋点采集、数据库采集、系统日志采集、网络采集和感知设备采集。

#### （1）埋点采集

埋点的专业说法是“事件追踪”，是指针对特定用户行为或事件进行捕获、处理和发送的相关技术及其实施过程。埋点采集需要基于业务需求或产品需求，对用户行为的每个事件所对应的位置进行埋点开发，并通过 SDK 上报埋点的数据结果，记录汇总数据后进行分析，从而推动产品优化和指导运营。

埋点采集有三种方式，分别是代码埋点、可视化埋点和全埋点。通过分析埋点采集的数据，对产品进行全方位的持续追踪，根据数据分析的结果不断指导优化产品。

（2）数据库采集

企业的业务系统通常使用关系数据库来存储数据。企业需要通过部署数据库采集工具的方式采集此类数据并进行集中分析。

（3）系统日志采集

系统日志采集主要是指收集公司业务系统在业务开展过程中产生的大量日志数据。相比于数据库采集，日志数据采集能够更好地保证数据的完整性，采集日志数据后通过离线或在线的方式对日志数据进行处理。

（4）网络采集

网络采集是一种非常规的数据采集方式，通过网络爬虫或网站公开 API 等方式从网站上获取数据。网络爬虫会从一个或若干初始网页的 URL 开始，获得各个网页上的内容，并且在抓取网页的过程中，不断从当前页面上抽取新的 URL 放入队列，直到满足设置的停止条件为止。

（5）感知设备采集

感知设备采集是指通过传感器、摄像头和其他智能终端自动采集图片、录像、音频，经过信号解析后获取数据。

### 3. 数据采集的原则

数据采集有五大原则，分别是根据场景需要、考虑数据的增长规模、多端采集、采集维度要足够细、提高时效性。

- 数据采集应根据场景的需要，并非各阶段都需要所有数据。采集的数据越多，意味着处理和分析所需要的资源越多，因此，需要根据实际场景的需要采集数据。
- 数据采集需要考虑企业的业务规模和数据的增长规模，并提前做好数据资产积累。
- 数据采集要尽可能确保数据能够贯穿用户或产品的生命周期，进行多端采集，确保数据的完整性。
- 数据采集的维度要足够细，收集足够全面的数据，确保数据的质量。

- 在技术条件与成本允许的情况下，尽可能提高数据采集的时效性，从而提高后续数据应用的时效性。

## 4.3.3 大数据处理技术

### 1. 批处理

在数据处理场景中，批处理适用于对处理时间要求较为宽松的场景。例如，在计算总数和平均数时，必须将数据集作为一个整体加以处理，而不能将其视作多条记录的集合。这些操作要求在数据计算的过程中记录数据自身的状态，如数据初态、数据中间态、数据终态。

在批处理模式中，数据集通常符合以下特征。

- 有界：批处理数据集表示数据的有限集合。
- 持久：数据通常存储在某种类型的持久存储位置中。
- 大量：批处理操作通常用于处理极为海量的数据集，数据量很大。

常见的批处理框架是 Apache Hadoop。Hadoop 包含多个组件，通过组件的配合使用可批处理数据，组件包括 HDFS、YARN 和 MapReduce。

- HDFS 是一种分布式文件系统层，可协调集群节点间的存储和复制。HDFS 确保了无法避免的节点故障发生后数据依然可用，因此可将其用作数据来源，用于存储中间态的处理结果，并存储计算的最终结果。
- YARN 是 Yet Another Resource Negotiator（另一个资源管理器）的缩写，可充当 Hadoop 堆栈的集群协调组件。该组件负责协调、管理底层资源，以及调度作业的运行。YARN 通过充当集群资源的接口，使用户能在 Hadoop 集群中运行更多类型的工作负载。
- MapReduce 是 Hadoop 的原生批处理引擎。

Hadoop 的批处理功能来自 MapReduce 引擎。MapReduce 的处理技术符合 map、shuffle、reduce 算法使用键值对的要求。基本处理过程如下：从 HDFS 文件系统读取数据集；将数据集拆分成小块，并分配给所有可用节点；针对每个节点上的数据子集进行计算；重新分配中间态结果，并按照键进行分组；汇总和组合每个节点计算的结果，对每个键的值进行还原；将计算得到的最终结果重新写入 HDFS。

一个通用的批处理体系结构通常包含五层，分别为数据存储层、批处理层、分析数据存储层、分析和报告层、业务流程层，如图 4-23 所示。

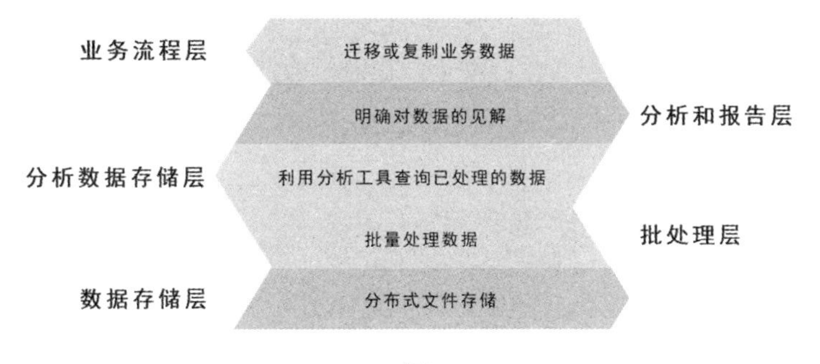


图 4-23

- 数据存储层：采取分布式文件存储工具，对大量各种格式的大型文件进行存储。
- 批处理层：批处理工具通过批量处理数据文件，以便筛选、聚合和准备用于分析的数据。
- 分析数据存储层：在大部分场景中，需要对批处理层处理后的数据进行存储，以结构化的方式为已处理的数据提供可视化查询功能。
- 分析和报告层：通过分析工具或组件更直观地表现数据。
- 业务流程层：将数据迁移或复制到数据存储层、批处理层、分析数据存储层、分析和报告层。

以银行的日终跑批为例，日终跑批的流程如图 4-24 所示，可以发现其中涵盖以下需求：每个单元都需要错误处理和回退；每个单元在不同的平台中运行；每个单元需要监控和获取单元处理日志；提供多种触发规则，按日期、日历、周期触发。

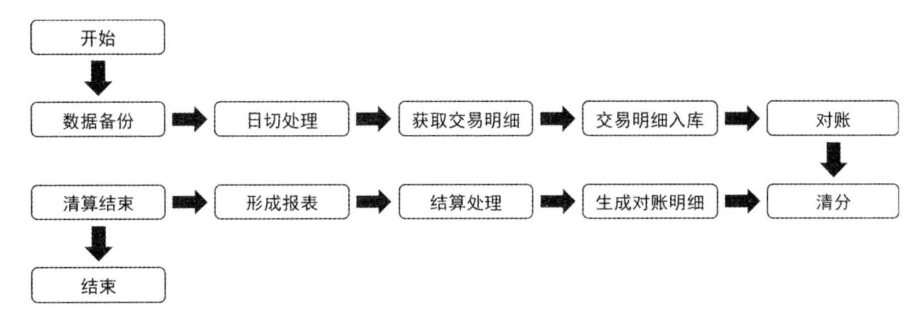


图 4-24

因此，批处理过程需要具备以下非功能性的能力：需要处理大批量数据的导入、导出和业务逻辑的计算；批处理过程需要足够健壮，不会因为无效数据或错误数据导致系统崩溃；批处理过程需要足够可靠，通过跟踪、监控、日志反馈，以及相关的处理策略完成批处理任务的跳过、重试或重启；批处理过程需要具备扩展性，通过并发或并行技术满足数据处理的性能要求。

### 2. 流处理

流处理也称为流式处理，流处理假设数据的潜在价值是数据的新鲜度，需要尽快处理得到结果。在这种方式下，数据以流的方式到达。在数据连续到达的过程中，流携带了大量数据，但只有小部分的流数据被保存在有限的内存中。流处理方式用于在线应用，通常工作在秒或毫秒级别。

与批处理场景相比，流处理场景有自己显著的特点，如数据需要快速且持续地到达；数据源多，且格式复杂；数据量大，但是不需要存储，一经处理便可废弃或归档；流处理更贴合在线业务，注重数据的整体价值；流处理的数据大多数是时序的，因此存在顺序不一致或不完整的情况。

如图 4-25 所示，常见的流处理流程大致分为三个阶段，分别为数据实时采集、数据实时计算和数据实时查询。在数据实时采集阶段，通常采集多个数据源的数据，数据量大且格式复杂，因此需要确保采集过程的实时性和可靠性。在数据实时计算阶段，对采集的数据进行实时分析和计算，并反馈实时结果，处理后的数据可以提供给其他环节进行下一步处理，也可以对原始数据进行废弃或归档处理。在数据实时查询阶段，经过实时处理后反馈的结果可以供客户主动实时查询，也可以被动地为客户推送结果。

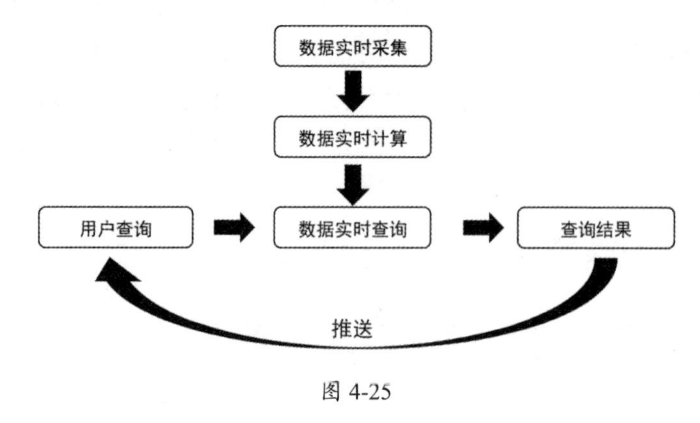


图 4-25

例如，在金融机构欺诈探测的场景中，金融机构基于过去 6 个月的数据对用户行为进行分析。如果采取批处理的方式，那么需要根据当前时间对过去 6 个月的数据进行全量计算并获得结果，运算成本非常高。如果采取流处理的方式，那么只需要计算增量数据，可以大幅减少运算量，提升运算速度。欺诈系统根据流计算反馈的结果不断更新数据状态，即可动态且持续地输出数据结论。

### 4.3.4 大数据存储

大数据存储也称分布式存储，是指将数据分散存储在多台独立的设备上。传统的网络存储系统采用集中式的存储服务器存放所有数据，存储服务器成为系统性能的瓶颈，并存在可靠性和安全性的问题，无法满足大规模存储的需要。分布式存储系统采用可扩展的系统结构，利用多台存储服务器分担存储负荷，利用位置服务器定位存储信息，不但提高了系统的可靠性、可用性和存取效率，还易于扩展。

#### 1. 分布式存储的关键技术

分布式存储涉及五种关键技术，分别是集群存储技术、元数据管理技术、弹性扩展技术、存储层级技术和应用负载技术。

（1）集群存储技术

集群存储系统是分布式存储的核心模块，它将文件系统架构在一个可弹性伸缩的服务器集群中，用户不需要考虑文件存储在集群中的哪个服务器或存储介质中，仅需使用统一的界面就可以访问文件资源。当负载到达上限时，只需要在服务器集群中增加新的服务器资源，就可以提高文件系统的性能。集群存储系统能够保留传统的文件存储系统的语义，增加了集群存储系统必需的机制，可以向用户提供高可靠性、高性能、可扩充的文件存储服务。

（2）元数据管理技术

随着企业规模不断扩大，企业的元数据规模也越来越大，而元数据的读取性能是分布式存储系统性能的关键。常见的是通过集中式元数据管理架构和分布式元数据管理架构来管理元数据。

集中式元数据管理架构采用单一的元数据服务器，架构简单，维护方便，但是存在单点故障的问题。分布式元数据管理架构将元数据分散在多个存储节点上，可以解决元数据服务器的单点和性能问题，还可以提升可扩展性能力，但架构较为复杂。

（3）弹性扩展技术

随着数据规模不断变大，且数据越来越多样，分布式存储系统需要更加灵活的扩展性。这会涉及两个核心问题，分别是元数据的分配问题和迁移问题。

元数据的分配主要通过静态子树划分的技术来实现，通过相关算法优化数据的迁移。此外，大数据存储体系由于规模庞大，导致内部的节点失效率偏高，还需要完成一定的自适应管理功能。系统必须能够根据数据量和计算的工作量估算所需要的节点个数，并使数据在节点间动态迁移，实现节点之间的负载均衡。当物理服务器故障导致节点失效时，可以通过副本和纠错码的机制恢复数据，不能对业务应用系统造成影响。

（4）存储层级技术

当建设分布式存储系统时，通常要考虑成本和性能因素，需要根据数据的类型、数据的应用、数据的价值，以及数据的访问频率及其重要性来选择合适的存储介质。因此，我们应该利用合适的存储层级技术构建合适的存储层次结构，在保证可靠性、稳定性和满足业务读写性能的情况下，尽可能降低分布式存储系统的建设成本。

从提高性能的角度，可以通过分析应用特征来识别热点数据，并对其进行缓存或预取，通过高效的缓存预取算法和合理的缓存容量配比，提高访问性能。从降低成本的角度，采用信息生命周期管理方法，将访问频率低的冷数据迁移到低速廉价的存储设备上，这样可以在小幅牺牲系统整体性能的基础上，大幅降低系统的构建成本和能耗。

（5）应用负载技术

传统的数据存储模型需要支持尽可能多的应用，因此要具备较好的通用性。大数据具有大规模、高动态及快速处理等特性，通用的数据存储模型通常并不是能大幅提高应用性能的模型。

通常，分布式存储系统对业务应用性能的要求远远超过对通用性的追求，所以需要针对应用的负载指标优化数据存储，将数据存储与应用进行松耦合。通过应用负载技术，根据实际的应用场景、负载指标、计算模型对文件系统进行定制或深度优化，使分布式存储系统达到最佳的负载性能。

#### 2. 分布式存储的特性

分布式存储的特性是数据一致性、数据可用性和分区容错性。

（1）数据一致性

分布式存储系统通常采用多个服务器建设存储架构，数据存储在多个服务器的存储介质中。当分布式存储的规模变得很大时，服务器出现故障的概率也随之增加。为了保证在有服务器出现故障的情况下分布式存储系统仍然可用，通常把数据保存为多个副本存储在不同的服务器中。

由于服务器故障或网络延迟，可能存在多个副本之间数据不一致的情况，因此需要通过纠错码和数据同步的方式确保多个副本之间数据的完全一致。

（2）数据可用性

分布式存储系统需要多台服务器同时工作，当分布式存储集群需要扩容或集群中某些服务器出现故障时，可以使用副本数据，以免影响数据的读写性能。

（3）分区容错性

分布式存储系统中的多台服务器通过网络进行连接，如果网络出现故障或延迟，分布式系统需要具有一定的容错性，以便处理网络故障带来的问题。

### 4.3.5 大数据分析

在数字化转型阶段，大数据分析主要为企业的经营场景或业务运营场景服务，因此大数据分析需要考虑数据的受众对象及适配场景，俗称“数字终端”。

在数字化转型的场景中，大数据分析主要面向三个方面，分别是业务的优化场景、业务的创新场景和构建企业的商业价值。

- 在业务的优化场景方面，也就是通过数据分析找到存量业务的问题，让业务运营变得越来越好。比如，优化原有业务的用户体验流程，让用户获得更好的体验感，从而增加用户的黏性。再比如，整合企业的资源，合理地优化配置配备，进而达到资源效益最大化的目的。
- 在业务的创新场景方面，利用数据分析协助企业管理者或业务运营人员敏锐地捕捉市场需求，进而找到新业务创新的场景或机会。

- 在构建企业的商业价值方面，在数据价值的基础上构建新商业模式，将数据价值转化为企业核心竞争力，并根据企业的数字能力构建新商业模式。

#### 1. 大数据分析的类型

数据分析对企业管理者和技术管理者来说尤为重要。通过数据分析工具或技术对数据加以分析，以便更好地使用数据，体现数据的价值。常见的数据分析类型包括定量数据分析、描述性统计分析、探索性数据分析和验证性数据分析。定量数据分析和描述性统计分析主要侧重于数据使用之前的假设场景，探索性数据分析和验证性数据分析主要帮助数据使用者验证数据或根据数据结果进行辅助决策。

（1）定量数据分析

通常由于职责的范围或专业因素的原因，数据分析人员对数据的理解存在偏差。因此，需要利用统计或概率等数学知识对数据进行定量分析，基于数据的类型、类别、标签、场景等要素，对数据进行推理分析和趋势分析，帮助数据使用者快速发现数据的规律。定量数据分析常见的使用场景有网页访问量的区域分析、产品用户的差异化分析。

（2）描述性统计分析

数据分析人员根据数据的描述信息对其进行归类或划分，比如某家企业的会员管理业务，通过年龄、性别、收入、工作类型、所在地等描述性信息区分会员的特征。数据使用者根据会员的特征准备产品运营前的资源，如投放区域、活动力度、受众人群范围等。

（3）探索性数据分析

在业务预测的场景中，业务人员需要根据过往的存量数据结果对即将展开的业务活动进行预测，这种预测方式是基于历史数据的趋势分析得到的假设。数据分析人员通过使用箱形图、直方图、帕累托图、散点图或茎叶图，在实际的业务范围内对数据进行探索分析。探索范围包括事前的现状描述、事中的改进点结论，以及事后的效果探索。

例如，如果企业负责人提出“企业需要进行业务创新，从数据的角度探索可以开展的业务模式”，那么我们可以通过探索性数据分析技术完成数据分析。

(4)验证性数据分析

验证性数据分析和探索性数据分析是两种对立的技术逻辑。数据分析人员首先需要提出零假设及备择假设,零假设通常是希望被推翻的结论,备择假设通常是希望被证明的结论。接着在假设的前提下,推断目前样本统计量出现的概率和统计量符合不同的分布,最终通过设定拒绝零假设的阈值的方式对数据进行验证性分析。

验证性数据分析主要关注与检验已有假设,证明已有假设或规律的真伪。两种数据分析类型使用的分析方法常常具有共性,如因子分析、相关分析、回归分析等。

### 2. 大数据分析的步骤

大数据分析在企业中主要用于业务优化、业务创新和商业模式的构建等场景。因此,企业内的大数据分析应该以业务场景为基础,数据分析应该做什么、基于什么范围的数据进行分析、指定什么分析计划、最终分析结果是什么,都需要围绕业务活动展开。通常,大数据分析有五个步骤,分别是挖掘业务含义、制订分析计划、拆分查询数据、提炼数据效果和分析产出结果。

(1)挖掘业务含义

数据分析人员需要理解数据分析的背景及最终目标。例如,如果业务组织要分析某个产品的优化路径,并提供相应的数据样本,那么数据分析人员应该根据优化目标梳理并挖掘业务含义,如获客指标、黏性指标、复购指标等。

(2)制订分析计划

在挖掘业务含义后,数据分析人员需要制订分析计划,观察业务的实际运营过程,进一步对数据进行预处理,如数据分类、数据分组、数据标签,以及业务场景中的数据传递过程、流转过程,进一步判断业务流程的合理性及数据的准确性。

(3)拆分查询数据

数据分析人员通过数据埋点、数据链路跟踪等技术对数据进行拆分,如业务场景中的流量停留时间、客户流转时间、页面访问深度,以及关联的订单数据、购买数据等。对数据拆分查询后进一步分析数据,最终输出数据分析的结果。

(4)提炼数据效果

数据分析人员根据数据的反馈结果,结合业务效果或业务策略的实际情况,观察数据结果是否与业务含义产生偏差,思考产品的受众人群是否合适、产品投放区域是否正确，或者根据流量的停留时间确定产品是否达到了优化用户体验的目的。

（5）分析产出结果

根据数据分析结果，企业管理者可以制定业务运营优化策略及合理的商业决策，对产品或业务模式进行优化，继续获得市场反馈。这个过程是循环反复的，直至业务运营模式或商业模式符合预定目标为止。

## 4.3.6 大数据平台架构

### 1. 技术架构设计

技术架构自上而下分为数据源层、数据采集与交换层、数据存储层、数据处理层、数据能力层和数据服务层，如图 4-26 所示。

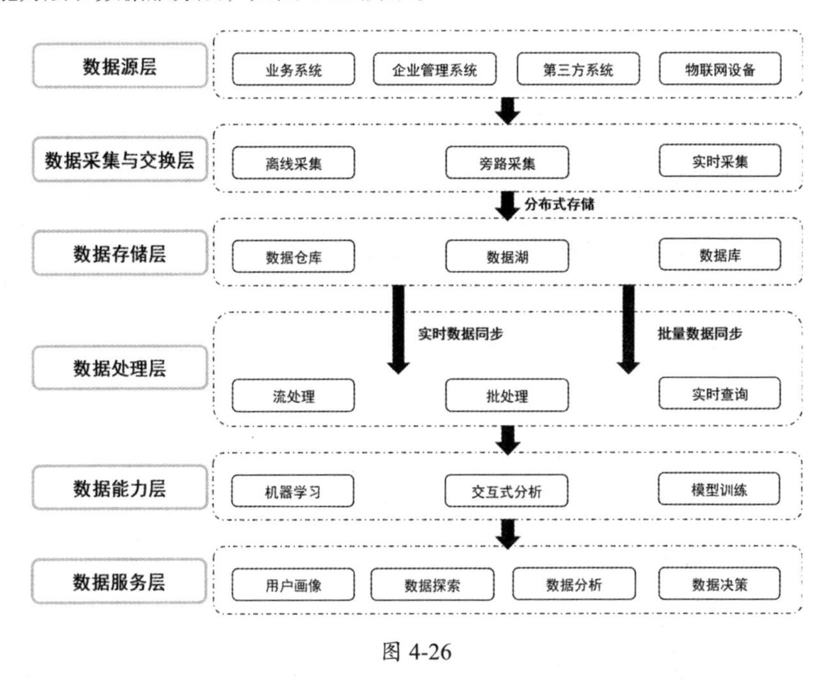


图 4-26

（1）数据源层

数据源层涵盖了与大数据平台进行对接的系统以及为大数据平台供给数据的系统，如企业内部的业务系统、企业的统一管理系统、第三方行业系统、物联网设备、仪器仪表，等等。

（2）数据采集与交换层

数据采集与交换层共有三个功能模块，分别为实时采集、离线采集和旁路采集。实时采集主要是指根据业务场景的需要，由业务系统实时供给数据，推送至消息队列中，由实时采集工具进行实时消费，通常用在基于事件的实时处理或商品推荐的场景中。离线采集主要用在批量数据处理、批量数据交换等场景中，通过离线数据采集工具对已完成准备的数据文件或文本文件进行统一采集。旁路采集主要用在数据多路复用场景中，如消息队列中的消息重复消费，也可以采取网络镜像的方式进行旁路采集。

（3）数据存储层

经过数据采集和数据交换后，将数据存储在数据库、数据仓库、数据湖中，通常采用分布式存储技术，以确保数据的完整性、可靠性和一致性。

（4）数据处理层

根据不同的业务场景及数据的使用要求，数据处理层包括流处理、批处理和实时查询三个功能。批处理功能是利用批处理技术进行数据清洗、标准化、指标标签加工等，比如将采集的数据经过 Hive 或 Spark 程序进行批量处理。流处理功能主要基于业务的实际需要或对数据指标进行计算，实时处理数据，满足用户分析、实时营销、实时决策或个性化推荐等场景需要。实时查询功能主要用在客户关系的实时查询、营销结果的实时分析等场景中。

（5）数据能力层

数据能力层是大数据平台架构的核心，通常具备机器学习能力、模型训练能力、交互式分析能力。机器学习能力（如自然语言处理）可以替代客服人员，更高效地为客户提供所需的信息。通过不断地模型训练和预测，可以让机器学习的价值越来越明显。通过交互式分析能力，可以构建从实时分析到离线分析，再到交互式分析的数据分析体系。

（6）数据服务层

基于数据存储和计算层的能力提供数据服务，主要有实时数据查询和消费服务、实时数据决策服务、客群定义与筛选服务、用户画像展示服务、自助数据探索与分析服务等。

### 2. 功能架构设计

功能架构自上而下分为数据采集层、数据接入与存储层、数据查询与分析层、数据应用层，如图 4-27 所示。

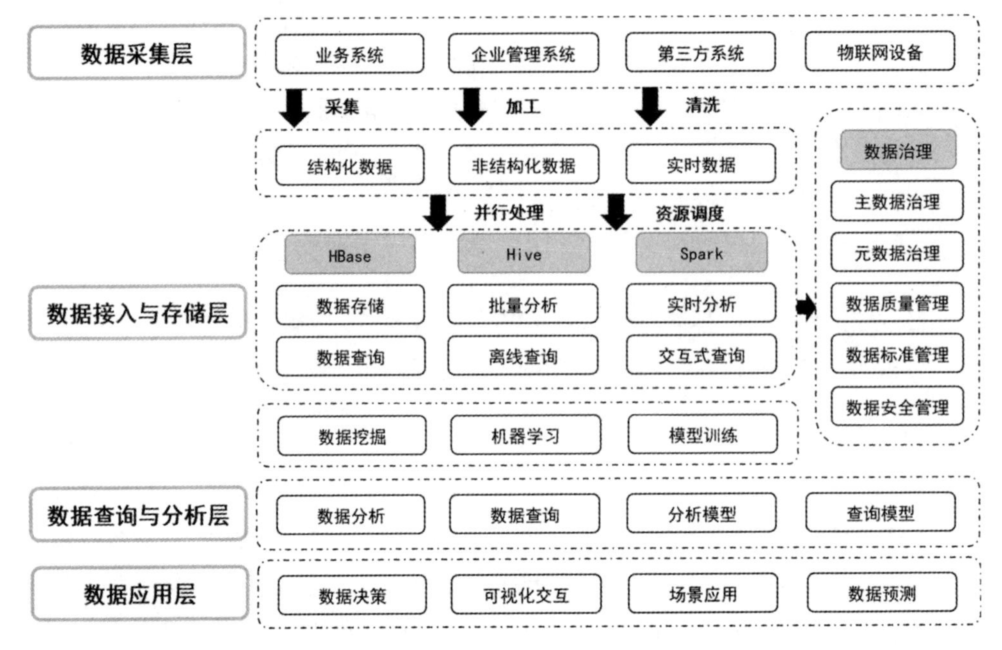


图 4-27

（1）数据采集层

数据采集层覆盖企业业务活动中的多种数据来源，包括终端的用户行为、后端服务器日志和业务数据、第三方系统的数据和企业内的物联网设备数据。根据业务分析需求，大数据平台高效采集散落在各处的基础数据，沉淀企业数据资产。

（2）数据接入与存储层

采取多种数据接入方式，提供适合业务需求的数据接入方案。无论产品技术架构采取何种技术手段，都可以便捷地接入平台系统，实现数据实时导入，格式统一完备。

（3）数据查询与分析层

用户可以选择合适的分析模型及业务场景中数据的属性和指标，方便快捷地查询分析结果，数据实时更新、秒级响应，数据分析灵活、简单。

（4）数据应用层

用户在基础数据平台上叠加学习算法，反馈给产品人员，驱动产品智能，让数据发挥更大的价值。

### 4.3.7 大数据平台的核心工具介绍

#### 1. HDFS

HDFS 是一款分布式文件系统，能够在廉价的机器上存储海量的文件数据，同时拥有完善的错误恢复机制。

HDFS 采用 Master-Slave 架构，一个 HDFS 集群式由一个 NameNode 和一定数目的 DataNode 组成。NameNode 是一个中心服务器，负责管理文件系统的命名空间及客户端对文件的访问，如打开、关闭、重命名文件或目录，以及确定数据块存储到哪个 DataNode 节点。DataNode 负责处理文件系统客户端的读写请求，在 NameNode 的统一调度下完成数据块的创建、删除、复制等。

#### 2. ZooKeeper

ZooKeeper 最早起源于雅虎研究院，因为其内部的很多系统存在分布式单点问题，需要依赖一个类似的系统实现分布式协调。雅虎研究院内部的系统都采用动物命名，那么管理这些“动物”的系统自然就是“ZooKeeper”（动物园管理员）。ZooKeeper 是一个开放源码的分布式应用程序协调服务，功能包括配置维护、域名服务、分布式同步、组服务等。ZooKeeper 的目标是封装复杂易出错的关键服务，将简单易用的接口和性能高效、功能稳定的系统提供给用户。ZooKeeper 包含一个简单的原语集，提供 Java 和 C 语言的接口。ZooKeeper 的代码中提供了分布式独享锁、选举、队列的接口，代码存储在$ZooKeeper_home\src\recipes 中。其中，分布式独享锁和队列有 Java 和 C 语言两个版本，选举只有 Java 语言版本。

#### 3. HBase

HBase 是构建在 HDFS 之上的分布式非关系数据库。从设计上来说，HBase 是由三类服务（HMaster、Region Server 和 ZooKeeper）构成的 Master-Slave 架构。HMaster 进程负责 Region（按照 RowKey 将表分割成若干个块）的分配，Region-Server 进程负责数据的读写。底层数据存储和集群协同管理由 HDFS 和 ZooKeeper 管理。表数据是一个个存储在 HDFS 中的 HFile 文件。HBase 体系结构包含 WAL、BlockCache、MemStore 和 HFile。

- WAL 也称预写日志系统。预写日志是 HDFS 中的一个文件，也是一个容灾策略。为了提高写性能，HBase 并不直接将数据写入磁盘，而是将数据直接保存在内存中。由于内存大小有限，当数据存储达到某个阈值时，就将数据写入磁盘并清空内存。但是数据存放在内存(MemStore)中并不安全，所以 HBase 采用预写日志方式，当数据丢失时，可以根据日志恢复数据，数据写入日志就算写入成功。写入日志是对磁盘的顺序写入，所以写入速度非常快，这种模式既保证了写入速度，也保证了可靠性。

- BlockCache 是一种读缓存，客户端读取数据时，会先从该缓存块中查找数据。HBase 会将一次文件查找的数据块缓存到内存中，以便于后续处理同一个查找请求。
- MemStore 是一种写缓存，如上所述，数据被直接写入内存中。
- HFile 是最终数据的存储载体，本质上就是 HDFS 文件。

#### 4. YARN

YARN 是一个集群资源调度框架，它是从 MapReduce 中独立出来的。对于 Hadoop 1.x 版本，MapReduce 不仅充当计算框架的角色，还充当资源管理的角色。Hadoop 2.x 以后的版本将资源调度功能独立出来，演化成 YARN。如果大数据平台中部署了 HBase、Hive、Spark 等多个大数据组件，每个组件都有自己的一套资源调度系统来分配管理资源，那么会出现资源分配不合理或争抢资源的问题，所以大数据平台需要一个统一的资源调度框架，实现统一管理。

YARN 的资源模型中包括 Container、ResourceManager、ApplicationMaster 和 NodeManager。YARN 利用 Container 对象作为资源的基本单位，包括资源名称、内存和 CPU。Container 对资源进行隔离，每个应用都可以通过 ApplicationMaster 向 ResourceManager 申请资源，比如某个 Spark 计算任务申请到了 6 个 Container 资源。ResourceManager 是全局资源管理器，负责整个集群的资源分配。ApplicationMaster 负责与 ResourceManager 进行通信，申请所需要的资源，如 Spark 的 Driver 进程。NodeManager 是每个节点上的资源管理器，负责自己所在服务器资源的整个生命周期。

#### 5. Spark

Spark 是专为大规模数据处理而设计的快速通用的计算引擎，是由加州大学伯克利分校的 AMP 实验室开源的类 Hadoop MapReduce 的通用并行框架。Spark 拥有 Hadoop MapReduce 所具有的优点。不同的是，Job 中间输出结果可以保存在内存中，而不再需要读写 HDFS，因此 Spark 更适合用在数据挖掘与机器学习等需要迭代的 MapReduce 的算法中。

Spark 是一种与 Hadoop 相似的开源集群计算环境，但是两者之间还存在一些不同之处，这些不同之处使 Spark 在某些工作负载方面表现得更加优越。换句话说，Spark 启用了内存分布数据集，不仅能够提供交互式查询功能，还可以优化迭代工作负载。

### 4.3.8 大数据平台的构建原则

#### 1. 需要考虑成本和效率之间的平衡

随着企业的规模越来越大，企业经营和业务运营所产生的数据也呈几何级增长。在企业级大数据平台建设的过程中，大量数据的采集、存储和计算需要庞大的成本投入及复杂的运维过程。虽然云计算基础设施的投入能够降低资源成本的投入，但是面对规模更大、种类更多、类型更多、价值更低密度的数据，这种方式依然不够经济实惠。

因此，在大数据平台的建设初期，技术管理者需要考虑成本和效率之间的平衡问题，参考以下三种方式构建大数据平台。

- 以云能力为基础：结合云计算的能力，通过云计算的基础架构提供低成本且弹性的计算资源和存储资源，赋予企业级大数据平台的资源弹性伸缩能力。
- 以湖仓引擎为架构：保障数据处理过程中数据加工的灵活性、数据分析的高性能，以及数据融合分析的异构性。
- 一体化的数据治理和开发平台：对元数据进行统一管理，支持数据集成、治理、开发、分析、服务等一站式数据服务。

利用创新、节能的基础设施，我们可以在数据采集、传输、存储和处理的过程中深度挖掘数据价值，同时保障数据安全。

#### 2. 需要进行全面的数据治理

企业级大数据平台始终需要面向企业经营和业务运营场景，脱离场景的平台建设是没有价值的。如果没有对业务场景有清晰的了解，那么就无法清晰判断平台的价值，导致在数据处理过程中因数据的价值属性而无法得到统一，最终产生数据孤岛、数据不一致的问题。因此，技术管理者需要对数据的全面性、质量和一致性做提前规划和准备。

为了解决以上问题，技术管理者需要对数据体系进行全面治理，通过运用数据治理工具或系统，有效实施数据治理。在数据治理过程中，技术管理者需要全面了解数字资源、业务场景和 IT 架构，制定数据分类标准、数据模型标准、数据质量标准，将符合治理标准的数据运用在数据计算和数据能力体系中，充分发挥数据在服务场景中的价值。

#### 3. 需要时刻确保数据安全

数据安全，是指通过采取必要措施确保数据处于有效保护和合法利用的状态，并具备保障持续安全状态的能力。因此，企业级大数据平台需要对数据安全进行全生命周期的管理。数据安全体系主要包括数据资产安全保障、数据隐私保护、数据流通安全，防止敏感数据被恶意访问、数据隐私被非法侵犯。

#### 4. 需要规划数据价值的持续性

技术需要持续运营，数据也需要持续运营。企业级大数据平台需要保障数据应用价值的持续性，当对企业的商业模式和业务的运营策略进行优化或迭代时，数据价值需要随之持续下去。

企业级大数据平台不是一次性投入，而要根据业务场景的变化而变化，数据基础设施、数据治理、数据应用的建设需要持续地管理和运营。此外，数据的服务能力（如数据覆盖、数据质量、数据成本）也需要根据企业的变化进行阶段性调整，以符合企业的核心发展战略规划。

## 4.4 企业架构

企业架构主要分为业务架构、应用架构、数据架构和技术架构。

### 4.4.1 业务架构

在企业架构中，业务架构是核心架构之一，其重要性甚至超过了技术架构和数据架构。2020 年 7 月，大数据战略重点实验室全国科学技术名词审定委员会研究基地收集审定了第一批 108 条大数据新词，“业务架构”报全国科学技术名词审定委员会批准，准予向社会发布试用，这体现了业务架构在企业架构体系中的重要性。

业务架构代表了企业全局、整体、多层面的业务视图，是企业内外部价值传递的通道，关乎企业的战略、产品和策略。业务架构是数字化转型在架构层面的载体，作为企业战略的开端，支撑企业战略在推进过程中各个阶段的活动，如业务运营、业务流程、业务组织和业务活动。在企业架构中，技术架构、数据架构和应用架构都要为业务架构服务，甚至是业务架构的组成部分。业务架构的设计需要遵循“以业务为中心”的原则，一切业务驱动方式都来自业务架构。

### 1. 业务架构的框架

业务架构的框架包括业务运营、业务流程、业务组织、业务服务、业务能力和业务领域六个方面。其中，业务运营、业务流程、业务组织和业务服务构成业务管理；业务运营、业务流程、业务能力、业务领域构成业务解决方案，也可以称为基于业务的商业模式，如图 4-28 所示。

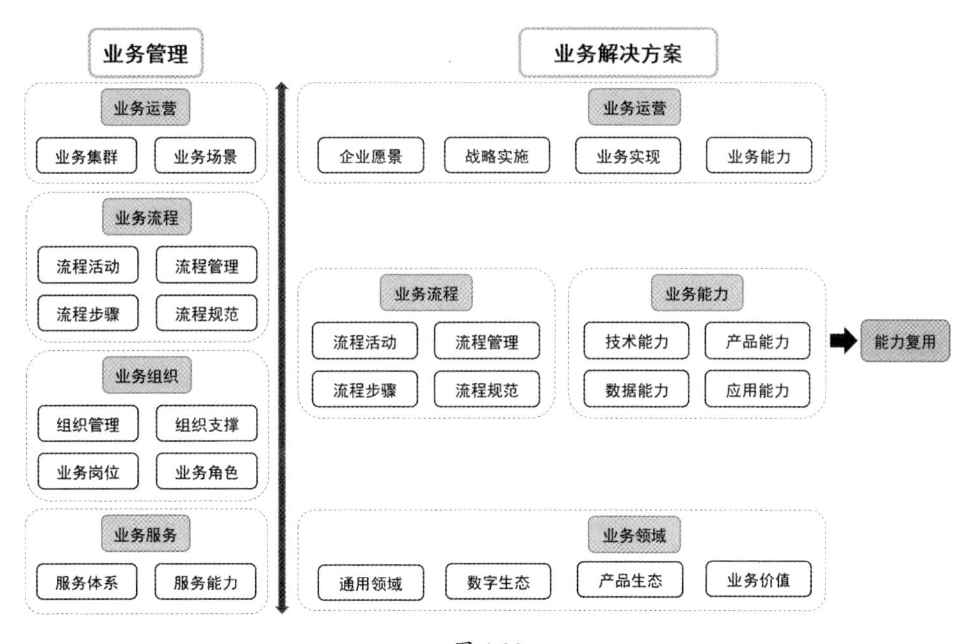


图 4-28

业务架构的核心在于能力复用。当企业的业务架构固定后，无论是优化业务模式，还是调整和扩展业务模式，业务能力都需要锚定在一个范围内。技术能力、产品能力、数据能力和应用能力作为业务能力的核心支撑，应该被复用。尤其在业务创新场景中，IT 能力支撑及资源调配都存在不确定性，如果业务能力不能被复用，那么会造成业务运营过程中成本的大幅度波动，业务价值无法延续。

### 2. 业务架构中的能力复用

业务能力取决于 IT 能力的支撑，IT 能力是可复用的能力，也是价值流在 IT 组织内部的闭环能力。无论从业务的角度还是从 IT 能力的角度，价值流都必须面向最终的服务对象，并给予服务对象端到端的服务能力。在企业中，业务架构中的能力价值必须在服务价值之上，因此基于能力的识别和规划是 IT 组织的任务。IT 组织在产品设计和实现过程中需要确保拥有可复用、可沉淀的能力，并通过对产品能力、技术能力、应用能力、数据能力进行编排和组合，获得更多的业务能力，面向不同的业务场景，如图 4-29 所示。

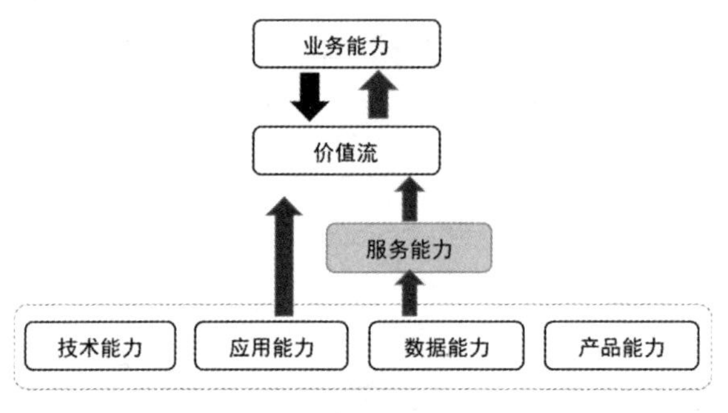


图 4-29

在数字化转型过程中，企业的业务组织需要具备快速迭代、应对多场景及面对不确定市场的能力，因此服务能力要可扩展、可变。服务能力包括支撑业务的技术能力、应用能力、数据能力和产品能力。不同的业务模式和业务场景需要的业务能力是不一样的，因此需要通过价值流进行双向传递。我们可以根据业务模式的差异性对服务能力进行相应的编排，从而满足业务的需要，编排过程如图 4-30 所示。

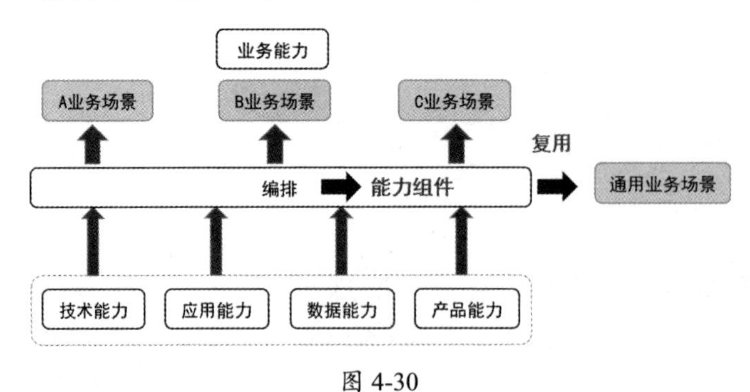


图 4-30

### 3. 业务架构的设计

根据图 4-28，业务架构中最核心的部分是业务运营，业务运营是所有业务活动的集合。业务运营需要根据企业的商业模式和战略规划进行，因此设计业务架构需要从企业战略开始，通过梳理企业的目标、挖掘企业的发展需求，再分析价值链，抽象出价值链模型，构建最终的业务架构，并根据业务架构得到正确的业务执行路径。业务架构的设计分为四个阶段，分别是价值流分析、业务流程模型分析、数据流分析和组件分析。

（1）价值流分析

价值流分析是“一切以用户为中心”的典型业务思维。从企业战略的角度出发，价值流分析分为全局分析和局部分析两个阶段：全局分析需要遵循整体性原则，对企业战略进行通盘考虑，把握业务发展的方向和战略；局部分析需要考虑可执行原则，确保价值流在不同的业务阶段能够正常推进和落地。

价值流主要面向企业价值的创造过程，包括市场需求的获取、业务需求的分解、产品需求的分解、产品开发、产品交付、最终面向用户等过程。典型的价值流分析包括基本活动分析和支撑活动分析两个方面，基本活动主要是指产品“价值交付”的过程，支撑活动主要是指支持“人、财、物”等资源辅助的过程。

（2）业务流程模型分析

业务流程模型分析和价值流分析类似，价值流分析是对过程的分析，业务流程模型分析则是对业务环节的分析。如图 4-31 所示，根据价值流分解流程模型，以环节的方式分解企业的业务架构，从外部市场分析开始，到获取需求，直到产品的市场运营结束，使所有的环节对应不同的任务，体现了所有参与到价值创造过程中的组织单元的分工协作关系。

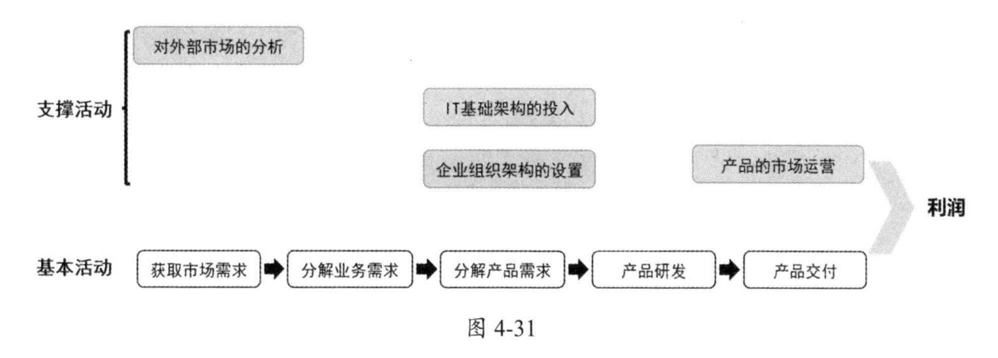


图 4-31

（3）数据流分析

业务运营的过程本质上是流转业务活动中产生的数据，因此通过数据流分析可以帮助我们了解业务流程中的数据流向。

对业务架构来说，数据实体非常重要。通过构建统一的数据模型、规范数据标准和口径，可以有效保障数据架构的稳定性，进而确保应用架构和产品架构的稳定性。数据模型由一组数据实体组成，其表示方式多为 E-R 图。E-R 图是实体关系图，是关系数据库设计的基础，用于描述实体间的关系，从而指导程序设计和数据库设计。

（4）组件分析

在组件分析的过程中，需要根据业务场景划分业务边界，将不同业务场景内与数据实体相关的任务聚在一起，构成一个业务组件。业务组件主要用于对数据实体进行增删改查及业务处理，其中包含行为和数据，以表示企业的业务能力。业务组件的定位在任务级别，用于实现企业级业务能力的复用。

例如，在某个场景内需要了解业务系统化的逻辑，可以这样描述：实现业务活动的软件程序在什么业务场景中开始执行，程序需要读取哪些数据，依据什么读取顺序或业务逻辑，规则由谁来执行，执行后得到哪些数据。在这段描述中，“场景”对应“事件”，“数据”对应“数据实体”，“业务逻辑”对应“业务活动”，“规则”对应“任务”，“谁”对应“角色”。

## 4.4.2 应用架构

应用架构是对实现业务能力、支撑业务发展的业务功能的结构化描述。应用架构分为两个层面，分别为企业级的应用架构和单个系统的应用架构。

- 企业级的应用架构：具有统一规划、承上启下的作用，向上承接企业战略发展方向和业务模式，向下规划和指导企业各个 IT 系统的定位和功能。在企业架构中，应用架构是最重要和工作量最大的部分，其中包括企业的应用架构蓝图、架构标准和原则、系统的边界和定义、系统间的关联关系等方面的内容。
- 单个系统的应用架构：在开发或设计单一 IT 系统时，需要设计系统的主要模块和功能点。系统技术实现包括从前端展示到业务处理逻辑，再到后台数据是如何架构的。这方面的工作一般由项目组负责，但不属于企业架构的范畴，不过各个系统的架构设计需要遵循企业应用架构的总体设计原则。

### 1. 应用架构的框架

应用架构的框架应以应用设计为核心，将业务需求和应用进行关联，用来描述用户和应用交互的过程、系统和系统交互的过程、数据和数据交互的过程。应用架构的应用设计需要依托业务架构，对内包括各应用系统的定位，对外延伸至应用分层的设计。

应用架构并非一成不变的，而是随着业务需求的变化而变化的。需要明确的是，任何一种应用架构都需要在某一阶段内为业务架构提供足够的支撑，如图 4-32 所示，产品架构、应用架构、数据架构和技术架构构成 IT 领域架构体系。从技术发展的角度看，从单体架构到分布式架构，再到微服务架构，应用架构始终作为业务架构在 IT 领域内的映射，为业务架构服务。技术的使用、数据的交换与流转、应用功能和产品功能的关联构成了完整的信息系统建设体系。

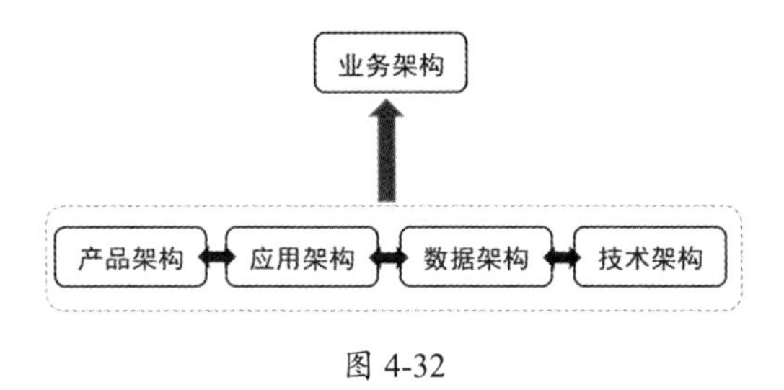


图 4-32

在 ThoughtWorks 发布的《现代企业架构框架白皮书》中，应用架构元模型包括端口、结构、状态三个部分。其中，端口部分用于对应用的出入口进行建模，包括应用服务和扩展点；结构部分用于对 IT 系统的职责、边界进行建模，包括应用组件、应用、应用组、应用层；状态部分用于对应用状态的变更进行建模，包括领域对象和不变量，如图 4-33 所示。

该应用架构分为三层，分别是应用组（或应用层）、应用组件和应用。这里的应用组和应用层也可以理解为应用集群，应用组件围绕领域对象对外提供应用服务。同时，应用既可以通过自身提供服务，也可以通过分层（如采取微服务架构的方式）提供服务，不同层级之间进行服务交互。

应用组通常根据业务属性进行划分，如渠道营销平台、中台服务平台、财务平台；应用层通常根据服务属性进行划分，如前端渠道层、中台服务层、后端数据层。

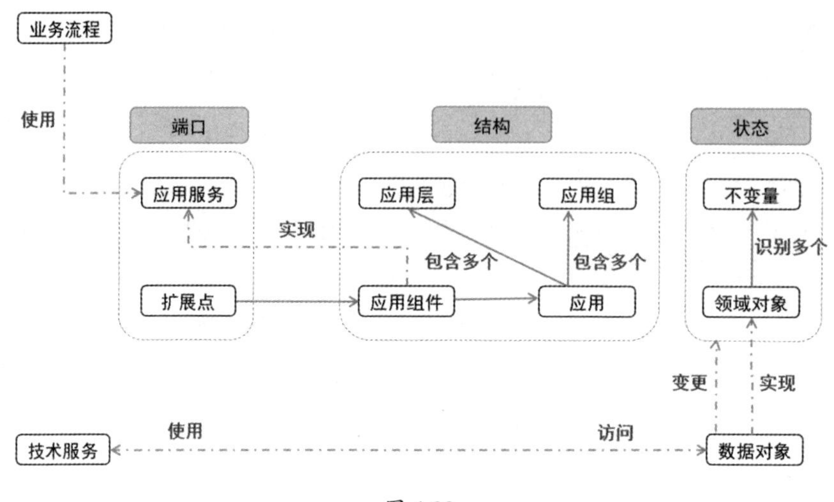


图 4-33

### 2. 常见的应用架构类型

从应用架构的演变过程来看，应用架构类型有单体架构、分布式架构、SOA 架构、微服务架构和服务网格架构。

（1）单体架构

单体架构的实现方式是将所有业务场景的表示层、业务逻辑层和数据访问层放在一个工程中，经过编译、打包，最终部署在一台服务器上，如图 4-34 所示。单体应用并不是单机应用，接收用户请求、调用相关业务逻辑、从数据库中获取数据等全部在一个进程内完成。

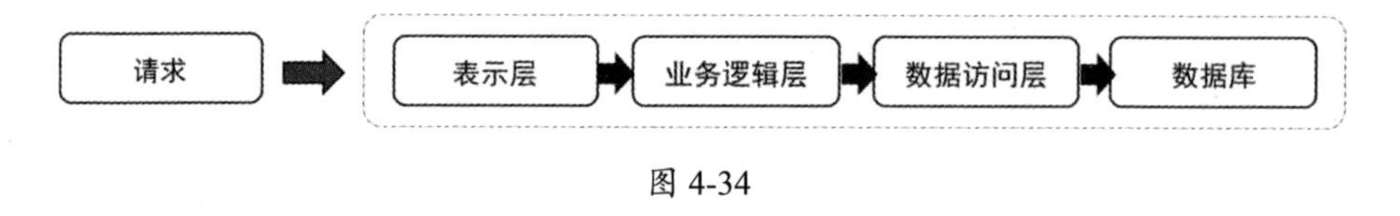


图 4-34

单体架构的优点较为明显，比如开发人员使用开发工具可以在短时间内开发出应用；测试过程相对简单；所有的业务场景都在一个工程中进行开发，因此部署过程比较简单。缺点也很明显，比如架构的灵活度不够；系统扩展性较差；当业务规模逐渐增大时，容易产生系统瓶颈。

（2）分布式架构

分布式架构是由一组通过网络进行通信、为了完成共同的任务而协同工作的计算机节点组成的系统架构。由于分布式架构由多个计算机节点组成，因此系统的数据和流量散落在不同的计算机中，可以解决单体架构中计算能力不足、存储容量不足、吞吐量不大、延迟时间过长、并发量过低的问题。

我们一般可以通过性能、可用性、伸缩性、一致性四个指标来衡量分布式系统的好坏。性能是指系统的吞吐能力、响应延迟、并发能力；可用性是指系统面对各种异常时仍然可以正常提供服务的能力；伸缩性是指系统可以通过伸缩集群机器规模提高系统性能、存储容量、计算能力等；一致性是指系统通过冗余技术提高数据副本一致性的能力。

常见的分布式架构如图 4-35 所示，其中，应用和数据库均采取分布式架构。当用户发起请求时，流量可能由应用集群中的任意一个应用系统承载，数据也可以被记录在数据库集群中的任意一个数据库中。

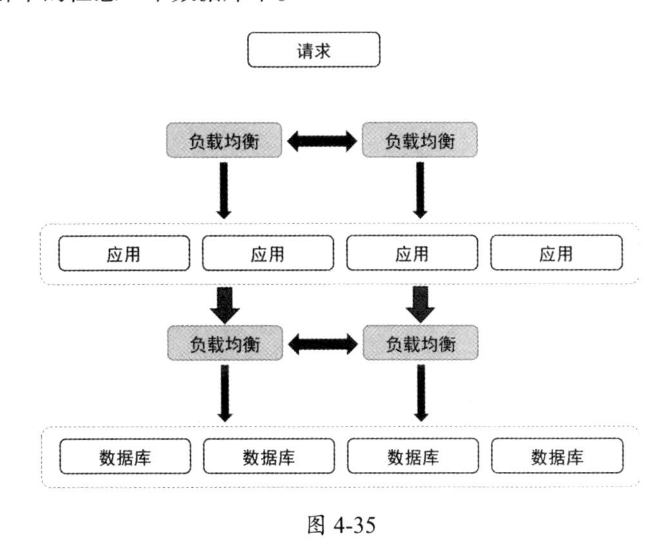


图 4-35

（3）SOA 架构

SOA 架构也称为面向服务架构，它是一个组件模型，将应用程序的不同功能单元进行拆分，并通过这些服务之间定义良好的接口和协议联系起来。接口采用中立的方式定义，它独立于实现服务的硬件平台、操作系统和编程语言，这使得构建在各种各样的系统中的服务可以以一种统一和通用的方式进行交互。

SOA 是一种粗粒度、松耦合的服务架构，服务之间通过简单且精确定义的接口进行通信，不涉及底层编程接口和通信模型。SOA 可以被看作 B/S 模型、XML（标准通用标记语言的子集）、Web Service 技术之后的自然延伸。它能够使软件工程师站在一个新的高度理解企业级架构中各种组件的开发和部署形式，并帮助企业系统架构师更迅速、可靠地搭建整个业务系统。以 SOA 架构搭建的系统能够更加从容地面对业务的急剧变化。

（4）微服务架构

微服务架构提倡将单一应用程序划分成一组小的服务，服务之间相互协调、互相配合，为用户提供最终价值。每个服务运行在独立的进程中，服务和服务之间采用轻量级的通信机制进行沟通（通常是基于 HTTP 的 Restful API）。每个服务都围绕着具体的业务进行构建，并且能够被独立地部署到生产环境、类生产环境中。

简单来说，微服务将原来一体化架构进行拆分，每个模块由单个程序组成，能够方便迭代。数据层只提供数据，进行个性化排序，上层组织数据返回给客户端。微服务能实现横向和纵向拆分，并可以根据流量扩展各个模块，对流量小的模块可以减少计算资源投入，对计算密集型、内存消耗型、I/O 型的模块进行不同的处理。常见的微服务架构如图 4-36 所示。

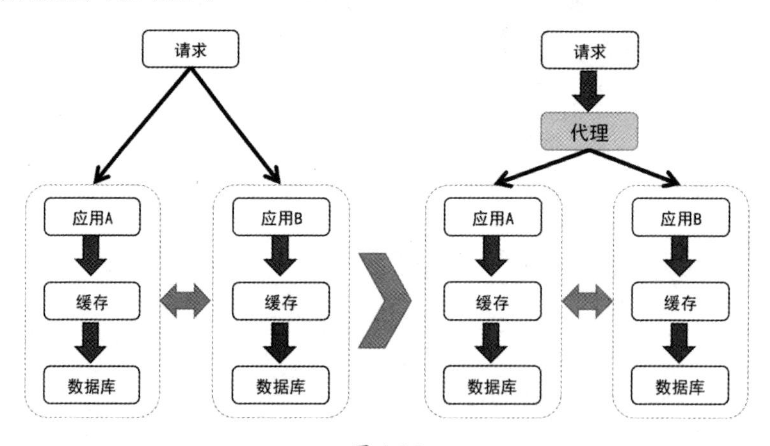


图 4-36

（5）服务网格架构

服务网格是用于处理微服务和微服务通信的“专用基础设施层”，通常表现为与应用程序代码一起部署的轻量级网络代理矩阵。它通过这些代理矩阵来管理复杂的服务拓扑，可靠地传递服务之间的请求。从某种程度上说，这些代理矩阵接管了应用程序的网络通信层，并且不会被应用程序感知。

在容器云体系中，Istio 提供了一种简单的方式来建立已部署的服务网格，具有负载均衡、服务到服务认证、监控等功能，而不需要改动任何服务代码。Istio 在服务网格中统一提供了许多关键功能，如流量管理、可观察性、策略执行、服务身份和安全，以及对各种环境的支持、集成和定制等。服务网格架构通过 Sidecar 将服务治理与业务解耦，并下沉到基础设施层，使应用更加轻量化，让业务开发更聚焦于业务本身，以体系化、规范化的方式解决微服务架构中的各种服务治理挑战。

### 3. 应用架构的设计原则

在设计应用架构时，需要依据业务架构的框架体系，考虑业务复杂度，并兼顾技术复杂度。通常情况下，业务复杂度必然带来技术复杂度，因此技术管理者或应用架构师需要确保在解决业务复杂度的同时尽量降低技术复杂度，确保业务架构能够提供足够的支撑。应用架构的设计有五个原则，分别是稳定性设计原则、应用解耦设计原则、抽象化设计原则、松耦合设计原则和容错设计原则。

#### （1）稳定性设计原则

应用架构的设计需要充分考虑稳定性指标，一个稳定的应用架构可以确保业务始终在线。稳定性设计原则需要以应用稳定为标准，架构尽可能简单和清晰，既不要过度设计，也不要过分追求先进的技术。

#### （2）应用解耦设计原则

在应用架构的设计过程中，需要将稳定的应用组件和易变的应用组件进行分离，分别实现核心业务和非核心业务，包括业务主流程和辅助流程的分离、应用和数据的分离等。

#### （3）抽象化设计原则

抽象化设计原则包括应用抽象化、数据库抽象化和服务抽象化。应用抽象化是指应用只依赖服务抽象，不依赖服务实现的细节和位置；数据库抽象化是指应用只依赖逻辑数据库，无须关心物理库的位置和分片；服务抽象化是指应用虚拟化或容器化部署，无须关心物理机的配置及动态调配资源的过程。

#### （4）松耦合设计原则

松耦合设计原则包括跨域调用的异步化、非核心业务的异步化。跨域调用的异步化是指在不同的业务域之间，应用尽量异步解耦；非核心业务的异步化是指在核心业务和非核心业务之间，尽量采取异步化的请求方式。

（5）容错设计原则

容错设计原则包括服务自治和集群容错。服务自治是指各个服务能彼此独立修改、部署、发布和管理，避免引发连锁反应；集群容错是指应用系统采用集群部署方式，避免单点服务。

### 4.4.3 数据架构

应用架构和业务架构会不停地生产数据，并对数据进行流转，数据活跃在企业经营活动中各个环节，因此我们需要对数据进行管理。在企业数字化转型过程中，对于如何分辨信息化阶段和数字化阶段这个问题，数据架构是一个非常重要的解决方案。在数据架构中，数据作为核心主体，不仅代表了一个数值，还会反映客观结果，并承载了业务流转的过程。

数据架构不仅是一个技术架构，还是打通业务架构和技术架构之间的媒介。数据架构是承上启下的，应用架构产生数据，并推动数据的流转，最终为业务架构服务，而数据架构和应用架构都需要技术架构的支撑，如图 4-37 所示。

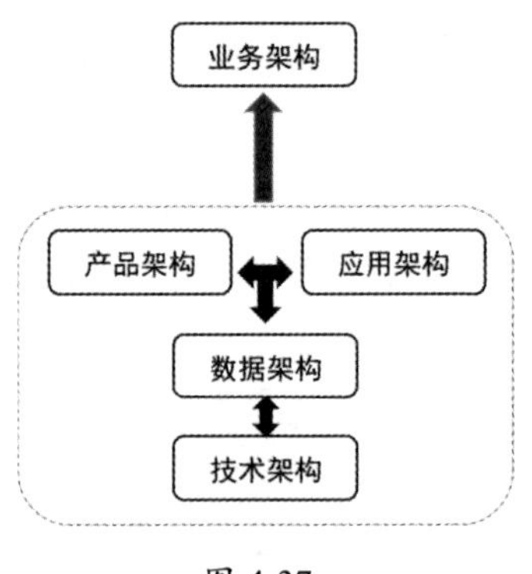


图 4-37

#### 1. 数据管理框架

目前有三种较为成熟的数据管理框架，分别是《金融业数据能力建设指引》中的数据架构框架、《DAMA 数据管理知识体系指南》中的数据架构框架和《现代企业架构框架白皮书》中的数据架构元模型。

（1）《金融业数据能力建设指引》中的数据架构框架

《金融业数据能力建设指引》（JR/T 0218—2021）由中国人民银行于 2021 年 2 月正式发布。其中提到，数据架构应该包含：元数据管理，建立创建、存储、整合和控制元数据的一系列流程；数据模型，将业务经营、管理和决策中用到的数据需求结构化；数据分布和数据集成，明确数据责任人、管控数据流、制定数据标准，达成组织内各系统和各部门之间数据的互联互通。

数据架构涵盖的具体内容如图 4-38 所示，下面逐一进行详细说明。

图 4-38

数据资产目录是对企业所有的数字资产进行全局展现，可以作为企业数据治理的指引。数据资产目录可以分为五个层级，分别是数据主题域分组、数据主题域、数据业务对象、数据实体和数据属性。其中，数据主题域分组和数据主题域用于描述企业内数据管理的分类依据和数据的集群边界；数据业务对象用于描述业务架构或企业架构中的“人、财、物”，并用于建设数据架构及进行数据治理；数据实体用于描述业务对象在场景特征中的数据属性集合；数据属性用于描述业务对象在场景中的数据性质和数据特征。

数据标准，顾名思义，是指通过标准化、统一化的方式对数据进行描述，这是数据治理和数据架构的基石。对大多数企业而言，数据标准需要建立在推广数据文化及统一数据理念的前提下，尤其在 IT 组织和业务组织之间，数据口径的不一致是数据标准的最大障碍。因此，数据标准需要对企业内所有的数据对象及数据属性进行统一梳理，并且各职能组织要在对它的理解上达成共识。

数据模型是数据架构的组件，是指对业务架构或应用架构中的数据进行抽象化概括，根据数据特征反映各业务对象之间的关系。数据模型包括三个阶段，分别对应概念模型、逻辑模型和物理模型。概念模型是基于真实业务场景中的关系语意，通过“实体-关系”图的方式对业务对象和业务流程进行抽象化、简单化的表达；逻辑模型是通过技术语言对模型的解读；物理模型是对逻辑模型的实际落地，比如数据库中的表、视图、字段分别是对逻辑模型中的数据集群、数据关系和数据特征的实际落地。

数据分布明确表达了数据源头、数据血缘关系，以及数据在业务活动、应用系统中的流转情况。数据源头简称数据源，既是数据的产生来源，也是数据的责任主体。数据管控部门是企业内的数据管理部门，通常由数据管理部或数字部对数据进行全局管理，负责数据应用的开发、数据系统的建设及数据标准的制定。数据管控流程是指对数据的流程进行全生命周期管理，确保数据在各个阶段和环节中流转的一致性。

（2）《DAMA 数据管理知识体系指南》中的数据架构框架

《DAMA 数据管理知识体系指南》是国际数据管理协会组织众多资深专家对数据管理领域过去 30 多年来的知识和实践经验的总结，是一部在数据管理领域具有权威性的基础工具书。其中从数据治理、数据架构、数据质量、数据安全、主数据管理、参考数据管理、元数据管理、商务智能和数据参考管理、数据建模和设计、数据存储和操作、数据集成和互操作、文件和内容管理、大数据，以及对数据管理人员的要求等方面介绍了数据管理的相关知识。

数据架构框架包括数据模型、数据资产和数据关系三个部分，如图 4-39 所示。

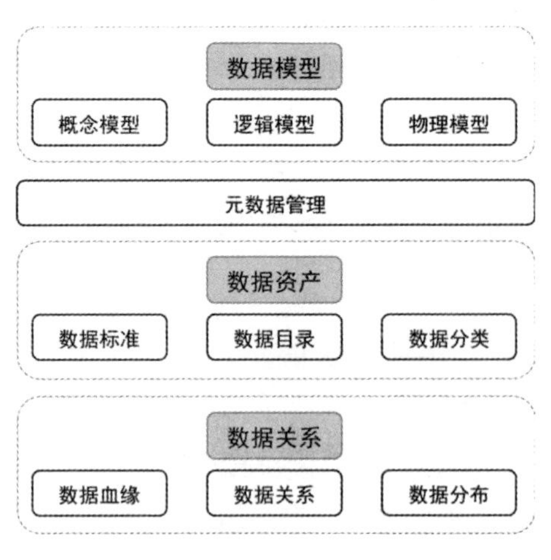


图 4-39

数据模型用于描述业务对象和业务流程的抽象过程。在数字化转型过程中，数据模型主要用来实现业务语言和数据语言的一致性，最终通过数据建模的方式完成构建业务模型的目标。

对数据资产的管理是数据管理者的核心工作内容，主要体现为在企业经营或业务运营场景中有效地运用数据，并在场景中发挥数据的价值。

数据关系用于说明数据和应用、数据业务之间的关系。

技术管理者需要站在业务的角度对数据资产进行全局管理，利用技术优势帮助业务组织更好地理解在业务运营过程中各个环节和阶段的数据关系。

（3）《现代企业架构框架白皮书》中的数据架构元模型

数据架构元模型包括结构和端口两个部分。结构部分用于对数据进行处理建模，包括数据对象、数据组件；端口部分用于对数据模型的边界建模，包括数据服务，如图 4-40 所示。

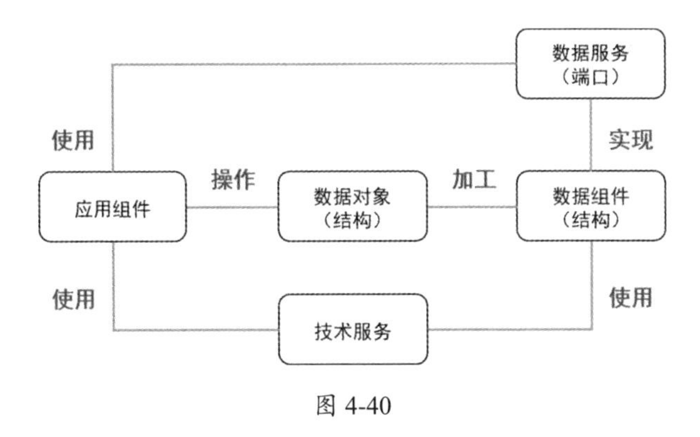


图 4-40

## 2. 数据架构的设计原则

数据架构设计原则包括长远性规划原则、数据价值原则、数据共享原则、标准化原则和数据安全性原则。

（1）长远性规划原则

数据架构的设计需要结合企业发展的战略规划，从长远性的角度规划和设计数据架构，并对数据进行统一管理。在企业数字化转型过程中，通过数据驱动的方式帮助企业更好地进行业务运营和内部管理。

（2）数据价值原则

在对数据进行全局管理的基础上，对数据进行分析和挖掘，有效释放数据价值，并根据企业经营场景构建局部的数据生态，在内部管理场景中有效识别风险，在业务运营场景中准确反映业务状态。

（3）数据共享原则

建立企业级的数据流动和共享机制，打破数据孤岛和壁垒，实现数据在数字化转型过程中全流程、全体系地有效共享，营造及时准确的共享数据环境，完善数据管控机制，确保数据共享符合企业战略规划。

（4）标准化原则

通过制定业务数据、主数据和元数据的标准，建立标准化、多样化的数据资产获取渠道、管理体系和数据访问方式，加强数据质量管理，有效支撑业务架构和应用架构。

（5）数据安全性原则

定义数据安全级别，建立数据安全控制过程，确保数据被合理地访问、共享和发布，避免未经授权的数据操作，满足企业经营过程中对数据安全的需求。

### 4.4.4 技术架构

技术架构是对某一类技术问题或业务需求的解决方案的结构化描述，通常由构成解决方案的组件结构及其之间的交互关系构成。广义上的技术架构是一系列涵盖多类技术问题设计方案的统称，如部署方案、存储方案、缓存方案、日志方案等。企业架构中的技术架构主要是指对业务、应用、数据等上层架构的开发和实施方案的结构化描述。

简单来说，技术架构是技术和架构的集合。技术由技术工具和技术方法构成，架构由组件与组件之间的关系，以及组件之间的约束构成。因此，技术架构是对业务架构、应用架构、数据架构和产品架构的技术实施方案的结构化描述，由技术组件、技术平台及其之间的关系构成，如图 4-41 所示。

不同岗位、不同角色的人员对技术架构的理解是不一样的。例如，从业务架构的角度来看，技术架构主要用于满足业务架构相关属性的要求，如低成本、高效率和业务在线等要求；从物理架构的角度来看，技术架构的核心指标是实现业务连续性、独立的业务模块以及组件之间的稳定性；从应用架构的角度来看，技术架构需要实现业务和业务之间的隔离、业务和平台之间的隔离。

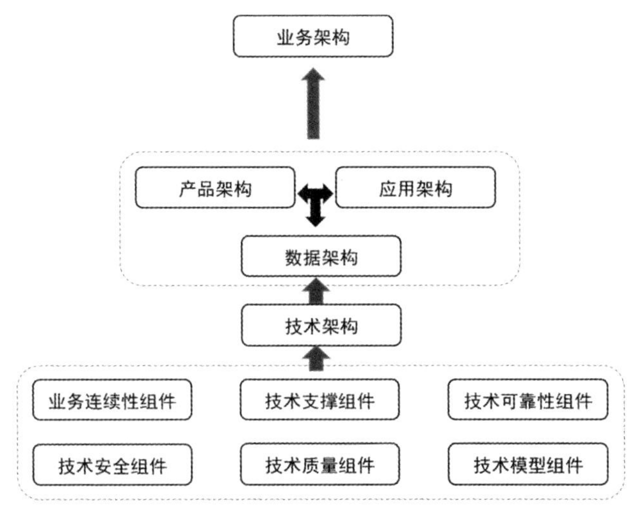


图 4-41

常见的技术架构有两种：一种是面向业务领域的技术架构，另一种是面向物理模型的技术架构。

### 1. 面向业务领域的技术架构

*The Practice of Enterprise Architecture：A Modern Approach to Business and IT Alignment* 一书中明确指出，在企业的日常经营活动中，业务组织和 IT 组织需要密切配合，尤其在企业架构的设计中，需要覆盖六个领域，分别是业务领域、应用领域、数据领域、集成领域、基础设施领域和安全领域。其中，业务领域、应用领域和数据领域是面向业务运营场景的功能性领域，集成领域、基础设施领域和安全领域是面向业务支撑场景的非功能性领域，如图 4-42 所示。

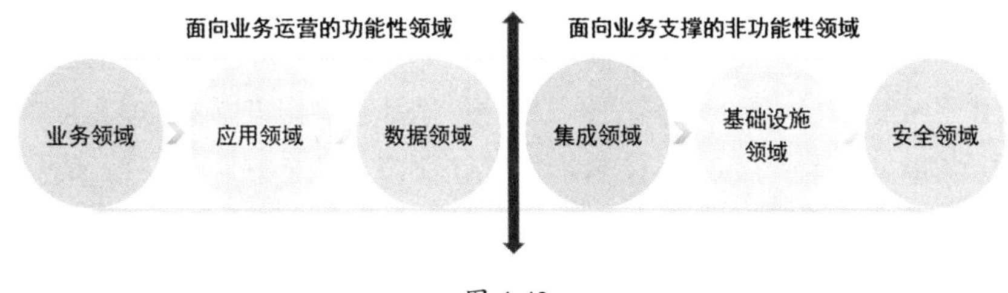


图 4-42

在面向业务运营的功能性领域，技术架构为业务提供核心运营场景，具备能力可见的特性。在面向业务支撑的非功能性领域，技术架构为业务提供核心支撑场景，具备能力不可见的特性。

在集成领域中，通过接口连接、交互协议、集成平台、消息队列中间件等方式实现应用架构内外部系统的集成和交互。在基础设施领域中，通过数据中心、硬件、服务器、存储、操作系统、网络等为业务架构提供支撑。在安全领域，通过安全技术、安全策略、认证方法及加密协议的方式，为企业架构提供全局性的安全保障。

这种面向业务领域的技术架构与《现代企业架构框架白皮书》中的技术架构元模型非常相似。如图 4-43 所示，技术架构元模型分为三种子模型，分别是架构模式模型、架构方案模型和架构策略模型。我们可以将这三种模型理解为面向业务的三种技术要素的抽象。

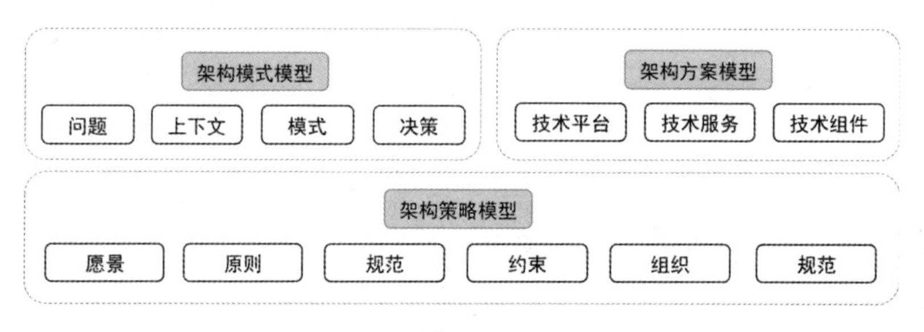


图 4-43

（1）架构模式模型

架构模式是一种面向业务场景的架构实践模式，通过模式分析的方式对业务架构的设计过程及业务运营过程中的问题进行建模，目的是在技术领域形成较为固定的问题分析模式、准确定位模式和可复用的技术方案。

（2）架构方案模型

架构方案模型是技术架构设计过程中的重要部分，它包含技术平台、技术服务和技术组件三个核心要素。技术平台是一套服务于研制应用产品的设计验证系统，包括相关文件、图纸、知识库和资源管理应用体系；技术服务用于描述实现上层架构设计所需的技术能力，具有稳定性；技术组件用于描述技术服务的具体实现，是可部署的物理组件。

（3）架构策略模型

架构策略模型用于约束和规范架构设计过程，保证架构设计遵循企业整体的架构设计愿景与需求，符合企业整体的架构设计原则与规范，是对架构设计过程本身的约束和指导。

2. 面向物理模型的技术架构

在技术架构的设计过程中，专业的 IT 技术人员需要根据业务需求来设计技术方案，对技术组件进行选型，并规划业务逻辑。面向物理模型的技术架构主要是以专业 IT 人员的视角来描述从用户访问到技术实现的全部过程，它分为五个方面，分别是流量接入层、应用系统层、技术组件层、支撑保障层和基础设施层，如图 4-44 所示。

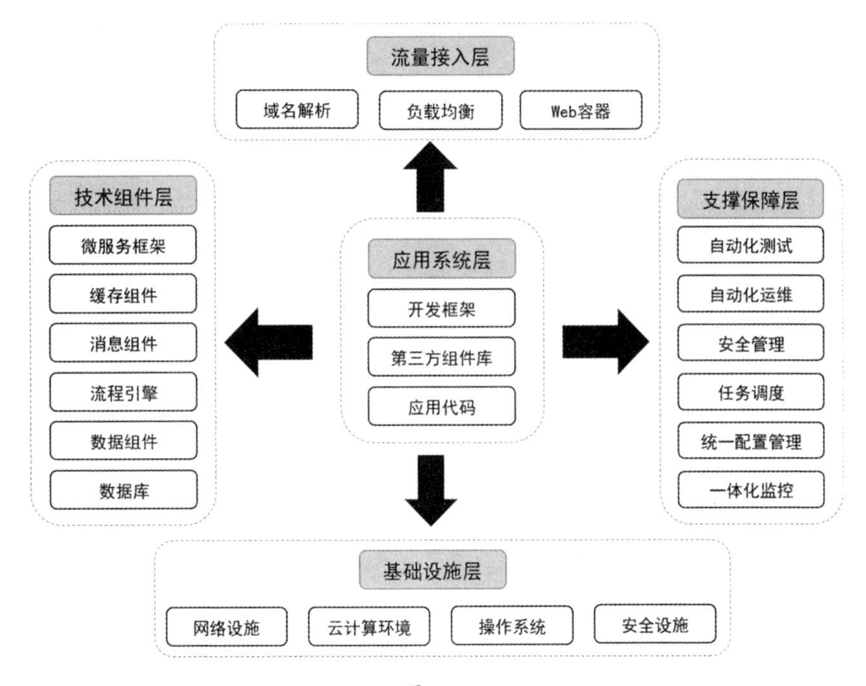


图 4-44

（1）流量接入层

流量接入层负责接收并受理用户请求，经过域名解析后将用户请求发送至业务系统的 Web 容器中，通过负载均衡系统或设备分发请求。

（2）应用系统层

应用系统负责承接 Web 容器受理的用户请求，它由开发框架、第三方组件库和应用代码构成。首先由开发框架处理请求，如解析协议、传递业务参数等，然后根据应用代码中的业务逻辑对请求进行逻辑运算，在处理过程中需要调用开发语言提供的各种第三方组件库，如日志组件库、图形处理库、并行计算库和时间日期库。

（3）技术组件层

技术组件层主要用于保障应用系统层业务功能的可靠性和稳定性，并负责数据的流通和落地。该层主要由多种中间件构成，如微服务框架、缓存组件、消息组件、流程引擎、数据组件和数据库。

（4）支撑保障层

支撑保障层主要对应用价值交付过程和业务在线过程提供支撑和保障，包括自动化测试、自动化运维、安全管理、任务调度、统一配置管理和一体化监控等系统和工具。

（5）基础设施层

基础设施层主要由网络设施、云计算环境、操作系统和安全设施构成。其中，网络设施用于保证网络互联互通，云计算环境用于提供计算资源、存储资源和网络资源，操作系统用于管理计算机硬件与软件资源，安全设施负责提供信息安全。

### 3. 技术架构的设计原则

技术架构主要服务于业务架构和应用架构，因此需要充分满足业务架构和应用架构的功能性要求。除功能性需求之外，技术架构还需要兼顾性能、可用性、扩展性、伸缩性和安全性的目标。同时，根据企业自身的技术储备和技术人才等实际情况，在技术架构的设计过程中要考虑与业务运营场景、内部管理场景的适配性，使技术架构具备简单性、可迭代性、容错性等特征。

因此，技术架构的设计原则可分为简单原则、可迭代原则、容错原则、高性能原则和安全性原则。

（1）简单原则

在技术架构的设计过程中，不要过度地将技术复杂化，尽量选择一个简单的、能够快速满足业务需求且自主掌握的设计方案。简单原则分为结构简单原则和逻辑简单原则。

- 结构简单原则主要有两个特点，分别是组件尽可能少、组件之间的关系尽可能简单。当组件过多时，容易造成故障“雪崩”，导致系统的稳定性出现问题。
- 逻辑简单原则主要通过解耦业务需求实现。不要将业务逻辑放在同一个组件或系统中，否则在增加新需求或者优化存量需求时，测试过程会过于复杂，且代码维护难度过大。

（2）可迭代原则

应用架构和数据架构是不断迭代的，需要根据业务发展来优化技术方案，因此不断优化和迭代技术架构是一个始终绕不开的问题。

在技术架构的设计过程中，架构师需要避免“一步到位”的设计理念，按照技术演进的方式赋予技术架构可迭代的特性。这通常有三个步骤：第一，尽量在满足当前业务需求的情况下设计技术架构，尽快实现业务需求；第二，在业务运营中暴露技术架构的问题，架构师以此对技术架构进行优化，保留优秀的设计，修复有缺陷的设计，尽快完善技术架构；第三，当业务架构、应用架构或数据架构出现变化时，需要扩展、优化、重构技术架构，通过组件迭代或技术迭代的方式满足不断变化的业务需求。

（3）容错原则

在技术架构的设计过程中，需要考虑通过容错设计来隔离故障或提升用户体验。技术架构中的容错设计有两种方式，分别是组件降级和容错隔离。

当技术组件发生故障时，通过组件降级的方式保证部分业务在线。例如，数据共享程序发生故障，导致用户不能上传数据，通过组件降级的方式可以尽可能确保用户正常浏览数据。

如果组件之间的关系复杂，则可能造成组件降级失效，这时需要通过容错隔离的方式确保业务在线。例如，在某个场景中，为了提升用户访问速度而缓存组件、定期将后端数据库数据刷新至缓存组件中。如果缓存组件出现故障或被击穿，那么业务逻辑需要支持在访问组件异常时可访问后端数据库，将结果反馈至用户。

（4）高性能原则

性能是考验技术选型和技术方案可靠性的一个重要指标。高性能设计通常有以下方式：集群部署、多级缓存、数据库的分库分表、线程的异步处理、流量的削峰填谷、数据的预计算。

（5）安全性原则

在技术架构的设计过程中需要确保技术方案、技术组件、技术模式的安全，并在业务在线的过程中确保数据、应用和服务的安全。

在数据方面，需要确保数据不被篡改、不被破坏、不被非法访问；在应用方面，需要确保身份不被伪造、操作不被越权、信息不被抵赖；在服务方面，需要尽量避免网络服务故障和操作系统故障。

# 05

# 数字化转型中的 DevOps

DevOps 提倡价值交付和 IT 组织敏捷，在企业的数字化转型过程中尤为重要。IT 组织可以利用 DevOps 推进科技数字化的落地，从而实现更好、更稳定地开展业务。

## 5.1 什么是 DevOps

DevOps（由 Development 和 Operations 组合而来）是对一组过程、方法与系统的统称，用于促进软件开发（应用程序或软件工程）部门、技术运营部门和质量保障部门之间的相互沟通、协作与整合，如图 5-1 所示。为了按时交付软件产品或服务，软件开发人员必须与运营人员紧密合作，并重视与运维人员的沟通，通过自动化流程使软件的构建、测试和发布过程更加快捷、可靠。

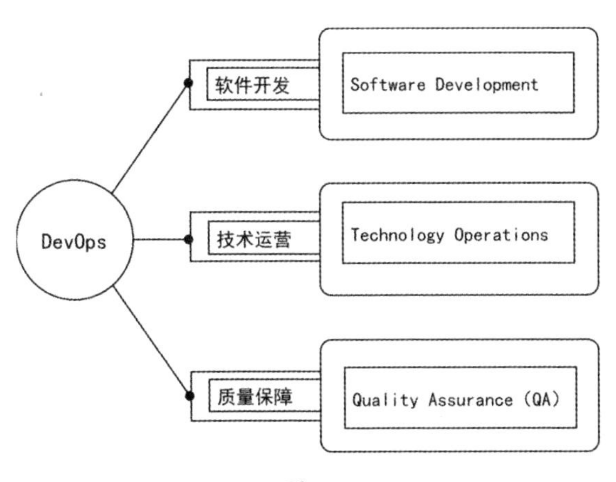


图 5-1

近年来，DevOps 在不同业态、不同领域和不同规模的企业中逐步落地，取得了较好的实践效果。然而，DevOps 的原生理念已经不能满足企业的精益经营需求，因此颠覆式的发展和变革应运而生。提升组织效能和质量成为 DevOps 发展阶段中能力输出的新方向，除促进部门沟通外，DevOps 的发展将应用的全生命周期管理提升到一个新的高度。相应地，文化协同和流程驱动也随着数据的衍生能力同步向前推进，从而实现技术运营和价值交付高度协同的目标。

企业级用户需要明确什么是 DevOps、DevOps 的核心目标是什么、应该具备什么能力，这三个问题关系着 DevOps 的企业级实践和落地。在我看来，这些问题的本质就是如何通过 DevOps 实现最终的价值交付和输出。

### 5.1.1 DevOps 与企业及 IT 组织的关系

#### 1. DevOps 与企业的关系

企业需要具备发展目标，发展目标一般通过经济效益来评价。经济效益包括产能、营业额、利润率和投资回报率。我们可以将企业的发展目标分解为以下四个方面。

- 企业对社会的贡献目标体现在企业的产品效应和产品效益上。
- 企业的市场目标决定了企业能否生存。提高企业产品的创新水平，提升企业产品的快速上线能力及产品的市场占有率是达成市场目标的重要手段。
- 企业的开发目标也是提高生产力水平的重要目标。它通过扩大企业规模，增加固定资产、流动资金，提高生产能力，增加产品的品种、产量和销量，提高企业人均生产力，以及提高自动化程度来实现。
- 企业的利益目标主要通过“降本增效”来实现。企业以内外部的数据分析作为依据，通过调整自身产品和内部管理实现降本增效。

DevOps 在企业发展过程中的定位更偏向于为企业“锦上添花”，而不是让企业“绝处逢生”。在企业级 DevOps 落地的过程中，无论企业在经历业态转型、数字化转型，还是品牌运营转型，均需要利用先进的信息技术来提升自身的管理水平，增强竞争力，这也是 DevOps 能够提供的价值和能力。

在输出企业的核心价值方面，DevOps 的作用是“催化剂”，这与企业的发展目标是不相悖的。因此，无论 DevOps 落地成功与否，都不会让企业发生本质上的变化，但 DevOps 成功落地可以为企业带来商业上的成功。

### 2. DevOps 与 IT 组织的关系

IT 组织是进行 DevOps 企业级实践的载体。企业日常经营离不开 IT 组织的配合和支撑，IT 组织是企业实现可持续经营不可或缺的一部分。在企业的日常经营活动中，IT 组织需要具备以下两种核心能力。

- 以企业的战略目标为导向，利用信息化和数字化的手段为企业提供战略支撑。
- 在信息化总体规划的指导下，建设信息化和数字化的基础设施、应用系统，为企业经营提供技术保障。

IT 组织和 DevOps 的“纠葛”来源于 IT 组织的自我革新。在大多数企业中，IT 组织的压力分为内部压力和外部压力。内部压力主要来自内部管理和协调，外部压力主要来自业务部门的服务需求。当需要通过内部管理来释放外部压力时，DevOps 的原生能力并不能满足需求。如今，越来越多的企业将目光投向 DevOps，除了利用 DevOps 提升效能、维持高标准和高效率的能力输出，还要保证外部压力释放的合理性。国内一些大型互联网企业在这方面取得了较好的实践成果。

随着规模和能力的变化，IT 组织从“单兵模式”发展到“集团军模式”，进而出现职责分工和工作流衔接。这就是我们常说的 IT 组织的能力子域，如交付链路的项目管理、需求管理、产品管理、架构管理、开发管理、测试管理、运维管理和安全管理等。在交付链路上，能力子域是以单个节点的形式存在的，在衔接配合的同时存在职责以外的目标矛盾。

因此，在 IT 组织内部，DevOps 要负责贯通 IT 服务流程，解决各个能力子域的矛盾。这是对 DevOps 原生能力的一种拓展。这里的重点在于跨部门和跨团队的线上协作，利用 DevOps 理念实现交付流水线的信息传递。例如，在用传统方法进行系统上线部署时，可能需要一个冗长的说明文档，而使用 DevOps 可以通过选择标准运行环境、设置环境、编排部署流程，实现自动化部署。由 DevOps 实现的自动化部署过程不仅操作人员可以理解、机器能够执行，而且可以被追踪和审计。

化解能力子域的矛盾是基础，连通应用全生命周期管理和价值交付是进阶，包括从项目立项、需求整理、架构设计、代码开发、集成构建、代码测试、持续部署、代码配置和上线监控的工具集成，到形成工具链的一体化连通和输出，最终实现 IT 组织能力的变现。

IT 组织需要利用 DevOps 实现“科技输出”和“技术运营”。当 IT 组织具备业务属性时，DevOps 能够生产价值；当 IT 组织不具备业务属性时，DevOps 能够贡献价值。

### 5.1.2 DevOps 究竟是什么

DevOps 究竟是什么？从表面上来看，DevOps 是指“开发和运维一体化”，这是 DevOps 的原生能力，即通过工具辅助开发人员完成运维人员的部分工作，降低成本。在深入理解了 DevOps 与企业和 IT 组织的关系后，我们会发现，DevOps 其实是一种方法，即面向组织效能和质量管理方法论：在交付链路能力子域，DevOps 消除了隔阂；在项目和需求子域，DevOps 实现了精准的过程控制和风险管理；在软件研发和测试子域，DevOps 帮助研发团队和测试团队在保证质量的前提下提高了交付效率；在运维子域，DevOps 提高了产品发布的效率和质量反馈速度。

## 5.2 数字可视能力

DevOps 的发展和互联网业务的发展密不可分。在互联网业务呈现“井喷”的同时，巨大的流量自上而下推动了技术革新，包括云计算技术和微服务技术，这是 DevOps 在各行各业中发挥作用的一个关键原因。

2020 年 8 月，国务院国资委正式印发《关于加快推进国有企业数字化转型工作的通知》，系统明确了国有企业数字化转型的基础、方向、重点和举措。在企业的数字化转型过程中，IT 组织通过实践 DevOps 的方式实现了产品价值的交付和科技数据的落地。在 DevOps 最佳实践的过程中，流程驱动使组织效能和质量得以提升，工具链构建了 IT 自动化平台，度量和反馈为 IT 组织精益运行提供了数据支撑。DevOps 开发成为一种新的研发模式，DevOps 最佳实践逐渐成为数字化转型的必经阶段，这种趋势在以金融业为代表的传统行业中表现得尤为突出。

DevOps 历经三次“进化”，分别是工具的进化、职能的进化、能力的进化。这三种进化分别对应 IT 组织转型的信息化过程、工具化过程和网络化过程。数字化转型过程中的信息化阶段、数据化阶段、智能化阶段分别是对上述三个过程的进一步强化，如图 5-2 所示。

图 5-2

## 5.2.1 DevOps 和数字化的关系

IT 组织通过 DevOps 实践打破组织内部的部门墙，搭建顺畅的沟通渠道，在文化上推行责任共担和开放的理念。通过 DevOps 工具链赋能，加快交付速度，缩短交付周期，提升交付质量，使交付“更好、更快、更稳定”，如图 5-3 所示。

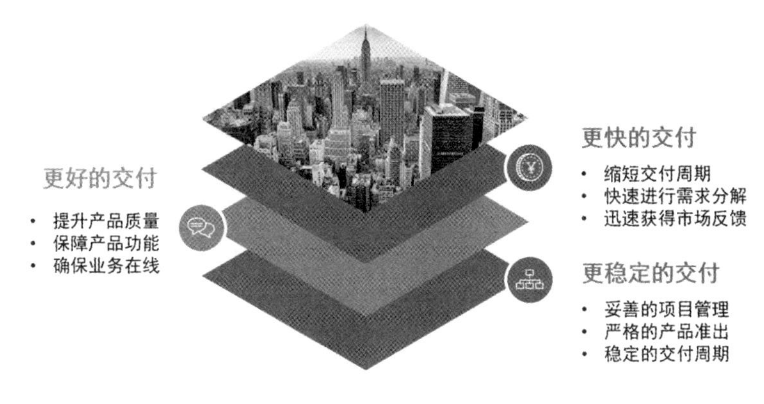


图 5-3

业务组织通过 DevOps 实践，可以尽快地将产品投放至市场，通过市场反馈及时调整产品策略和营销策略，从而更好地适应市场的变化。这是一种基于 DevOps“交付价值”的信息流传递，可以将端到端的产品交付延伸至端到端的价值交付。

同时，通过 DevOps 的度量反馈，企业管理者和数字化转型的推进者可以更快、更频繁、更高质量地提升信息流的价值，形成数据回路。IT 组织内部可以实现小规模、低成本地修复问题，业务组织内部可以在市场变化之前对产品功能进行调整。

企业的数字化转型是指将企业经营与数字技术相结合，即利用数字技术推进企业各要素、各环节的数字化，推动技术、业务、人才、资本等资源配置优化，推动业务流程、生产方式的重组变革，从而提升企业的经济效益。数字技术的助力不仅有助于企业实现经济效益和社会价值的统一，还能提升其抵抗风险的能力。

对企业的数字化转型概念进行简单总结，它分为三个关键步骤：IT 组织的精益运行、业务的精益运营、企业的全面数字化经营，如图 5-4 所示。

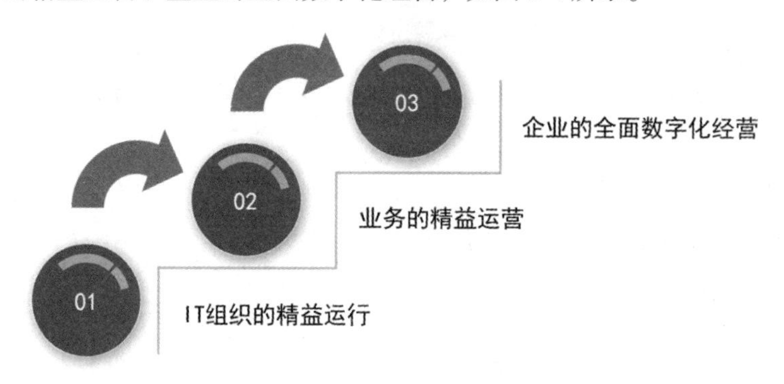


图 5-4

DevOps 与企业数字化存在共生的因素，如表 5-1 所示，主要在数字技术的运用、资源配置和生产方式、效率提升三个方面对二者进行对比。

表 5-1

| | DevOps | 企业数字化 |
|---|---|---|
| 数字技术的运用 | 通过数据反馈来优化 DevOps 过程中的问题和缺陷；通过对过程性数据的持续收集和分析，发现交付过程中存在的瓶颈；通过软件产品和用户的线上数据获取反馈，并及时做出调整；通过结果性数据评价团队的成果 | 数字技术贯穿在支撑企业经营的所有要素中，即数字基础设施、信息技术服务、业务开发，以及人、财、物、资本、安全管理等环节的关键要素的数字化和一体化 |
| 资源配置和生产方式 | 文化、工具和能力输出是 DevOps 实践过程中的三个核心要素，三者缺一不可。DevOps 三要素可以提升资源配置的合理性，安全、稳定、高效、低成本地进行软件交付 | 对企业经营过程中的职能组织、IT 设施、运营活动和财务管理进行数字化统一管理，打破各个部门之间的数字壁垒，通过可视化的方式进行数字化运营，提升企业法人的整体效能 |
| 效率提升 | 提升组织级的软件交付效率 | 使人、财、物、资本、安全等方面的管理更加精准有效 |

### 5.2.2 数字可视在数字化转型中的作用

数字可视在数字化转型中存在两个定位，分别是面向“终端”的可视化和面向“场景”的可视化。数字化转型的结果如何，取决于数字化最终的“归宿”，也就是我们常说的“价值”。

#### 1. 数字可视的“终端”

数字可视最终要回归“终端”，“终端”是通过数字可视促进企业精益经营的对象。“终端”通过数字的正向反馈能力定位问题和辅助决策，数字可视呈现数据价值，而“终端”需要据此进行思考和行动。

很多人认为数字可视的“终端”是企业管理者，这其实是一个误区。数字可视的对象不仅包括企业经营层、业务运营层，还包括众多的后台支撑组织，甚至应该包括企业的所有组成部分，这是企业对“人、财、物”管理的关键。流程、资源及决策都需要通过数字可视的方式为企业提供数据支撑。“人、财、物”的价值需要始终服务于业务，因此数字可视的最终价值是基于业务正向反馈的服务价值。这一点与 DevOps 的度量体系及指标体系类似，数字可视为业务提供决策，促进管理方面的改进。

在数据可视的实际应用过程中，需要明确数据可视的受益者、决策对象、指标和目标。

#### 2. 数字可视的“场景”

在业务运营领域，应明确数字可视对业绩的影响因素，即智慧运营。按照场景对数据进行分类，通常有销售数据、订单数据、用户活跃度数据、产能数据、产品数据等，通过数据表现匹配考核指标。数据表现是业务发展的潜在驱动因素，任何数据偏离都会导致业务无法按计划实施。在数字可视领域，这种与业务趋势相关的可视方式称为“场景”。通过数据表现可以发现业务运营中的问题，并针对驱动因素进行辅助决策。

数字可视的“场景”面向企业的全面数字化经营，着眼于“人、财、物”，聚焦于业务。在规划数字可视场景时，需要明确场景要解决的问题，同时场景要能够匹配数据的分析结论和路径。

例如，在运营产品之前，通过 DevOps 的方式进行软件交付。软件的交付速度和质量直接影响产品投放市场后的表现，因此，IT 组织的精益运行是全面数字化经营的一个重要组成部分。IT 组织如果是业务部门，那么它是直接生产力；如果不是业务部门，那么它的最终价值是为了企业更好地经营，因此 IT 组织的精益运行与企业的商业价值是联动的。企业的全面数字化经营需要依靠业务的精益运营和 IT 组织的精益运行，企业的 DevOps 能力通常需要嵌入业务的精益运营场景和 IT 组织的精益运行场景中。通过采用合适的技术架构，以及技术治理、算法技术和计算能力，支撑业务的精益运营，最终实现企业的全面数字化经营。企业的 DevOps 最佳实践通常以指标体系的方式为企业的数字化管理、数字化运营和数字化决策提供支撑，如图 5-5 所示。

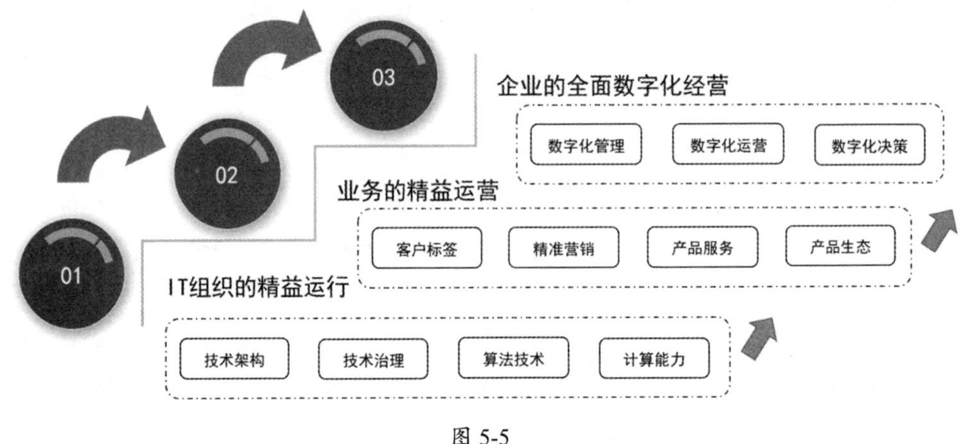


图 5-5

## 5.3 科技左移能力

随着数字经济概念的兴起，数字化转型已成为企业管理者关注的热点。大多数企业已着手制定数字化转型战略，但是数字化转型之路并不都是一帆风顺的。在我看来，数字化转型的必备因素分别是人员的数字化思维、系统的数字化升级、管理的数字化整合。

在数字化转型过程中，产品交付能力和数字交付能力至关重要。在 IT 组织的技术输出过程中，企业面临着组织意识形态及文化的转型和大量新技术的颠覆式冲击。尤其在成本集约和效益提升方面，企业面临的挑战不仅是数字思维和技术迭代，还有将数字反馈转化为数字结果的过程，也就是一种“重视事实、追求真理”的数字化转型文化。

在数字化转型过程中，DevOps 的能力更多体现在为企业数字化提供转型孵化方面，这种前置的能力被称为“左移能力”。

DevOps 的左移能力体现在三个方面：通过数字交互赋予数字化转型过程中快速理解和持续反馈的能力，通过数字反馈赋予数字化转型过程中产品改进和服务输出的能力，通过数字可视赋予企业在市场中快速触达和持续学习的能力。

## 5.3.1 科技新基建的左移加速数字化转型

在大多数企业中，出于对利润或成本的考虑，IT 组织在业务活动中的位置越来越前置。尤其在市场需求快速变化的场景中，“安全、稳定、高效、低成本”的软件交付能够让企业更好地应对市场波动，交付商业价值。因此，以 DevOps 为核心的科技新基建逐步成为企业数字化转型中 IT 组织管理的核心，是传统企业实现数字化转型的首要目标之一。

企业的科技新基建以 DevOps 技术、云计算技术、微服务技术、人工智能技术等创新技术为代表。在目标层面，DevOps 将 IT 组织和业务组织对齐，聚焦企业的商业价值和客户体验；在文化层面，DevOps 以高度信任的文化理念，促使 IT 组织、业务组织和其他职能组织实现无障碍的沟通，并实现风险共担；在技术赋能方面，DevOps 通过将技术与能力相结合的方式，使技术平台更加智能化、敏捷化和数字化。

DevOps 在 IT 领域的最佳实践有效实现了企业内部 IT 组织的左移，进而实现成本集约、效率提升和质量保障，将产品更好、更快地推向市场，通过业务创新和极致的用户体验加速产品创新迭代，提升企业的抗风险能力。

DevOps 的左移尺度取决于 IT 组织在企业经营活动中的话语权和能力输出范围，DevOps 对企业数字化转型的作用很大程度上取决于 IT 组织的领导力。IT 组织的管理者必须具备前瞻性思维，掌握驱动数字化变革的策略，为企业数字化转型提供必备的 IT 服务和产品。除此之外，还需要根据企业战略目标，将 IT 资源、组织架构、技术创新进行整合，使 IT 服务能力最大范围地面向业务，实现价值最大化及 IT 管理升级的目标。

## 5.3.2 应用现代化的左移加速数字化转型

应用现代化是一个比较新颖的概念，主要是指利用现有应用实现应用平台基础设施现代化、内部架构现代化和功能现代化的过程。从概念的角度看，应用现代化和低代码颇为相似。根据信通院发布的《疫情防控中的数据与智能应用研究报告》，新冠肺炎疫情期间，数字化程度低的企业往往遭受更大损失，产品、服务和流程数字化程度越高的企业受到的冲击越小。原因在于，数字化程度较高的企业通过 DevOps 实践优化流程驱动和数据驱动的过程，同时促进应用现代化的实践，借助现代基础架构提高效率和多云可移植性，实现了现代应用与现有应用的兼容。

应用现代化的本质是对业务应用程序的传统编程方式的修正，使其更紧密地贴合业务敏捷需求。在应用向现代化转型的过程中，现有的信息化架构、运维模式、应用开发测试流程、业务数据管理模式、安全需求等都会受到比较严峻的挑战。这如同为飞行中的飞机更换引擎，既要使企业在目前的竞争中保持业务的连续增长，又要保证实现具有颠覆性的业务创新。

### 5.3.3 科技数据输出的左移降低决策风险

科技数据输出的核心在于数据决策能力，DevOps 能够实现科技数据的输出，覆盖企业经营活动中的大部分数据场景。与传统企业不同，DevOps 通过数据输出实现数字化管理，辅助经营决策，而科技数据输出的有效左移能够降低大多数场景的决策风险。

随着数字化转型的推进，科技数据和业务数据的边界逐渐模糊，科技数据最终需要锚定业务输出和内部管理。我们能够从科技数据中精准了解产品的功能使用情况，并根据数据反馈梳理用户的使用习惯，在产品设计过程中辅助做出正确的决策。在内部管理中，DevOps 数据驱动能够有效弥补主观决策带来的风险，以数据量化的方式对阶段性的过程进行总结和复盘，让组织内部的每个人具备自驱能力，实现自我管理。

科技数据输出左移的载体是运营场景，依靠数字赋能重塑业务生态。数字价值不仅体现在一个产品或一项服务中，而且体现在数字平台中。科技数据输出的左移范围取决于数字体验场景，企业管理者和 DevOps 推进者需要具备左移思维，对 DevOps 和数字化转型的共性元素进行治理，使其更好地为企业贡献价值。

## 5.4 数字运营能力

企业的全面数字化经营需要 IT 组织的精益运行，IT 组织精益运行的核心是科技数字化能力，包括产品的数字化交付和平台的数字化建设。IT 组织的精益运行明确了软件交付的服务载体，通过对软件交付的全生命周期进行管理，达到降本增效的目的。将 DevOps 的数字价值延伸至企业的全面数字化经营框架中，形成数字化商业生态。

众所周知，DevOps 的理念经过多次迭代和进化，从流程驱动到数据驱动，以数字赋能的方式与业务数据和运营数据形成补充。尤其在度量和反馈阶段，对科技数据输出进行 IT 能力泛化，形成纵深的数字场景，对内实现数字化办公和数字化管理，对外构建数字化运营、创新数字化业务，将“人、财、物”与企业经营及业务运营进行结合，最终实现对企业商业模式的优化。

在 DevOps 领域，数字运营主要以技术运营的方式体现。严格来说，技术运营和数字运营的衔接取决于 DevOps 最佳实践过程中对数字技术和场景的运用。从信通院发布的《新 IT 重塑企业数字化转型（2022）》白皮书中可以看出，数字化转型失败的企业往往会过度追求数字化，却没有思考为什么数字化。相比于企业的全面数字化经营，数字运营主要通过阶段式的效果来呈现，IT 组织的数字运营和业务组织的数字运营的效果是不一样的。数字化的最终价值体现运营场景中：在 IT 组织层面，通过 DevOps 为产品交付提供最基础且最直接的技术实现；在业务层面，通过 DevOps 的度量和反馈结果为企业的资源配置供给等决策提供参考。

## 5.4.1 DevOps 在 IT 领域内的技术运营

在传统概念中，DevOps 的技术运营主要面向应用域保障场景和用户体验场景。尤其在用户数据反馈和智能化监控方面，DevOps 用于打通 IT 侧和业务侧之间端到端的数据链路通道。在面向数字化转型时，需要延展和重构 DevOps 在 IT 领域的技术运营场景，实现对业务应用的数字化重构。

DevOps 的技术运营依托于存量数据的积累，对全域数据体系进行归集和盘点，建立健全的数据驱动体系。在增效提质的同时，通过面向数字化运营的方式，将输出数据的能力覆盖至 IT 领域的全流程，增强 IT 组织的服务能力，通过“数据角色”的前置为客户提供更有效的服务。

在 IT 领域中，DevOps 有两种技术运营方式：一种是由业务定义的技术运营，另一种是由用户定义的技术运营。

### 1. 由业务定义的技术运营

数字化转型过程中的 IT 组织需要具备识别业务用例的能力，在数字技术方面贴合业务应用的趋势。例如，针对 C 端的业务场景，需要更多地考虑如何利用“人”和“技术”等数字化因素定义客户行为，因此 DevOps 应围绕业务场景适配 IT 组织，从而更好、更快、更有效地为业务提供支撑。同时，在 DevOps 价值交付的过程中，IT

组织各个能力子域应围绕业务场景，通过 DevOps 的需求前置和测试左移，分析交付过程为业务用例提供的价值及带来的影响，及时优化 IT 组织的支撑能力。

由业务定义的技术运营主要用于实现企业战略级产品的快速落地。

2. 由用户定义的技术运营

用户定义主要是指从用户场景出发，以用户体验的方式进行价值输出。在由用户定义的技术运营中，DevOps 通过为基础架构和应用架构赋能，以适应更灵活的用户交互方式，增加用户黏性，得到用户端的敏捷反馈，对用户数据进行分析，实现对用户行为的全生命周期管理，持续优化 IT 系统的服务能力，如图 5-6 所示。

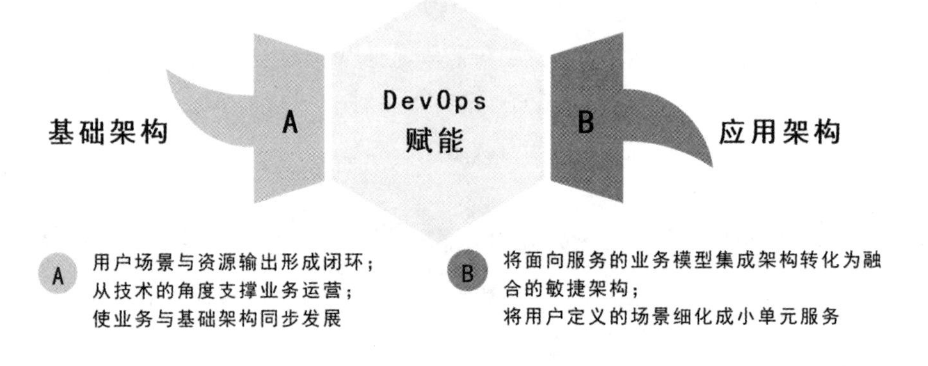


图 5-6

在基础架构方面，以 DevOps 集成云管平台为代表，使用户场景与资源输出形成闭环，从技术的角度支撑业务运营，使业务与基础架构同步发展，用业务收益抵消 IT 成本，从业务的角度实现成本压降。

在应用架构方面，以 DevOps 集成微服务架构为代表，将面向服务的业务模型集成架构转化为融合的敏捷架构，通过微服务的方式将用户定义的场景细化成小单元服务，通过服务间灵活地交互与配合迅速支撑业务变化，提升产品应对用户交互高频变化的能力。

## 5.4.2 DevOps 在业务领域内的技术运营

在业务运营过程中，由于市场的不断变化，客群质量、营销方式、需求触达成为业务部门面临的首要问题，而数字化转型就是为了对齐用户需求进行资源配置，以面对市场的不确定性。因此，对于业务领域的数字运营，DevOps 应聚焦于 IT 组织和业务组织的数据一致性，以及 IT 语言和业务语言的翻译准确性，进而提升业务运营活动的资源配置效率。

### 1. IT 组织和业务组织的数据一致性

IT 组织和业务组织的数据一致性主要体现在用户是谁、用户在哪儿、用户喜欢什么，这些也可以称为产品的用户需求。

DevOps 通过融合数字要素来保持 IT 组织和业务组织之间的数据一致性，将需求数据、业务表现数据、用户数据、业务监控数据进行基线处理，保障业务组织在数据反馈中的核心地位。使业务组织从实际业务需求出发，以数据基线为基础，保证需求的稳定性和前瞻性。

在数据方面，将营销活动、产品要素、产品内容、服务能力进行拆解，形成功能诉求和服务诉求。当市场变化频繁或业务需求复杂时，IT 组织和业务组织的数据能够保持一致，从而保证决策过程的科学和高效。

### 2. IT 语言和业务语言的翻译准确性

IT 语言和业务语言之间存在不确定性，这种不确定性与组织架构之间对业务活动的不同认知有关，因此需要在信息约束的条件下实现语言对齐。比如，业务需求对谁说，怎么说？业务活动的跟踪和评价如何实现？

IT 语言和业务语言的翻译分为两个阶段：第一个阶段是产品交付阶段，通过市场验证来确保产品快速上线；第二个阶段是业务活动阶段，通过快速反馈来实现业务精准营销。在 DevOps 最佳实践的高阶场景中，项目后的评价和业务活动反馈是必不可少的。快节奏的业务实践和高频的市场试错对 DevOps 大范围覆盖业务组织产生了束缚，同时，不同组织之间语言翻译的准确性将成为数字运营的关键基础。

## 5.5 弹性合作能力

企业的全面数字化经营是指对数字场景和企业经营场景进行耦合，因此在数字化转型的过程中，需要通过数字化的方式对接企业经营场景，包括产品交付、产品运营和内部协作等。在此过程中，DevOps 通过价值交付的方式提供面向科技领域的数字化平台，构成数字化工具的铺底数据，通过数字衔接的方式实现数字化办公和数字化营销等数字手段。技术、人、流程和文化在数字化转型过程中应充分合作，在此将适应所有阶段的合作方式称为弹性合作。

在业务运营和 IT 组织运行中，合作的重要性不言而喻。合作是 DevOps 文化的精髓，也是敏捷开发和测试左移的关键。在数字化转型过程中，合作的范围变得没有边界。除了数字可视和职能左移，合作以数字的方式延伸，向前延伸至拥抱变化和辅助决策阶段，向后延伸至跨职能部门的融合反馈阶段。合作的弹性取决于合作方法，核心在于生产活动过程的效率提升和正向反馈。

### 5.5.1 DevOps 文化中的弹性合作

DevOps 中的合作以 DevOps 文化为基础，其中典型的有协同合作文化和责任共担文化。DevOps 合作可以在横向上打破部门之间的沟通和协作壁垒，在纵向上融合人员、流程和技术，最终实现组织的持续改进。

DevOps 通过输出价值交付和数字运营的理念，在 IT 侧延伸数字价值，以产品交付的方式在市场变化和市场反馈之间形成闭环，最终促使企业在市场需求、产品需求、产品营销和市场反馈等方面实现降本增效，最终达到预期目标。弹性合作的尺度与业务变更的方式有关，DevOps 是现代业务变革的最佳加速方式之一，便于企业接受并尽快实现其商业想法。

在人员、流程和技术方面，DevOps 以更科学的合作方式持续并快速地向客户释放新价值，使产品更好地适应不断变化的市场，向客户传递企业的数字化面貌。当人员、流程和技术具有相同的业务目标时，数字化转型过程将变得有序和稳健。同时，DevOps 以数据驱动的方式围绕“人、财、物”对 IT 侧进行技术运营，实现端到端的资源、产品和价值的交付，统筹资源，复盘成本，使 IT 组织在任务优先级和资源调度方面实现弹性合作。

DevOps 在数字化转型中的作用是帮助 IT 组织了解提高效能的潜在模式和实践，改善 IT 组织的竞争态势，提高 IT 组织对企业生产活动的参与度，使其从传统的分级、指挥和控制型组织转变为数字化组织。

### 5.5.2 数字运营中的弹性合作

数字运营中的弹性合作往往取决于数字化转型的目标——业务在线和数据驱动。

业务在线是数字化转型的关键里程碑，数字场景的业务价值和企业经营最终会落地到业务在线，在 IT 侧通常以业务连续性作为评估指标。在企业从线下到线上的转型过程中，要保障核心系统的可用性。IT 组织更快、更好地交付产品，更稳定、更高质量地维护产品，都属于业务在线的范畴。

数据驱动会转变企业的内外部管理和运行模式，通常有两种方式。一种是从流程驱动逐步演进至数据驱动，在流程合规的同时，利用数据的反馈能力使执行过程和决策阶段更科学。另一种是以数据协同的方式挖掘更好的业务逻辑和组织管理模式，这在营销数字化和办公数字化领域更为明显，通过数据表现敏锐地发现用户关系的变化，以标签的方式构建更科学、合规和敏捷的工作流程和标准。

业务在线和数据驱动更依靠弹性合作的方式，在不同的转型阶段和不同的能力子域，二者的参与深度和广度也不一样。因此，弹性合作的范围取决于数据的范围和指标，体现了数字化体系思维。

### 5.5.3 弹性合作的方式

弹性合作的方式需要遵循主次和目标原则，从企业数字主线开始，逐步延伸至业务侧、IT 侧和后台支撑侧等各个能力子域。以核心系统为基点，对多领域的数据进行跨组织的数字定义，比较典型的有数字产品定义、数字流程定义、数字口径一致性定义和数字指标定义。

在企业数字主线方面，核心数据资产需要打通上下游数据源，实现数据互联，比较常见的有组织架构数据、资源成本数据、业务运营数据。企业数字主线的核心是利用核心数据资产中主键数据的关联性和聚合性，建立数字协同平台，以数字域的方式逐步覆盖各个能力子域，形成数字可视能力、数字描述能力、数字诊断能力、数字预测能力和数字决策能力。最终，通过弹性合作的方式改善数字主线中的数据关联性和可追溯性。

在数字映射方面，通过对多个能力子域进行数字标签定义，根据一定的规则开展数据映射，将数字能力更好地运用到场景之中，让多个能力子域更好地进行合作。比较典型的例子有：项目组织在价值交付过程中，通过项目看板和泳道实现可视化的过程管理；需求组织在业务后的评价过程中，通过 IT 成本复盘的业务运营数据反馈来持续优化业务需求。数字映射通常需要利用数字模型实现研发组织与业务组织之间的语言转换，确保数字标签定义的准确性和一致性。在业务保障域，业务组织通过用户体验数据的反馈来分析业务运营活动的效果，财务组织通过数据度量对业务运营活动进行成本复盘。对业务组织和 IT 组织而言，业务运营活动的类型、力度、投入和收益都是通过业务数据定义的，并使用统一的业务规则逻辑，最终映射至产品优化和业务运营的活动中。

数字部署是一个比较新颖的名词，是对 DevOps 持续部署能力的延伸。它主要是指将数字思维、数字工具、数字运营与数字场景、数据使用人群进行关联，在业务侧提供更好的用户体验，在 IT 侧提供更科学的数据展示方式和更合理的数据生命周期管理，在管理侧提供更高价值的辅助决策能力。

## 5.6 数字风险能力

转型的成败取决于转型的最终效果和价值，我们应该以结果为导向，不应该为了转型而转型。作为数字化转型的关键内建阶段，DevOps 是 IT 组织价值交付的载体，负责数字运营的数据能力输出，同时为业务部门提供数字洞察能力和业务贡献。DevOps 是企业 IT 基础设施和技术运营建设的逻辑起点，使用技术手段对企业数字化运营过程中的成本、效益、质量进行优化，培育新技术和新模式。

在数字化转型过程中，DevOps 从数据度量和反馈角度输出一系列数字指标，在软件交付和产品生命周期的多个环节中实现端到端的数字触达，同时通过数据驱动实现业务场景、办公场景、协同场景的转型。

企业数字化转型的目标不断延伸，管理者对数字赋能的理解也在不断加深，对 DevOps 在数字全链路场景中的能力要求也越来越高。数字化转型逐步进入深水区，也将带来一系列的数字风险，具体表现在数字可视和数字运营方面。在 IT 组织中，IT 架构从稳态转变为敏态，造成软件交付过程中横向流程驱动的风险及纵向数据反馈的风险。在业务组织中，数字反馈的场景覆盖能力及虚荣性指标突出，导致风险预警和处置能力降低，数据决策的风险更隐蔽，进而导致被动规避。在企业内部，IT 战略管理、组织架构、数字文化、各条业务线和 IT 客户服务等多层级的数据理念和数据口径将数字风险放大。因此，数据管理者需要审慎和妥善地治理数据，形成统一的数据口径和全场景的数据流动链路，确保正向的数字反馈和存量数据风险的持续出清。

### 5.6.1 DevOps 过程中的数字风险

数字风险不仅聚焦于度量和反馈阶段，还表现在测试数据的高阶场景缺失、安全数据链路的贯通、用户体验的普适性预知等方面。常见的数字风险场景有 IT 组织的效能评估、IT 项目的后评估和成本复盘、产品运营过程中的保障反馈等。由于 DevOps 文化的特性，IT 成员的协同环境和责任共担模式会导致产品问题，最终通过产品运营的方式使问题在业务场景中得到体现。这既是 DevOps 的优势体现，也是 DevOps 实践过程中的潜在风险因素。

#### 1. 测试数据的高阶场景缺失

测试是 DevOps 能力子域中的关键一环，负责产品级制品的准出。在测试左移阶段，产品质量将延伸至业务需求。因此，为了验证应用或服务的行为符合预期并安全地交付产品，测试至关重要。

在价值交付方面，测试数据的高阶场景缺失通常会导致测试结果的不稳定性和低准确率，进而影响产品的质量和安全性。在数字辅助决策方面，完备的测试数据便于我们提前模拟业务运营过程中的数据变化及目标用户的转化历程。这种高阶场景面向业务和需求组织，可以为数字使用者提供可预知的正向反馈。

#### 2. 安全数据链路的贯通

安全数据的场景以风险规避的方式被嵌入 DevOps 价值交付链路，能够有效规避产品交付过程中的问题，充分体现 DevOps 的优势。贯通安全数据链路可以让我们在软件交付和产品运营过程中持续监测数据表现，通过服务交付基础设施、应用及其相互依赖关系的完整可见性，以及对业务数据的智能分析，确保潜在威胁不会影响业务运营。同时，贯通安全数据链路会面向产品运营过程中的所有节点，使用业务语言从业务视角输送情报、传递舆情，驱动数字可视和数字运营，实现安全遥测。

#### 3. 用户体验的普适性预知

传统的 DevOps 实践主要关注需求实现和交付周期，用户习惯的不断变化促使 DevOps 和业务组织的聚合效应不断增强，主要表现在对用户体验的普适性预知方面。根据信通院发布的《中国客户体验管理数字化转型发展报告（2020）》，用户体验主要聚焦在用户对产品功能的高期望和对问题的低容忍方面。因此，DevOps 需要将数字反馈前置，覆盖用户体验场景，从用户视角出发，将数字场景延伸至业务规划、产品需求、测试数据、发布策略和最终的业务监控中，全面了解业务并关注用户体验，通过数字可视的方式引入和治理用户体验。

### 5.6.2 数字化转型过程中的数字风险

业务目标数字化是数字化转型中的关键节点之一，通常也称为数字化运营或数字化战略。而最重要的节点是全面的数字化思维，这也是数字化转型要作为企业级工程的原因。因此，企业管理者必须具备数字使用者的角色，同时要为数字风险负责。

作为数字化转型的关键部分，DevOps 应该被提升至企业级工程的高度，在对产品的价值交付和为企业数据提供数字赋能两个方面明确职能界定。从企业经营的角度来看，数字风险主要有数字对抗的风险、数字辅助决策的风险和数字愿景的风险。

#### 1. 数字对抗的风险

数字对抗时刻存在于企业数字化转型的各个阶段中。例如：在业务连续性过程中，流程合规和数据保护的对抗；在系统可靠性保障过程中，持续交付和价值交付的对抗；在数据口径一致性过程中，数据定义和数据标签的对抗。因此，需要通过数据视角、数据语义、数据思维和数据场景的标准化来统一避免数字对抗。

与数据指标相比，数字对抗更多地体现在业务运营过程中，业务组织对数据的理解不准确放大了数字对抗的风险。在 DevOps 度量和反馈过程中，存在很多核心指标和虚荣性指标的对抗，这种对抗风险容易导致产品交付的最终价值发生结果性偏移，比如过早地交付产品但无法确保产品质量，对产品运营产生不利影响。在数字化转型过程中也存在类似的问题，只要数字存在价值，就一定存在数字利益，数字对抗取决于企业管理者在不同场景和不同阶段对数字目标的不同理解。

企业的全面数字化经营包括 IT 组织的精益运行、运营组织的精益运营和职能组织的精益运转。在不同组织和不同场景中，数字反馈往往局限于阶段性结果或目标，它们之间可能存在“相悖”的情况。比较典型的有能效和结果不相符、运营策略的结果不稳定、项目预测的结果不确定。因此，为了避免数字对抗，管理者应具备全局的数字思维方式和对数据指标的理解能力，并针对企业经营过程中的阶段性数字反馈做出清晰的分析和判断。

#### 2. 数字辅助决策的风险

在大多数场景中，数字辅助决策的风险来自数据类型不够全面、数据定义不够准确和数据治理不够标准。因此，信息系统的数字缺失和技术落后、数字使用者对数字的认知存在偏差等是导致数字辅助决策失真的重要原因。

信息系统和数据平台是企业开展数字化转型的基础，也是数字辅助决策的“大脑”。因此，技术管理者需要建立健全数据治理体系，通过数据的互联互通解决数据类型不够全面的问题，通过统一数据口径的方式解决数据定义不够准确的问题，通过标准化的数据管理解决数据治理问题。最终，确保管理者在数字辅助决策过程中的决策准确性，并促进管理者更好地运用数据思维解决企业的经营问题。

### 3. 数字愿景的风险

数字愿景是数字化转型的目标，通过对企业进行全面系统的数字化重塑，实现企业的智慧化升级，将企业打造为面向未来的智慧企业。DevOps 的愿景是提升组织级的能效和质量。只有在 IT 组织内部实践 DevOps，将 DevOps 能力体系作为企业整体数字化转型战略的基石，才能保障 DevOps 更好地为数字化转型服务，有效支撑上层业务建设。因此，技术管理者在制定数字愿景的过程中，应充分考虑 DevOps 的能力和价值，因地制宜、因人而异、因势利导地将 DevOps 实践过程纳入数字化转型过程。DevOps 是数字化转型过程中的一个阶段，从本质上说，数字化转型并不是一种颠覆式创新，而是根据数字赋能进行内部重构，所以需要自上而下、循序渐进地开展，这也符合数字能力输出的科学规律。

数字化转型需要具备多个阶段性目标，而全局性目标只能有一个，根据不同的场景和组织对目标进行分解，然后将其投入至各个能力子域的日常运行中，不断试错改进，最终达成目标。

# 06

# 数字化转型中的科技管理

科技承担着数字化转型过程中的数字实现工作。科技管理体现在通过科技落地和科技资源调配的方式为数字员工、财务共享、数字化运营赋能。

## 6.1 管理模式

在数字化转型过程中，通用的科技管理模式已经很难达到最优的管理效果，具体表现在以下三个方面。

- 在全新的科技创新生态方面，传统的科技管理模式过于注重技术自身，从而忽略业务场景和技术优势的结合，导致科技创新生态在企业经营的框架内出现断层。
- 在数字治理体系的构建方面，尽管很多企业通过项目管理、DevOps 等方式具备了一定的度量和反馈场景，但依然无法满足企业级数字治理的导向需求，不能更好地将业务运营或企业经营的目标作为导向。
- 在数字技术赋能方面，传统的技术管理通过价值交付的方式为业务组织传导科技能力，这个阶段的“价值”是后置的，仅满足了技术生态的要求。对数字化而言，技术生态是“土壤”，缺乏对产品生态和产业生态的持续供给能力。因此，需要将“价值”前置，着眼于业务流程和用户需求，以数字化的方式推动企业级组织变革，包括科技管理的思维模式、流程、业务属性，以及相应的数字能力场景。

### 6.1.1 科技管理的核心能力

如果单纯地从管理学的角度进行剖析，科技管理的核心能力应分为两个方面，分别是人员管理和价值分配。

人员管理不仅是管理下属这么简单，管理下属属于向下管理。在数字化转型过程中，在对组织、流程、数字意识进行大范围的重构和升级时，需要将向下管理进行延展，对组织内同层级进行交叉管理，甚至需要向上管理。

在数字化转型过程中，人员管理并不等同于对人员进行管理，而应该是对人员的角色、能力、工作模式进行综合管理。在人员管理过程中，技术管理者需要从两个角度思考：在数字化转型的不同阶段，自己属于什么类型的角色？自己需要做什么，不能做什么？

数字化转型是一个复杂的系统性工程，也是典型的“一把手工程”。因此，人员管理同时具备自上而下和业务敏捷的特点，在管理过程中会产生一定的冲突。例如，在价值交付的体系内，需要满足用户需求的响应速度、服务的精准度和用户的个性化体验要求。自上而下的管理方式要求技术管理者同时具备多个角色的能力，重点包括业务和产品的阶段性适配、科技效能提升和交付速度的边界、数字场景和数字化能力的最终效果度量，这些都是极具挑战性的，因此科技管理的前提是锚定自身的能力和角色。

数字化转型分为多个阶段，不同业态、不同规模的企业对数字化所达成的目标是一致的，但实施路径不一致。因此在数字化转型过程中，技术管理者的任务需要回归到数字的本质上，即辅助决策、数字风险和数字洞察。

技术管理者在锚定能力和角色的同时，还需要根据数字化转型所在的阶段完成相应的工作，涉及组织结构、管理方式和工作模式等方面，如顶层设计中的数字化领导组织、面向商业模式变革的数字决策组织。在数字化转型的执行、推进和结果核验阶段，技术管理者需要厘清业务需求、数据治理和数字系统的技术实现，以及数字产品和数字能力的适配。在技术领域，具体包括应用中台的底层架构、数据中台的数据标签和分类、业务中台的建模和分析、数字中台场景的战略和战术，最终实现数字化收益的量化，构建面向企业经营乃至商业模式的数字生态能力。

### 6.1.2 科技管理的资源调配和供给

对于科技管理的资源调配和供给，必须按照数字化转型过程中的不同阶段为其制订计划。

例如，在数字技术和业务模式的匹配过程中，很难说“用数字技术决定业务模式的转型”是正确的，也很难说“用业务模式的规划决定数字技术的选型”是正确的。技术管理者需要在业务运营和企业经营的框架下实现技术价值的交付，交付结果的度量取决于两个方面。一方面是业务团队在数字化转型过程中对业务系统、数字系统的依赖性，业务系统、数字系统是否能够满足业务团队的管理、运营和执行效率，进而是否能够提高数字化转型过程中业务需求和数字需求的精准度。另一方面是技术团队对其他职能组织的支撑能力，能否构建适用于全域职能组织的技术架构和数字架构，以及能否通过技术赋能的方式为业务发展、数字办公、财务共享提供创新的技术空间。

从上述的例子中可以看出，一系列的技术支撑过程需要科学的科技资源调配和供给。企业在加大科技资源投入的同时，提升了对科技产出的考核指标，可以理解为在交付价值和价值交付方面的质的提升。因此，在数字化转型过程中，科技资源的调配和供给存在比较直接的矛盾，这种矛盾贯穿在技术发展、业务发展和企业发展的整个过程中。

科技组织需要在业务系统底层架构的基础上，根据业务组织的需求，完成 O2O 的融合、线上线下数据的打通、数字触达场景的延伸等工作。最终实现全域数据的治理和整合，帮助业务组织更好地预测和判断用户行为，并帮助企业经营层对商业模式进行辅助决策和风险控制，这无疑是极具挑战性的。

在技术不具备业务属性或技术只是为了支撑业务的情况下，科技资源始终处于企业经营的下游位置，因此无限的数字化转型需求和有限的科技资源之间的矛盾始终存在。甚至在大多数阶段中，科技资源无法满足企业发展的需要，从而制约企业价值交付的能力，间接导致生产效率的降低和运营成本的增加。

技术管理者需要利用数字技术挖掘内部资源，对资源与项目的内部管理数据进行分析，提升自身的潜在能力。同时，采取 DevOps 度量和反馈的手段，对科技资源配置的过程进行管理，从资源配置前期的资源需求预估中寻找资源配置空间。

## 6.2 向上管理

在数字化转型的技术管理体系中，向上管理是一个绕不开的话题。与传统的向上管理相比，数字化转型中的向上管理更聚焦于数字左移、数字运营、弹性合作、数字风险和数字可视等领域，并兼容通用的管理模式和管理技巧。数字化转型中的向上管理存在一个典型的特征——模糊的工作边界。在传统的向上管理体系中，模糊的工作边界是为了“补位”或者争取更多的资源，而在数字化转型的向上管理过程中，这种边界表现很有可能被众人腹诽或指责。其根本原因在于数字化转型的特殊性，即“一把手工程”自上而下的管理方式、企业经营过程中最顶层的需求范围、不确定的数字领域场景化能力。

我们需要辩证地看待这个问题，在向上管理之前需要思考三个问题：企业管理层是否想拥抱数字化转型？企业管理层是否清楚如何为数字化转型制定战略规划？企业管理层是否希望通过数字化转型解决一些迫切的、实际的问题？

彼得·德鲁克在《卓有成效的管理者》一书中提到，工作想要卓有成效，下属发现并发挥上司的长处是关键。然而在数字化转型过程中，这一点并不适用。数字化转型的上司通常是企业的“一把手”或最高管理者，因此需要从顶层对行业的价值链和网络进行适配。这个特点导致数字化转型的向上管理过程难度大幅增加。因此，作为技术管理者，需要将组织、流程、数据、算法在逻辑上进行融合，以数字的方式对上司进行补位，最终实现资源的额外获取。

### 6.2.1 改变业务模式

通常，企业管理层主要关注企业经营的核心内容，如组织战略和业务模式，而技术管理者主要关注技术交付或科技输出。在数字化转型过程中，技术管理者需要格外关注数字技术和业务模式的场景融合。如果技术管理者认为数字技术可以决定业务模式，那么无非有两种可能性：技术自身具备合适的业务场景；技术管理者在企业内部职位较高，可以针对业务模式做出决策。如果离开业务模式谈技术赋能，则会对企业的稳健经营形成冲击，具体表现为业务快速多变和技术稳定发展之间存在强烈的矛盾。

在向上管理的过程中，大多数技术管理者需要通过改变业务模式，而不是决定业务模式的方式，来寻求与企业管理者之间的“口径”一致。例如，业务模式取决于业务特点，当采取无人化或少人化的方式提高劳动效率、减少不必要的人为干预时，可以大幅降低成本和提升效能；通过数字审计的方式对生产过程进行管理，可以更好地对异常过程实现纠偏和风险控制。

利用数字技术合理地改变业务模式，有助于技术管理者和企业管理层提升自我期许，进而提升各自的能力。在数字化转型的能力框架内，这种方式可以匹配数据逻辑、数据场景，以及企业经营过程中的数据敏感度。

### 6.2.2 增强管理方式

向上管理的核心环节之一是信息流动，包括组织信息的正式传递、过滤、发布、沟通方式，以及形成与控制。当使用数字技术改变业务模式时，需要找到适合的管理方式对业务模式进行适配，反之，业务模式同样可以促进管理方式的升级。这里所说的管理方式是指技术管理者对组织内部的管理，及其对能力范围之内的辐射。

在组织内部，通过业务模式来增强技术管理和技术融合的能力，如应用场景化、能力服务化、数据融合化、技术组件化和资源共享化。

- 在应用场景化方面，技术管理者需要为不同的业务场景提供个性化应用功能，满足不同角色在企业经营活动中的需要，使其随时随地接入并使用数字化系统，丰富业务场景，提升用户体验。
- 在能力服务化方面，技术管理者需要通过提取业务能力的共性，形成数字化服务接口，并灵活编排业务流程，支持业务敏捷与创新。
- 在数据融合化方面，技术管理者通过采集汇聚全量数据、融合全域数据、智能分析全维数据，洞察业务的内在规律，获取决策支持。
- 在技术组件化方面，以组件化框架为依托，按需引入大数据、物联网、视频智能分析、AR/VR 等技术，使技术架构易扩展、易集成、易调用。
- 在资源共享化方面，技术管理者通过智能终端网络连接、计算存储资源云化和共享复用，实现对资源的弹性高效管理。

在组织外部，业务和技术的深入结合是技术管理者实现向上管理的重要途径。通过技术反哺业务，如服务数字化、业务智能化、运营在线化，技术管理者保持与企业管理者之间的信息流动和共享，最终实现数字技术和业务价值的持续融合。

### 6.2.3 拥抱业务体验

通常情况下，数字化转型中的技术管理要优先服务于企业管理者，也就是 5.2 节中提到的数字可视。通俗来说，这种管理方式是唯上管理，而不是向上管理。在具体的实践中，这种管理方式存在明显的弊端，特别考验技术管理者的数字化需求分解能力。因此，技术管理需要拥抱业务体验，将数字终端无限扩大，利用庞大的用户群体来提升数字化能力，在用户、市场、产品和决策层、经营层、执行层的业务体验之间形成闭环。

优秀的数字化转型产品应该时刻拥抱业务体验，将企业管理者的战略规划及企业内部的数字化能力反映到市场中，并及时得到反馈。通常情况下，技术管理者更偏重于技术实现，忽略反馈，认为技术实现更具有交付价值，而反馈并不具备一定的业务属性。在信息化阶段，这种方式是正确的。而在数字化阶段，缺乏反馈途径或反馈回路过长，会导致企业管理者对市场失去注意力，甚至降低其数字敏感度，最终导致出现业务体验问题。

### 6.2.4 辅助管理决策

对技术管理者而言，人员的辅助管理比较简单，数字的辅助决策却非常困难。原因在于技术管理者无法采用合适的方式对“人、财、物”进行直接管理，因此需要依靠可靠的数字逻辑和完善的数字可视实现辅助管理决策。挖掘管理者痛点、为管理者赋能是辅助管理决策最直接的手段。

痛点是管理者最关心的问题，也是希望能够尽快解决的问题。我们可以试图站在管理者的角度思考问题，找到并尝试解决管理者的痛点。

信息技术和数字技术的持续发展会为业务带来巨大的提升。技术管理者需要懂得能力延伸，通过数字产品的方式时刻捕捉市场的变化，通过数字可视的方式使自身具备主动思考的能力，同时通过分解业务需求和迭代产品需求，将转型落实到具体的业务运营中。

## 6.3 知识管理

在数字化转型的科技管理体系中，知识管理是一个极易被忽略的话题。在传统的科技管理概念中，也很容易忽略知识管理。尽管如此，这并不代表科技管理者没有做过知识管理的工作，相反，每一个科技管理者在实际工作中都在做与知识管理有关的事。与传统的科技管理相比，数字化转型过程中的科技管理的方式、科技输出的要求、科技输出的场景、科技在企业经营中的定位都存在很大的不同，尤其是隐性知识的范围变化。因此，科技管理者需要特别关注知识管理，知识管理的范围需要面向数字化管理、科技和业务的融合、向上管理等精益管理的场景。

### 6.3.1 知识管理的概念和范畴

在科技管理的过程中，从广义上来看，知识管理主要针对个人积累类、团队积累类、文档积累类、工具流程类、智慧类五种知识。这五种知识互有重叠，递进方式如图 6-1 所示。随着信息化水平的提高，企业经营过程中的业务、供应链、研发、员工管理、财务等环节逐渐进入数字化阶段，已经很难通过概念明确区分上述五种知识，带有数字属性的知识的整体增量趋势也非常明显。

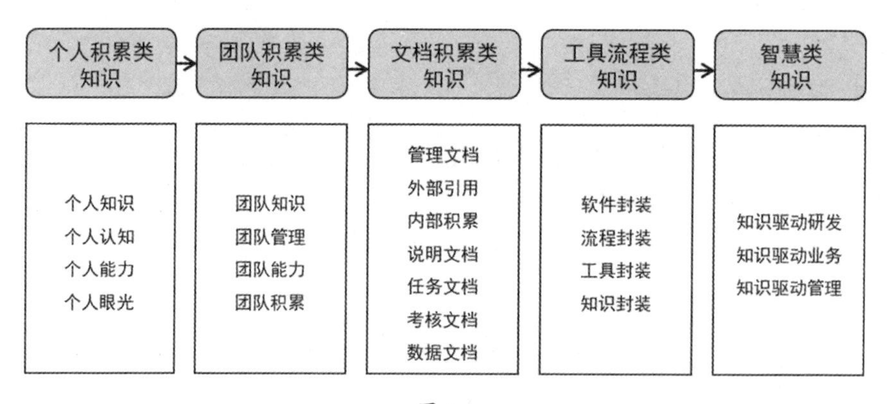


图 6-1

正因为数字化转型过程中的知识随着数据量的增加呈线性增加，科技管理者已无法通过传统的方式进行知识管理，进而逐步导致“人、财、物”在知识管理过程中无法形成闭环。尤其在价值交付和科技输出方面，很难将科技的“价值”和企业经营过程中的“价值”进行适配。

在传统的科技管理中，技术管理者将个人积累类、团队积累类、文档积累类、工具流程类知识相结合，形成类似于知识库的方式，提供知识检索和反馈功能，这是知识积累的过程。如果从信息技术的发展过程看，这也是知识的网络化和信息化过程。这种知识管理方式完全依靠自身主动学习和应用，在应用过程中，需要自主地将技术和业务、技术和财务、技术和运营进行融合。这十分考验技术管理者对数字领域的理解能力，如数字敏感度、数字标签、数字指标，以及数字在业务中的表现。

例如，某企业采取 DevOps 全链路流水线的方式进行科技管理，研发过程以项目应用为导向，结合云计算、分布式、人工智能等技术，通过智能知识库的方式固化软件能力，比较典型的有监控数据、接口数据、需求数据和字段数据。结合业务场景和业务需求，形成可迭代的知识管理、智能化的辅助决策和全链路的可视化展示，构建科技领域的数字运营平台。整个知识工程场景如图 6-2 所示。

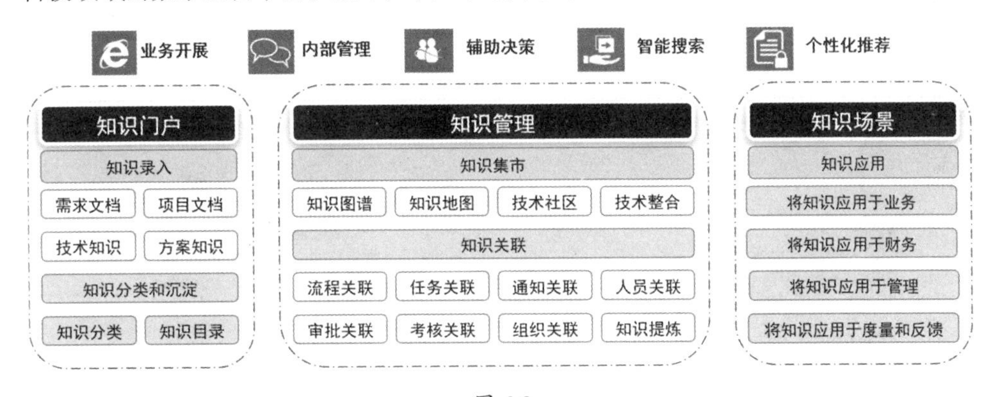


图 6-2

## 6.3.2 显性知识和隐性知识

知识可以分为显性知识和隐性知识。

显性知识是可以用语言表述清楚的知识，这类知识在个体之间方便传播。在科技管理体系中，显性知识主要分为：科技组织各个能力子域的技术知识，如研发知识、运维知识、测试知识和 DevOps 全链路价值交付流水线的知识；科技管理中的事件管理，如各种资源变更管理流程、审批管理流程、代码管理流程、信息安全流程；科技管理中的产品架构知识，如可靠性知识、稳定性知识、合理性知识，以及产品和技术结合的知识；科技管理中分析判断的知识，如创新技术的运用、技术方向的选型、项目开展中的过程把控；科技管理中的技巧知识，如上下级管理技巧、横向沟通技巧、向上管理技巧。

隐性知识难以用语言表达清楚，它是根植于个体经验的个人知识，涉及无形要素，如个人信念、观点和价值观体系。数字化转型过程有一个典型的特征，这个特征聚焦于数字和管理的结合，主要体现在科技管理中的数字场景中，如数字可视、数字风险、弹性合作、数字运营和科技左移。

我们可以认为隐性知识是对显性知识的增强。例如，管理者需要实时监测科技工作的数据变化，修正相关技术、流程和规则；通过定性与定量之间的平衡提升内部的人员管理能力及科技价值；通过将财务数据、科技数据、业务数据、管理数据等全域数据进行整合，以知识门户的方式对其他职能部门进行价值输出，如运营数字化、管理数字化，为数字场景提供数字驱动的能力。

显性知识和隐性知识的结合可以让技术管理者成为复合型人才，具备聚焦科技、懂运营、看产出的能力，知识管理体系的总框架如图 6-3 所示。

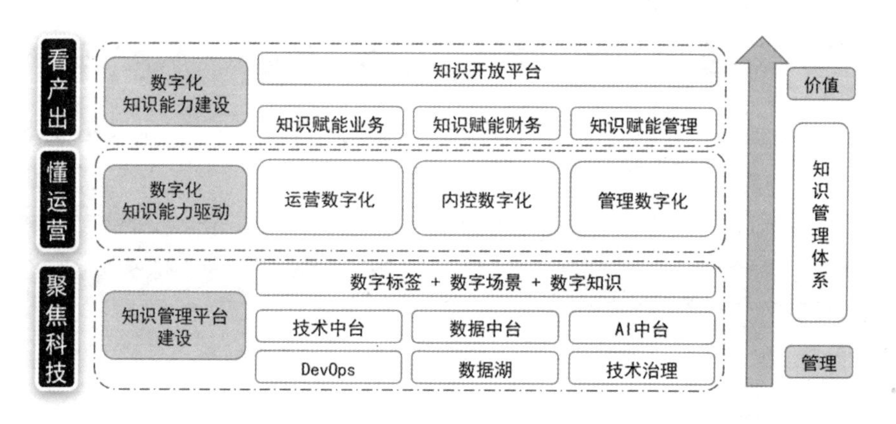


图 6-3

## 6.3.3 知识管理过程中的数字关联

知识管理过程中的数字关联与数字化转型过程中的弹性合作在本质上是一致的，两者都是通过数字的方式对知识进行打通、串联和映射。例如，将知识的关联比作两个人进行沟通，其中有两个主体 A 和 B，而变量有四个，分别是 A 和 B 都没变、A 变了 B 没变、B 变了 A 没变、A 和 B 都变了。如果 A 和 B 之间没有形成密切的沟通渠道，都没有及时通知对方各自的信息，那么会导致 A 和 B 两个主体存在无效沟通或错误沟通。

这种情况在数字化转型过程中十分常见，典型的有科技领域的价值交付和交付价值的矛盾、科技管理和管理科技的矛盾。

在价值交付和交付价值的矛盾中，如果科技管理者未将产品知识和科技知识进行关联，可能会导致产品投放至市场后不能得到很好的反馈，或得到反馈后依然达不到最终的目标。注意，这里交付的“价值”不是产品的价值，而是需求的价值。

科技管理和管理科技的矛盾是大多数科技管理者会遇到的。原因在于很多企业在进行数字化转型的过程中主要聚焦于业务的数字化转型，容易忽略科技的数字化转型，导致技术人员整日忙于接业务需求，为业务部门开发系统，却忘了为自己研发相应的科技知识管理系统。

在数字化转型过程中，十分考验企业中数字化转型组织的知识管理水平。提升知识管理水平有两种方式：一种是通过数字化工具提升知识管理能力，另一种是通过数字关联的方式提升管理者的知识认知能力。在知识领域，将数字化转型中的“数字”划入知识的范畴，通过数字关联，知识可以在企业内部自由流动并传播，最终在企业经营的场景中放大其价值。

对科技管理者而言，知识管理的过程是数字化系统建设的一部分。科技管理者需要优先于其他职能组织的管理者，提升自身的精细化工作能力和统筹化协作能力。这两种能力也代表了数字化转型中的数字可视能力和数字运营能力。

## 6.4 用户管理

在数字化转型过程中，我们也许会经常听到一个词语——以用户为中心。以作者所在的金融领域为例，是这样描述金融数字化的：“以用户为中心”的服务理念是指依托先进的数字技术，不断完善系统架构、优化业务流程、提升运营管理、强化风险控制、丰富场景生态，为用户提供便捷、高效、普惠、安全的多样化、定制化、人性化的金融产品。科技管理者需要明确此处“用户”的概念，同时必须了解在数字化转型过程中如何面向“用户”传递科技的价值。

### 6.4.1 数字化转型过程中的“用户”类型

在传统的业务场景中，用户被称作“客户”，一般局限于企业服务的对象或者产品的使用者。在科技语言中，用户通常被归纳为业务“端到端”过程中的面向服务的对象。而在数字化转型过程中，用户的载体不再是传统的服务或产品，而是数字和数字化系统。因此，数字化转型过程中的用户类型包括服务、被服务的对象、企业所有职能部门的人员、经营层、决策层等，甚至包括依托于数字化系统提供服务的其他关联系统。

尽管传统的业务场景和数字化转型的场景对用户的理解不同，但科技管理者依然需要以用户为中心来开展全局的科技活动。技术管理者需要从以下角度来理解“以用户为中心”。

第一，以服务者和被服务者为中心，包括企业所在的市场和企业产品服务的客户。科技管理者需要从企业的商业模式、业务场景、产品逻辑等方面寻找用户的痛点，落实使用场景，提升产品价值，并对用户体验负责，最终满足用户的需求。

第二，以企业所有职能部门的人员为中心，包括企业的决策层人员、经营层人员、执行层人员。科技管理者需要从企业经营的角度开展工作，包括企业的精益经营、业务的精益运营、系统的精益运行。技术管理者需要将技术与业务相融合，解决企业运营过程中内部工作的痛点，并解决决策层精准决策、经营层精准管理、执行层精准运营的问题，提升企业日常管理过程中的工作效率、沟通效率及准确率。

## 6.4.2 用户管理的核心要素

数字化转型过程中的用户管理有两个核心要素：切入点在于选择合适的用户，关键在于为用户灌输数字化理念。

### 1. 选择合适的用户

选择合适的用户作为数字化转型的切入点，重点在于技术管理者的思维能力的转变。技术管理者需要将技术和思维模式相结合，利用信息技术和数据技术等手段，重新定义企业的业务模式和操作流程，这个过程其实就是挖掘数字化用户的过程。例如，技术管理者通过数据中台或业务中台打通企业全域数据，每个部门负责数据的不同生命周期阶段。数据部门负责数据的抽取和清洗，营销部门负责业务数据的使用和监控，风险部门负责数据的内控和审计，会员管理部门负责业务数据增长场景。当用户体验出现问题时，各部门间会互相推诿，甚至不愿意共享数据。因此在实际工作中，技术管理者应该找到数据使用场景的痛点，选择合适的用户，有节奏、由点到面地对数字化用户进行管理。

### 2. 为用户灌输数字化理念

在此必须明确，数字化转型是企业级的“一把手工程”，因此企业的决策层是解决用户管理问题的核心。目前，一些企业的决策层或经营层对数字化转型的认知在逐步提高，但对数字化理念依旧理解得不够透彻，尤其对数字场景方面缺乏深入的了解。例如，在大多数传统企业中，企业的决策层对全局的运营体系、上下游供应链管理、内部的管理和控制非常了解，但对信息化技术手段和数字场景对企业经营、业务运营的支撑及匹配能力的理解不到位。由此造成较大的企业内耗，甚至直接导致企业在对外展业过程中付出高昂的获客成本。技术管理者需要将数字场景和业务场景、管理场景进行结合，通过数字可视的方式向企业决策层和经营层客观地呈现数据，辅助目标终端挖掘数据价值，提升自身生产和经营效率，降低经营及管理成本。

用户管理的核心目标是在数字化转型过程中有效提升企业所有职能组织的效率，包括工作效率、作业效率、决策效率和市场反馈效率。

## 6.4.3 用户管理的方式

对技术管理者而言，用户管理落实到数字化转型过程中对应数字指标的场景化能力，重点体现在用户画像场景和用户上升场景中。

### 1. 用户画像场景

数字化转型中的用户画像与业务运营场景中的用户画像不同，二者属于包含与被包含的关系，主要体现在用户关注的指标方面。用户归根结底是有逻辑、有经验、有想法的人，因此合适的场景化指标能够给予用户更好的用户体验和洞察能力。

对于业务运营场景中的用户画像，在此不详细阐述。但需要明确一点，用户对指标的理解有边界模糊的特征，这与数据的关联性相似。例如，用户的兴趣往往不是通过单一的指标来描述的，而是结合上下级、左右级，甚至具备相似属性的数据来划分的。

企业内部在推进数字化转型时，通常将用户分为决策层用户、经营层用户和执行层用户。

以经营层用户为例，经营层重点关注企业财务数据指标、企业投入产出效率数据指标、企业经济数据效益指标、企业发展战略数据分析指标和各职能部门支撑数据分析指标。以上任何一个指标都是一个庞大的指标，包含如资产负债、成本预测、营运效率等众多的一级指标。技术管理者需要将此类指标固化到可视化终端，同时关注真实的用户与真实的数据之间的联系。

以科技为例，在面向业务需求交付的场景中，主要有两个场景指标，分别是研发吞吐率和需求吞吐率。将研发吞吐率指标分解到科技组织内部的各个能力子域中，得到开发周期、开发质量、发布前置时间、发布频率、需求响应时间等指标。这些分解指标分别由开发团队、测试团队、运维团队承接并负责，因此用户画像场景往往聚焦于职能范围，在结果和过程上进行双重度量和反馈。

2. 用户上升场景

用户画像的主要用途是度量和反馈。这仅仅是一种管理手段，在管理方式上可以理解为向下管理或平行管理。企业在数字化转型过程中一定要赋予企业员工向上管理的能力，因此需要为用户上升场景赋能。

用户上升包括数字意识的上升、管理能力的上升和技能的上升。例如，在推进价值交付的过程中，科技管理者往往需要在项目管理、需求管理、研发管理、运维管理、测试管理和安全管理等多个能力子域开展流水线的构建和合作，技术管理者很难做到将每个节点管控完美，因此需要在优先级较高的或统筹能力较强的节点中挑选人员作为助手，协助推进价值交付过程。在实际推进过程中，技术管理者的助手不仅需要管理自身所在的节点，还需要管理平行节点或者上层节点，甚至需要对所在节点的上下游节点的结果负责。因此，助手需要将相关的数字指标作为辅助，理解价值交付的初始需求、价值场景、管理方式和优化手段。

在数字化转型过程中，运用数字技术与人工智能技术能够为用户上升创造更多可能性，进而推进数字化转型。用户上升场景还可以为科技管理者赋能，使其从单纯的技术思维转向全局复合型思维。

## 6.5 数字变革管理

从数字化转型发展阶段的过程看，数字变革管理已经不属于技术领域的工作，甚至不属于技术范畴。但从管理的角度看，数字变革管理依然属于技术管理。在数字化转型过程中，数字变革管理同时遵循数字化转型和管理的方法论，与技术管理有相同的特点，即立足于数字科技进行变革。科技管理者需要明确，不能将传统的科技管理体系用在数字化转型中。数字化转型已经超越了科技的范畴，不仅是技术问题，而且是企业级体系的问题，甚至可以说是企业级变革的问题。因此，科技管理者需要将数字科技和变革管理进行整合，将科技能力嵌入企业数字化转型过程的各个阶段。

### 6.5.1 科技在数字化转型中的作用

在 T/AIITRE 10001—2021《数字化转型 参考架构》团体标准中，将数字化转型分为五个发展阶段，分别是规范级发展阶段、场景级发展阶段、领域级发展阶段、平台级发展阶段和生态级发展阶段，如图 6-4 所示。

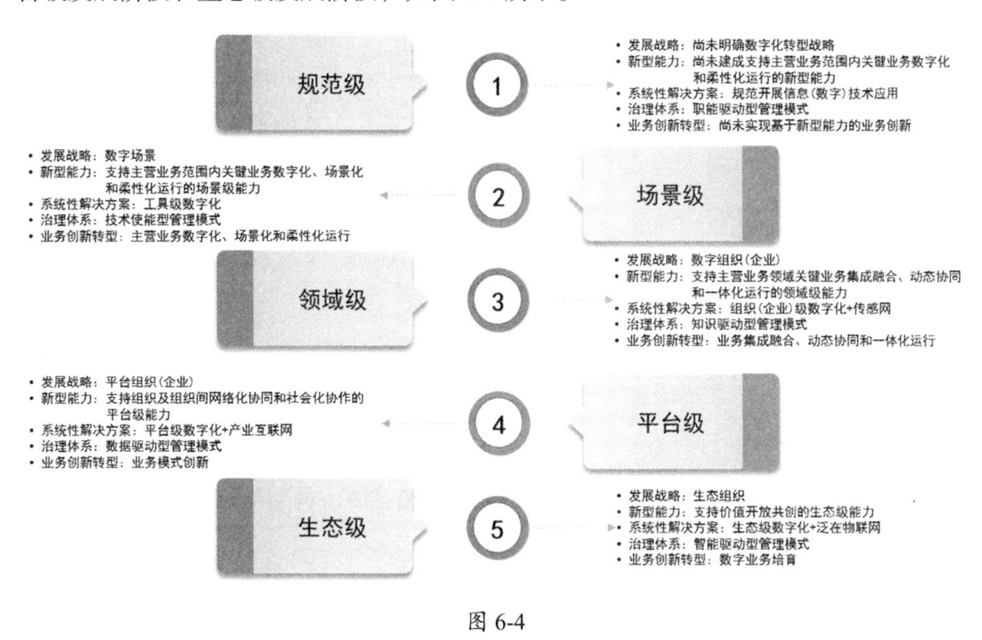


图 6-4

在规范级发展阶段，科技组织仅在单一职能范围内开展局部的数字技术应用，只发挥了信息系统的作用，因此不具备数字化转型过程中科技管理的能力。科技组织在这个阶段只起到支撑业务的作用，基本上不具备任何数字能力，只交付需求的“价值”，且“价值”的范围非常狭窄。

从科技发展战略的角度看，在场景级发展阶段需要开展（新一代）信息技术的场景化应用，提升关键业务活动的运行柔性和效率，还需要实现主营业务范围内关键业务活动数据的获取、开发和利用，发挥数据作为信息媒介的作用，实现场景级信息对称，提升关键业务的资源配置效率和柔性。在领域级发展阶段，在组织（企业）主营业务领域，通过组织（企业）级数字化和传感网级网络化，以知识为驱动，实现主要业务活动、关键业务流程、设备设施、软硬件、相关人员等要素间的动态、全局优化。平台级发展阶段是数字化转型过程中实现平台级能力的阶段，通过平台级数字化和产业互联网级网络化，推动组织内全要素、全过程以及组织间主要业务流程互联互通和动态优化，实现以数据为驱动的业务模式创新。生态级发展阶段是数字化转型的最终状态，在领域内推广生态级数字化能力并形成生态规模，推动与企业所在领域的上下游实现资源、业务、能力的开放共享和协作，同时在企业内培育数字新业务。

在这五个阶段中，科技管理的资源投入呈现一种比较奇怪的发展趋势，如图 6-5 所示。整体上是先扬后抑的趋势，在规范级、场景级和领域级发展阶段呈上升趋势，而在平台级和生态级发展阶段呈下降趋势。原因在于，科技管理的资源主要有技术投入、人员投入，以及数字化转型过程中所需的业务创新投入和治理投入。其中，技术投入和人员投入是相对恒定的，如系统性的解决方案、全域的数据共享和应用、企业级的数据能力模型。而随着数字化转型的推进，业务创新投入和治理投入涉及的投入已经超出科技管理成本的范畴，如企业级数字组织治理体系，数据、技术、流程、组织的智能协同体系，企业级数字业务服务体系。

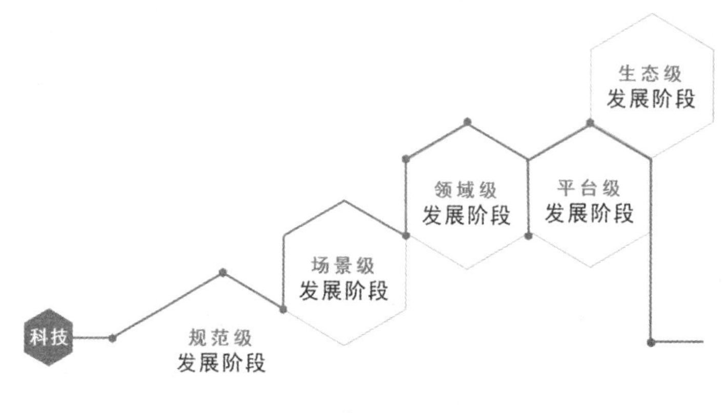


图 6-5

虽然科技管理的资源投入在平台级和生态级发展阶段呈现下降趋势，但这不是绝对的下降，而是相对的下降，也不代表科技管理的能力在这两个阶段是下降的，相反，应该需要提升。前三个阶段是科技支撑业务，平台级发展阶段是科技驱动业务，生态级发展阶段是科技引领业务。因此，在数字化转型全局过程中，需要通过数字变革管理来支撑科技能力由支撑作用平滑地过渡到驱动和引领作用。

## 6.5.2 数字变革的方式

企业变革体现在数字化转型中，大致有管理变革、组织变革、业务变革、技术变革四种方式。传统的科技管理主要着力于技术变革，数字化转型的科技管理依然以技术变革为主，但其他变革方式也不可或缺。

在数字化转型过程中，科技的作用需要体现在数字能力构建和数字场景探索上，而非直接体现在数字决策和数字业务创新中，其边界取决于科技管理者在数字化转型过程中的职能及组织定位。

数字变革主要有三种常见的方式，分别是场景式的数字变革、闭环式的数字变革和工作方式的数字变革。

### 1. 场景式的数字变革

科技管理者需要明确，数字化转型既不是一个技术问题，也不是一个业务问题，而是一个全局性的企业问题。因此，科技管理者需要在传统的技术能力之上，结合数字技术构建全局的企业场景式能力，如图 6-6 所示。通用的企业管理着力于“人、财、物”，相应地，企业管理场景也包括组织效率、业务价值和财务驱动。因此，在推行场景式的数字变革时，科技管理者需要在数字场景中实现对数字协同、数字衡量及辅助决策的支持。

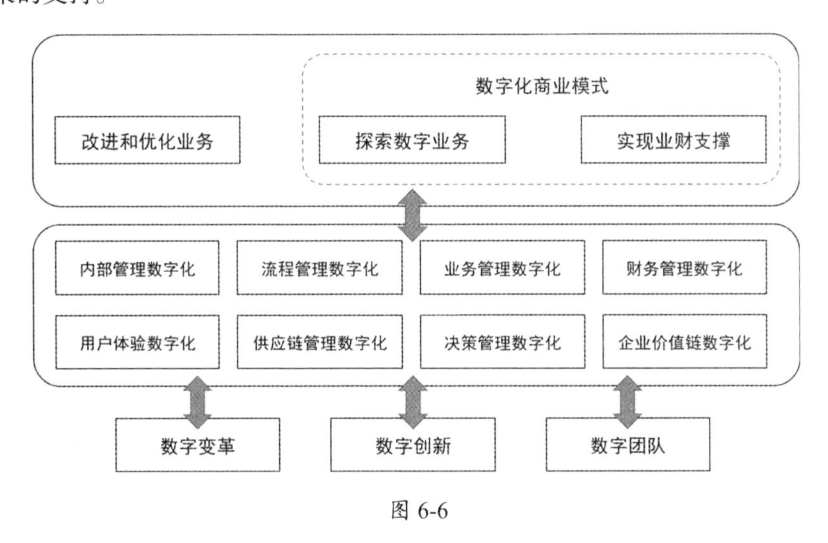


图 6-6

在这个过程中，科技团队的内部变革要灵活，这样可以保持相对较快的迭代速度。同时，科技管理者自身需要具备数字化领导者的能力，重构科技组织的价值链，对外驱动数字流程和提供业务、财务支撑，利用数字可视及时反馈数字化成果。

### 2. 闭环式的数字变革

闭环式的数字变革需要持续不断的迭代，科技管理者需要选择某一种闭环场景进行试验，并经过数字探索、标准化数字流程、产品测试、规模复刻及闭环回溯的过程，确定数字能力能否在场景中得到体现。例如，针对某个业务场景的用户促活指标，可以对闭环场景进行考核，如果指标没有增加，就表示失败；如果指标增加，那么需要通过数字回溯进行分析。

除此之外，闭环式的数字变革具有典型的延伸特征。例如，当用户促活数字变革成功后，应建立一些新的数字能力，同时增强原有的数字能力，这部分新能力需要由其他的组织或人员承接，如用户引流场景。

因此，闭环式的数字变革不仅涉及科技管理，还需要在企业内部完成闭环，如科技管理的能力闭环、数据回溯分析的跨部门流程闭环、数字能力的迭代升级闭环，以便在数字化转型过程中具备全域数字或全场景业务的闭环能力。

### 3. 工作方式的数字变革

工作方式的数字变革不只是建立数字组织和提升数据意识这么简单，而且要正确处理人和数字的关系。技术管理者需要妥善处理人和数字的工作方式，在数字化转型过程中，数字也有相应的工作方式，如辅助决策、数字可视。将人的工作方式与数字的工作方式相结合，会直接导致科技能力的正向左移。

工作方式的数字变革会使数字成为资产，促进数字成为核心的生产要素。与业务变革相比，数字变革比较简单。这种简单体现在变革过程中的价值正向提升上，如用数字替代事务性的工作，提升人员效率，通过数字模型优化业务过程，最终为提升科技组织在企业经营过程中的价值提供支撑。

## 6.6 数字价值流管理

价值流是近年来非常新颖的一种说法。无论是 DevOps，还是价值流，都来源于制造领域，后来被运用在科技管理过程中。在传统的制造领域中，价值流用来描述物流和信息流的走向，并作为管理人员、工程师、生产制造人员、流程规划人员、供应商及顾客发现浪费现象、寻找浪费根源的起点。从这一点中可以发现，价值流的功能与 DevOps 的度量反馈、数字化的辅助决策十分相似，企业的决策层和管理层可以依托这些工具集群进行辅助决策和管理变革。

我们通常说数字化转型是基于价值的管理。其中，价值包括业务的价值、产品的价值、企业的价值和行业的价值，但归根结底，是管理的价值。技术管理者的工作除了支撑企业正常展业，还需要将数字化这个通用的技术运用到企业的每一个职能环节中，让每一个节点都能贡献价值。

## 6.6.1 传统的 IT 价值流

在技术管理体系中，需要明确什么是数字价值流，我们可以参考 DevOps 价值流来理解。DevOps 价值流是指通过流程驱动和数据驱动的方式，将产品交付的所有能力子域进行合理编排，尽快将产品投入市场，快速获得反馈并进行优化。在数字化转型过程中，DevOps 价值流的链路并不足够长，只触达了业务组织的业务需求，通过交付产品的方式交付业务价值。这里的业务价值对 IT 组织而言是前置的，对市场反馈而言却是后置的。

数字化转型的数字价值流应该贯穿于全部的职能组织之中，从输入客户需求开始，依托企业产品实现服务交付，通过业务运营的方式捕获企业价值。因此，IT 组织中的技术管理者需要具备向上管理的能力，及时瞄准企业战略框架中的业务目标，为产品服务的用户体验负责，为价值交付的质量负责，为各职能组织的效能提升负责，同时为自身的创新提升负责。

2020 年~2022 年，数字化转型已经具备了三个基本条件，分别是人工智能和数据技术的成熟、管理者数字思维的加强和产品数字服务的提升。技术管理者的技术矩阵和管理矩阵如图 6-7 所示，这也是大多数企业中负责业务支撑的组织的主要构成。

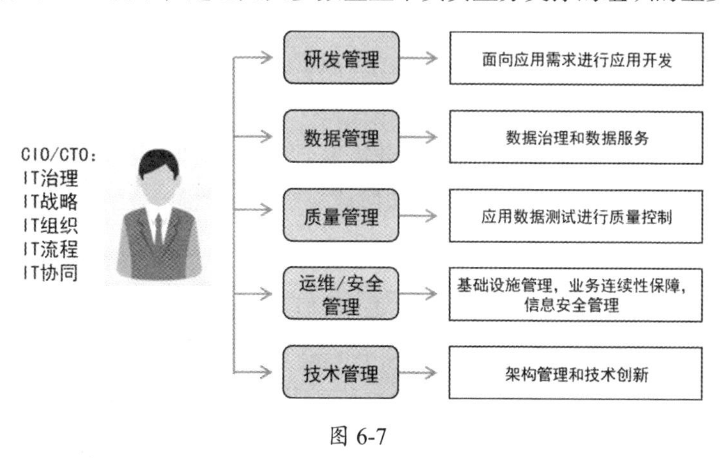


图 6-7

在传统的 IT 组织架构中，价值流的构成如下。

- CIO 或 CTO 负责 IT 治理和 IT 流程的价值，即根据公司战略及业务发展设计 IT 架构体系和部署线路。
- 研发管理人员负责实现业务需求的价值，即根据现有的 IT 系统架构和系统受理业务功能，优化需求，支持业务的开展。这里的价值存在一定程度的脱节，即业务市场和业务需求的脱节、业务需求和业务反馈的脱节。这种脱节导致研发管理的价值需要大范围地接受产品市场的考验。

- 数据管理人员负责实现数据服务的价值，即根据现有的业务系统数据，受理业务组织和其他职能组织的数据分析、挖掘和可视化需求，支撑业务发展过程中的数据洞察和回溯。
- 质量管理人员负责实现研发组织的代码质量价值，对研发组织的产出进行质量控制。
- 运维/安全管理人员负责实现业务在线的价值，即为基础设施环境提供支持，确保业务具有连续性、可用性、安全性，并为 IT 运营服务提供支持。
- 技术管理人员负责架构管理及技术方面的创新。

## 6.6.2 数字价值流

在数字化转型的框架中，IT 组织已经逐步从成本职能转移至利润职能。比较典型的有金融领域的金融科技输出，以对内和对外两种方式将技术提供者变成技术服务者。对内以“科技左移、数字运营、数字可视、弹性合作、数字风险”的方式大范围提升科技能力，对外以“面向用户数据的管理、面向客户的精细化运营、面向流量的多场景挖掘”的方式为市场和行业生态提供数字能力服务。对科技管理而言，这种变化无疑是颠覆性的。作者总结，这种变化需要通过数字价值流的方式落地，将科技的价值嵌入企业架构管理中，让 IT 组织持续地交付企业价值。

对科技管理者而言，在 IT 组织的工作方式上，需要将传统的价值链路拉长，从被动响应方式向主动运营方式转变，将 IT 价值逐步从支撑体系中剥离。传统的支撑体系由研发管理人员和运维/安全管理人员负责，数字价值流依托数据管理和创新科技管理进行服务打造和能力输出，致力于主动利用数字技术创造新的业务机会，从 IT 资源中寻求更多的业务突破，引领业务创新。这种方式在金融领域屡见不鲜，较为常见的是各持牌金融机构的金融科技子公司。

科技管理者应该设定面向企业数字化转型的数字价值流，并通过数字价值流对业务流、数据流、数字流进行整体的架构梳理，形成广义的逻辑价值流。在此作者用“业务数据化、员工数字化、数字价值化、价值可视化”的理解方式来看待这个逻辑价值流，将内部的所有职能组织和外部的所有经营场景全部纳入数字价值流，如图 6-8 所示。

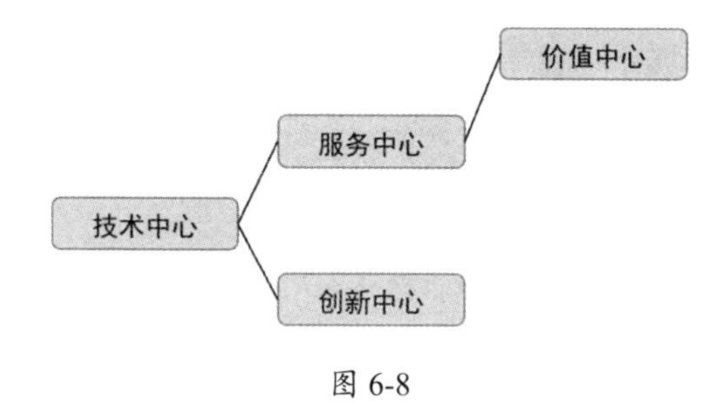


图 6-8

数字价值流主要具备以下功能。

- 提升员工生产力：利用移动化、数据化、在线化等工具加强协同。
- 数据驱动业务：将数据与业务模式相融合，更好地管理业务洞察、决策、执行。
- 提升客户体验：利用数据更好地理解、洞察客户需求与客户反馈，并快速且准确地满足客户需求。
- 业务在线：构建全时段在线的业务交付方式，落地实时在线的数据资产。
- 流程自动化：通过自动化业务及运营流程释放生产力。
- 增加收入来源：围绕数据形成新的业务或产品模式，从而增加收入。
- 促进产品创新：通过数字化为产品的升级及创新提供新的源泉。

基于数字价值流的功能对图 6-8 进行扩展，得到图 6-9。

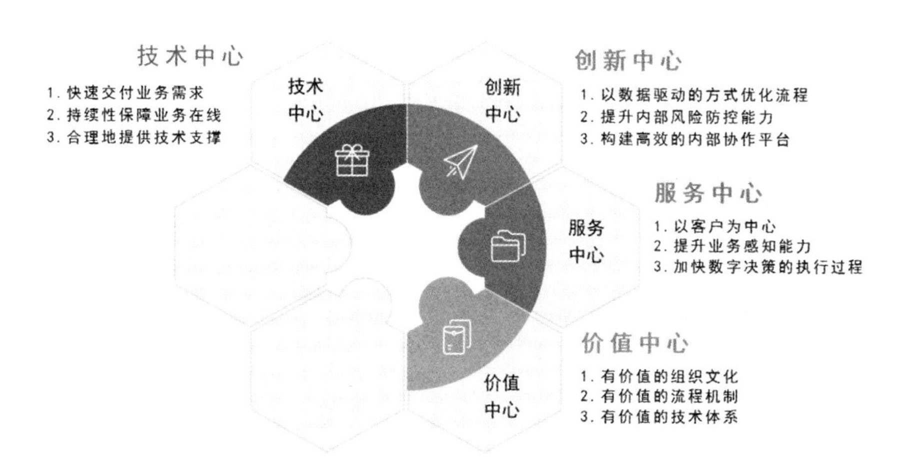


图 6-9

### 6.6.3 技术管理者如何构建数字价值流

面对企业数字化转型，技术管理者不应该只思考 IT 组织应该做什么，还应该思考 IT 组织应该怎么做来协助企业进行数字化转型。因此，技术管理者需要具备所有数字用户及数字化转型过程中的所有参与者所具备的能力。这个要求很高，这里的“能力”不仅涉及技术、管理，还包括对数字化转型过程中所有关键节点的理解，与“向上管理”的内容是相通的。

在构建数字价值流时，技术管理者需要考虑两点，分别是服务流水线和价值流水线。

#### 1. 服务流水线

传统 IT 组织的服务对象是业务组织和办公终端组织，其核心是产品的持续交付，如常见的项目管理、研发管理、测试管理和运维管理。传统的服务流水线有几个误区，比如将业务变化等同于业务快速上线、将业务连续性等同于系统可靠性、将业务快速反馈等同于业务线上化等。然而在数字化转型过程中，这种服务方式是不对称的。

服务流水线的构建应该从内部变化开始，利用工具、流程改变用户的习惯，并培养用户的数字意识。数字用户是服务流水线的核心，这突出体现在业财一体化或财务共享领域中，IT 组织在这个过程中充当数字工具的角色。

如果将 IT 组织等同于服务行业，那么构建服务流水线是技术发展的必然趋势。服务的能力、稳定性通过网络互联的方式固化，在这个过程中，数据与数据、人与数据、人与人的服务都会通过技术载体实现服务闭环。

例如，IT 组织在服务流水线的过程中不只起到执行和推进的作用，还承担创造机会和协作协同的职能，因此技术管理者需要在 IT 治理和规划的过程中重新定义 IT 组织的职能。

#### 2. 价值流水线

价值流水线的初衷是一切为了数字化转型。随着企业的发展，以及数据场景的不断增加，企业在数字化转型过程中的投入也越来越高，因此企业在数字领域的成本结构会越来越复杂，个性化需求也越来越多。

技术管理者需要利用数字技术优化企业内部管理流水线，提升其整体的运作效率，并提升对相似率较高的需求的规划能力。这样做有两点好处：一是将复杂的脑力劳动交给机器负责；二是延伸从用户端到企业端的价值通道，比如业务组织将产品需求前置至市场调研阶段，向后延伸至业态上下游产品的反馈阶段。

在这个过程中，技术管理者需要明确价值用户和产品用户的差别。价值用户是面向数字场景的，即所有可能通过数字技术触达的用户，用户需求是闭环的，价值也应该是闭环的。

# 07

# 数字化转型过程中需要厘清的几个关系

企业在数字化转型过程中会面临各种困难和挑战，管理者需要厘清数字化转型过程中的几个关系，分别为数字化转型的规划和建设之间的关系、产品和能力之间的关系、存量和增量之间的关系、技术和规则之间的关系、竞争和生态之间的关系。

## 7.1 规划和建设

2021 年的政府工作报告中提到，加快数字化发展，打造数字经济新优势，协同推进数字产业化和产业数字化转型，加快数字社会建设步伐，提高数字政府建设水平，营造良好数字生态，建设数字中国。如今，数字化转型已成为各行各业的发展目标，然而实际上，数字化转型的过程并非一帆风顺，甚至可以说是异常坎坷的。

数字化转型过程大致可以分为组件化、自动化、数智化、初级数字化、高级数字化五个阶段。在本章中，我们会从初级数字化的角度进行阐述，通过数字语言进行延展。从建立数字语言、统一数字语言，到解读数字语言和运营数字语言，重点在于从信息科技的角度阐述数字化转型过程中需要厘清的关系。

我们常说数字化转型过程很难，IT 驱动业务过程很难，从 DevOps 的最佳实践过程中可见一斑。企业全面数字化经营的本质是解决企业 CEO 在数字洞察和数字决策方面的问题，更重要的是解决企业战略和管理的问题，最终解决企业的商业模式问题。著名咨询公司埃森哲与国家工业信息安全发展研究中心合作推出的《2020 中国企业数字转型指数研究》报告中显示，在抽样调研的九大行业近 400 家企业中，仅有 11%企业的数字化投入转化为出色的运营绩效。数字化转型失败的大致原因有四类：转型战略不清晰、转型的业务价值和场景缺失、数字产品的能力达不到预期效果、数字化能力平台的建设达不到数字化转型的预期高度。

## 7.1.1　规划的逻辑

从科技输出的角度对规划的逻辑进行分析，它主要应该满足以下几点。

- 规划决定企业未来的发展方向。
- 规划是建设的重要依据，建设是规划落地的前置条件。
- 规划应该寻求业务发展和科技支撑之间的平衡。
- 规划要满足科技阶段性可支撑的最大化输出，避免科技输出的浪费。

## 7.1.2　数字化转型规划的类型

数字化转型规划主要有四种类型，分别是商业模式的数字化转型、产品的数字化转型、运营的数字化转型和科技的数字化转型。

### 1. 商业模式的数字化转型

对商业模式而言，科技输出已经超过了 DevOps 的能力范畴，但是依然可以通过 DevOps 的方法论对其进行解读。从顶层的方法论层面，数字化转型是对行业的价值链和网络进行适配，改变原有的收入和利润模式，这在以 IT 为业务的模式中尤为适用。

以金融行业为例，智能风控、催收机器人由云计算提供支撑，重构了客户端和业务端、业务端和服务端的多端价值链路，同时打通资产平台和资金平台，拓展收入模式。

### 2. 产品的数字化转型

用数字化的方式重新定义产品，或者将产品以服务的方式嵌入企业的数字场景。比较典型的有金融数字服务能力，金融是一个配置资金的产业，正在逐渐成为信息产业，数字产品使金融合约的信息愈加透明，有利于交易双方更好地把控未来的不确定性。

#### 3. 运营的数字化转型

运营的数字化转型位于全面数字化经营的核心阶段。企业在展业过程中，通常以数据为载体，实现从单维数据到多维数据的空间转变，进而逐步实现业务线上化和数据场景化。运营的数字化转型过程更加需要科技输出的支撑，信息系统的架构重构、基础组件的迭代升级、软件交付的模式转变都是运营数字化转型的前置条件。通过将实体对象（包括顾客、合作伙伴、员工等）数字化，利用数字化工具实现运营过程中的数字空间的交互。

#### 4. 科技的数字化转型

在数字化转型过程中，数字语言和数据服务能力受制于数字产品的成熟度，同时数字映射无限扩大了事物之间的关联范围。传统的科技能力很可能在数字竞争中价值归零，因此科技数字化转型是全面数字化转型的“底座”，这一点和云计算、DevOps的定位类似。

科技的数字化转型和企业数字化之间是“共生关系”，需要 IT 组织开发相应的数字产品，打破所有数据之间的边界约束。从数字产品的角度来看，科技数字化转型的目的正是实现软件定义一切。

### 7.1.3 数字化转型建设的特征

数字化转型建设的特征在本质上是针对企业的关键属性的变革，笼统来说是针对“人、财、物”的变革，包含思想、执行力、流程的全方位改变。作者认为，数字化转型其实速度过快，很难说清数字化转型的最终目标和本质，从炒作概念到政策核心，依然有很多传统企业实际上开展的是信息化和网络化，并非数字化。在不同的企业之间，乃至企业内部，对数字化的认知差异都非常大，这是企业在现阶段需要解决的问题。

在此我们仅从科技输出的角度进行解读，数字化转型的建设大致可以分为三个阶段，分别是企业的精益经营建设、数字人才建设、数字经营建设。

在精益经营建设阶段，主要以提高企业的内外部管理能力为主，提高企业的经营能力和经营质量，其中涵盖企业的信息化和网络化，目的是实现企业员工在线、企业业务在线和企业管理在线。

数字人才建设阶段处于数字化转型的前置阶段，包括基层、中层和高层的数字文化的认知，数字语言、数字边界和数字口径的统一，目标、团队和规划的业务场景适配，以及数字痛点识别、数字指标和科技输出的价值识别。站在企业高层的角度对数字人才进行价值牵引，在内部实现对无效成本的控制和软件的持续交付，在外部实现业务场景的打通和数字产品的数据贯通，初步实现数据洞察能力，通过数字能力实现辅助决策和风险控制。

从科技的角度来看，数字化转型的推进是逐步进行的，需要符合信息系统的迭代理论。企业的业务需求由业务人员决定，还是由产品经理决定，抑或是由工程师从技术角度进行思考？大多数公司可能遇到过同样的问题，这是一个需要辩证看待的问题。如果不能站在业务的高度，通过技术实现的方式决定企业的业务场景，那将是一个“灾难”。因此，企业管理者需要从企业架构的角度对数字化转型的推进过程进行权衡和赋能。

数字经营建设阶段主要聚焦于企业的数字经营场景，如数字营销、数字制造、数字员工、数字规划等。将精益经营建设阶段的管理能力和数字人才建设阶段的技术能力运用在企业的数字场景中，提升企业的竞争力。在数字经营建设阶段，企业的信息系统发展规划及专项建设应与数字化转型规划和建设相匹配。否则，如果“踩着西瓜皮，滑到哪里算哪里”，数字化发展的重复建设问题会更加严重，进一步增加数字化转型的难度。目前企业的业务场景、IT 技术处于什么水平？在数字化转型过程中处于什么阶段？需要将数字化能力演进至什么程度或水平？针对这些问题，IT 管理者需要从企业架构的层面进行分析，找出业务场景和优化目标，将其与数字化指标适配，然后实施并评估结果，并需要不断重复这个过程。

对于数字化规划和数字化推进的关系，简单而言，规划是做正确的事，推进是正确地做事。数字化转型的规划和建设归根结底是人的转变：对于规划，数字化转型的终极目标是面向企业的所有人员，打开员工的“心智”，最终加深员工对数字思维及数字文化的理解；对于推进，数字产品需要全面、系统、精准、有针对性地将数字语言传递给所有人，最终实现收益最大化。

## 7.2 产品和能力

数字产品和数字化能力的主要矛盾在于数字用户群体与数字语言之间存在鸿沟。如今，数字化转型已成为各行各业的发展目标，IT 组织作为数字工具的支撑部门，需要深入理解数字需求的传递、数字产品的能力、数字化结果的评估，并有计划性地推进这些工作。

数字化转型项目的主导者需要明确，拥有了数字化工具并不代表具备了数字化能力，具备了数字化能力也并不代表发挥了数字化效果。本小节将从科技输出的角度，针对数字产品的需求路径、投入和能力详细阐述数字化转型过程中需要注意的若干问题。

### 7.2.1 数字产品的需求路径

在 IT 组织进行能力输出的过程中，产品经理是一个核心角色。在传统的企业组织架构中，产品经理的职能和产品序列是相对固定的，主要以 B 端和 C 端为主。产品序列大致可以分为运营序列、运营延伸序列、服务序列、科技序列、内部管理序列，涵盖了企业正常经营的方方面面。

正在开展数字化转型的大多数企业中，数字产品经理通常由 B 端产品经理担任，由运营序列的数据产品经理兼任。这样做的弊端比较明显，按照以往的经验，企业数字化转型失败的一部分原因是数字产品的能力达不到预期效果。数字产品经理是一个特定的角色，需要贯穿于所有的产品序列之中，将企业数字化升级战略转化为落地路径，通过运营数字语言的方式完成数字资源的调配，所以数字产品经理绝不是 B 端产品经理这么简单。

根据数字化的本质，以及数字语言需要贯穿于产品全链路这一特点，最适合担任数字产品经理角色的是 CEO 或 CTO，主要有以下两点原因。

#### 1. 产品功能

在产品功能上，全局的数字产品大致可以分为三类，分别是预测、战略和战术。其中，难点在于预测。以数字语言中的辅助决策为代表，企业经营者需要利用数字产品来辅助研究企业展业过程中事务的发展趋势，以及其中可能出现的变化及应对措施，或者说“应对不断变化的市场表现”更为合适。分配企业数字化转型的机会成本，重点在于面对市场竞争时不断调整战略和资源配给。这类产品的需求分析不是任何一个职能部门可以完整描述的，需要公司所有的职能部门一起参与。

#### 2. 商业环境

无论是从经营的角度，还是从企业级产品的角度分析，商业环境中不变的是“人、财、物”、商品的供需和买卖关系，侧重点在于企业的商业模式，如流量转化和成本管理。数字产品的本质需要与企业经营层的核心职能相匹配，这对数字产品经理来说是重要的需求来源。在内部管理方面，所有职能组织应面向客户需求，统筹资源，以高效和低成本辅助经营层在不确定的环境中寻求更多的决策空间。在业务运营方面，满足客户需求是企业盈利的唯一渠道，因此数字产品需要具有不可或缺性和数字化增长杠杆的能力。

企业的数字化转型是一场变革，其最终的成败不会由某个角色或某个职位决定，因此，不会因为数字产品经理未由 CEO 或 CTO 担任而导致数字化转型失败。数字产品的最终能力取决于数字化转型的规划和建设，重点在于企业经营层对数字化转型的目标理解、各职能部门对数字产品的快节奏工程试验，以及数字化转型过程中的阶段性结果复盘和优化。

## 7.2.2　数字产品的投入

对数字产品的投入重点体现在 IT 建设阶段，下面以软件产品投入的常规方式来介绍。

基于科技的角度，通常会通过“性价比”的方式评估 IT 效能。关于性价比，摩尔定律给出了比较详细的解释。整个计算机行业的发展史就是一部追求性价比的发展史，摩尔定律量化了算力性价比发展的节奏。在数字产品的开发过程中，尽管企业管理者可能并不了解 IT 投入是否有更好的性价比方案，但需要明确一点，数字产品的能力不仅要面向“使用者”，还需要面向“受益者”，包括对 IT 系统的改造、权衡存量与增量的关系。

数字产品的投入需要遵循数字规划逻辑和阶段性转型的需求。例如，在企业体量庞大、交易量很大的情况下，统一数字语言，在保持业务连续性的同时维持业务增长，并支撑企业未来发展和数字系统的建设，这是一个相当困难的过程。IT 管理者需要具备前瞻性思维和全局性的把控能力，数字产品的投入性价比不仅通过 IT 基建的效能来体现，还要通过业务来体现，或者以数字的方式将技术变成业务。

以 B 端的业务系统和后台支撑系统为例。B 端的业务系统要支撑海量用户的访问量和系统吞吐量（TPS）；而后台支撑系统仅服务于功能性的需求，面向少量的内部客群。B 端的业务系统需要追求极致的用户体验，培养用户的使用习惯，提升用户黏性；而后台支撑系统不需要考虑用户习惯。二者的明显区别在于功能性反馈，也最直观地体现了“性价比”。

上述例子表明，在衡量数字产品的投入性价比时，需要剥离正常的软件产品投入。数字资源的投入越庞大，数字化战略越可靠，数字化项目的执行越稳定。相对低廉的投入尽管可以通过敏捷的方式获得阶段性的成果，但带来的重构风险也更高，容易导致最终转型失败。IT 管理者应该根据数字化战略来平衡投入和回报，尽可能及时掌控数字化的进程。此外，IT 组织和数字化团队在 IT 资源方面的交叉投入，势必会导致历史包袱的消化问题，如支撑数字产品的“巨石”系统，支撑数字决策的数据字段。

数字化转型是一个漫长的过程，因此数字化投入并不仅限于数字产品，还包括数字人才的建设、业务创新和科技输出等，以便能更好地发挥数字化效果。

### 7.2.3 数字产品的能力

数字产品的能力具备体系化的特点，针对不同的“受益者”，数字产品具备不同的能力范围。从科技输出的角度来看，数字化转型的推进者和 IT 管理者需要结合自身的职责，明确数字产品长期和短期的能力范围。

根据专业人士的预测，数字化需要两代人的努力才能形成较大范围的成果。因此，数字化转型不仅是基于当前工作的管理变革，而且要专注于长期投入和为企业带来的阶段性的能力提升。短期的能力范围是指打通数字路径，形成数据的统一口径，更好、更快、更高质量地实现软件全链路交付。长期的能力范围主要聚焦于企业的商业模式和经营模式，包括企业级的产品策略调整和市场策略变化。企业管理者需要着眼于未来，长远考虑数字产品的能力范围，使能力范围逐渐覆盖企业的全面数字化经营场景。

数字产品的能力取决于数字化转型战略的发展高度，我们需要不断审视数字产品的投入是否有助于战略决策和规划落地，这也是一个不断“算账”和“复盘”的过程。

## 7.3 存量和增量

相比于底层数字基础设施，越来越多的企业更关注上层业务的转型，其中以营销数字化为代表。数字化转型应建立在企业的业态、规模、规划及现状的基础之上，围绕企业的核心价值开展，并具备开放的特征，覆盖内外部足够多的成员及合作伙伴。

在数字化转型过程中，有了初步的规划和初阶的产品后，接下来面临的痛点和挑战是落地。CEO 是最终评估者，对数字化落地过程中的导向性评估主要包括三个方面，分别是数字生态、数字驱动和价值提升。CTO 是过程推动者，需要根据企业数字化发展战略来把握数字化转型方向，开展阶段性落地。在落地过程中考虑存量和增量的问题，既不应将存量当成包袱，也不应将增量当成边界。

下面依然从科技输出的角度来介绍存量和增量的关系，重点介绍业务规划和技术选型两个方面。

## 7.3.1 存量和增量的边界

数字化转型过程中存量和增量的关系其实是在场景挖掘不足和业务创新中巧妙地寻找一个平衡。这种平衡恰好是企业经营管理和发展过程中面临的痛点，也就是如何通过数字科技输出的方式对企业经营过程，尤其是业务运营过程进行数字化重塑。在数字化转型过程中，存量要“做好”，而增量要“做对”，因此存量和增量的关系是有选择、可延续、可进化的平衡。有选择是指数字科技场景的阶段性适配，可延续是指数字技术支持的服务泛化，可进化是指职能部门具备向业务部门升级的可能。

在传统企业的运营框架中，存量的意义主要是把现有的用户市场和用户服务做好，而增量是获取潜在的市场份额和利润。这是大多数企业的目标，且具备非常明显的边界，也就是变量。变量主要由用户体验驱动，包括品牌的交互、产品的增值服务、数字技术的赋能。

在数字企业的运营框架中，存量是指持续的消费者体验和产品核心竞争力，增量是指具备应对行业变化的能力和知识服务能力。数字化能力需要承载产品的意义和用户的信任，并将变量的不确定性约束在较小的范围内。例如，作者所在的企业将机器人和 AI 技术运用至业务运营领域，通过分析用户语义精确触达用户需求，最终达到精细化和数字化运营的目的，在这个过程中可以通过数据留存和分析，从用户的需求变化中拓展增量。

## 7.3.2 存量的数字化

从业务规划的角度看待存量的数字化，主要以业务场景急需解决的问题为目标，通过统一数字语言和约束数字口径，促成存量场景和增量场景的数字化衔接。在初级数字化阶段，重点是将传统的业务场景复制到线上，并通过技术手段进行持续优化。

存量的数字化重点在于价值突破和障碍出清，通过简单场景的数字化突破带动持续的变革，其中包括数字文化的宣贯和培养、经营层对数字理念的认知、企业数字化的战略规划、数字语言的初步价值体现、运营和管理的降本增效。

由此可见，业务规划中的存量数字化需要根据企业经营层的数字化战略认知进行统筹，具备循序渐进的特征，重点在于压降运营成本、提升利润和存量的转化率。

从技术选型的角度看待存量的数字化，需要明确的是，存量的数字化绝不是推倒重来，而是考虑现有的技术沉淀和科技团队的能力，利用增量项目的技术优势对存量的技术体系形成小范围的技术冲击。

以作者所在的企业为例，对存量业务的技术选型和改造主要是从业务支撑的角度考虑，而不是盲目地考虑技术成本；变量在于对业务的支持和匹配，其中的关键是要聚焦于服务，也就是科技输出能力。以微服务为例，在对存量业务进行技术改造时，势必要进行系统的拆分，尤其在数字语言统一的阶段，这其实是一个数据治理的过程。

### 7.3.3 增量的数字化

增量和存量最大的区别在于，增量代表了未来，体现的是“心智”，包括管理者的心智、用户的心智、产品的心智，乃至商业模式的心智。增量的数字化并不是无的放矢，而是利用数字化的手段对传统的经营体系和商业模式进行创新。

从竞争的角度看待增量的数字化，增量竞争是“自由”的，更多是凭借自身的优势，比如聚焦于某个特定的细分市场，以极强的用户黏性促进产品需求的优化迭代；存量竞争是“对抗”的，更多是通过转化的方式淘汰竞品，以更普惠的营销方式促进用户的获取和产品的生存。

从业务规划的角度看待增量的数字化，重点在于对市场的快速试错和优化，以及企业效率的提升。因此，企业需要具备一系列的支撑能力，如业务场景的支撑、业务运营的支撑、运营效率的支撑、决策能力的支撑。

从技术选型的角度看待增量的数字化，我们需要通过技术手段抓住科技和消费者的变化，帮助企业挖掘新的增长点，积累业务增量为存量。以作者所在的企业为例，增量业务的技术选型主要依靠技术架构体系，而架构体系依托于业务存量和增量过程中的演进。面对不确定的增量业务，技术选型需要边规划、边演进，在这个过程中必须具备反馈机制，类似于 DevOps 的度量和反馈。在企业级的业务架构中，需要平衡规划管理、科技服务和数字化赋能的关系。如何将一个科技输出型组织提升为科技服务型组织，以利润中心的方式支持增量业务的发展，这是每个数字化团队成员需要考虑的问题。

在技术选型的过程中，数字系统和数字工具是增量业务系统的核心，既需要满足业务的发展，又需要构建数字生态，最终以数字赋能的方式覆盖更多的“受益者”。这个过程有两个特征：数据治理的“透明化”，让数据更多地参与到辅助决策中；技术选型的“敏捷化”，更快、更稳定、更安全地交付产品。

数字化转型是一个企业级的全局概念，涉及商业模式、运营模式、组织方式转变等系统工程，条线多、建设范围广、技术运用深、能力要求高。作者作为科技从业者，对数字化转型过程中增量和存量关系的解读也许比较片面。

将存量和增量落实到业务规划和技术选型中，可以用 DevOps 方法论进行总结。战略和战术代表了规划和敏捷，数字化转型的推进者一定要懂得平衡，规划越全面，敏捷就越要放开。

## 7.4 技术和规则

著名管理咨询公司麦肯锡对数字化全面转型的描述是：对一些高管来说，这是一场关于技术的竞争；对其他人来说，数字化是一种与客户互动的新方式，它代表了一种全新的经营方式。虽然这些定义不一定都不正确，但是这种多样化的视角却经常让领导团队“四分五裂”，原因在于理解的不一致和缺乏对企业未来之路的共同愿景。因此，企业会经常出现不连续的举措和错失方向的努力，继而表现出动作迟缓或从一开始就迷失方向。

在数字化转型过程中，技术管理者需要按照数字化转型战略的规划将技术落地，包括技术路线的规划、技术工具的选型、技术在商业世界中的价值体现、支撑全体系数据语言的基础架构。因此，技术管理者应该具备全局思维和推进策略，打通前后端的对话通道，并能够从企业经营的视角看待技术运营或科技输出。同时，数字化转型的推进者更需要厘清技术和规则之间最基本的逻辑关系，选择合适的技术，明确合理的规则，这也是解决数字化问题的基本原则。

### 7.4.1 技术是数字化转型的基础

脱离技术谈数字化转型是不切实际的，技术是数字化转型的“底座”。在数字化转型中，技术的定位不仅是 IT 组织、业务运营组织，还有数据管理组织。尤其是企业的经营团队需要保持开放的态度，了解技术给予企业经营过程中新的价值边界，将定位由“软件交付”提升至“开发客户需要的业务”。

数字化转型中的技术选择的核心在于技术路线和技术场景。随着技术的进步，尤其是数字技术的跨越式发展，利用技术可以快速地占据竞争优势。以人工智能、区块链和机器人为例，新技术在业务场景中的革新已经影响了跨领域、跨行业的企业经营模式，甚至是获取利润的方式。

#### 1. 技术路线

技术路线的选择，也可以理解为技术路线图的绘制。这不是一个新概念，在我们以往的理解中，更多是从计划和产品的角度来考虑技术路线。但从数字化转型的角度出发，需要从服务和策略的角度来理解技术路线。二者之间的区别在于数字化转型过程中的技术变化，技术需要驱动业务、面向未来，并与业务计划保持一致。

我们可以将技术路线大致分为三个阶段，分别是建立数字语言阶段、统一数字语言阶段和运营数字语言阶段。

在建立数字语言阶段，需要推进企业的系统上云、数据的集约化处理，确定数字语言的赋能场景需要满足哪些业务需求。数字可视在数字化转型中有两个定位，分别是面向“终端”的可视化和面向“场景”的可视化。数字化转型的结果如何，取决于数字化最终的“归宿”，也就是我们常说的“价值”。在这个阶段，数字化转型的推进者将通过建立数字语言的方式实现面向“终端”的可视化和面向“场景”的可视化，如图 7-1 所示。

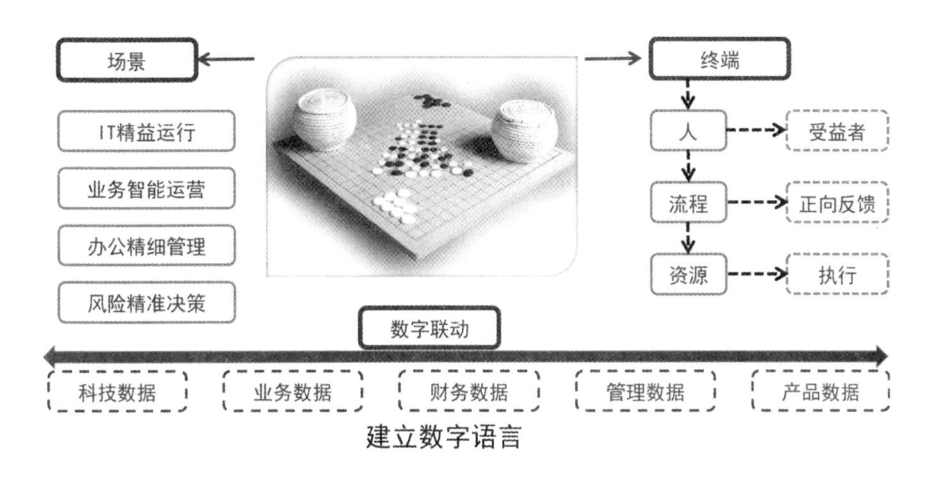


图 7-1

在统一数字语言阶段，需要确定企业未来的发展方向、关注的核心产品，以及与产品关联的交互场景、场景所面临的关键技术领域。数字化转型的推进者需要重点解决人的数字化思维、系统的数字化升级和管理的数字化整合问题。技术管理者需要按照技术路线推进科技的新基建、应用现代化的左移，通过数据的全方位、全覆盖来加速数字化建设、提升业务价值和降低辅助决策的风险，如图 7-2 所示。

科技新基建的左移加速数字化转型

安全、稳定、高效、低成本的科技输出

智能化、敏捷化、数字化的科技平台

应用现代化的左移提升业务价值

修正业务应用程序的传统编程方式

更紧密地贴合业务敏捷需求

科技数据输出的左移降低决策风险

打破科技数据和业务数据的边界

锚定于业务输出和内部管理

统一数字语言

图 7-2

在运营数字语言阶段，将数字输出进行 IT 领域泛化，形成纵深的数字场景，对内实现数字化办公和数字化管理，对外构建数字化运营，创新数字化业务。通过数字互联的方式将“人、财、物”与企业经营、业务运营相结合，最终逐步完成企业全面数字化转型和企业商业模式的优化。这个阶段并不意味着结束，而是另一个阶段的开始，我们可以根据数字语言的运营结果判断是否需要改进和优化整体的技术路线，并制订或迭代一个新的技术路线，如图 7-3 所示。

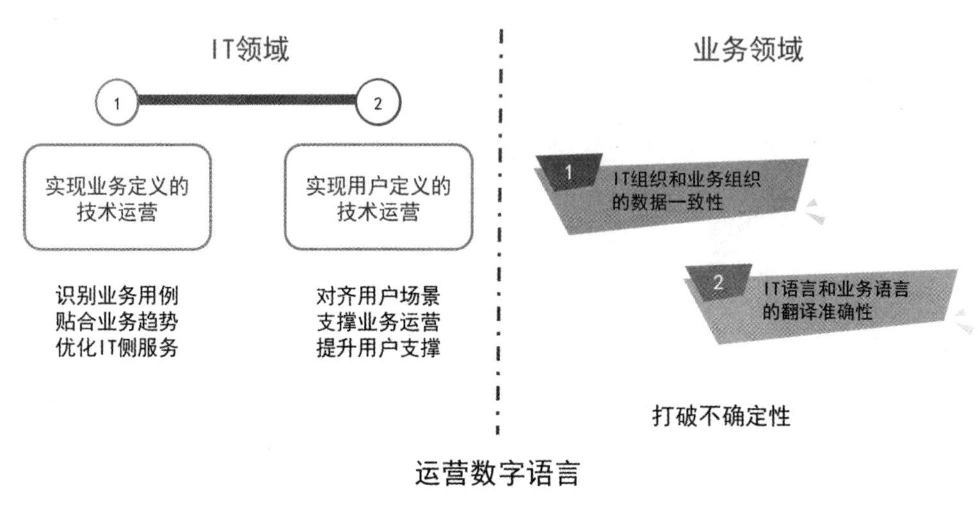


图 7-3

### 2. 技术场景

技术场景的第一个关键要素是企业上云。企业上云是企业进行数字化转型的一个“捷径”，有利于业务信息系统的升级改造和互联互通、业务数据的自由流动，并更好地发挥数字化建设成效。企业上云带来的固定收益并不局限于成本自身，利用云计算的弹性伸缩能力，将基础架构上移至业务弹性负载。标准化的 SAAS 云业务系统能够更好地内嵌乃至融入业务生态，拥有一键式业务触达能力。

技术场景的第二个关键要素是数据的全链路流通。如果把企业比作一个生命体，那么数字化转型就是这个生命体进行自我进化的过程，数据流便是生命力的源泉，也是企业在数字经济时代打造核心竞争力的关键。打通企业各个环节的留存数据，范围涵盖企业经营过程中的全部数据，涉及科技、财务、管理、业务等。数据的全链路流通能够促进企业各个环节的数据快速流动，有利于降低数据使用成本，为企业信息流引进资金流、人才流和物资流，并更好地促进企业业务创新和发展方式转变。

## 7.4.2 规则是数字化转型的关键

技术和规则的关系是决定数字化转型成败的关键。数字化转型并不是一个神秘的过程，它始终需要为企业服务，面向企业的实际情况和未来方向，因此数字化的规则并不需要激进。

在数字化转型失败的案例中，往往也有一些突出的亮点，如效率的提升、驱动力的转变，乃至基础创新能力等。然而失败的结局都指向同一个因素——规则的破坏力。通俗来说，技术脱离预期规划必然会导致失败。数字化转型的推进者需要明确，规则才是数字化转型的关键，千万不要被技术“绑架”。

### 1. 规则的核心始终是面向价值

面向价值、创造价值，永远是数字化转型的规则核心。任何企业、团队、组织，甚至是任何项目，都要以价值为基础。企业的价值范围来自“人、财、物”，包括人的能力提升、生产运营的优化和产品服务的创新，以及商业模式的转型。

从企业管理者的角度来看，人也是技术的一种，因此对技术设置的规则本质上是对人的规则。根据数字化转型的需求构建数字化人才团队，同时培养人的数字观，让数字能力成为各环节人员的知识要求和标准，让人员保障成为数字化转型的发动机。

生产运营的优化和产品服务的创新，包括效率提升、成本降低和质量提高等方面。将可快速反馈、快速优化的产品投放至市场，促进产品服务的创新。拓展基于存量业务的延伸服务、价值创造，对存量业务和增量业务的服务链进行价值延伸。

商业模式的转型来自企业战略规划和数字辅助决策能力。对内的数字化管理和数字化辅助决策有助于企业管理者做好企业发展规划，充分分析市场和用户的需求变化，合理调配内外部资源，以适应数字社会和网络时代的发展趋势。

### 2. 规则的重心始终是消除沟通障碍

如果说面向价值是全局的，那么内部协同便是面向细节的。为了打通前后端的数字交流渠道，需要建立和统一全链路数字语言，也就是消除沟通障碍的对话语言。在不同业态的企业中，前端和后端以产品为边界，两者合作实现业务组织和业务支撑组织的高效协同、产品表现和产品优化的快速迭代、快速反馈和优化措施的高速运转。

消除沟通障碍本质上是一种适应变革的方式，因此数字化转型的推进者需要利用数字技术最大范围地提供数字化、网络化和智能化服务，将企业员工、产品用户、行业伙伴等利益相关者转化为企业价值的创造者。

如果说数字化转型是目的，那么技术是达到目的的手段，规则是对达到目的过程的一种约束。规划是一种愿景，规则是抑制破坏的一种方式。

数字化转型即将成为企业管理的最佳方式，技术和规则并不意味着互相伤害，而是在同一赛道上通过协作实现相同的“范式转换”。其中的尺度取决于企业管理者的决策，这是企业全面数字化经营的必经之路。

## 7.5 竞争和生态

在数字化转型过程中，竞争和生态的关系总是显得格外尖锐，这其实是数字化转型的本质所造成的。很多数字化转型的推进者反馈，企业在数字化转型过程中有两种突出的现象：一种是盲目，另一种是焦虑。盲目，在于对数字化的理解不够透彻，更多体现在信息化和网络化的过程中，仅强调可持续发展，而不重视最终的价值判断。焦虑，主要集中在数字化转型的核心阶段，正因为看到了整个数字化，看到了企业战略在数字化底座上的底层逻辑的变化，所以产生焦虑。焦虑的核心在于数字化转型的最终目的——竞争和生态。

### 7.5.1 竞争和生态的本质

下面依旧从科技输出的角度来阐述。当我们在讨论科技组织的 KPI 时，总是习惯通过一些难以量化的指标来判断 KPI，如产品需求的吞吐率、研发吞吐率、交付吞吐率，甚至会细化到运维自动化、研发人效、回归测试覆盖率等内容。总体而言，我们更关注单位时间的产出。如果从科技数字化的角度来看待上述问题，那么本质就变了，尤其是从 CEO 或 CTO 的视角来看：科技的价值是什么？科技的输出范围是什么？科技的弹性能力有多少？这本质上是竞争和生态的问题。

竞争分为体系内部的竞争和体系外部的竞争，通常以组织的部门墙和组织赋能为载体。生态也分为体系内部的生态和体系外部的生态，体系内部强调技术的统一和数据的标准；体系外部强调应对变化的速度，聚焦于产业端上下游资源的整合能力。

当数字化转型到达数字技术为业内赋能的阶段时，竞争和生态开始融合。数字给予企业经营者面对市场不确定性的能力，使用户更便捷和智能地创造价值。因此，数字化转型到达深水区时必须考虑的一个核心关系就是竞争和生态的关系。竞争让企业更快地获取和传递消息，生态让企业获得更多的资源配给，数字可以使消费者与生产者进行融合，这可以总结为资源整合的弹性。

在企业全面数字化经营过程中，企业的商业模式在变，产品的竞争关系在变，技术的赋能方式在变，人员的数字理解能力在变，因此数字化转型的最终价值也在变，最终会从竞争走向合作。

### 7.5.2 数字化转型的竞争关系

数字化转型的竞争关系需要从竞争规则的角度来理解，传统行业逐步聚焦于互联网转型，互联网行业开始依托数字技术重构传统行业，典型的企业有美的、海尔、腾讯、阿里巴巴等。

杰克・韦尔奇在《商业的本质》一书中指出，商业是以组织的形式完成的，所以不能依靠一己之力，而是依靠团队的群策群力，集合所有的建议、想法和行动，才能完成商业活动。商业是就业的基础，就业是社会的基础，而商业的本质是资源的获取、投入、产出和分配。在数字化转型的背景下，这个定义需要进一步补充，资源已经不局限于传统意义上的物料和人员，还包括 IT 技术和资金成本。书中还提出一个新颖的观点，工业化是一个可以影响经济周期的商业革命，而数字化是基于全链路的数字技术完成企业内部数据整合，即企业内部物理实体的数字化重构，并对行业进行知识沉淀和技术输出的过程。

以作者所在的持牌金融机构为例，拉长时间周期来看，从最初的系统支撑展业到云计算微服务的赋能，再到组件化、自动化的开放产品平台，最后到全链路数据触达，完成局部业务的资产端和资金端的打通。在这个阶段内，内部的沟通和数据流转关系，乃至局部的决策体系，映射了数字化转型过程中的竞争关系。在这个较长的时间周期内，竞争关系包括内部组织效能的竞争、内部资源的竞争、价值能力输出的竞争，以及产品的场景服务的商业竞争。这些竞争体现了内部效率的提升、数据辅助决策和外部产品服务创新、孵化项目的转变。

企业经营者需要拔高竞争的层次，尽量避免物理资源的竞争、产品的竞争和用户的竞争，应该将重点放在场景的竞争和价值的竞争上，由产品数字化上升至用户场景数字化。同样，这种竞争的变化可以促使科技的数字化转型。在 7.3 节中提到，存量系统的数字化转型并不是包袱，增量系统也会逐渐成为存量系统。因此，用户场景数字化也会促进科技数字化的建设形成闭环循环，通过数据闭环治理对产品、用户、场景实现数字远程管理。

### 7.5.3 数字化转型的生态关系

数字化转型的生态关系开始于辅助决策的生态。由微软和 IDC 针对亚太地区的一项研究报告《迎接未来机遇：人工智能激发亚太成长潜力》显示，截至 2021 年，中国市场中仅 7%的企业已经将人工智能纳入企业未来发展的核心战略，31%的企业正在尝试将人工智能部分纳入企业发展战略，总计 38%的企业已经踏上应用人工智能之旅。也就是说，目前仍有超过 60%的企业对人工智能的应用持观望态度，或者暂时没有相关发展计划。而目前已经从数字化转型中获取红利的企业，无一例外，都是携手合作伙伴，通过领域内的技术交叉赋能，完成企业级数字化系统建设和场景的运用。

同样以作者所在的企业为例，企业级数字化系统涉及智能语音呼叫、智能机器人客服、多维度反欺诈管控、实时风控预警、用户身份生物识别、智能任务调度等技术，这些生态伙伴的数字技术帮助企业做出准确的判断和决策，这也是企业数字化转型的生态精髓所在。

纵观数字化转型成功的行业案例，这种生态关系是交叉融合的。根据数字标签和场景分类，从人员赋能到产品转型，再到生态建设，生态关系体现在现代企业的各个流程中，更体现在企业数字决策方面，以实现阶段性的生态赋能。

企业数字化转型过程中的竞争和生态取决于企业的战略性选择。如果落实到技术体系中，那么竞争和生态的关系类似于 IT 架构和数字技术的关系，只有实现 IT 架构和数字技术的高效结合，才能更好地进行竞争和生态的融合。

# 08

# 数字化转型过程中的典型技术方案或产品

本章选择了阿里巴巴云原生分布式技术、腾讯持续交付技术、优维科技低代码技术、优锘科技数字孪生技术作为数字化转型过程中典型的技术方案或产品，供读者参考。

## 8.1 阿里巴巴云原生分布式技术重塑银行核心系统[①]

近年来，数字金融高速发展，在拥抱移动互联网和金融科技新技术的大潮中，国内的金融服务能力有了大幅提升，客户体验也实现了飞跃，这开启了技术驱动数字金融的新时代。如今，我们身处一个高速发展、具备业务发展不确定性和互联网特征的时代，一个需要与移动互联网和音视频能力高度结合、让数据变成资产且无处不在的数智时代。由此，我们需要一套新的技术体系来真正实现金融机构的业务和技术转型。

以银行为例，其核心系统就像"心脏"。这里的核心系统，既不是银行科技部门按部就班按照周期建设的系统，不是一个固化的标准存贷汇功能堆积的能力集合，也不是不断修修补补加外挂的平台，不是与数据平台、数据服务能力割裂的系统，更不是一个牵一发而动全身的架构体系。

核心系统的转型必须是银行数字化转型中最重要的"一把手工程"，一个让内部员工和外部客户都能感受到数字化能力无处不在的平台；一个能够快速生成新流程，快速创建和发布新业务、新产品，能力单元高度复用的平台；一个能够具备移动化、

① 本案例来自阿里巴巴，在此感谢阿里巴巴刘伟光、汪帆、徐赤紫的协助。

数据化、智能化特征的平台；一个由分布式基础架构技术支撑的平台，能够以弹性能力应对互联网类业务的峰值；一个融合了云计算中先进技术能力，应对开放银行和生态银行时代所有业务的一站式平台。

### 8.1.1 金融核心系统分布式转型变革

对银行来说，随着以消费互联网、产业互联网、开放银行生态为核心的数字化业务快速增长，应对敏捷交付、高并发、弹性伸缩等不确定性问题，成为新一代银行核心建设的“底线要求”。同时，集中式架构的六边形能力（高并发、线性扩展、敏捷开发、按需弹性、精细化治理、多活可靠）已达到极限，银行核心系统的云原生重塑也已到达“时代拐点”。

#### 1. 核心系统转型成功的标志

在实践和探索过程中，我们总结出金融机构核心系统转型成功的标志，如图 8-1 所示。核心系统的转型整体上分为两个部分。

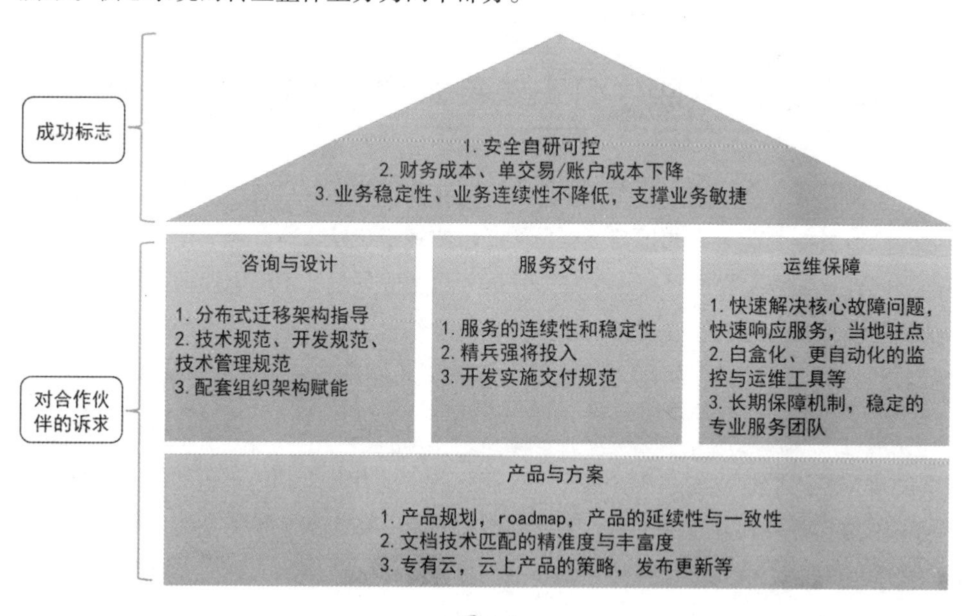


图 8-1

（1）成功标志：核心系统转型的成功体现为能够为客户带来巨大的价值，而不是购买一些高科技产品放在开发部门和数据中心。从这个视角来看，核心系统转型成功的标志有三个：安全自研可控；财务成本、单交易/账户成本下降；在业务稳定性、连续性不降低的前提下支撑业务敏捷。

（2）对合作伙伴的诉求：要实现金融机构达成共识，核心系统向云原生分布式转型，必须依靠整个产业链条和生态的大协作，而不是依赖一两家技术公司。从这个角度出发，这部分有以下四个必备要素。

- 咨询与设计：包括云原生分布式的架构设计、迁移方案、并行方案、实施路径等。
- 服务交付：提前规划设计项目和组织阵型，规划基础平台和应用开发的组织阵型，稳定持续地投入优质服务。
- 运维保障：具备快速解决故障的机制，以及白盒化、更自动的监控和运维工具。
- 产品与方案：是整个核心迁移和云原生分布式转型的基础，因此，产品的长期规划和延续性、合理的基础产品发布更新和生命周期等尤为重要。

“流水可能会绕路，但绝不会回头”，虽然路途艰难，但业界已经形成共识：从集中式到分布式，从分布式到云原生分布式架构的转型是一条必经之路。

### 2. 面对误区的破局思维

核心系统的转型需要我们“立足整体看局部、立足结果看过程”。我们可以从核心系统转型成功的三个标志的角度出发，分析以下常见误区。

误区一：先从简单系统着手进行架构转型，再推进到核心系统转型。

分析：“从俭入奢易，从奢入俭难”，非核心领域的转型实践对核心领域的参考和借鉴意义有限，我们需要在核心领域架构体系中及早纳入自研可控等架构级别考量，避免二次迁移，节省时间成本。

误区二：业务应用是业务应用开发商的事情，技术平台是技术平台供应商的事情，两者没有关系。

分析：传统的集中式架构的建设模式大多不适用于云原生架构，因此需要引入额外的框架、机制与设计来保障核心系统的整体表现。

误区三：选择应用平迁，架构上不做大变化，更简单和快捷。

分析：核心系统转型宜采用的路径是追求“P/PC 平衡”——产出和产能平衡。我们的目的不仅是完成产出任务（应用迁移），更重要的是升级产能（技术架构能力）。产能（技术架构）升级后会推动实现更大的产出（业务价值），这将成为银行数字化转型的助推引擎。

误区四：看重各领域供应商各自擅长的能力，如咨询建模、架构、设计、应用、基础软硬件等。

分析：核心系统转型是一个系统化的工程，相比于选择供应商，更重要的是选择具备“端到端落地实践”的能力。在理念、方法论、设计规划、平台架构、标准规范方面都可以保证战略性长期投入和总体把控的合作伙伴，才能真正帮助我们落地实现业务敏捷，并推动数字化转型。

### 3. 新思路和新出路

面对核心系统转型的复杂性，金融机构需要的不只是一套技术方案，还需要一套能够指引行动的原则，我们将其总结为“六边形”原则。

- 业务技术闭环原则：整个体系需要支持“业务—技术”闭环敏捷模式，让业务敏捷不仅是一句口号，而要真正实现快速开发、落地上线。
- 自动化生产线原则：提供端到端工具链、必要基础构件及先进实施工艺，形成完备、端到端、自动化、高效、简便且可落地、可运营、可治理的完整体系。
- 开放可插拔原则：开放、可集成的生态体系，能够以相对标准化、规模化的方式构建云原生应用。
- 可组装构造原则：可高效支持新的金融业务形态。通过生产线快速制造并复制复杂模式的标准化构件，进而只需要叠加和装配有差异性的部分。
- 普适性及兼容性原则：彻底改变核心领域手工作坊式的人力堆积模式。如果最复杂的核心领域都可以采用这种模式来实现，那么就可以将其推广使用在广泛的业务应用开发领域。
- 易用及透明化原则：金融机构和合作伙伴可以利用该体系高效开发自研可控的业务应用，而不用关注云原生应用的特殊细节与技巧。

我们将这套原则沉淀为核心系统向云原生分布式转型的建设模式及配套的自动化生产线工具体系——“金融级云原生工场”模式，如图 8-2 所示。其中涵盖了业务模型与流程建设最前端，以及系统与业务在云原生环境下的运维和运营，定义了比较明确的工序和生产阶段，具备高度的自动化能力，能从一个工序自动衔接到下一个工序。采用规模化、自动化、高效率的工厂化生产模式，实现业务敏捷，并实现应用与云原生分布式技术的可靠融合。

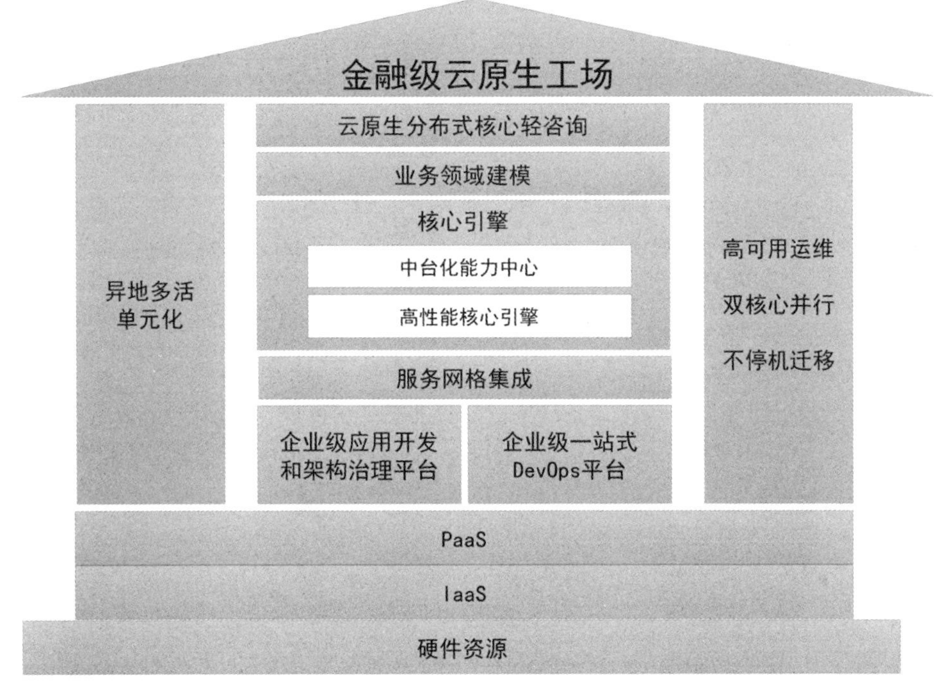


图 8-2

## 8.1.2 金融业务新方向呼唤技术“供给侧改革”

在数字时代，金融服务主要依靠对数字技术的综合运用，以线上便捷服务为主、线下人工服务为辅，融合数据智能和人性化情感，注重用户体验和风控原则。如图 8-3 所示，新兴金融体系将是开放、普惠、绿色，嵌入式且灵活多变的，这样的“泛在化”金融服务必然对账户、交易、结算等核心能力提出“泛在化、全时在线”的要求。

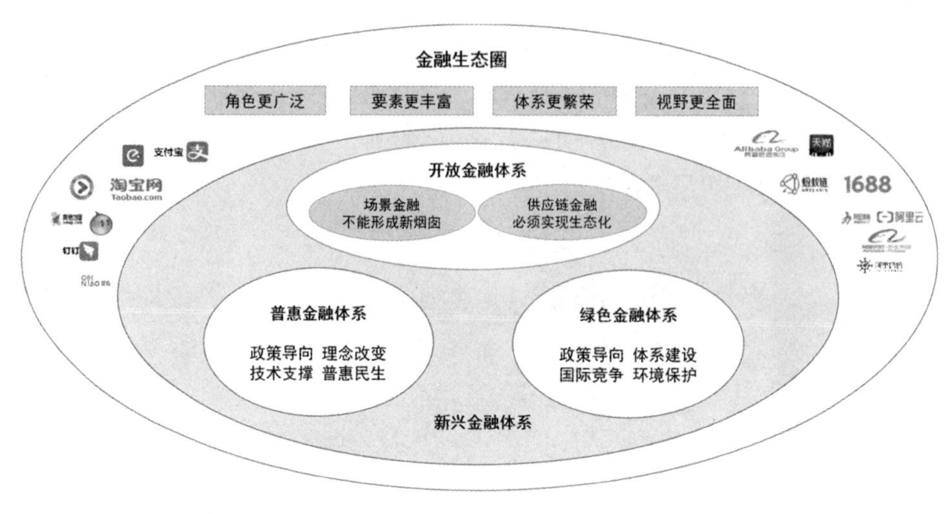


图 8-3

### 1. 开放金融体系需要可标准化的构件式核心

场景金融、供应链金融正在描绘银行的开放格局，形成一个“泛在化”“毛细血管式”的金融服务，需要一定的业务规模来实现泛在化的场景和需求，这也是核心系统的问题根源所在。

（1）不能变成新“烟囱”的场景金融

场景的价值日益受到重视，银行在努力构造更多的场景，这会导致场景的碎片化，并对场景构建的敏捷性提出了更高的要求。银行需要及早思考如何不让场景成为新一轮的“烟囱式开发”，而业务的中台化、标准化、构件化正是解决这一问题的出路。

（2）实现生态化的供应链金融

供应链金融发展需要依靠核心企业意愿、平台服务水平、周边企业实际收益等诸多因素。如果为供应链金融单独建设平台，那么之前存在的建设成本、相关方收益等问题恐怕依然难以解决。只有通过超越供应链视角的大型商业平台承载供应链服务，才有可能解决单一用途平台面临的问题。现有的商业平台可以进一步扩大互联，使任何一家企业都可以在平台中自由地加入任何供应链，突破传统供应链平台高封闭、重成本、低收益的困境，这也符合大型企业开源、开放的政策基调。

多功能大型商业互联平台不仅承载着供应链，还是各类企业建立自身应用的“标准化构件库”。未来银行也会融入这一数字化商业生态中，并将催生金融机构新一代面向数字生态的构件式核心系统。

### 2. 普惠金融体系需要可灵活组装的核心系统

普惠的客群对象和业务特点决定了金融产品碎片化、上线周期短、业务变化频繁，要求金融机构能够像积木一样解构业务和技术能力，灵活配置、实现业务需要。金融机构的核心系统只有变得像一个可组装的流水化工厂，才能应对环境的快速变化。为了实现对长尾客户群体的支持，更需要一套易扩展的核心系统架构。

### 3. 绿色金融体系需要可泛化设计的核心系统

绿色金融包括两个部分：面向客户“双碳”要求触发的业务变革、金融机构自身要实现“双碳”目标。通过构建绿色金融账户、完善绿色金融产品、实现绿色金融智能化评估，金融机构可以更好地支持绿色生态链上下游体系的开放性融合，打通绿色循环。绿色金融将推动对金融账户应用模式的泛化，从而影响核心系统的设计理念。

### 4. 金融级云原生

云原生技术主要以容器、DevOps、微服务、分布式中间件、分布式数据库、Serverless、服务网格、不可变基础设施、声明式 API、开放应用模型（OAM）等技术为核心，有助于实现业务应用与基础设施的解耦，因此被认为是新一代云计算的“操作系统”。

金融机构采用云原生技术，并不是将应用放在公有云中，而是将金融对安全合规、交易强一致性、单元化扩展、容灾多活、全链路业务风险管理、运维管理等各方面的行业要求与云原生技术进行深度融合，发展为一套既符合金融行业标准和要求，又具备云原生技术优势的“金融级云原生架构”，如图 8-4 所示。

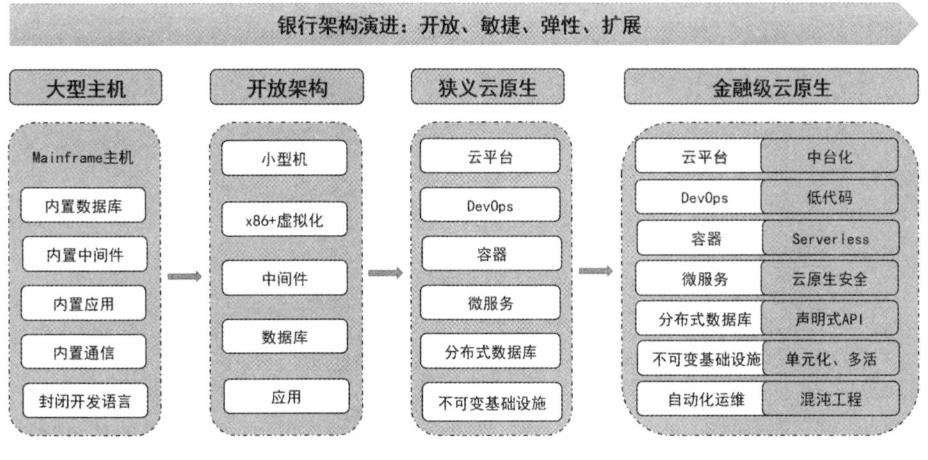


图 8-4

### 8.1.3 云原生分布式核心系统的能力体系

未来金融的服务形态不论如何演变，其对“灵活性、易扩展、高并发、标准化组件、低成本、可靠在线服务”的追求是不变的，因此核心系统应聚焦在这个“不变”上。我们从业务、工程和技术的角度总结了云原生分布式核心系统应具备“不变”的能力需求，详细拆解为十二种能力支撑，形成了云原生分布式核心系统建设过程中的能力体系，如图 8-5 所示。

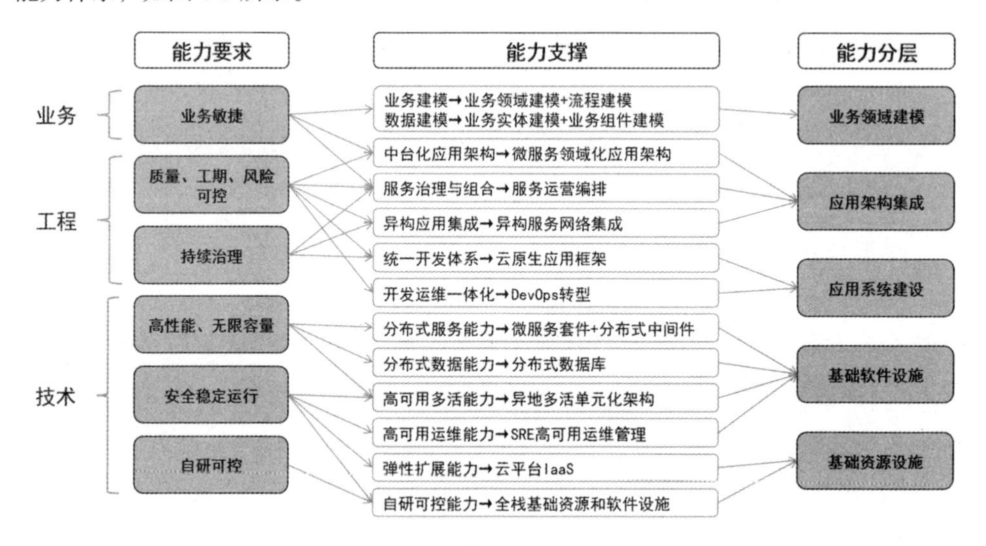


图 8-5

#### 1. 业务领域建模

业务领域建模包括业务建模和数据建模。我们应该主要关注三个方面：应基于银行同业已有的建模成果敏捷建模，而非执着于投入大量资源且周期长的建模过程；通过建模平台实现成果保鲜，持续为业务迭代和创新服务，而非将核心系统建设完成之后束之高阁，逐步与系统演进结果脱节；建模成果应能够借助建模平台、结合云原生技术快速落地。

#### 2. 应用架构集成

在应用架构层面，云原生分布式核心系统与传统式核心系统或分布式核心系统存在区别。云原生分布式核心系统不是简单地按照业务线将核心系统划分为客户、存款、贷款等应用，也不是采用分布式技术重新实现一遍，各个应用重复建设公共能力（产品管理、合约管理等），数据不互通。云原生分布式核心系统是按照业务领域建模体系对核心系统进行整体规划设计，形成可供银行 IT 系统复用的业务中台能力，提供业务构件；通过服务运营与编排，使用业务构件快速进行业务创新。应用架构集成包括应用架构中台化、服务治理与组合、异构应用集成。如图 8-6 所示，应用架构中台化包括账户资产、计价中心、清算中心和运营中心；服务治理与组合包括用户中心、产品中心、合约中心、账户中心和额度中心；异构应用集成主要面向用户，包括存款产品系统、贷款产品系统和卡系统。

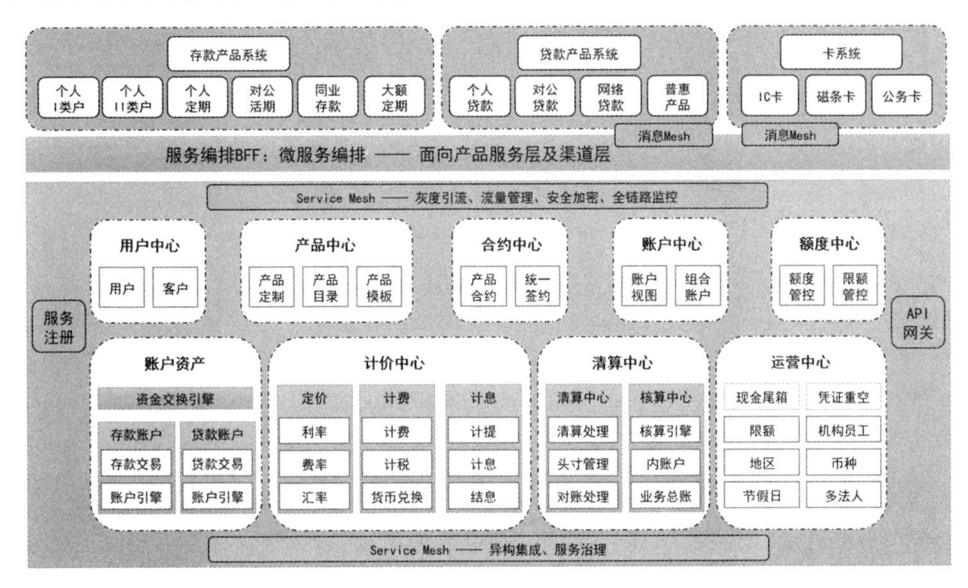


图 8-6

### 3. 应用系统建设

应用系统建设包括统一开发体系和开发运维一体化。在应用系统建设过程中，我们应提供标准化生产线，屏蔽复杂的云原生技术细节，规范云原生应用开发标准。这里应重点考虑三个方面：统一的 ISV（独立软件开发供应商）开发技术栈，避免技术管理失控，降低系统运行风险；统一且易用的开发平台与框架，简化和规范化应用开发过程；全流程覆盖的 DevOps 体系，涵盖需求结构化管理、代码版本与分支管理、质量管控与度量、自动化编译打包与部署等方面。

### 4. 基础软件设施

基础软件设施包含分布式服务能力、分布式数据能力、高可用多活能力，以及高可用运维能力。在基础软件设施部分，我们应主要关注三个方面：采用充分磨合与验证、功能完备的中间件体系，而非在应用系统开发阶段还需要修修补补、甚至进行架构妥协的中间件体系；使用满足自研可控与容灾需求的分布式数据库，容灾情况能真正做到可切换、敢切换；具备异地多活单元化能力，不只是架构设计，中间件、数据库和运维体系也应具备必需的单元化支撑能力。

5. 基础资源设施

核心系统应具备高度开放性和弹性扩展能力，可以灵活适配、稳定管理不同类型的基础设施，为核心系统的自主掌控和降本增效提供可能。云原生架构下的基础资源设施建设应重点考虑两个方面：IaaS 层能够真正做到按需快速交付，避免复杂又漫长的申请、审批和采购流程；安全、稳步推进自研可控能力建设，确保核心系统的业务连续性。

### 8.1.4 云原生分布式核心系统的建设模式

金融机构核心系统的下移与改造的实施路径和建设模式可分为两种。

- 核心系统自主重构模式：自主研发新核心系统，而非采购 ISV 的核心系统产品，强调自研可控。多数原有核心采用 AS/400 或大型机的银行希望采用重构的方式完成核心下移，建设目标包括业务建模、领域架构重构。大多数银行构建了全新的核心应用技术平台；部分银行选择基于云平台进行核心系统重构；部分银行在核心重构过程中包含自研可控规划，核心开发实施过程会采购 ISV 的人力资源。
- 采购核心产品套件模式：采购 ISV 的核心系统产品，并主要基于 ISV 的人力资源完成核心实施交付。主要诉求为：替代原有第一代的老旧核心；基于 ISV 的核心系统产品的业务模型和架构建设；基于 ISV 核心系统产品自带的应用技术平台；部分银行要求 ISV 产品简单部署在云平台上。在自研可控方面，部分银行仅能够要求 ISV 产品集成国产数据库。

结合国内金融行业核心相关领域的实践，以及核心领域对技术云原生分布式转型的业务能力、工程能力和技术能力要求，在横向和纵向上结合，形成四阶段五层的建设模式和路径，如图 8-7 所示。颜色深浅代表在不同阶段任务的关键程度和优先级，颜色深的部分优先级更高。每个阶段的产出是下一个阶段的输入，从而形成一个系统化的完整核心下移的顶层工作任务与路径阶段安排。

| | 1. 轻咨询期 | 2. 平台能力建设期 | 3. 云原生/分布式设计验证期 | 4. 规模化重构/建设期 |
|---|---|---|---|---|
| 业务数据建模 | 轻咨询：<br>战略/业务方向<br>中台化 | | 中台化：核心敏捷建模，互联网业务模型实践，其他模型等 | 中台化：业务梳理建模落地，三级5层L0-L4 |
| 应用架构集成 | 轻咨询：<br>单元化<br>中台化 | | 单元化：单元化核心架构<br>双核心并行：主机Adapter，异构集成在线数据迁移，全局路由<br>中台化架构治理：服务治理与运营平台云原生分布式核心业务应用设计专题 | 生产线规模化批量集成开发；云原生应用框架 |
| 应用开发运维 | 轻咨询：<br>开发框架<br>运维框架 | | 云原生开发转型：云原生开发框架云模板，云原生分布式核心技术专题<br>中台化：2层服务编排<br>云原生运维转型：稳定性保障，单元化管控 | 生产线规模化批量开发/运维落地：SRE |
| 基础软件设施 | 轻咨询：<br>云原生<br>容器平台 | 云原生：异构IaaS集成<br>容器云服务网络<br>ServiceMesh<br>云原生数据库 | | |
| 基础资源设施 | 轻咨询：<br>自主单元化<br>自研可控 | 基础IaaS | | |

图 8-7

建设云原生分布式核心系统，有以下多种实施模式。

### 1. 重构模式

银行核心系统的重构不只是互联网技术上的改造，还是自身服务模式和服务思维的再造。整体的实施路径从业务重构及核心应用技术平台搭建两大方向入手，进而实现核心银行业务数字化转型。

（1）业务重构

主要是根据业界领先的理论和实践经验建立企业级业务模型，进而基于模型逐层细化业务规划，并向产品参数化设计转变。以产品为例，结合领域分层理念，能够比较清晰地体现企业级架构规划与系统架构设计两者之间的差异，如图 8-8 所示。

经过中台化重构之后，原有的业务流程建模和逻辑也会发生相应的改变。以定期存款支取为例，经过中台化重构后的流程变化如图 8-9 所示。

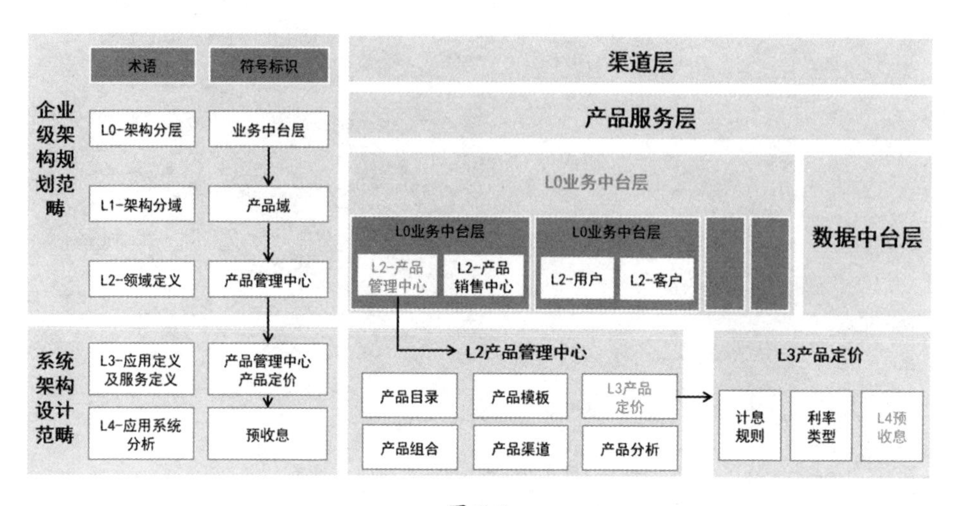


图 8-8

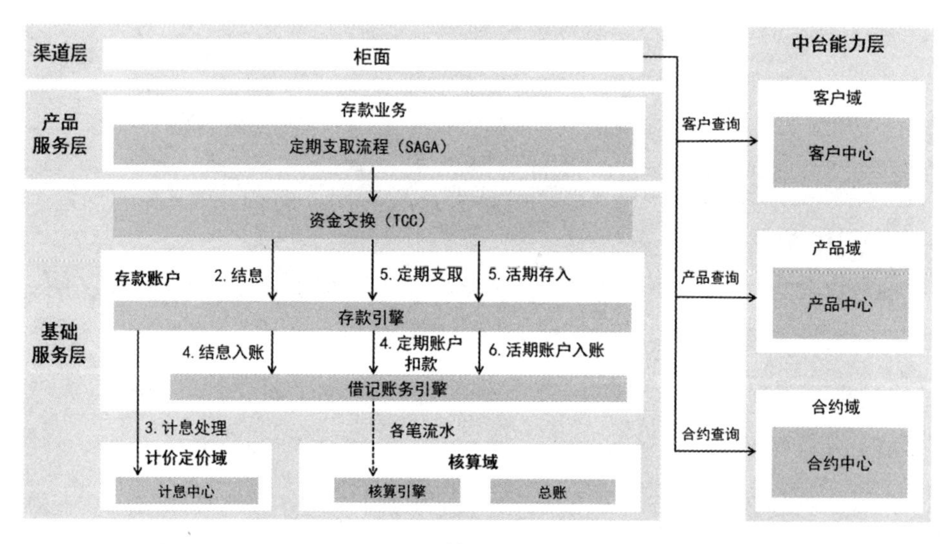


图 8-9

（2）核心应用技术平台搭建

核心云原生分布式转型需要一整套可伸缩、高可用的金融级分布式技术平台作为支撑，如图 8-10 所示。该平台能力体系有助于金融机构的落地设计，流水线和实施工艺等模式可以降低整体设计、开发、部署、运营和运维的难度；提升中间框架体系与流水线体系，进一步降低落地难度，增加技术的可获得性，让终端开发、运维等技术人员更容易上手使用。

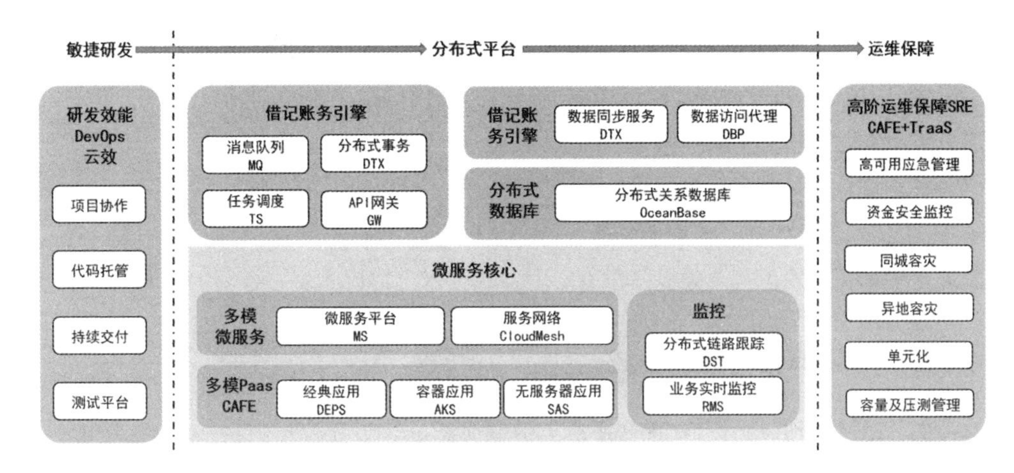


图 8-10

### 2. 平行迁移模式

我们的原则和前提是不影响业务，保证业务流程、业务功能、应用处理逻辑、与外围系统接口及数据逻辑模型不变，具体分为以下两种方式。

一是数据不动，应用下移：数据架构不动，应用按照一个一个模块进行下移和分布式改造，在此过程中建立相应的云原生分布式技术体系。优点是相对简单，业务人员参与程度非常低，基本技术可控，并且在此过程中锻炼了技术人员的分布式、云原生能力；缺点是没有充分体现新业务价值，且整体架构没有太多变更，转型不彻底，尤其是数据架构容易对业务敏捷和性能造成各种瓶颈。

二是应用不动，数据下移：为了灵活应对海量交易和超量数据的冲击，可以使用分布式数据技术来解决数据一致性的问题。优点是底层交易瓶颈比较容易解除，且实现了分布式情况下的最大挑战之一——数据一致性；缺点是分布式数据库技术成熟度要求太高，可供选择的供应商不多，从业务角度看，没有新价值的体现，无法做到业务敏捷。

### 3. SaaS 化批量模式

相比于有自研能力的大型银行，中小型银行新建核心除了依赖厂商支持，还存在一条新路线，即核心系统 SaaS。利用 SaaS 产品提供的标准化组件、OpenAPI，采用低代码、服务编排快速实现业务敏捷，将非功能性的需求下移，保障系统的高可用、可扩展、可灰度、可观测。选择 SaaS 化的核心系统开拓了核心下移之旅的“批量模式”，这也是面向云原生的未来架构。

云原生分布式核心系统建设的关键，是保障在安全、可控的前提下完成新老核心的切换。不停机的在线迁移方案，是指将迁移颗粒度缩小到按单客户、单账户进行迁移，新老核心在数据全部迁移完成前同时对外提供服务，即实现在线迁移与双核心并行。基于该方案，金融架构将获得两方面的收益：降低迁移实施风险，将客户分批次迁移、试点，逐步验证、排查与解决风险，最终完成新老核心切换；提高业务连续性，在线迁移对客户的正常业务操作没有影响，在技术上可以实现在迁移的同时不停业。

## 8.1.5 云原生分布式核心系统转型的价值

### 1. 第三代云原生分布式核心系统的价值体现

核心系统向云原生分布式转型时的一些价值体现总结如下：100%自研可控，满足国家相关要求；运维成本降低 75%；业务敏捷，缩短 40%以上的落地时间；弹性扩展，超过 20%的资源完全线性扩展；下一代的异地多活架构，RPO=0，RTO<1 分钟，如图 8-11 所示。

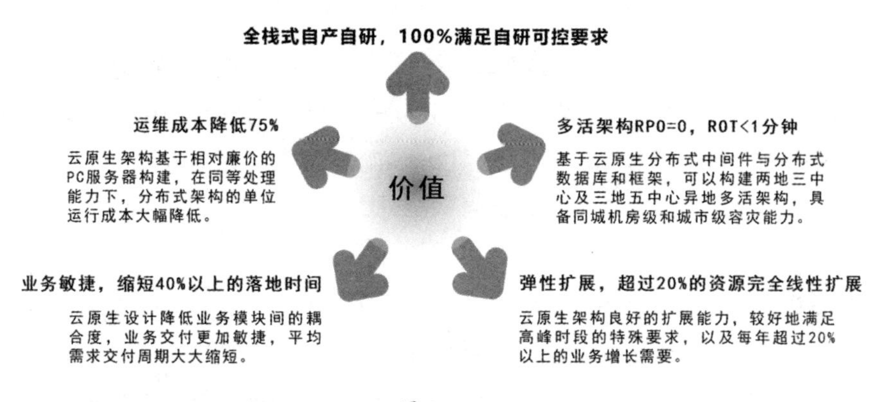


图 8-11

### 2. 第三代云原生分布式核心系统的关键标准

基于行业共识，我们尝试提出了第三代云原生分布式核心系统，如图 8-12 所示，其关键标准主要体现在以下方面。

- 云原生：应用架构演进，整体降本增效的必然趋势和要求。
- 异地多活单元化：架构灰度，进行架构在线升级的关键是企业级架构设计。
- 中台化：实现业务敏捷、业务弹性，应对未知挑战的关键要素。
- 数字化：实现面向未来金融基础设施的关键设计。

- 自研可控：实现金融安全的必要保障。

金融级云原生工场模式，是指将这些标准与规范融入整个标准化制造与加工流水线，并通过实施工艺的端到端体系化，助力金融机构的核心系统向云原生分布式转型。

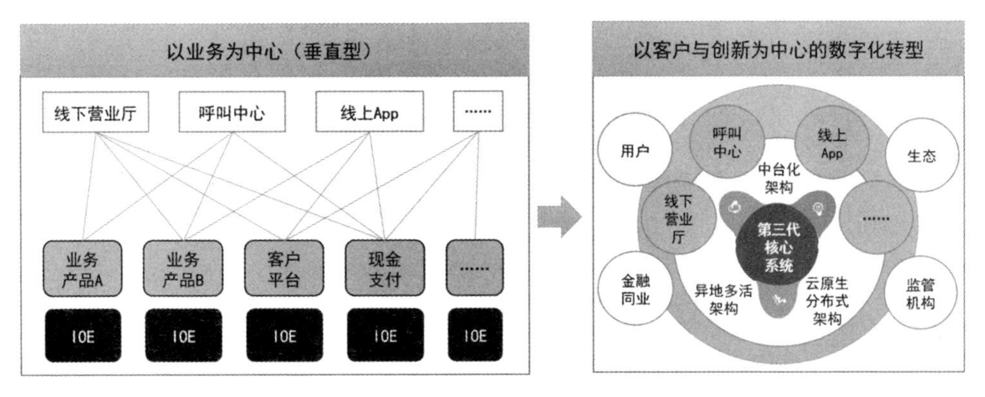


图 8-12

### 3. 系统建设经验

（1）采购与建设相分离的模式影响价值发挥

核心系统的下移不是简单地从主机等集中式切换到云原生分布式的平台。传统的应用和技术平台采用不同供应商分离建设的模式，基本上无法发挥云原生真正的价值，最终实现的业务价值会大打折扣。因此，建议在整体建设之前，设计好整体模式、架构、规划、周期和预算等，为后期建设做好统筹设计，而不要盲目地开始建设项目。

（2）承上启下的困难与挑战

在云原生分布式转型过程中，应用架构、数据架构和数据模型等关键要素需要匹配分布式环境，做好适应性改造和优化设计。很多传统核心系统的从业人员往往认为应用业务与技术平台无关，导致业务、应用和技术平台之间存在隔阂，造成业务无法敏捷、应用无法扩展。而我们急需运用工厂的流水线模式连通这两个鸿沟，运用业务建模数字化平台和工序，将业务与应用有机贯穿并同步，实现业务敏捷；运用架构治理与脚手架数字化平台和工序，将应用和最终的开发、运营、运维体系有机贯穿并同步，达成应用敏捷及安全可靠，实现最终的业务端到端敏捷。

（3）对性能等非功能性问题的忽视

由于云原生分布式架构增加了很多集中式架构没有的网络调用开销，因此早期的设计中没有很好地考量其性能，而在最后整体端到端性能测试时才出现问题，造成无法满足基本的并发与时延要求，达不到上线标准的情况。这时，大的体系已经基本建设完毕，如果无法做整体性能优化，也就无法达到最优的效果。因此，我们最好在架构设计及开发早期引入全链路测试与容量规划的工具，识别关键链路及关键设计的缺陷，为后期大规模应用建设"排雷"，打好框架基础。

（4）技术风险与运营方面的挑战

在云原生分布式体系下所需的运维技术栈和平台的数量、架构的复杂度远超以前，此时需要采用自动化、体系化技术风险防控机制。传统厂商难以具备这部分的设计和建设经验，为整体系统的可用性、稳定性等带来较大隐患。因为技术风险防控体系对架构、应用开发等有一定的规范和要求，所以对这部分的考量、设计与建设也需要在早期同步开展，以便为运维工作提供必要的支持和便利，为生产系统稳定高效运行提供切实保障。

（5）组织形式与管理模式的挑战

新一代核心系统的建设周期一般比较长，并且参与方众多，因此我们往往会忽视这个长周期项目建设团队自身的组织形式与管理模式问题。在云原生分布式、中台化、业务敏捷驱动等新的核心架构方式之上，整个核心项目组的组织形式、具体工作任务划分的方式和边界、沟通交流方式也会有变化。如果仍然按照集中式架构的形式来运作，可能会造成信息不对称的问题及摩擦，影响整体的工程效率和最后的落地效果。整个项目工程管理和沟通模式需要采用新的组织理念，用数字化工具体系进行组织协调，从而更高效、高质量地完成实际落地和交付上线。

集中式架构不仅是一种技术架构模式，而且是一种根深蒂固的思维习惯和设计理念。当它成为潜规则而影响创新时，我们往往身在其中而不自知。核心系统在向云原生分布式转型的过程中，打破这种集中式架构的思维惯性和习惯（设计、开发、运维）是最难的。从金融行业的角度来看，要实现核心系统向云原生分布式转型，关键在于打造一套新的云原生数字化生产流水线、配套设计工艺，以及稳固的云原生分布式基础设施，尝试做出全面的改变。

# 8.2 腾讯数字化转型案例①

腾讯作为国内的头部互联网企业，其自身的数字化转型案例在业内广受好评，同时腾讯通过技术开源或技术输出，为行业提供了数字化转型方案。

腾讯在其品牌宣传片《以数字技术 助力实体经济》中将自身定位为做各行各业的数字化助手：做好“连接器”，为各行各业进入“数字世界”提供最丰富的数字接口；做好“工具箱”，提供最完备的数字工具；做好“生态共建者”，提供云计算、大数据和人工智能等新型基础设施。

## 8.2.1 技术赋能：用组织进化构建技术壁垒

### 1. 赛马赛出来的庞然大物

与发展历史久远的传统公司相比，互联网企业的业务增长迅速，但其流程管理、内部信息化建设常常不能匹配其发展速度。

互联网企业管理团队往往更擅长技术和业务，但在管理上多数是“草台班子”出身。虽然团队技术实力强劲，但在管理流程、工程流程上往往是“哪里需要补哪里”，重复建设，缺乏顶层设计，各系统间无法通信的问题比较严重。

以 DevOps 工具链为例，对软件的生产公司来说，软件流程管理的重要性不言而喻。但在腾讯内部存在各种各样的工具和流程，这是有历史原因的。“小的组织才是好的组织”，腾讯广为流传的“赛马”机制助其拿下了不少业务的关键节点。赛马机制本质上是通过放权于一线，用相对较低成本的验证最小 MVP、验证可靠的团队，从而获得更多流量及资源的支持，如图 8-13 所示。

举例来说，腾讯会议团队在发展初期仅有 10 余人，依靠对产品场景的深入理解，快速上线了腾讯会议的初期产品。新冠肺炎疫情暴发后，大家发现腾讯会议可以很好地解决远程沟通的问题，最小 MVP 验证成功。腾讯立即将海量的宣传资源投向腾讯会议，同时对研发、运维、测试资源做了临时调配，腾讯云的大量研发人员参与了腾讯会议在 2020 年春节期间的重保工作。

---

① 本案例来自腾讯的 CODING 团队，在此感谢 CODING 团队的王子赢。

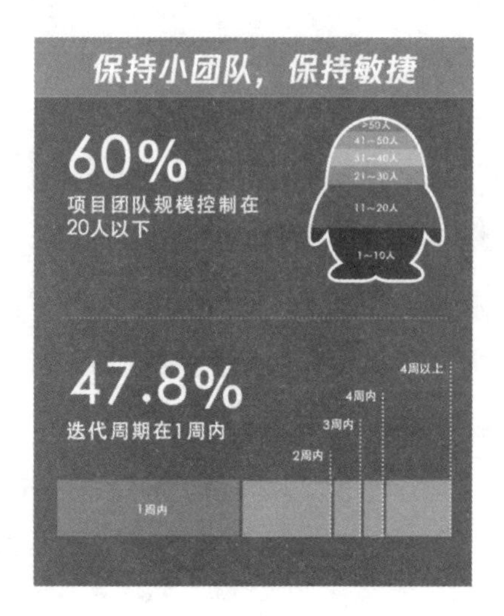


图 8-13

从上述案例我们可以看到，腾讯会议的成功并不是有组织的、提前规划的成功，而是由系统性的创新机制造就的万千成功可能性中的一种。这是腾讯过去成功的路径和风格，这种工作模式规避了行业现阶段软件工程工业化不足的问题，依赖市场选出强有力的一线管理者，将这些关键人员产生的业务价值放大。这让腾讯成为互联网和移动互联网的弄潮儿。

但这种“一切为了业务快速发展”的模式，要求各个业务团队必须形成闭环，形成一支服务于自己的技术工程团队，这就导致了几乎每个部门都要有自己的工具。2016 年，腾讯内部有大大小小 30 多个 CI（持续集成）产品，产品功能大同小异，重复建设造成的浪费只是一个小问题，工具分散、流程分散带来的资产混乱和流程混乱才是大问题。

2018 年，一个新入职的程序员在内网中抱怨“来到腾讯就像来到技术沙漠”，反映了内部技术建设的现状。他发现难以获得其他团队的技术积累，当需要开展某些基础设施建设时，只能在内网论坛发帖求助。很快，帖子引发了更多的响应和讨论，总办也很快下场参与讨论。这个事件带来了转变，腾讯开始下决心整治研发环境“烟囱林立”和“技术孤岛”的问题，如图 8-14 所示。

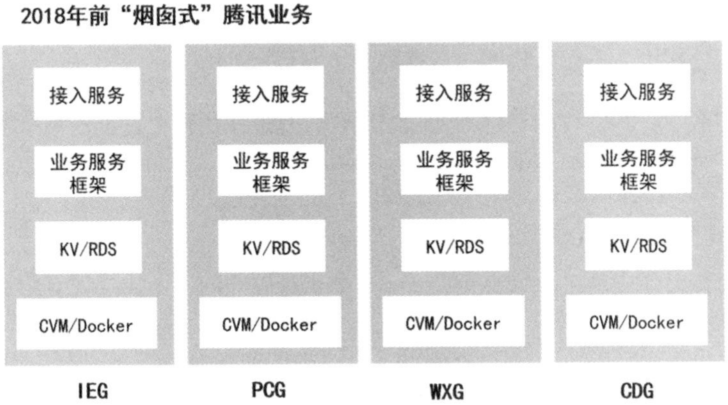

2018年前“烟囱式”腾讯业务

| IEG | PCG | WXG | CDG |
| --- | --- | --- | --- |
| 接入服务 | 接入服务 | 接入服务 | 接入服务 |
| 业务服务框架 | 业务服务框架 | 业务服务框架 | 业务服务框架 |
| KV/RDS | KV/RDS | KV/RDS | KV/RDS |
| CVM/Docker | CVM/Docker | CVM/Docker | CVM/Docker |

图 8-14

## 2. 为什么不是中台

如何解决粗放发展带来的技术能力分散问题？此前普遍的答案是中台。

中台提供了一个比较理想化的战略：抽象出合理的中间层，提供统一的技术架构、产品支撑体系、数据共享平台、安全体系等，支撑上层多种多样的业务形态。但理想归理想，现实归现实，要合理地抽象出一个中台，并且支撑前台的复杂业务，这对中台设计者的挑战是巨大的。

通常，在产品设计的过程中，最令人头疼的问题就是客户的管理流程、管理水平、工程能力参差不齐，难以抽象出一套通用的工具来匹配不同客户的管理水平。以中美之间的差异为例，中国的管理人才标准化建设稍弱，往往是业务做得好的人才就要升职，因此抓住机会的能力更重要，管理水平属于次级需求。相比之下，美国的职场MBA 普及率更高、企业经营史更久，因此形成了更标准化的企业经营管理模式，进而更容易抽象出公共服务，这也是美国的企业服务市场比国内更加火热的原因。

在企业内部进行中台设计时，也会碰到类似的问题。互联网企业强于业务但业务多变，弱于管理且缺乏统一认知，要在这样的情况下抽象出可复用的业务，可谓难上加难。例如，A 团队和 B 团队的业务不一样，管理流程也不一样。A 团队提出一个业务需求，因为涉及 B 团队中类似的业务，于是中台团队走访调研了半个月，终于设计出了合理的方案。然而 A 团队的业务需求又发生变化了，中台团队不断在各个团队之间疲于奔命。公司内个别强势业务的特殊需求往往比共性需求的优先级高，要插队“优先支持”。最终，中台产品经理逐步变成项目经理，变成手拿公共资源、被前台哄抢的资源池。

要搭建中台团队，那么应该在组织架构上有大动作，涉及的成本高，执行困难。因此在许多公司中，中台策略的执行都遇到了阻碍。

那该怎么办呢？中台的问题不是战略问题，而是在执行上过度依赖于顶层设计的问题，因此腾讯想出了另一个解决办法。

### 3. 开源协同

腾讯的解决办法是“开源协同”——一个相对温和的、不挑战现有组织架构、逐步改进的中台方案。

开源协同，就是通过开源的手段解决过去协同不好的问题。参考开源社区的组织方式，将同类项目的不同技术团队聚合到一起，共建开源，能合到一起自然最好，不能合到一起也可以互通有无，传递知识。合与不合，由相关业务团队自己视具体情况决定，不需要向上反馈，争抢资源。

但即使是这么“温和派”的改革，腾讯也遇到了很多困难。原有的“领地”划分得好好的，为什么要允许别人来“抢地盘”？为了使前期设计时没有留空间的地方也能供别人使用，腾讯采取了以下方法为开源协同铺平道路。

（1）统一思想

对大多数公司来说，搞内部开源相当于一个行政命令，没人想到腾讯会下大力气宣传。在著名的“930 变革”[①]中，“开源协同”甚至超过了组织架构的巨变，成为宣传内容的“C 位”。内部宣传更是铺天盖地，包括各种形式的辩论赛、讨论会。总办成员轮番下场答疑，都是为了确保在推进开源项目时，不会有人说“我不认同”“我不要这样做”。腾讯开源协同的具体思想如图 8-15 所示。

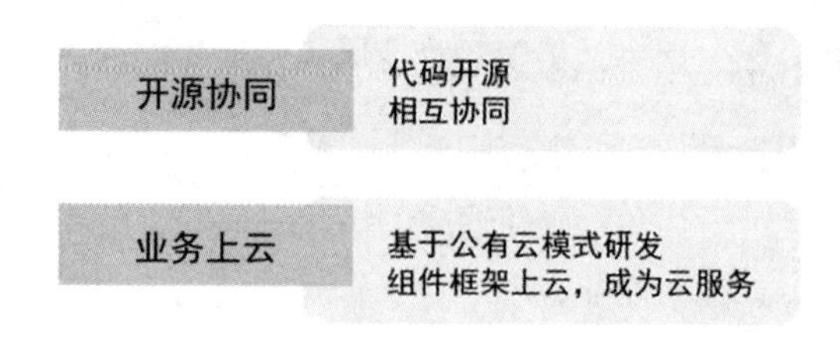


图 8-15

① 2018 年 9 月 30 日，腾讯开启了被称为“930 变革”的组织架构调整，成为全球同体量互联网公司中最早开启全方位调整的公司之一。

（2）先开源，再协同

在开源协同期间，腾讯从 SVN 技术栈全面切换为 Git，并要求所有项目在完成敏感信息扫描后对内开源，以技术图谱的形式对内公开。开源协同开展一年后，内部代码开源率已经提升到 70%，开发者习惯于在“造轮子”之前到技术图谱中进行检索，复用现有代码。

（3）树大标杆

存储、视频传输这些技术实力强、有话语权的大项目，是腾讯开源协同的示范项目。针对这两项技术，公司有四个团队各自为战，相互竞争，资源浪费明显。对于视频传输技术，如果能够合并开发、开源共享，那么可以压缩 10 亿元左右的带宽成本。

在做项目合并的过程中，需要花费大量时间解决工程问题，这在执行层面引发了很多矛盾。项目推进不顺利，团队一度想用折中版本来应付差事，这时总办又站了出来，对大家说：“等十年后，我们都离开腾讯了，回头看看留下的东西，如果都是一堆烟囱和残垣断壁，我们的内心会不会痛？”最后，在总办的坚定推进下，最难的标杆项目成功落地。

（4）对外开源

2019 年，腾讯成立了技术委员会，负责更具影响力的开源项目的建设。内部开源成了外部开源的试验田，内部用量大、反馈好的项目会进入外部开源的流程，获得更广阔的技术共享空间。

### 4. 不要寻找银弹

在腾讯，开源协同已经运作了三年，解决了一些问题，一些基础、具有工具性特质且在腾讯特定场景中的业务在开源协同的背景下发展得很好。开源协同的成功也明确了腾讯目前整体的技术投入方向，但是要因此把腾讯从一家业务导向的公司转变为技术导向的公司，还需要很长时间。

开源协同，是通过去中心化的设计让中台“长出来”，而非设计出来。它生长于腾讯特定的“开放、平等、年轻”的文化之下，因此对其他情况不同的公司来说不一定合适。但是这种因地制宜、关注“工程师文化”的思考模式，的确值得借鉴和学习。

### 8.2.2 技术赋能头部医疗零售企业，具备“自治、自决、自动”的能力

随着业务规模不断扩大，国内某头部药品零售企业累计会员人数逼近 6000 万大关，每年服务的忠实顾客数达到 1.25 亿。在数字化时代，消费者对服务体验和质量提出了更高的要求。为消费者提供“更齐全、更温暖、更专业”的服务，既关乎民生，又是当今企业的责任所在。

在日新月异的数字智联时代，如何将线上渠道与线下门店结合，在风云变幻的市场环境中保持一定的敏捷性与灵活性？如何以业务需求和价值为核心，对内提升团队的业务响应能力和工程交付效率，对外提升服务质量与用户口碑？对传统零售行业来说，敏捷转型无疑是最佳答案。

#### 1. 引入敏捷建设

该企业选择通过引入专业团队的方式完成团队从 0 到 1 的敏捷建设。

在敏捷转型之前，该业务团队和研发团队在战略上缺乏协同，业务需求的目标和价值经常无法很好地传递给研发团队，且跨组协作成本高，存在阻碍。为了更好地提升业务交付价值，在专家的指导下，该团队建立了以业务价值为核心的跨职能组织结构，如图 8-16 所示。

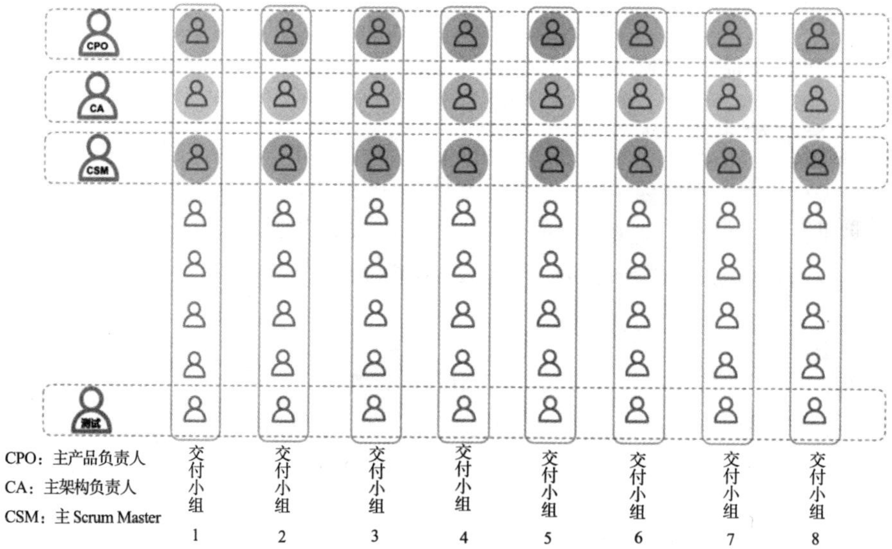

CPO
CA
CSM
测试
交付小组 1
交付小组 2
交付小组 3
交付小组 4
交付小组 5
交付小组 6
交付小组 7
交付小组 8

CPO：主产品负责人
CA：主架构负责人
CSM：主 Scrum Master

图 8-16

纵向为自组织的跨职能小组，包括产品经理、Scrum Master（通常由开发人员兼任）、架构师、开发人员和测试人员等，不超过 10 人。一个跨职能小组对应一个具体产品或者业务线，可以完整交付业务价值，并且能自行决定产品目标和自主决策。灵活机动的小团队模式，便于跨职能小组的成员当面交流和讨论，更好地为共同的业务目标进行协作。

横向为同个职能小组内的协同组织，由职能负责人牵头职能小组内的协同活动，协调跨业务线合作的资源，推动跨团队、跨业务线的协作与改进。

### 2. 持续培训与升级

成功的实践需要扎实的理论知识作为依据。在团队内部，多数成员尚未意识到敏捷开发和持续交付的价值和必要性，缺乏不断学习和提升的文化与氛围。针对这个问题，咨询师通过一系列培训，为团队导入敏捷价值观和管理实践，覆盖敏捷基础概念、产品经理及 Scrum Master 基础知识、DevOps 实践等方方面面，确保团队成员清楚地认识到敏捷是什么、为什么需要敏捷，并通过项目实战理解各个角色应如何在团队中发挥最大价值。

除了对产品经理和 Scrum Master 进行日常实践辅导培训，咨询师还通过敏捷教练训练营的模式帮助团队培养内部教练，以保障敏捷转型效果可持续、可推广。在咨询师的带领下，团队内被选定的种子选手经历了一系列强化培训、实践辅导及学习分享。最终，被选定的敏捷教练会带着“践行敏捷、推广敏捷”的使命，在团队内充当推动敏捷变革的核心力量。

### 3. 运用工具，落地敏捷体系

企业敏捷转型不仅需要思维的转变，还需要通过工具来承载敏捷的理念和流程。CODING 是腾讯依托业界敏捷项目管理方法论与 DevOps 体系打造的一站式平台，打通了敏捷开发全生命周期的工具链孤岛及协作壁垒，助力团队内部打造规范化、可视化、自动化的敏捷研发管理体系。

在使用 CODING 之前，团队内部的研发团队对业务的理解有限。业务侧的需求目的、场景和价值传达不清楚，往往造成了不必要的沟通和理解成本。不透明、无契约的协作造成了业务侧与研发侧无法形成充分互信的合作氛围，从而无法将业务价值最大化。

在使用 CODING 之后，团队将原始业务需求统一在项目集中进行管理。一个项目集对应一个具体的产品或业务线，通过不同的工作项对该产品和业务线下不同模块的需求进行分类。业务侧根据业务战略来规划里程碑，在对应的需求分类下创建子工作项，填写具体的需求背景、描述、目标和价值，指定开始和截止时间，即可完成需求登记，如图 8-17 所示。

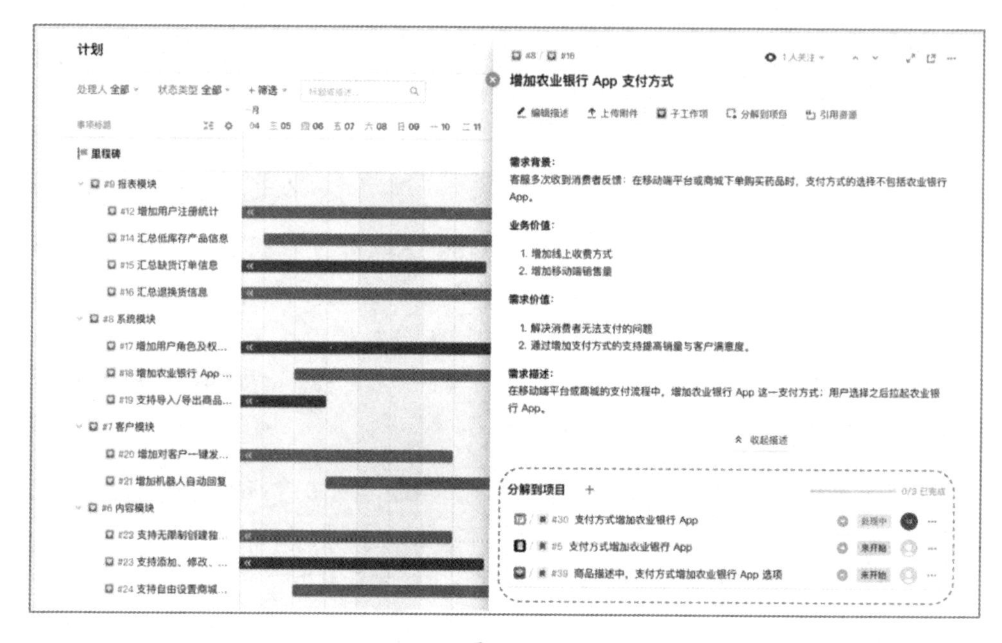


图 8-17

在图 8-17 中，通过“分解到项目”功能，该业务需求可被产品经理拆分到多个项目的用户故事和任务中一一实现。这对跨团队、跨业务线合作的场景来说尤为重要。

将业务需求映射到研发侧，成为项目中的一个个用户故事，是敏捷协作流程中的最小工作单元。团队内部严格规范了用户故事的书写方式：必须描述清楚用户故事和验收条件，并提供必要的细节描述及产品原型图等信息。用户故事是研发团队协作的基础，厘清验收条件，才能让产品、开发和测试人员对“需求是否做好、做对”形成共识，确保团队“心往一处想，劲往一处使”，交付的业务价值满足预期，如图 8-18 所示。

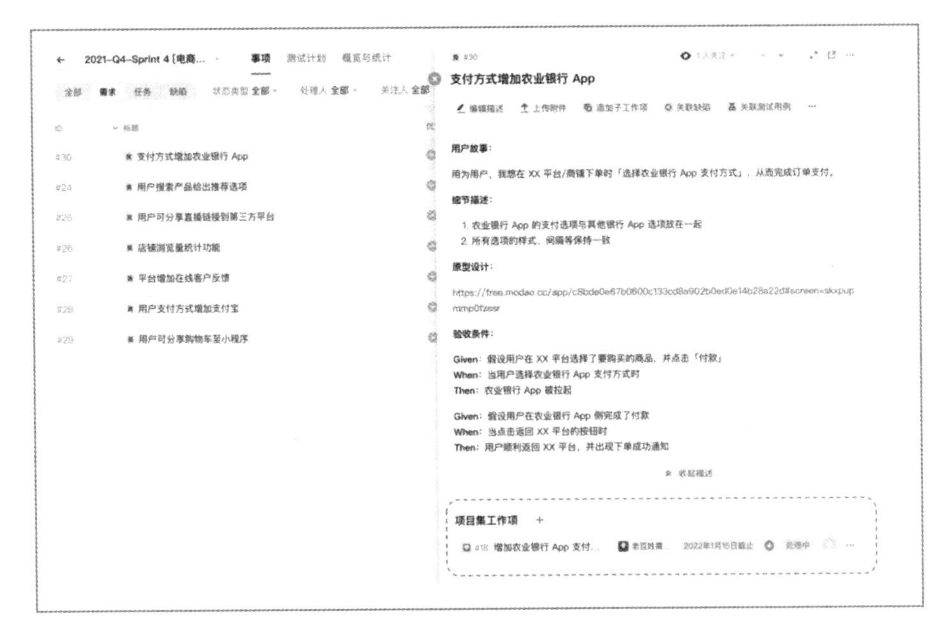


图 8-18

通过项目集与项目的数据联动，对业务侧而言，需求开发的进度、风险及资源情况不再是黑盒状态；研发团队可以清晰地看到项目中的用户故事或任务所承载的原始业务需求，理解需要实现的需求目标和价值，做到“知其然，亦知其所以然”。视角分离的数据互通，让双方只需将精力放在各自最关注的部分上，同时大幅提升业务需求流转的透明度，确保双方对业务需求达成共识，加强双方的契约合作。

### 4. 用好看板

作为可视化工作流的载体，看板是敏捷研发中必不可少的因素。该团队将 CODING 项目看板的作用发挥得可谓淋漓尽致，最大程度上将团队内的敏捷活动可视化、透明化。

在迭代开始的第一天，团队成员会集中起来，围绕 CODING 项目看板讨论本次迭代的范围、估算所有的故事点，然后根据团队效率确定迭代计划，并开启迭代。根据看板展示的多维度数据，团队成员可以清晰地知悉整个迭代要完成的用户故事、各个用户故事的优先级，以及需要耗费的预估工时等信息，如图 8-19 所示。这使得团队成员拥有共同的业务目标，以便高效地开展团队协作。

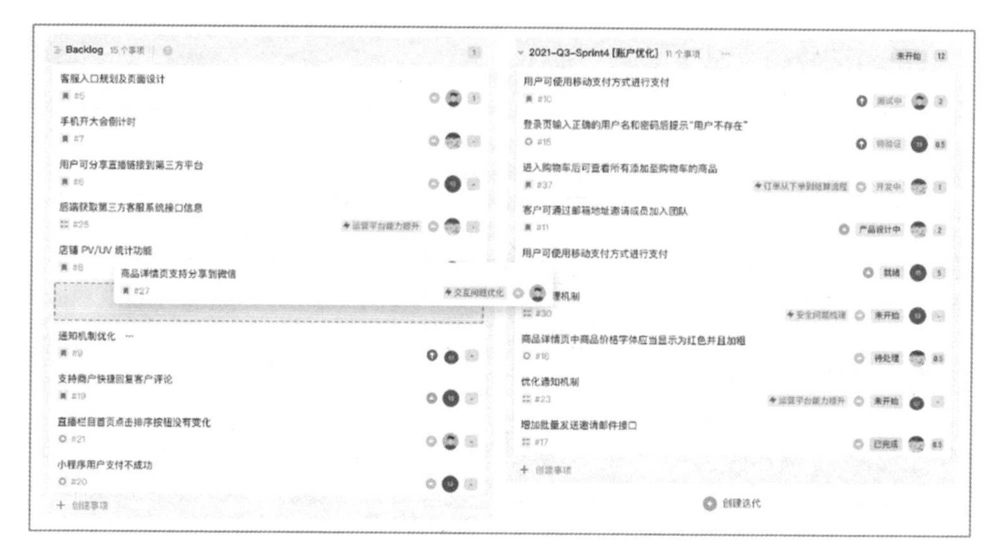


图 8-19

在每日站会上，该团队会使用迭代事项的看板视图同步每天的工作信息与问题。通过看板视图将用户故事的工作流转视觉化，哪些用户故事尚未完成、各用户故事处于什么阶段、当前处理人是谁等，均可以一目了然。若用户故事已满足流转至下一状态的条件，那么直接拖曳至状态卡片，即可自动更新故事状态。对于存在风险（即将逾期但尚未完成）的用户故事或者优先级较高的用户故事，通过明显标签即可识别，团队成员在站会中也会重点关注此类事项并展开必要的讨论，如图 8-20 所示。

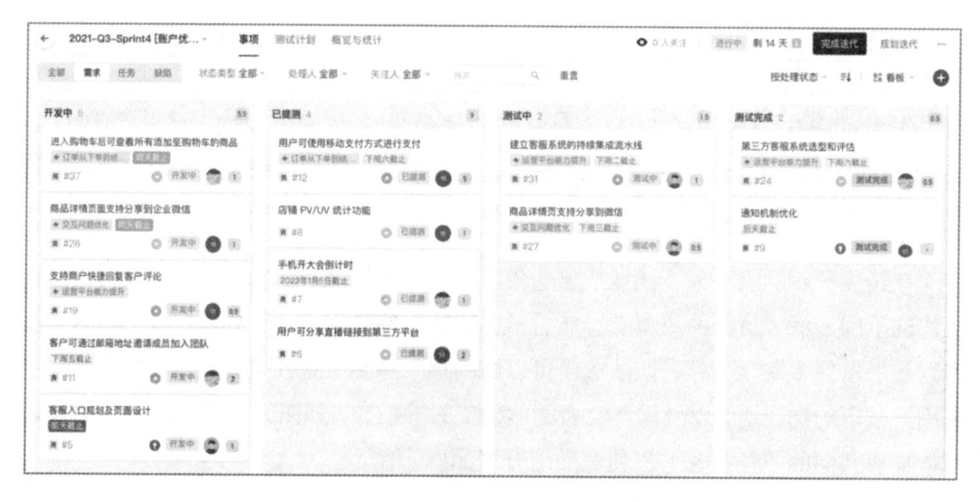


图 8-20

迭代回顾也离不开看板，针对每个迭代事项，CODING 均提供了单独的概览与统计视图，为回顾迭代事项提供了重要的数据来源。在每个迭代事项的最后一天，该团队会以 CODING 提供的事项状态趋势、故事点燃尽图和事项分布为依据，对该迭代事项的工作过程进行回顾，总结做得好的地方，分析需要改进的地方，在鼓舞士气的同时保持团队内部持续改进与反馈的氛围，如图 8-21 所示。

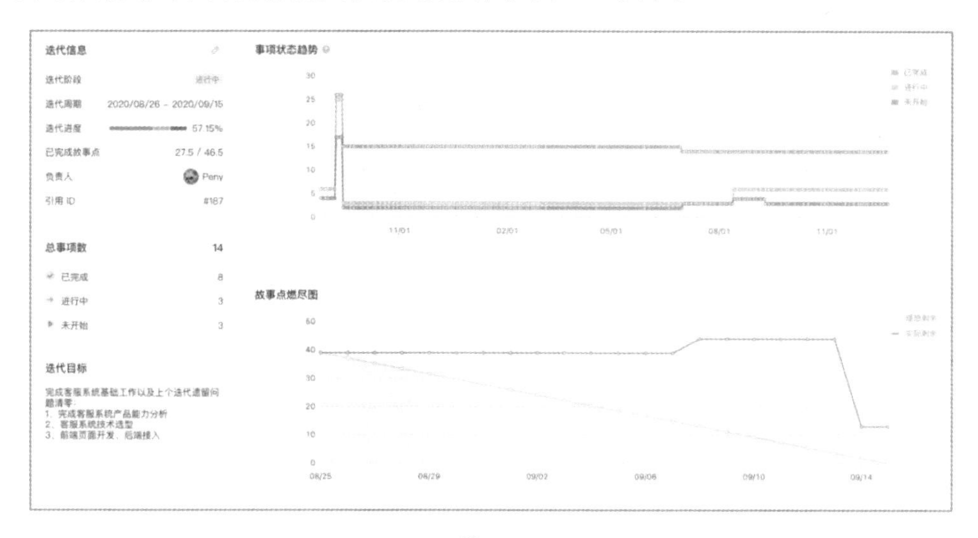


图 8-21

在对该企业的调研中，所有人都认为敏捷实施对团队起到了帮助作用。其中，83%的人认为目前的模式比以前更有秩序、节奏更好，77%的人认为信息比以前更透明，59%的人认为团队的交付能力增强了。CIO 对本次敏捷转型的实施也给予了高度肯定，团队的积极性提高了，研发团队与业务之间对交付价值有了更深刻的意识。利用 CODING 平台，管理者可以随时掌握研发中心的项目状态，在发现风险时提前介入，从而更好地把握项目成本与开发进度，使得整个敏捷研发中心的开发管理过程得到落地性的优化。

从该案例中我们可以看出，对已建立自有研发团队的企业来说，敏捷转型可以有效提升业务团队和研发团队的沟通效率，并最终为数字化转型的大目标做出贡献。

### 8.2.3　技术赋能中小型银行，加速软件构建数字化新引擎的能力

前沿科技的迅猛发展为金融创新与数字化转型提供了不竭的动力，新冠肺炎疫情在一定程度上加快了全行业数字化转型的脚步，金融行业与数字天然的密切性更让其成为数字化转型升级的先行者。大型商业银行和新型互联网银行的重心纷纷下沉，成

为倒逼中小型银行数字化转型的现实问题。中小型银行的生存发展空间面临前所未有的挑战，数字化转型迫在眉睫。

### 1. 数字化转型的困境

某银行为农村金融的主力军，与绝大部分中小型银行一样，对当地市场深耕多年，网点多、客源广，拥有绝佳的地理优势。在数字化浪潮的冲击下，引进新的技术、构建新的业务模式、打造新的金融生态体系，成为该银行抓住风口、拓展发展空间的必然选择。但该银行的数字化转型过程遇到了软件生产过程管理不力和速度慢等问题，具体表现如下。

- 软件交付过程冗长，包括需求、开发、测试、部署、运维等环节。各环节之间存在壁垒，无法整体协同，交付质量较低。
- 各个团队之间使用不同的工具和方法来开展工作，工具与工具之间集成度低，缺乏统一的协作平台。
- 随着业务的不断发展及业务需求逐渐丰富，对应用系统的开发质量和效率的要求也随之提高，原有的代码管理工具难以支撑研发工作的有效开展。
- 受制于手动发布，产品版本的更新周期过长，不能快速响应，满足用户新需求。
- 随着自主研发及人员投入力度的加大，管理需求日益提高，目前尚未统一通过视图查看整体链条的效能情况，无法评价人员效率情况。

### 2. 引入流程与工具，使软件生产有序

要实现有序的软件生产，最重要的就是打破协作壁垒，增强团队协同，提升软件开发效能。针对该团队的软件交付流程，CODING 平台设计了符合团队实际情况的协同管理工作流。同时，CODING 可将产品需求与实现代码进行紧密关联，产品、开发、测试、运维等人员在同一个平台就能完成全流程的工作，不同角色之间可实现高效协作。相关的流程图如图 8-22 所示。

为了适应业务发展，提升开发效率，团队全面转向使用 Git 来管理代码。通过使用分支管理、合并请求、发布版本等功能，充分优化了开发流程。通过整合代码质量管理工具，可实现系统化地评估并改善团队代码质量，有效减少代码中的“坏味道”，如图 8-23 所示。

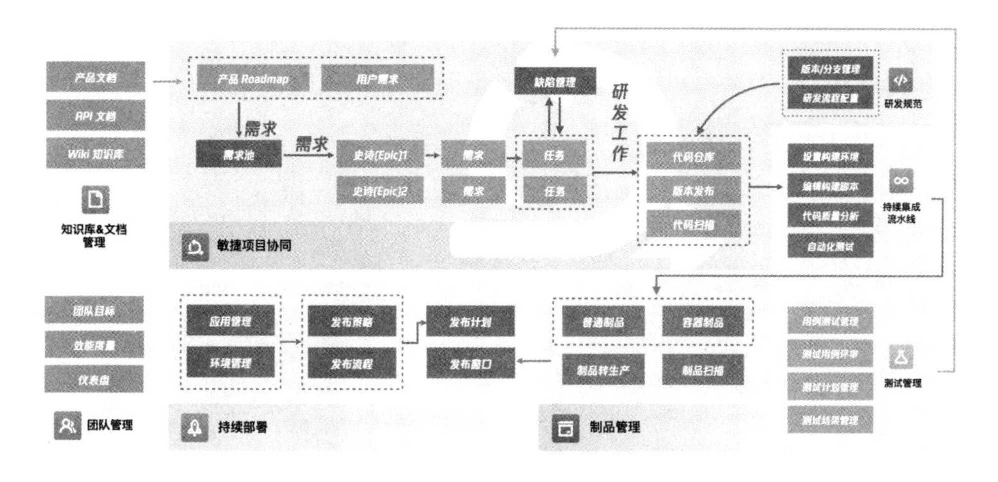


图 8-22

图 8-23

用户需求的递增反向刺激了产品的更新。为了满足用户需求，在保证质量的前提下，需要缩短产品版本的更新周期，加快产品开发进度，这成为该银行团队的另一诉求。该银行引入了业界领先的敏捷开发和持续交付的理念，结合软件开发的实际特点和银行自有的技术基础设施生态，主要分为两步走。一方面，对互联网新业务实行并行交付，分阶段逐步优化，先落地持续集成；另一方面，对传统核心业务保持集成交付的双模式研发，实现按需投产，降低成本的同时确保不会给现有业务带来冲击。通过一站式的开发平台（如 CODING DevOps）构建软件持续交付流程，最终为该团队打通开发、测试、部署全流程，实现项目管理可视化、构建集成自动化、测试过程管理进一步线上化、持续部署自动化，从而快速响应业务需求，快速交付业务价值，如图 8-24 所示。

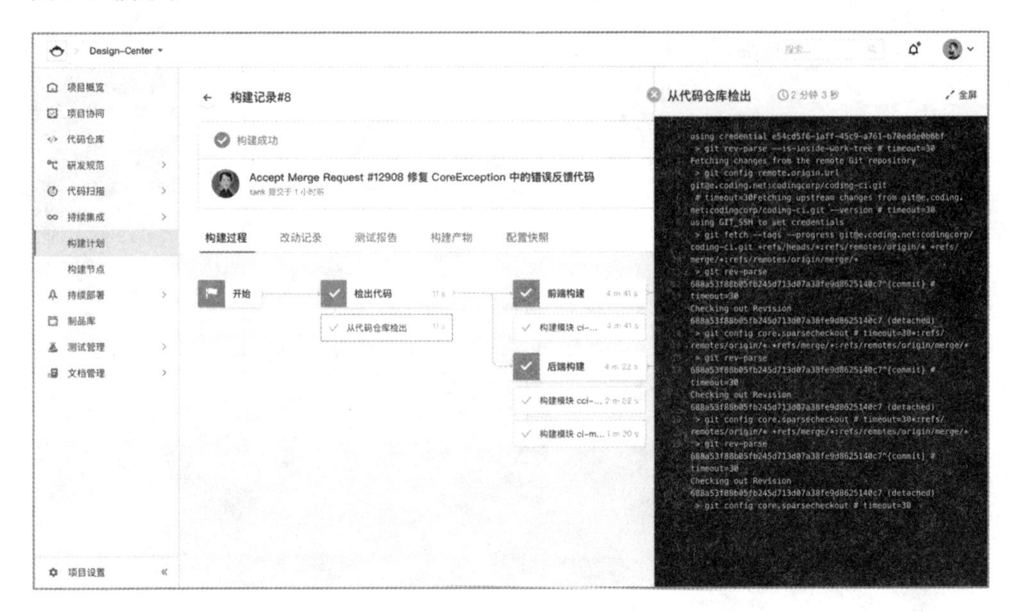


图 8-24

在本案例中，该银行团队通过落地一站式的 DevOps 工具，规范软件的生产和开发过程，有效管理了自有 IT 人员与外包 IT 人员，使开发过程可追溯、可管理。这套有序的软件生产过程让金融机构的数字化过程更加可控，从而稳步推进数字化转型。

## 8.3 优维 EasyMABuilder 平台的低代码能力①

低代码技术是数字化转型的核心技术，EasyMABuilder 平台是优维科技自主研发的低代码产品，实现了从前端页面布局编排到后端接口功能开发的全覆盖、一站式低代码（Low-Code）解决方案。

① 本案例来自优维科技，在此感谢优维科技的陆文胜、夏文勇。

## 8.3.1 EasyMABuilder 产品介绍

EasyMABuilder 最早是由优维科技打造的内部开发平台，用于提高众多产品线的开发效率，专门协助研发团队开发优维科技其他的产品线，如 EasyCMDB、EasyDevOps、EasyITSC 等。在经历了内部研发团队数百位成员两年多的高强度使用后，EasyMABuilder 积累了大量关于软件系统工业生产的最佳实践，并且逐渐被产品化提炼出来，成为优维科技唯一一款一经推出就已达到工业级设计水准的成熟产品。

为了实现全栈沉浸式的开发体验，EasyMABuilder 产品整体包含 3 个功能模块：Visual Builder、Flow Builder 和 Data Builder，如图 8-25 所示。模块间既可以相互协助，也可以单独使用。

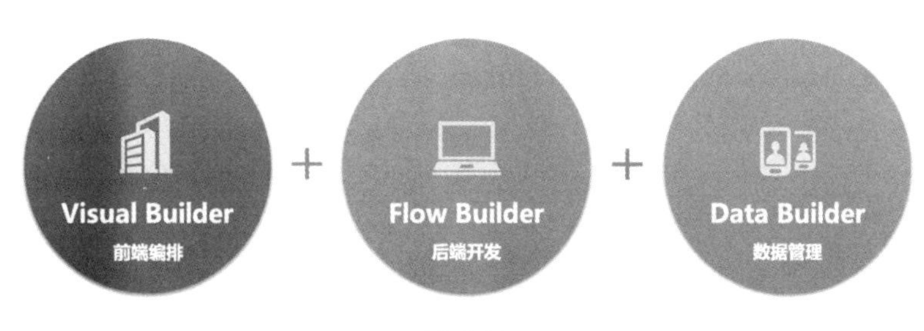


图 8-25

### 1. Visual Builder

Visual Builder 是前端编排模块，功能包括 App 的项目定义与初始化、前端菜单编排、页面路由设计、UI 元素布局、页面可视化预览、页面构件模板管理、页面构件库、后端接口 Provider 文档、图标库、插画库等。

在 Visual Builder 中，页面的整体开发通过 JSON、YAML 或表单的方式进行配置。用户无须精通 HTML、CSS、JavaScript 等编程语言，也无须掌握 NPM、webpack 等前端工程软件，即可轻松开发可实时运行的真实页面。Visual Builder 内置的构件库包含数百个常用的页面构件，在搭建页面时可以实现非常高效的工程复用。通过快速的编排配置，可以让构件呈现不同的页面效果，以满足不同的业务场景，如图 8-26 所示。Visual Builder 常用在需求逻辑澄清、原型细节沟通、最终页面交付等多种业务场景中。

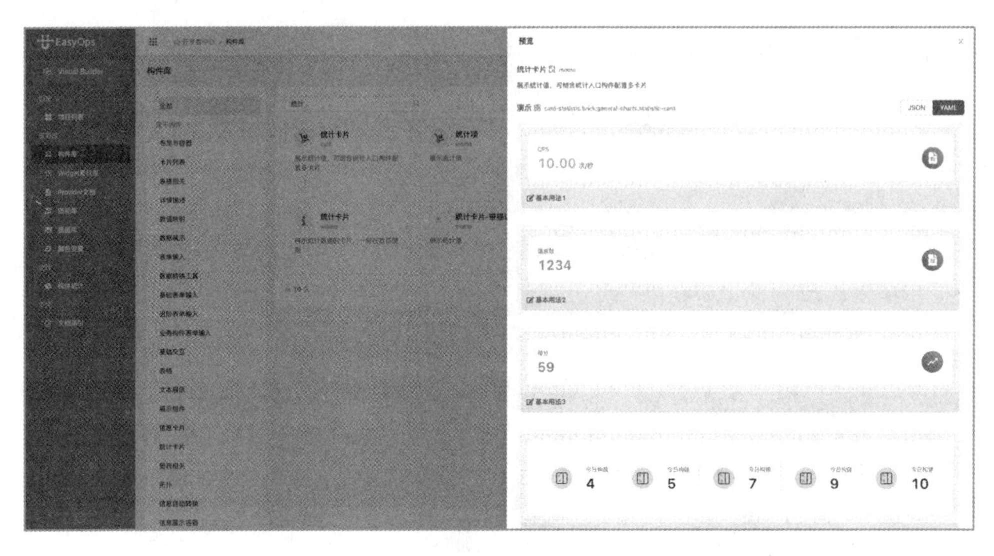

图 8-26

## 2. Flow Builder

Flow Builder 是专门为低代码平台量身打造的函数即服务（Function as a Service）后端开发平台。Flow Builder 基于接口服务契约的开发模式，使 Flow Builder 开发的函数接口与前端 Visual Builder 能够轻松联动，实现协同并行开发。与 Visual Builder 的构件库类似，Flow Builder 独有的函数库囊括了优维平台、主流的公有云（如腾讯云、阿里云），以及常见的开源系统（如 GitLab、Jenkins 等）的数千个接口函数。一方面，在工程实践上实现了非常高效的复用能力；另一方面，实现了无须编写任何代码，通过接口复用拼装的方式即可对外创建新的函数接口服务。由 Flow Builder 构建的后台服务，在开发时运行在 Kubernetes 集群中，可实现功能的快速验收；在开发完毕后部署到生产环境中，可以打包为用于传统部署的程序包或运行在 Kubernetes 中的容器镜像；生成的最终制品中已内置函数接口服务运行所需的所有环境，可以实现一次编译、多处运行，如图 8-27 所示。

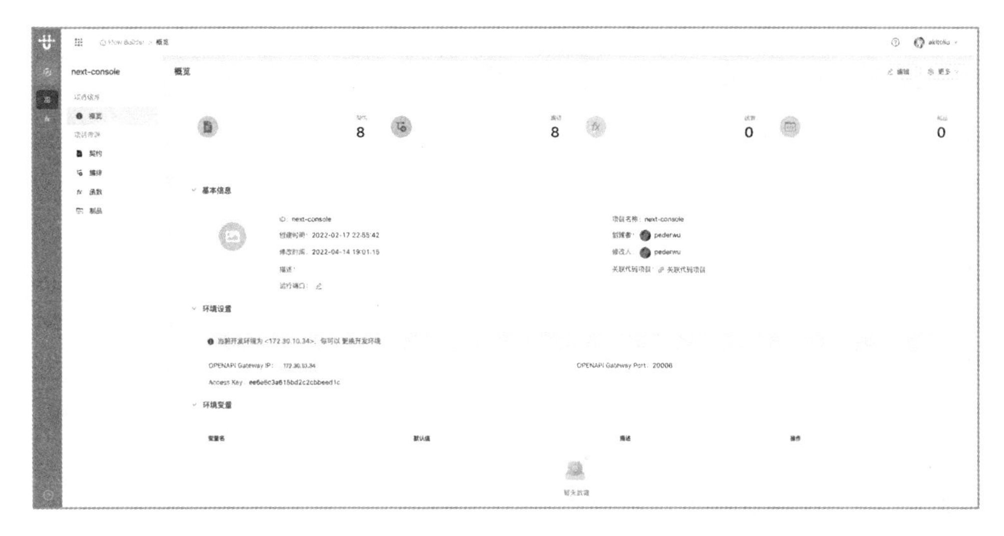

图 8-27

### 3. Data Builder

在后端开发过程中，数据的建模定义对后续需求的可扩展能力及系统的稳定运行影响极大。基于 EasyCMDB 的资源一致性管理原则，优维科技始终坚持以 OneModel 的理念构建企业的全景式资源蓝图，从资源建模起步就尽可能避免企业 IT 系统在建设过程中形成信息孤岛。Data Builder 允许用户创建领域场景，在领域模型中构建相关的资源模型，支持通过补丁的方式对模型进行增量式的自定义变更，既不影响现有的 IT 系统运行，又可以很方便地定制业务场景所需要的字段和模型，如图 8-28 所示。

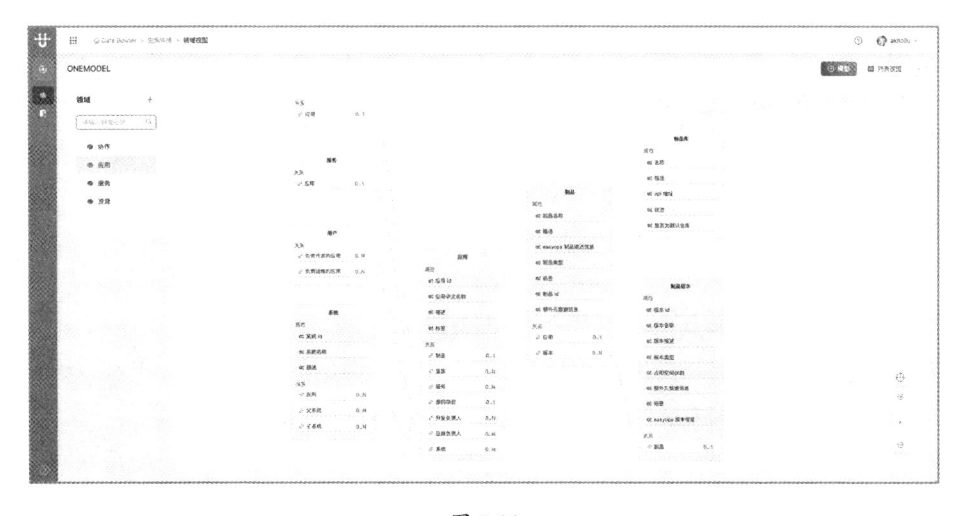

图 8-28

## 8.3.2 EasyMABuilder 低代码平台的最佳实践

### 1. 低代码既不是少写代码，也并非无代码

在数字化转型的浪潮中，现代企业不可避免地要解决业务信息在线化、数字化和智能化的问题。如果使用传统的开发模式构建内部信息化平台，那么会面临软件工业生产中的各种困境，主要体现在以下几个方面。

- 业务响应效率低：市场信息瞬息万变，业务需求的变更难以得到快速的响应，从需求提出到服务上线需要经历坎坷的应用生命流程管理。
- 频繁沟通带来的协助成本：比如对需求的理解不一致、前后端 API 文档更新不及时、团队之间的项目排期摩擦等。
- 冗长的技术栈学习成本：前后端人员均需要掌握开发语言、打包语言、开发框架、各种组件库的使用，学习成本高、投入大。
- 重复度高的 CRUD 开发场景：各种系统页面均存在大量重复度极高的数据 CRUD 操作，增加开发工作量，但对个人来说没有技术成长的空间。
- 系统维护成本高：每套系统都需要复杂的环境搭建与后续维护，涉及环境管理、部署管理、配置管理、数据管理、变更管理等模块，这些模块都需要长时间的反复实践和高成本的投入。

因此，撇开市面上对低代码各种花里胡哨的造势宣传，回归到低代码平台的本质，即帮助企业在数字化转型过程中稳健、高效地完成构建信息化中台的艰巨任务。低代码平台不是让企业中的软件开发者少写代码，而是把大部分的软件开发能力投入在构筑标准化的场景上，提高软件生产过程的标准化程度，如 UI 配色、页面布局、构件使用、页面编排、代码管理、集成管理、后端编排、前后端联调、环境管理、变更管理等，从而大幅度提升软件项目的工程效率，消除团队之间的沟通壁垒，如图 8-29 所示。

EasyMABuilder 是一款企业级的低代码编排开发平台，其产品架构可以最大限度地提升团队沟通协助体验，提高项目工程效率。例如，前后端的基于 YAML 或表单的可视化编排，降低开发者的门槛；前端构件库与后端函数库，可以提高软件开发的复用程度；可见即可得的运行页面预览功能，可以降低业务人员与技术人员的沟通成本；前后端编排系统内置制品管理功能，可以降低编译打包部署的复杂程度；基于契约驱动的开发模式允许研发团队采用前后端并行的开发模式，提高需求的响应效率。

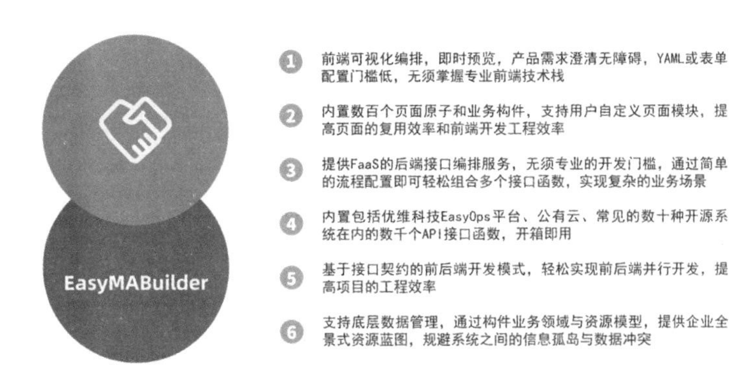


图 8-29

低代码并非零代码。低代码的用户画像依然面向企业的技术团队，目的是提高企业的软件开发效率；而零代码开发平台期望尽可能降低应用开发门槛，让人人都能成为开发者，包括完全不懂代码的业务分析师、用户运营人员，甚至是产品经理。严格来说，零代码相当于低代码的一个子集，是低代码中表现形式中较为极端的一种，如图 8-30 所示。

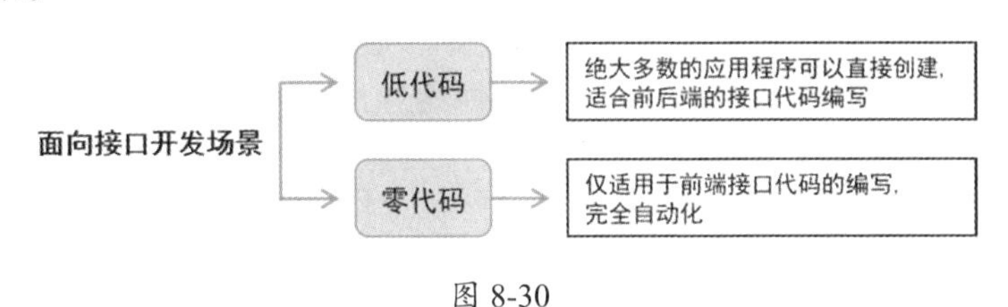


图 8-30

零代码的使用场合非常受限，主要原因如下。

由于面向的用户对象大部分是技术人员，零代码只能提供“平民化”“亲民化”的软件开发功能。零代码一般应用在一些对标准化程度很高的业务场景中，只需要简单的业务组件堆砌，不需要复杂的技术理解与底层编程理念，如 OA 系统等垂直领域。

零代码只是比较友好地处理前端编排开发过程，对后台的数据处理、接口编排等依然无法很好地落地，难以处理复杂多变的业务场景。

### 2. 所见即所得，连接业务需求与技术实现

（1）前端编排（Visual Builder）

在软件开发过程中，沟通协助的成本是非常高的，特别是业务需求的设计与澄清环节。产品经理对需求设计的把控和变更信息的传递，以及技术人员对需求的理解，都会直接影响整个项目开发周期，稍有不慎就可能产生迭代风险，导致项目延期。

为了解决上述问题，优维科技在内部实践过程中为 Visual Builder 设置了可视化程度非常高的编排开发功能。在 Visual Builder 中创建的每个应用都可以对系统菜单、页面路由、页面详细布局、页面构件的外观等进行可视化配置。

首先，用户可以对系统的功能菜单进行定义，快速梳理该应用所提供的产品能力，如图 8-31 所示。

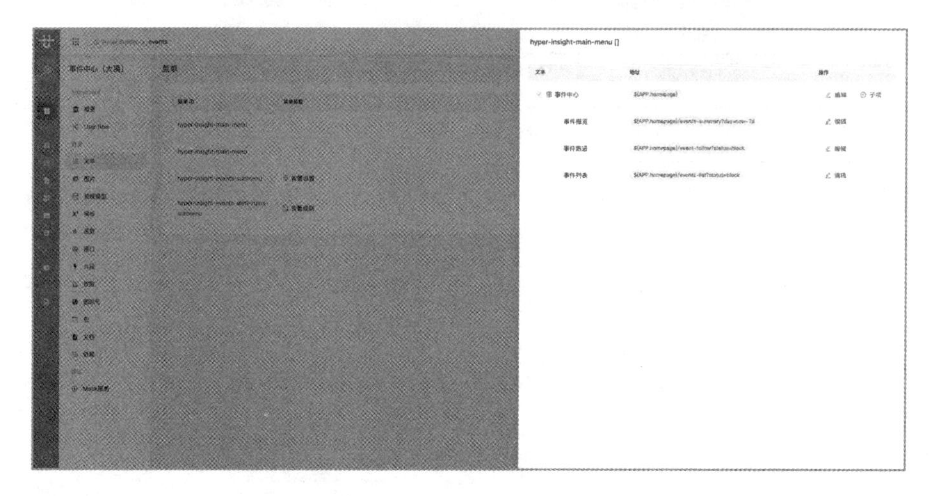


图 8-31

其次，在完全可视化的页面层级和上下级路由结构中，前端技术人员可以轻松地对路由层级进行规划，产品经理也可以根据页面层级来查看产品的用户旅程，如图 8-32 所示。

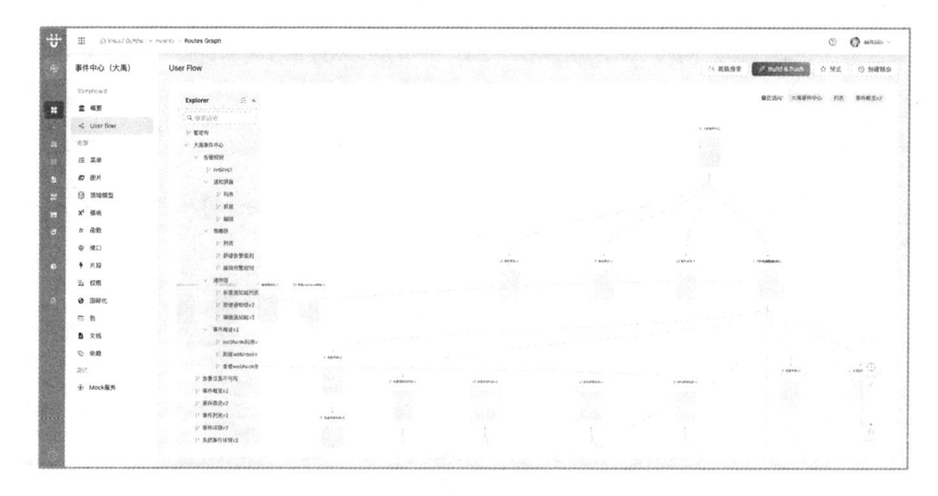


图 8-32

最后，具体到每一个页面的布局与构件的安放，也可以通过可视化拖曳的方式完成，并且构件的配置使用表单或者 YAML 语法实现快速调整外观与对接数据，如图 8-33 所示。

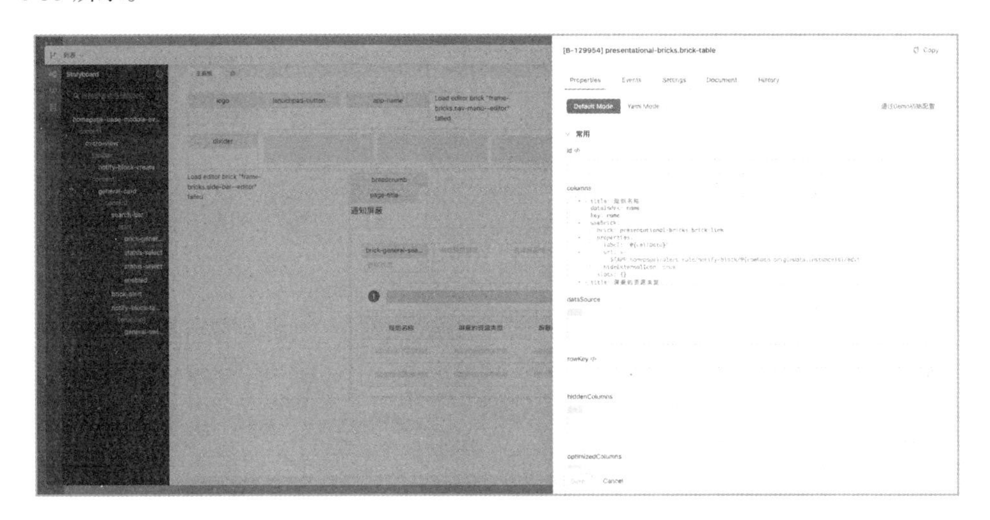

图 8-33

对于处于编排过程中的应用，可以随时预览其真实的运行效果，以便用户快速调试，如图 8-34 所示。针对处于开发状态的应用，预览页面会被打上“Develop”的水印标签，避免业务人员产生误解。

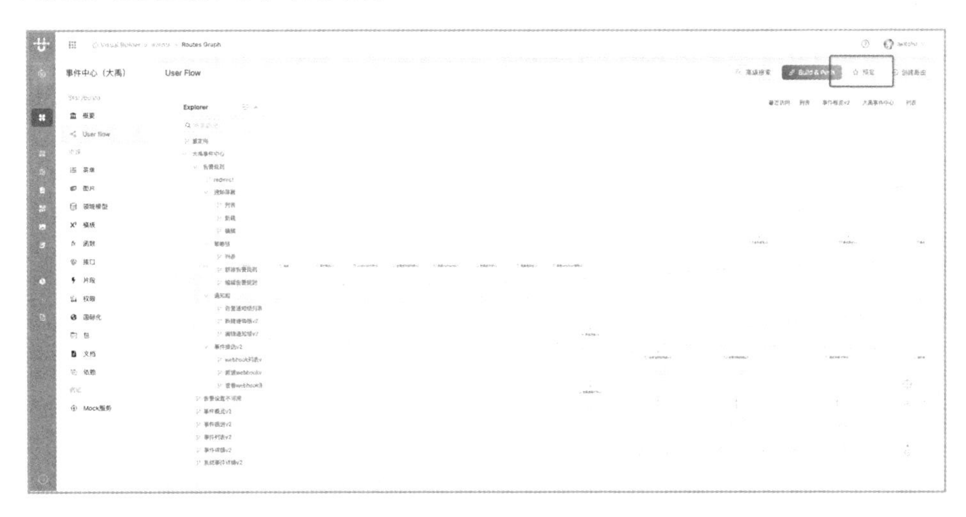

图 8-34

产品经理可以使用 Visual Builder 快速编排一些简单的页面原型，以便向研发团队澄清需求。前端人员也可以借此与产品经理沟通，明确双方对需求的理解是否一致，并和后端人员沟通页面数据需求。在熟悉构件的使用后，产品经理编排的 Visual Builder 页面 DEMO 甚至比 Axure 等设计工具中的线框图更直观，生产效率更高，如图 8-35 所示。

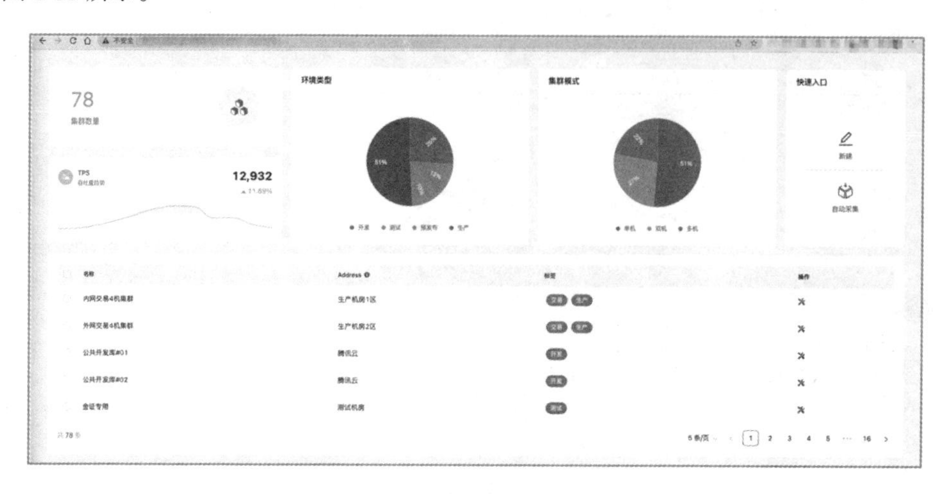


图 8-35

（2）后端编排（Flow Builder）

与 Visual Builder 的前端编排类似，Flow Builder 实现的也不是简单的后端开发，而是基于流程的后端编排能力。Flow Builder 在创建函数时，可以通过 YAML 配置的方式，使用已有函数在处理流程中的编排实现复杂的业务场景，如图 8-36 所示。

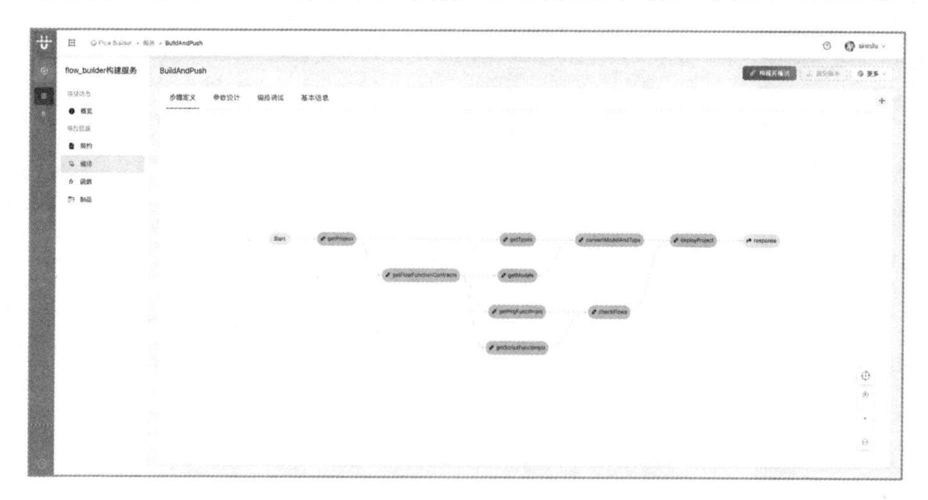


图 8-36

假设在前端系统中，有一个页面需要展示企业内部的主机数量、机柜数量、机房数量等基础设施的统计信息。按照常规的开发流程，后端开发人员一般会提供多个原子接口，如请求主机总数的 API（getHostTotal）、请求机柜数量的 API（getRackTotal）、请求机房数量的 API（getIDCTotal）。

为了减少页面的接口请求数量，通常会在编码时封装一个 getInfraTotal 的业务接口，以便于前端页面的渲染。而在使用 Flow Builder 编排时，可以把原子函数编排在一起，然后直接返回请求，全程无须再次编码，只需要简单地进行 YAML 配置或通过界面可视化拖曳原子函数进行编排即可，如图 8-37 所示。

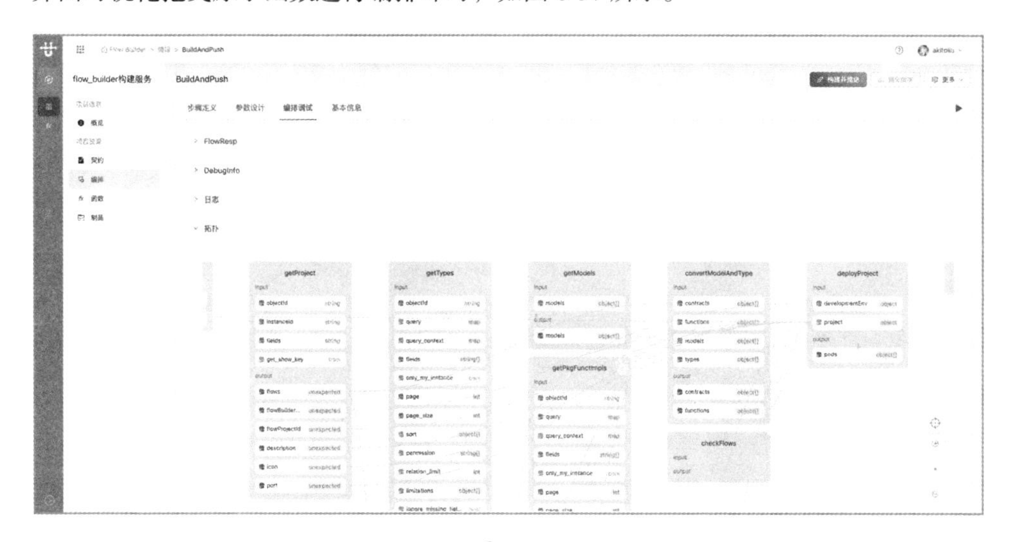


图 8-37

后端编排的实现甚至可以让没有专业技术基础的业务人员通过简单编排一些业务接口函数来实现用户需求，而专业的后端开发人员可以将更多的精力投入在原子函数的编写和设计上，这样能够轻松实现团队的有效分工，加速个人成长。

### 3. 基于契约驱动的前后端研发模式

在软件项目的开发过程中，前后端协同开发是一个备受关注的话题。

研发团队通常会面临以下困境。前端需要等到后端 API 就绪才能开始联调页面功能，如果后端开发进度受阻，那么会导致前端集成联调一直延期，产生极大的项目风险。只有到了前后端集成测试的阶段，才能发现一些比较严重的问题。例如，后端开发人员私自修改接口请求参数，或者返回数据格式导致页面崩溃等，通常需要被 QA 责令返工，非常费时费力。

为了彻底解决此问题，EasyMABuilder 提出了基于契约驱动的前后端研发模式。接口契约本质上就是 API 文档，用于描述 API 每个版本的 URL、请求方法、请求参数及返回的数据结构。业内一般会遵守 OpenAPI Specification 规范来书写 API 文档，Swagger 就是一个非常典型的案例，如图 8-38 所示。

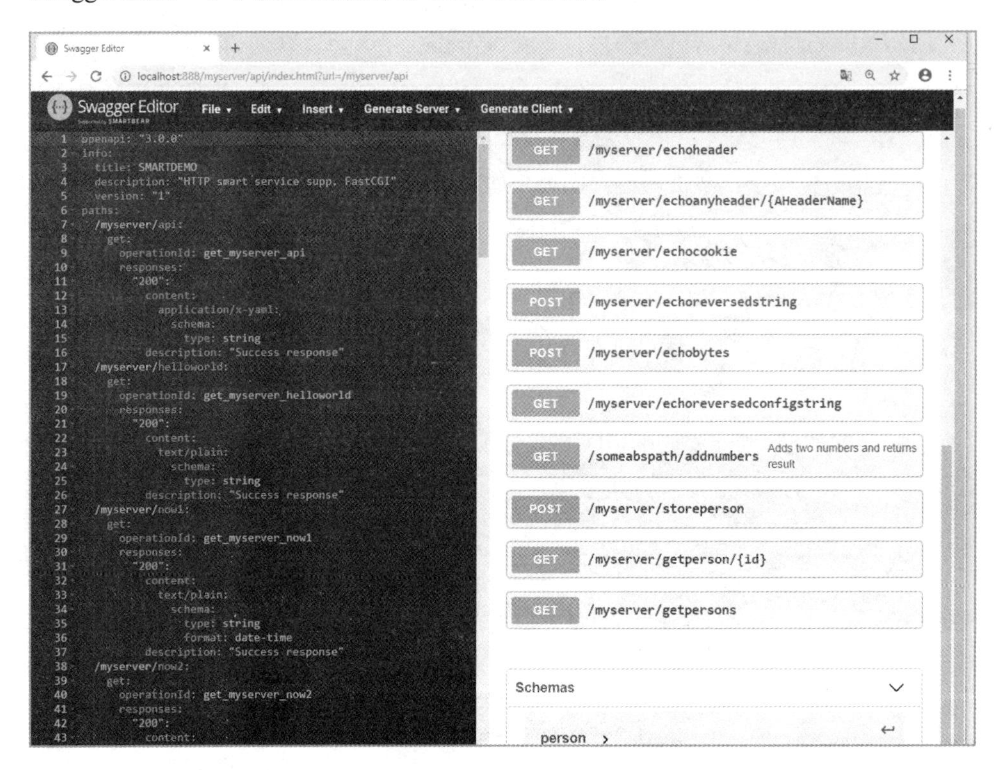


图 8-38

与 OpenAPI Specification 规范一致，Flow Builder 在开发 API 时，必须声明自己即将开发的接口函数的契约信息，如接口函数的名称、请求参数、请求方法、返回结果等，如图 8-39 所示。

而 Visual Builder 在对接后台数据时，可以自动通过契约中心获取这些 API 的契约声明，并可以选择对接，启动 Mock 服务协助自己调试，如图 8-40 所示。

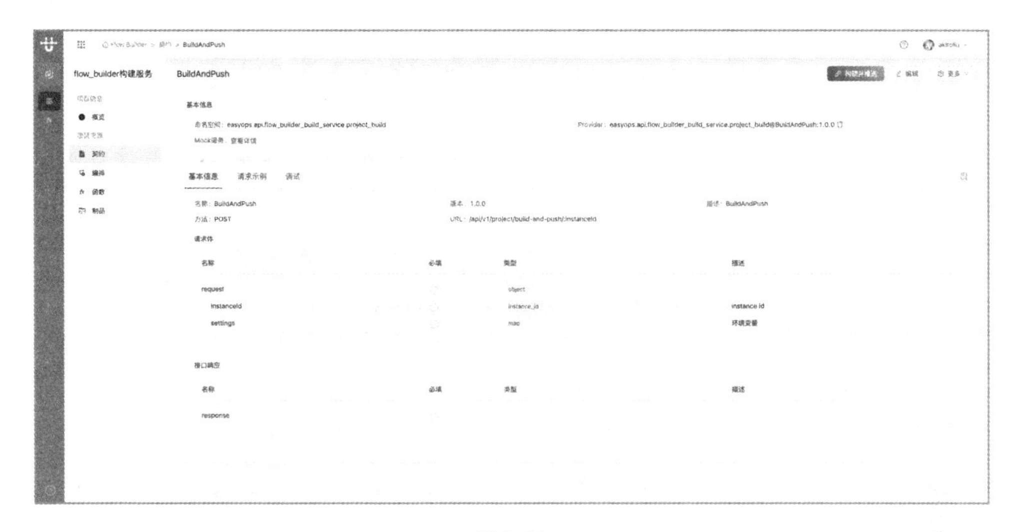


图 8-39

Visual Builder > events > Mock服务
事件中心（大禹）
Mock服务
Build & Push
Storyboard
概要
User flow
菜单
图片
领域模型
模板
函数
接口
片段
权限
国际化
包
文档
依赖
Mock服务
更多条件
Provider名称
Mock数据
是否启用
easyops.api.event_center.notify_block_rule@SearchNotifyBlockRules
easyops.api.event_center.notify_block_rule@EnableNotifyBlockRule
easyops.api.event_center.notify_block_rule@GetNotifyBlockRule
easyops.api.event_center.notify_block_rule@CreateNotifyBlockRule
easyops.api.event_center.notify_block_rule@UpdateNotifyBlockRule
easyops.api.event_center.notify_block_rule@DeleteNotifyBlockRule
easyops.api.event_center.alert_rule@EnableAlertRule
easyops.api.event_center.alert_rule@SearchAlertRule
easyops.api.event_center.alert_rule@SearchAlertRulesV2
easyops.api.event_center.alert_rule@SearchAlertRulesV2
共 144 条
10 条/页
1 2 3 4 5 … 15 >

图 8-40

后端 API 契约的变化会被实时同步到前端编排系统中，这样前后端人员可以实现高效地协助开发模式，提前规避常见的集成问题，同时提高开发效率。除此之外，契约中心不仅对优维内置的 Flow Builder 后台接口函数生效，还支持通过在契约中心注册的方式对接第三方的系统 API，使得在 Visual Builder 中编排的应用可以非常优雅地对接用户的其他系统，如图 8-41 所示。

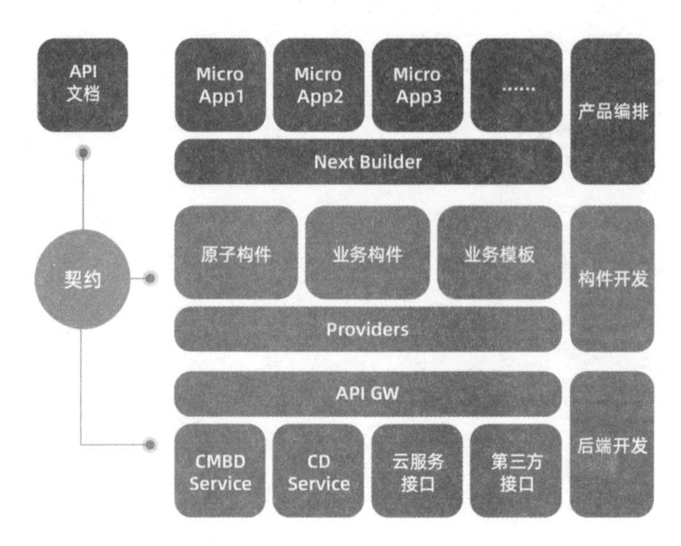


图 8-41

契约中心内置的 API 网关（API GW）也会对注册的接口提供路由转发、流量限制、访问鉴权等功能，让用户真正做到安全、可靠、稳定地使用后台数据。

4. 前端构件库与后端函数库，关注研发团队的工程效能

为了进一步提升研发团队的软件开发工程效率，EasyMABuilder 低代码开发平台在开发模块中提供了前端构件库和后端函数库，这些标准库具有以下优势。

首先，为研发团队提供了标准化的生产模块，方便技术规范的落地实践。例如，前端构件库为企业提供了统一的 UI 配色方案、UI 元素风格、标准化的页面原子构件。这有助于研发团队在开发企业系统时避免一些问题，如企业文化和风格不相符或者不符合技术团队要求等。

其次，提供了开箱即用的能力，研发团队能够以极高的效率来生产软件。这好比现代化的工业制造，在零件、模块和生产方案标准化之后，自动化生产流水线就可以高效地生产商品，从而摆脱人工作坊质量低、成本高、耗时长等问题。

最后，进入标准库中的原子构件或函数均经过 QA 团队的严格质量把关。在后续应用到业务场景进行封装时，无须再对底层的标准库内容进行测试，只需要对业务需求的进行集成测试即可，轻松实现降本增效。

（1）前端构件库（Visual Builder Brick Store）

前端构件库提供了开发前端页面所需的大量原子构件，通过 YAML 配置语言或表

单方式配置构件的外观、行为及对接数据。用户可以快速在已有的构件库中查找适合自己业务场景的案例，甚至可以在构件库中直接调试构件的外观与对接数据，如图8-42所示。

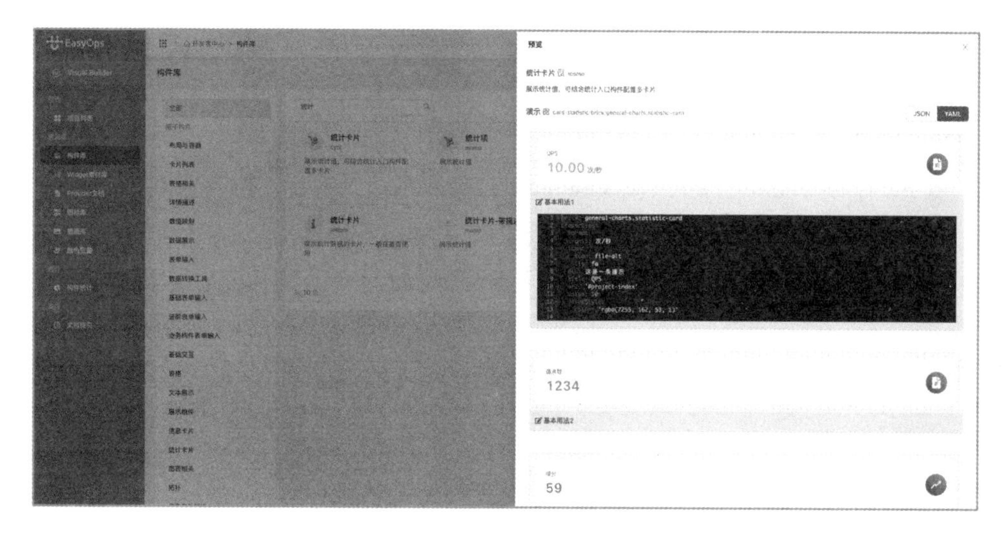


图 8-42

除了在构件库中查找合适的构件，在页面开发过程中，Visual Builder 也为原子构件提供了丰富的文档，可以协助用户快速完成配置，如图8-43所示。

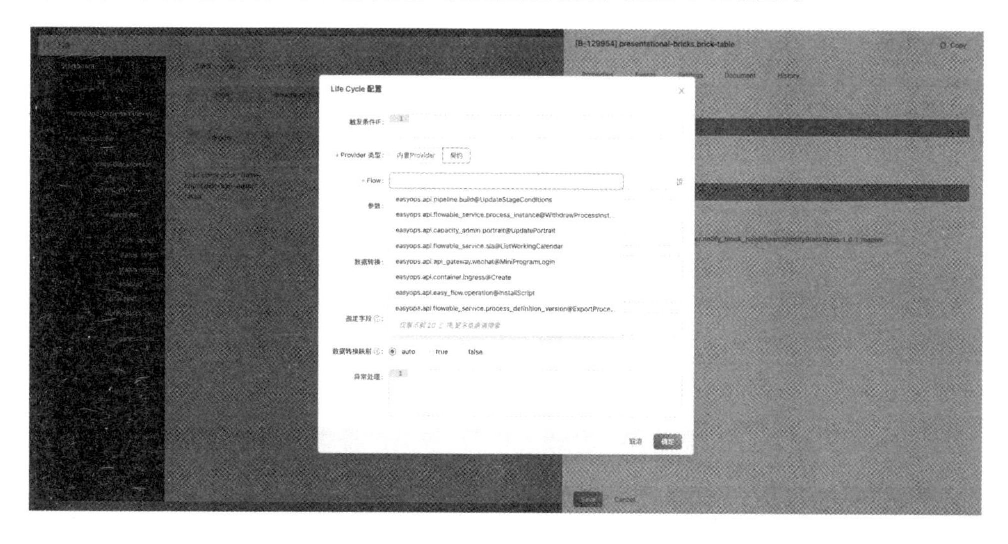


图 8-43

构件库让研发团队的分工变得更加明确，技术功底深厚的前端工程师负责设计页面的原子构件或特定场景的业务构件，主要负责外观、样式、可配置参数、数据对接方式、使用文档；而业务人员（如产品经理）可以使用 Visual Builder 快速构建页面原型或者直接编排业务场景。在内部实践过程中，优维科技的产品团队已经被打造成为一支基于 EasyMABuilder 的低代码编排的专业人员，他们为优维科技打造了众多的优先产品，如 EasyCMDB、EasyDevOps、EasyITSC、HyperInsight 等。

（2）后端函数库（Flow Builder Function Store）

与构件库类似，Flow Builder 是一款函数即服务的开发平台，提供了非常丰富的原子函数库。这些函数库内置 8000 多个开箱即用的原子函数接口，如图 8-44 所示，包括优维科技所有产品线的后端接口、主流的公有云 API、常见的开源系统 API。

图 8-44

开发者在进行后端编排时，经常需要对接第三方的系统。例如，公司使用的公有云服务（腾讯云、华为云、阿里云等）和内部的信息系统（GitLab、Jenkins、钉钉），如果没有现成的函数可以使用，就必须自己封装 API 函数来对接这些公共资源。当接口数量众多时，或者在不同项目的开发过程中，甚至可能出现重复对接封装的情况，极大地浪费团队人力资源。针对这个问题，优维科技在众多客户实操和内部实践中积累了大量经过严格测试且可应用到生产环境的 API 函数，这些 API 函数被内置到函数库中，能够为企业的开发者带来极大的便利，如图 8-45 所示。

图 8-45

## 8.3.3 全景式资源蓝图，规避信息孤岛与数据冲突

在开发企业信息化系统时，由于涉及组织架构、部门流程、人员分工等多种因素，系统的底层数据存储与使用基本是互相隔离的，这种现象通常被称为信息孤岛，如图 8-46 所示。

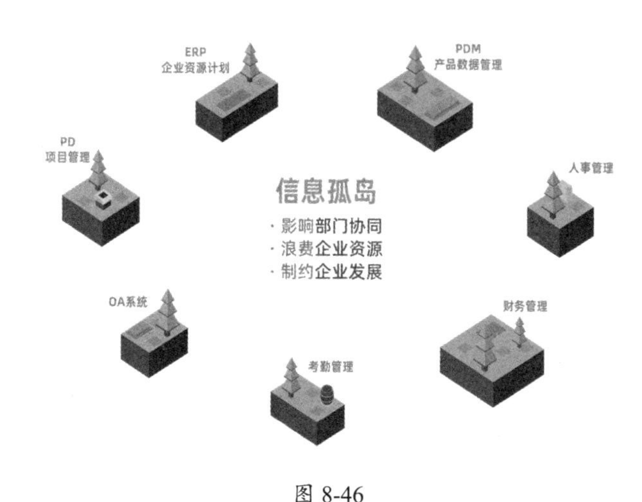


图 8-46

随着企业规模的增长，信息孤岛的问题会变得严重，它会给企业数字化建设带来很多不利的影响，主要有几个方面。

- 多种独立功能系统只能呈现当前系统拥有的信息，无法统一有效地反馈企业业务的整体运行情况。大部分情况下，这些系统的面板只是充当摆设的“花瓶”，对决策者和管理者来说毫无意义。

- 各个专业系统产生的数据不能得到有效的发掘和利用，积累的数据不能及时地产生价值。
- 智能化与信息化产生脱节，由于系统之间的数据交互不及时，很多自动化变更的操作无法完成，增加了企业运行成本。例如，部署系统上线新的应用，监控系统却无法感知和快速监控。

除此之外，信息孤岛还会带来一个不容忽视的问题——数据冲突。即便是对于同一个资源，不同系统的资源数据存储定义及实例数据都无法保持一致，企业管理员无法判断这些系统之间的信息真伪，从而使这些数据失去价值，甚至会导致运行事故。例如，在资源管理的场景中通常会遇到这些情况：A 系统中的主机数量有 300 台，但是 B 系统认为只有 280 台；A 系统中的交换机 example_switch 的 IP 与 B 系统中的不一致；A 系统中的机柜有资产编码字段，但是 B 系统没有。

在 EasyMABuilder 平台中，模型与数据构建中心（Data Builder）的全景式资源蓝图帮助开发者有效解决了上述问题。

首先，Data Builder 提供了基于业务领域的建模功能，帮助开发者对企业信息系统数据管理的场景分门别类，如财务管理场景、项目管理场景、人事管理场景、资产管理场景等。具体的领域拆分根据企业的实际情况展开，而每个场景中涉及的资源对象建模和定义均在该领域下完成，如图 8-47 所示。

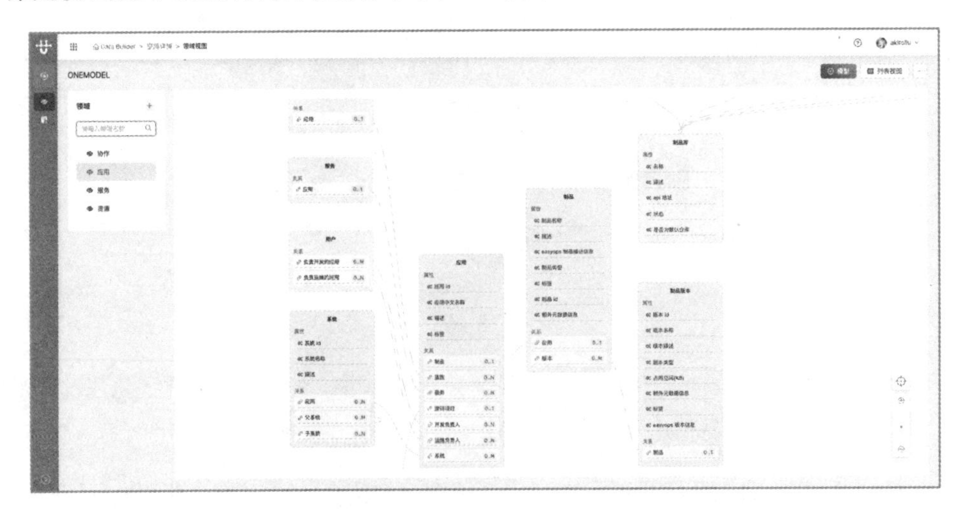


图 8-47

其次，对于一个数据资源，它的建模主干所有权必须有且只有一个业务领域。其他的业务领域如果要对其进行补充（例如新增字段等），可以通过引用的方式接入，然后打上该领域的旁路补丁，对该数据资源的定义进行更新，如图 8-48 所示。该更新不允许修改主干，只能在主干的基础上继续添加其他的新内容。这种方式有效保护了领域属主对该数据资源的所有权和主干数据定义信息，同时允许其他的系统对其业务场景进行特定的封装。

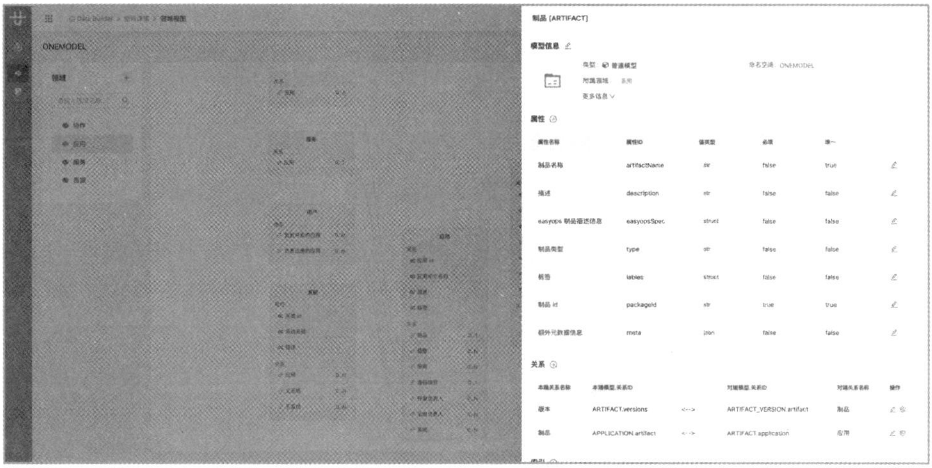

图 8-48

在 Data Builder 中规划的领域视图与模型定义会与 Flow Builder 联动，让开发者在 Flow Builder 后端编排时可以快速使用这些数据，实现对企业数据建设的全景式蓝图管理。另外，这些资源模型的实例数据在 EasyMABuilder 的应用打包部署后，会托管在 EasyCMDB 的数据库中，实现对数据的集中管理。

## 8.4 优锘森工厂的数字孪生能力①

数字孪生是数字化转型中的核心技术，既可以针对产品建立可实现虚实融合的数字孪生模型，也可以帮助企业建立工厂的数字孪生模型。虽然数字孪生在很多场景中只能用于决策辅助或参考，但是在未来，数字孪生将是数字化转型的重要内容。结合物联网、5G、大数据、云计算、虚拟现实等技术，数字孪生的应用空间正在不断扩展。

① 本案例来自优锘科技，在此感谢优锘科技的刘钰胜。

## 8.4.1 优锘森工厂平台介绍

森工厂（ThingStudio）是优锘打造的行业级一站式数字孪生可视化平台，源于优锘十年来对数字孪生可视化的行业认知与工程实践经验，致力于提升数字孪生的交付效率，降低数字孪生的交付成本。ThingStudio 针对数字孪生可视化提供“数字孪生引擎→开发语言→资源库→工具链→低代码→零代码→行业应用→培训认证”全栈式的数字孪生可视化服务，借助创新“工具上云，应用落地”的云边协同模式，让企业能以更高效率、更低成本进行数字孪生可视化应用的开发，加速从物理世界向数字世界的迁移过程，助力企业的数字化应用创新，加速企业元宇宙的落地。

ThingStudio 以“专业的标准化产品、轻量化的生产工具、开放共享的可视化资源、全方位的培训支持服务”为主要产品建设理念，如图 8-49 所示。

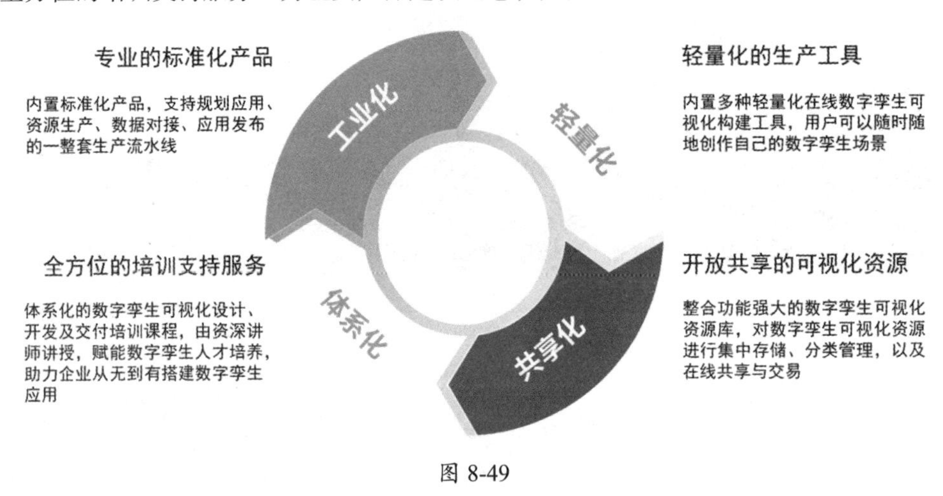


图 8-49

截至 2022 年 5 月，ThingStudio 平台已经有超过 12 万名企业用户、超过 50 万名开发者开发出了 35 万余个数字孪生可视化的应用场景，应用覆盖城市、工业、建筑、水利、农业、交通、能源等数十个行业。

## 8.4.2 优锘科技的数字化转型背景与挑战

### 1. 数字化转型背景

优锘科技作为国内领先的数字孪生可视化提供商，在成立之初主要专注于数据中心和建筑的数字孪生可视化产品，2016 年开始将底层引擎抽离出来，开发应用面向的行业也逐渐扩展到工厂、城市、医院等千行百业。但随着行业的扩展，不同行业对数字孪生可视化应用的差异较大，应用交付只能以定制化开发的方式进行。这种模式虽然市场营收增长迅猛，但所需的技术要求高，开发人员数量也急剧攀升。此外，优锘洞察到定制化与人员成本之间的矛盾是整个数字孪生可视化行业的普遍挑战，随后发布了“数字化——企业的生死抉择”的数字化转型战斗“檄文”，吹响了优锘数字化转型的“总攻冲锋号”。优锘立志打造一款一站式数字孪生可视化平台，服务整个行业，降低数字孪生可视化的开发成本，助力中小企业从物理世界向数字世界迁移的数字化转型进程。

### 2. 传统数字孪生可视化开发的挑战

传统数字孪生可视化应用的解决方案为：首先基于物联网，把它的人、物、场甚至流程进行数字化；其次通过数据平台将这些 IT 和 IoT 数据进行汇总集成；最后生成一套数字孪生可视化应用业务，如安防业务、消防业务、应急指挥等。在这种模式的解决方案数据平台中，各行业会根据自己的行业特点选择 IBMS、数据湖、数据中台等，但最上层的数字孪生可视化应用基本都选择“游戏引擎+定制化开发”的方式来开发数字孪生应用场景。这种开发方式主要面临以下四大挑战。

（1）开发成本挑战

由于基于游戏引擎开发，而目前游戏相关的开发工程师成本普遍高于企业软件开发工程师，并且使用游戏引擎的游戏开发企业比较小众，一般工程师不愿转行，所以企业需要通过一定的薪酬溢价才能吸引较为优秀的人才，造成了这种模式的开发成本始终居高不下。

（2）沟通效率挑战

基于游戏引擎定制化开发的模式的需求传递链条一般是“甲方→PM→设计→开发→交付”。因为是定制化开发，所以这一系列链条中对需求的理解不能有丝毫偏差，否则开发出的应用系统需要返场重新开发。此外，因为所见并非所得，其中还存在大量成本浪费的问题。例如，甲方与项目经理沟通好后，设计完成了，但开发人员却无法实现，那么只能重新沟通设计，浪费了时间和沟通成本。

（3）系统融合挑战

游戏引擎目前以 C/S 架构为主，开放出来的数字孪生可视化应用需要安装客户端，但是企业软件市场目前以 B/S 架构为主，这就造成了开放出来的应用只能独立使用，无法与企业现有应用系统进行融合。

（4）应用推广挑战

因为数字孪生的模型资源都在客户端内，所以客户端大小一般为几十甚至上百GB，只能在专门的工作站使用，普通用户无法在平板电脑、手机等终端快速安装使用。

## 8.4.3 优锘一站式数字孪生可视化平台解决方案

一站式数字孪生可视化平台 ThingStudio 的产品由引擎、工具、资源、服务、应用五层构成，ThingStudio 的架构图如图 8-50 所示。

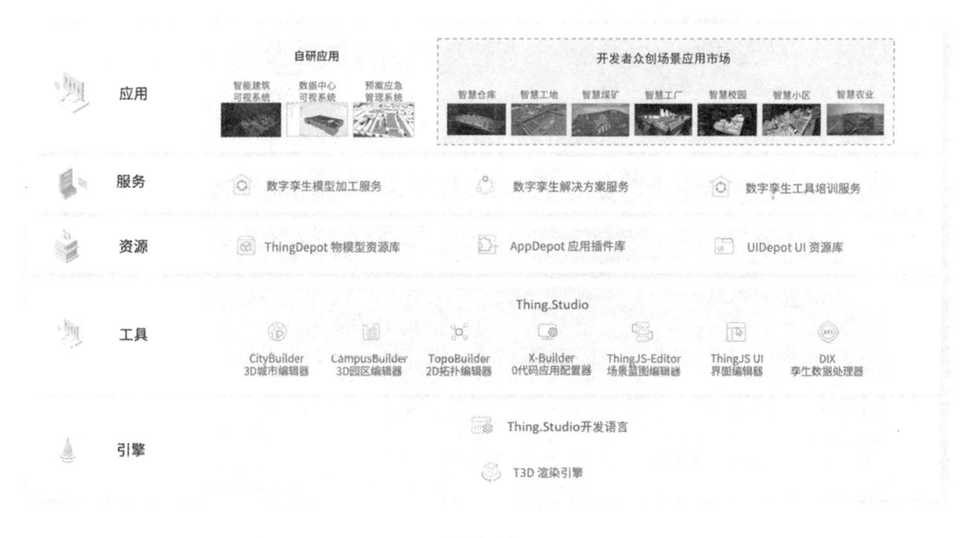


图 8-50

引擎层包含数字孪生可视化渲染引擎 T3D 和针对引擎的开发语言 ThingJS。工具层主要是数字孪可视化生应用开发过程中需要的各种工具链。资源层包含在数字孪生可视化应用中需要的 3D 物模型、3D 小图标、3D 图表等 UI 资源。服务层主要围绕着数字孪生可视化提供的模型加工、方案咨询、工具使用培训等。应用层中除了包含优锘自有开发的数据中心、楼宇等应用系统，还有一个应用市场，可为开发者提供基于 ThingStudio 开发的各类数字孪生可视化应用。

### 1. T3D 数字孪生可视化渲染引擎

T3D 是优锘科技自主研发的数字孪生可视化渲染引擎，是采用 B/S 架构、Web 优先的通用图形渲染引擎，如图 8-51 所示。T3D 引擎具备以下优点：优秀的适用性和扩展性；可扩展渲染层级列表，适用于数字孪生场景中复杂的渲染排序；针对数字孪生场景中常见的海量动态物体创建和数据更新的优化处理设计，可实现万栋建筑秒级加载；实现与底层渲染 API 解耦，同时面向多种图形接口协议，既能够驱动 WebGL、WebGPU 等 Web3D 图形引擎，也能够调度 Unreal Engine 等游戏引擎。

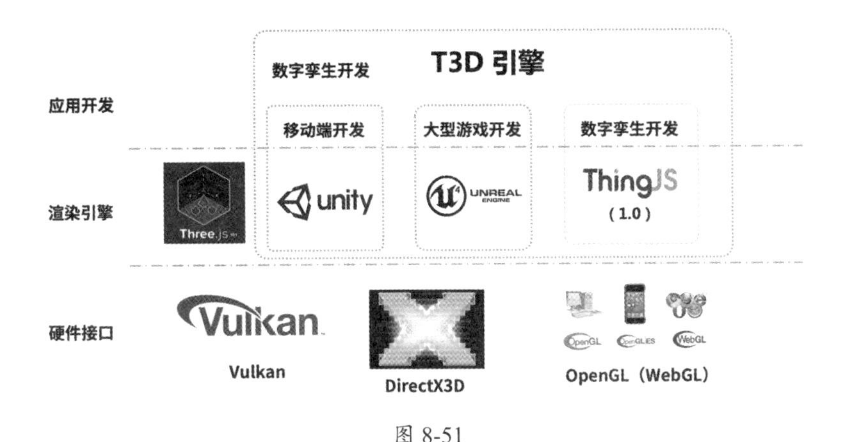


图 8-51

在 T3D 引擎的框架设计中，主要分为标准封装层、渲染逻辑层、场景资源层和扩展层。其中，标准封装层、渲染逻辑层和场景资源层构成核心库 t3d.js。核心库是一个 Web 优先的、最小可运行的通用图形渲染库。Web 优先指的是 t3d.js 主要以 WebGL 和 WebGPU 作为底层绘图标准。通用图形渲染库指的是 t3d.js 并不限定图形渲染以外的其他逻辑，适用性与扩展性都比较好。此外，T3D 提供常用需求的扩展，作为第三方库供开发者使用；并支持由开发者基于 T3D 开发第三方库，以满足定制化的需求。

### 2. 森城市数字城市编辑器

森城市（CityBuilder）是一款基于优锘 T3D 引擎、面向大众的快速构建城市三维场景的工具。它提供全国范围内数百个城市的标准三维场景的构建服务，使城市三维场景的构建速度提升至分钟级。森城市还提供友好且强大的场景编辑能力和性能处理能力，用户无须具备 GIS、建模等专业技能，就可以轻松 DIY 自己特有的城市三维场景。

森城市的主要特点如下。

- 具备丰富的全国城市模型，目前城市资源已覆盖全国百余城市、上千区县的完整城市模型，并且数量在持续增加，开箱即用，可按照经纬度和地名、地址快速定位并查看模型情况。

- 支持快速创建 3D 城市，内置全国城市数据，可以按照行政区划、多边形、矩形、圆形等方式选择城市范围，快速生成 3D 城市建筑模型；内置世界国家边界、中国边界、各省市县边界数据等公用数据，支持用户自定义矢量数据生成模型。
- 内置大量的效果模板，针对三维城市模型可一键换肤，并实时生效，满足不同场景的美术需求。
- 自由的效果编辑能力，使用者可以针对生成的城市模型进行点、线、面、体等图层效果编辑，也支持热力图、灯光图、插值图、建筑面、水面等特殊效果的编辑，并支持光影、后期等专业 3D 效果设置能力。

### 3. 森园区数字园区编辑器

森园区（CampusBuilder）也基于优锘 T3D 引擎，提供简洁的界面布局、直觉式交互操作体验。它能够将复杂专业的虚拟仿真制作简化为拖曳的拼搭组装方式，让用户像玩游戏一般搭建园区，降低用户使用门槛，降低成本，提高效率，轻松高效制作 3D 园区，如图 8-52 所示。

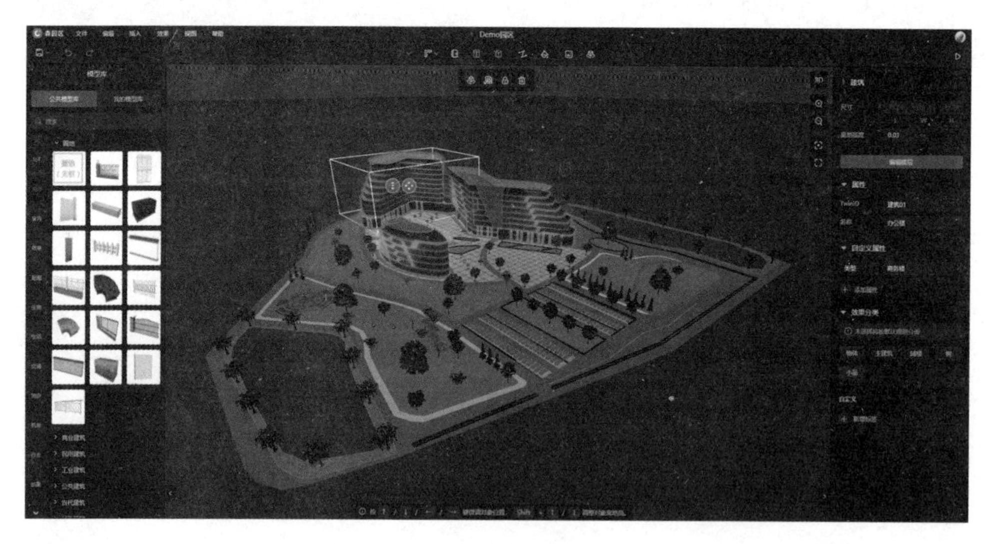

图 8-52

森园区的主要特点如下。

- 支持空间层级化的搭建方式，大幅降低场景搭建的复杂度，并且区分室内外，可分层级进行园区搭建，既能提高搭建效果，又符合人们的认知习惯。提供高效的绘制能力，例如针对管线，在路径绘制完成后可以设置线路的形状、贴图材质、流速等。

- 配备了种类丰富的 3D 模型库，包含数千种模型，跨越数十个行业，模型可重复使用。支持用户上传自有模型、购买市场模型、申请定制模型服务等，方便扩展 3D 模型资源。
- 支持园区效果编辑和应用，配套提供了多个效果的主题模板，色彩系列丰富，可适配不同明亮度的园区效果。支持用户自定义设置效果，包括滤镜、发光设置、反射设置、特效地面、特效粒子、光照、后期、背景、雾效等。

### 4. 低代码平台

ThingJS 是基于优锘 T3D 引擎、面向数字孪生可视化的低代码平台，也是一个功能强大的 3D 可视化系统。ThingJS 使用 JavaScript 语言开发，不仅可以针对单栋或多栋建筑组成的园区场景进行可视化开发，还可以针对地图级别场景进行开发。ThingJS 支持 3D 场景搭建、3D 效果制作、物联网数据接入，以及 3D 可视化的物联网应用开发。ThingJS 致力于将开发门槛降到最低、开发周期缩到最短、开发成本降到最少，如图 8-53 所示。

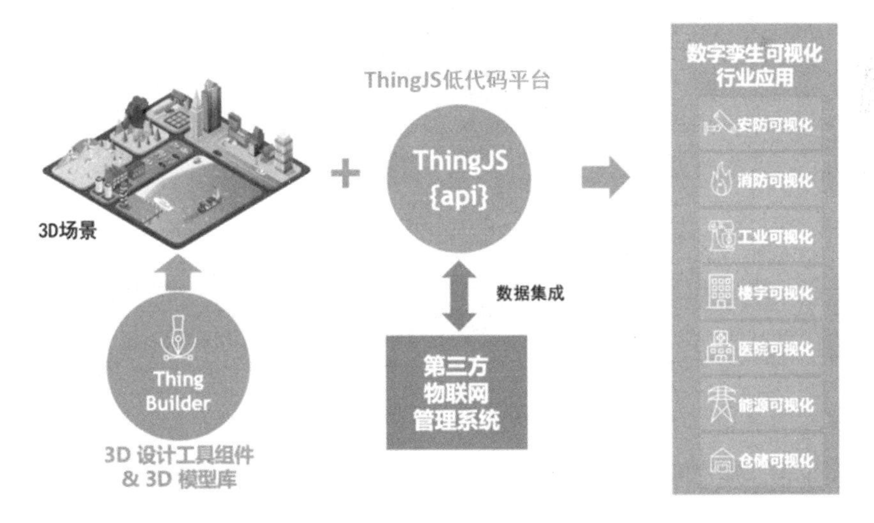


图 8-53

ThingJS 的主要特点如下。

- 集成了 JavaScript 代码编辑器，提供更方便易用的开发环境。

- 集成了预览窗口，可实时预览场景的渲染效果，所见即所得。
- 无须编写代码，即可在预览窗口进行基本场景操控，如移动、旋转和缩放。
- 提供海量官方示例、模型和场景资源，大幅节省了开发时间。
- 支持离线环境下的 3D 可视化应用开发，满足开发的保密性要求。

### 5. 零代码平台

ThingJS-X 是一款基于优锘 T3D 引擎的零代码数字孪生可视化平台，能够呈现地图级、园区级可视化业务场景，如智慧政务、智慧安防等业务，而且无须开发人员，只需实施人员经过短期培训即可独立完成项目交付。ThingJS-X 的模板开箱即用，通过组件模板的拼装来代替复杂的编码工作，大幅提升交付效率；可帮助用户打通整个生产链，自主快速地完成项目的实施，建立一个持续增长的数字孪生可视化的生态，如图 8-54 所示。

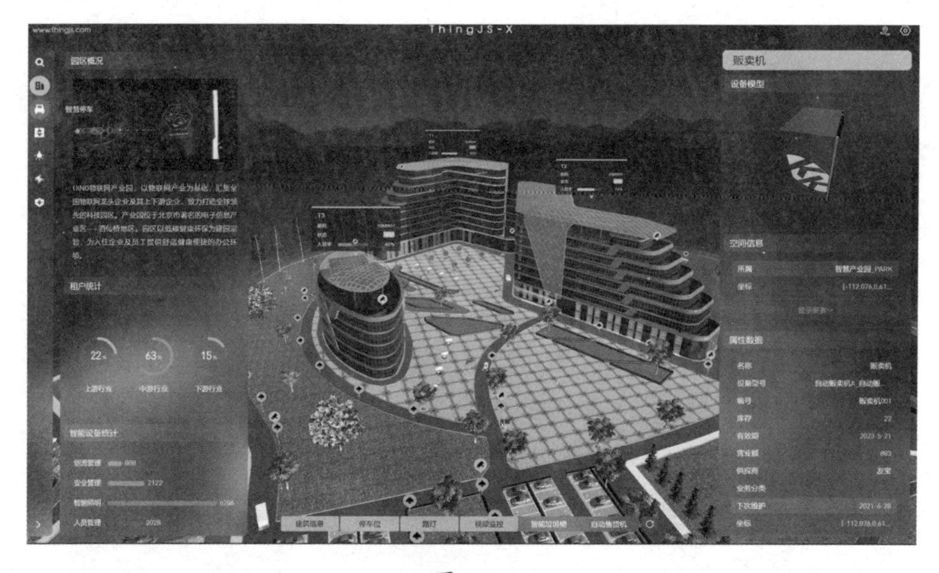


图 8-54

ThingJS-X 的主要特点如下。

- 拖曳的业务编辑模式可以降低使用门槛，无须编程经验。
- 内置强大的操作集合，支持灵活定义各类 3D 场景转换效果。
- 内置标准场景 DEMO 系统，开箱即用，快速进行业务交付。

- 丰富的 API，可快速集成资产、指标、告警等业务数据。
- 提供离线部署模式，支持部署到用户现场，满足私有化安装使用。

### 6. 森拓扑

在优锘一站式数字孪生平台中，除了上述工具，还具备面向二维组态图的森拓扑（TopoBuilder）、针对大屏的设计工具森大屏（ThingJS UI）、数据接口协议适配与处理的森数据（DIX）等，每款工具均可以为不同的数字孪生业务环节提供能力支撑，如图 8-55 所示。

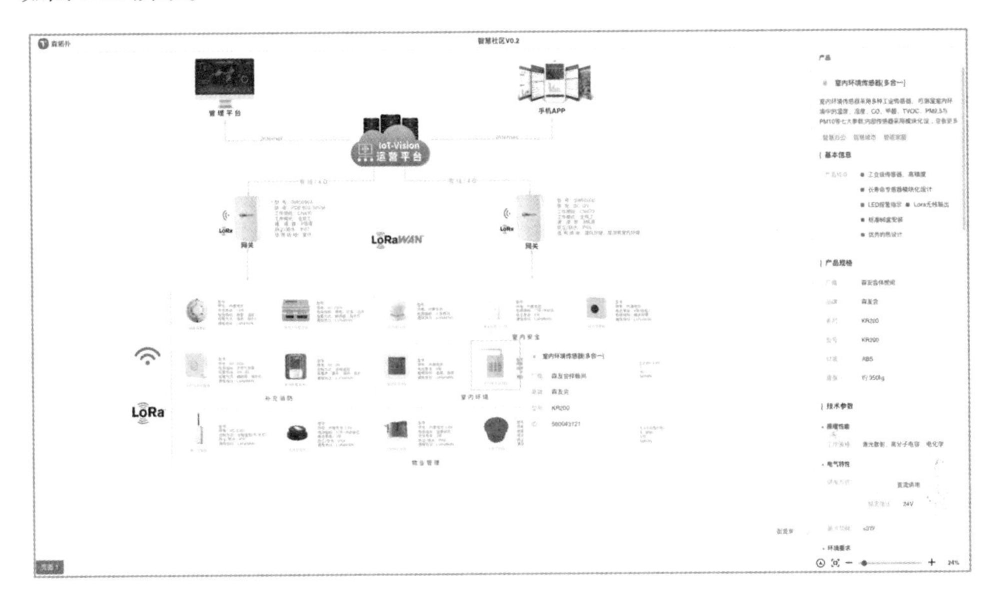


图 8-55

### 7. 森资源

森资源由 3D 物模型资源库、UI 资源库、应用插件资源库三部分组成。

（1）3D 物模型资源库

也就是解决数字孪生可视化项目建设所需的各种物理对象的 3D 模型资源库。其中既有优锘自身十年来在项目中积累的 3D 模型，也有各类合作伙伴在使用 ThingStudio 交付数字孪生项目时创建的模型。一部分模型是免费的，可供中小企业快速入门。针对合作伙伴上传的模型，会提供在线交易功能，一方面便于分摊建模成本，另一方面避免行业内“重复造轮子”。

（2）UI 资源库

是指针对数字孪生可视化项目所需的各种标记、顶牌等 3D 场景中不同数字表达形式的 UI 资源库。在传统方式中，因设计师风格的原因，不同项目的 UI 不统一，无法复用。ThingStudio 解决方案基于配套模板的形式，将城市、园区、物体、UI 标记四层贯通，确保交付风格的一致性，提升应用交付的视觉体验。

（3）应用插件资源库

是指针对特殊行业的定制化插件资源库，用于解决标准 ThingJS-X 的适配性问题。无论是优锘官方，还是用户，均可按照插件的编码规范开发插件，形成特殊的行业解决方案。其中列入了针对社区管理的爬楼图插件，以便于更好地服务于为“老幼残弱”定制的可视化插件。

8. 森服务

森服务是对 ThingStudio 能力的重要补充，主要针对方案咨询、3D 建模、工具培训、售后服务四个方面提供在线服务。其中，方案咨询服务由优锘的资深解决方案专家提供，咨询范围包括数字孪生需求分析、方案设计、产品融合方案确定等。3D 建模服务主要是为设计资源不足的用户提供各种模型服务，包括 3DMAX 手工建模、倾斜摄影转换等服务。工具培训服务分为线上和线下两类，包括从入门到精通的全套课程体系，并且提供认证考试服务，便于客户不断精进业务技能。售后服务是对客户使用过程中的技术和业务的支持，并会定期发布补丁与新版本。

### 8.4.4 优锘数字化转型的推进策略

优锘的数字化改造始于 2018 年。在此之前，优锘科技从“垂直的数据中心可视化产品提供商”向“万物可视的服务商”转型，业务规模急剧扩张，人员规模逐年翻倍，管理成本不断上升，数字化转型势在必行。

回顾优锘的数字化转型过程，可分为工艺标准化、生产工业化、业务数字化、行业赋能化四个阶段。

1. 工艺标准化

在优锘创办之初，围绕数据中心可视化产品 DCV 有一套标准的作业流程，但转型万物可视的服务商后，因为需要为不同行业提供不同的解决方案，原有的一套工艺交付流程因此无法使用。各行业的项目分别探索不同的业务方向，交付工艺不一、质量不齐。为此，交付团队与研发团队基于数千个项目交付的过程，对整个业务交付流程进行重新预定义，并重新设计了面向千行百业的数字孪生可视化标准作业工序“六阶十八步”，为后续的工业化、数字化阶段奠定了基础，如图 8-56 所示。

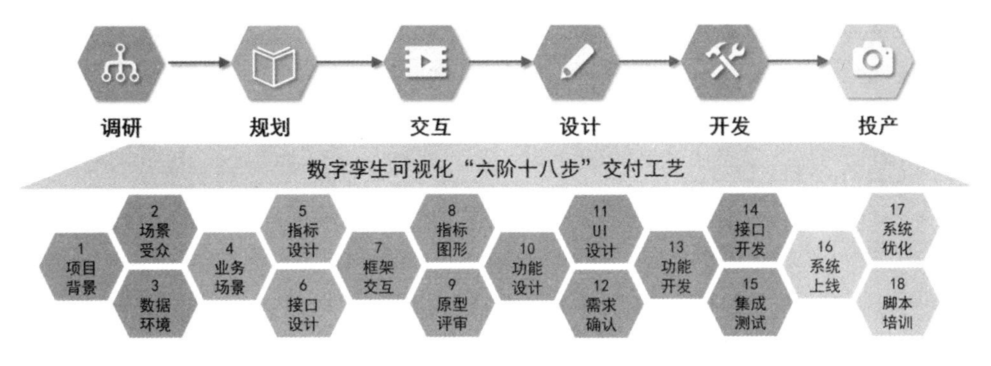


图 8-56

## 2. 生产工业化

在工艺流程标准化的基础上，整个数字孪生可视化应用的交付仍然为手工作业，项目经理、设计师、产品经理、开发工程师、实施工程师等仍旧独立作战，交付效率无法提升。为此，优锘内部针对不同的业务环节开始打造专门的数字孪生可视化的加工工具。因为业内并不具备可参考的案例，所以最开始的时候，我们鼓励“物种多样性”。为了让一线人员直接可以“呼叫炮火”，公司虽然设立了专门的工具开发团队，但他们只负责协助实现开发编码，具体的使用功能和效果由各个交付环节的团队负责。经过一段时间的工具化改造实现，每个工艺环节又产出了几个到十几个小工具，交付效率得到有效提升，

## 3. 业务数字化

经过了“工具大爆发”阶段，虽然项目的质量和交付效率得到了有效提升，但工具分散建设，产出格式不一，各个环节无法有效衔接，工具体验不够友好，再加上人员变动，无法快速交接等矛盾逐渐显露。为了解决这些问题，打造数字化的工业流水线，优锘内部成立了“数字办”团队，在标准工艺和各个环节的业务工具基础上进行统一的规划和设计，重点在各个环节建立统一的工具交付标准格式，优化各工具的使用体验，降低学习门槛。之后采用小步快跑的模式不断迭代上线 ThingStudio 的内部版本——优锘的“数字空间”。

### 4. 行业赋能化

随着元宇宙、数字孪生的行业需求日渐旺盛，优锘的交付能力已无法满足市场需求。为了更好地赋能数字孪生行业伙伴，优锘的业务形态从“数字孪生可视化的开发商”转型为“一站式数字孪生的服务商”，业务立足点也由“直接为最终客户提供产品”转向“为各行业解决方案商提供技术和平台的支撑”。为此，“如何将优锘内部的生产力工具、生产线提供给外部生态使用”成了新的挑战。在重要的转型时刻，为了统一认知，优锘通过内部讲话和讨论，达成了“数字化——企业的生死抉择”的一致认知。之后由 CEO 亲自挂帅，开始打造“云边协同、空地一体”的一站式数字孪生可视化平台。在优锘的数字空间基础上进行改造，针对行业客户特点，重新设计各个环节工具体验，进一步简化使用流程。根据数字化营销与服务的要求打造新的数字业务运营体系，并开发对应的支撑系统，建立运营团队，最终上线了可对外提供报务的“森工厂”平台，如图 8-57 所示。

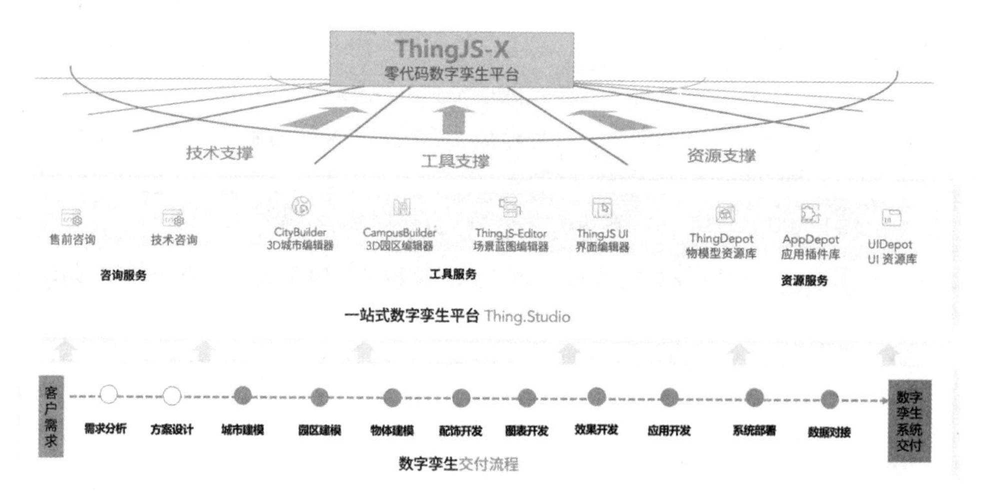


图 8-57

优锘的数字化转型过程并非一蹴而就的，首先是立足于十年的行业沉淀和对业务流程的抽象；其次是基于对数字孪生行业的洞察，确定转型目标；再次是根据市场的发展态势，把控好转型节奏，避免与市场需求脱节；最后是统一认知，拥有上下一心、全员一致的转型决心。

# 09

# 中台架构体系

企业的架构体系可以分为数据架构、业务架构和技术架构。根据企业的行业、规模和商业模式的不同，可以针对数据架构、业务架构和技术架构分别建设数据中台、业务中台和技术中台。企业无论采取何种中台架构体系，都需要具备一定的服务能力，如扩展服务能力、计算服务能力、知识服务能力和开放服务能力。

## 9.1 中台架构体系的演变过程

中台的概念起源于阿里巴巴，也发展于阿里巴巴。阿里巴巴曾在2015年提出“小前台、大中台”的战略，并根据这个战略建设了共享事业部，逐步在阿里巴巴的各个业务线探索并使用中台，并将阿里巴巴先进的技术和业务能力沉淀为一整套解决方案和方法论体系。

什么是中台架构体系？它覆盖了哪些业务场景？帮助企业提升了哪些能力？这些问题其实有多种答案，众多专业人士对中台架构体系的定义有不同的理解。作者认为，中台架构体系是一种综合性的组织和业务机制，需要企业结合先进的技术和自身的行业特性，以共享服务的方式沉淀企业的核心能力。以阿里巴巴的“小前台、大中台”为例，阿里巴巴通过中台架构体系，将企业自身的能力以方法论或解决方案的方式输出至企业的各个业务场景，在业务创新的同时降低企业的经营成本。

### 9.1.1 中台架构体系的分类

中台架构体系可以细分为数据中台、业务中台和技术中台。对企业而言，无论什么类型的中台架构，都需要在企业架构或业务架构的层面沉淀通用能力，并进行能力共享或能力输出。

#### 1. 数据中台

通常，企业级数据平台或者大数据平台可以称为数据中台。数据中台是大数据平台在中台体系中的“数字”底座，通过数据技术对数据进行采集、存储、计算、分析、运用。通过数据治理技术对数据进行标准化约束，形成统一的数据语言和通用的数据使用场景，最终以数据资产的方式为企业内各个业务场景和用户提供服务。与数据平台类似，数据中台的核心在于对数据仓库技术和数据处理技术的运用。

#### 2. 业务中台

业务中台可以从业务架构的角度进行理解，业务中台的核心能力最直接地代表了企业的核心能力。业务中台也是企业级的业务服务中心，让企业可以快速地、低成本地进行展业和业务创新。业务中台通过构建企业级共享服务中心，加速企业内部各个业务板块之间的协作和数据互通，持续提升企业的业务创新能力，保证企业核心业务顺利开展并能够快速达成目标，以组织机制和业务机制相结合的方式提供最优的用户体验和用户服务。

#### 3. 技术中台

从企业架构的角度来看，技术中台为业务中台和数据中台服务。技术中台代表了企业级的技术通用能力，它为业务中台提供“一切业务数据化”的能力，为数据中台提供“一切数据业务化”的能力。业务中台对业务在线过程中的数据进行沉淀；数据中台对沉淀的数据进行加工，形成标准化数据；技术中台加速这个过程，并使这个过程形成闭环。因此，技术中台既服务于业务中台，也服务于数据中台。

### 9.1.2 服务对象的演变

需要明确的是，无论中台概念、中台技术或中台类型如何变化，中台始终需要为企业的核心业务服务，这是中台的价值所在。企业的核心业务是为企业的客户群服务，因此中台的服务对象需要覆盖企业的客户群，中台架构的演变本质上是中台服务对象的演变。

企业的业务需求传递至应用需求，应用需求通常由多个应用系统来承接。其中，面向客户的功能性需求由前台应用系统承接，面向客户的非功能性需求由后台数据系统或中台业务系统承接。如果将市场的压力传导至业务组织，那么在资源有限的情况下，业务中台和数据中台都要尽可能快速地满足业务需求，尽快将产品投放至市场，并快速获得市场反馈。

前台应用通常面临市场的直接反馈，同时负责用户体验，因此前台应用需要具备通用的技术能力和数据能力，对面向用户的产品进行价值交付。由此看出，阿里巴巴的“小前台、大中台”的方式可以解决两个问题：一是解决纵向的业务应用快速交付的问题，二是解决横向的技术沉淀和技术共享的问题。大中台涵盖了技术中台、业务中台和数据中台，以“集约式”和“标准化”的方式服务于前台应用。

实现大中台的方式是面向业务需求的能力共享。业务需求包括业务组织的需求、业务服务对象的需求、业务数据分析的需求、业务优化迭代的需求。能力共享的范围涵盖技术能力、数据能力，甚至是数字能力。因此，中台架构的能力共享需要聚焦于用户的产品使用、用户的能力抽象和企业 IT 资源的集中管理，如图 9-1 所示。

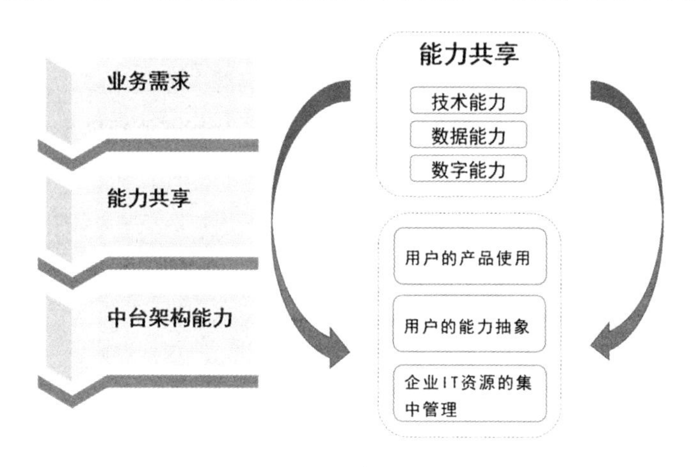


图 9-1

### 1. 用户的产品使用

用户的产品使用通常是指功能性业务需求，这离不开前台的应用系统和用户管理体系，比较常见的有用户界面、用户角色、用户权限和产品流程等要素。因此，前台应用需要对面向用户的场景进行统一管理，如用户共享中心、用户产品中心、用户权益中心，这是面向单一场景的中台模式。

在将用户管理和产品管理进行统一时，需要融合商品中心、订单中心、支付收银台等功能模块。所有涉及用户使用产品的数据被统一存储，在用户活动中顺畅地流通，并可以被灵活地采集，这是面向多场景的中台模式。

#### 2. 用户的能力抽象

用户的能力抽象有别于系统的能力抽象，用户的能力抽象是不断变化的，因此需要具备更多的通用能力来应对。通俗点说，这是一种目标事物模型化的手段。

用户的能力抽象取决于前台应用能力，前台应用能力越强，用户的能力抽象就越丰富。例如，当用户中心升级为会员中心时，用户的权益、会员等级、积分商城会以功能的方式出现，因此用户的能力抽象需要大中台架构具备一定的扩展性和灵活性，从而支撑业务的快速发展和创新。

用户的能力抽象还需要数据中台建立适合用户运营的数据模型，数据模型需要根据业务需求的规划，使前台应用系统在面对用户需求时能够快速扩展。同时，用户的能力抽象需要与可定义的、可编排的业务流程进行适配，保持用户黏性。

#### 3. 企业 IT 资源的集中管理

企业的 IT 资源包括传统的人力资源、软硬件资源。除此之外，在中台架构体系中，还包括系统能力和资源集中管理能力。中台作为全局的支撑体系，需要集中处理产品及用户的服务，将业务运营过程中的信息快速地传递至后端，通过资源调配的方式快速响应前台应用系统。

资源的集中管理可以快速搭建客户与技术之间的系统语言通道，构建业务运营闭环通道，并为业务运营提供高效的资源支撑。

对中台架构体系而言，服务对象的演进过程是从系统服务到业务服务，最终到客户服务的，这需要经过长期的技术积累和知识积累。

### 9.1.3 中台生态的演变

#### 1. 中台生态的概念

中台既不是一个系统，也不是一个应用集群，而是一个“构件”集群，也可以称为面向业务架构的“组件”或“构件”生态。中台架构体系具备企业级的共享能力平台。除了常见的技术中台、业务中台和数据中台，通过技术的沉淀，各个能力子域还逐步发展出了交付中台、算法中台、AI 中台、组织中台等不同类型的中台，构成了完整的中台生态。

以交付中台为例，在 IT 组织内部，交付中台既可以称为持续交付中台或价值交付中台，也可以称为 DevOps 交付流水线，如图 9-2 所示。

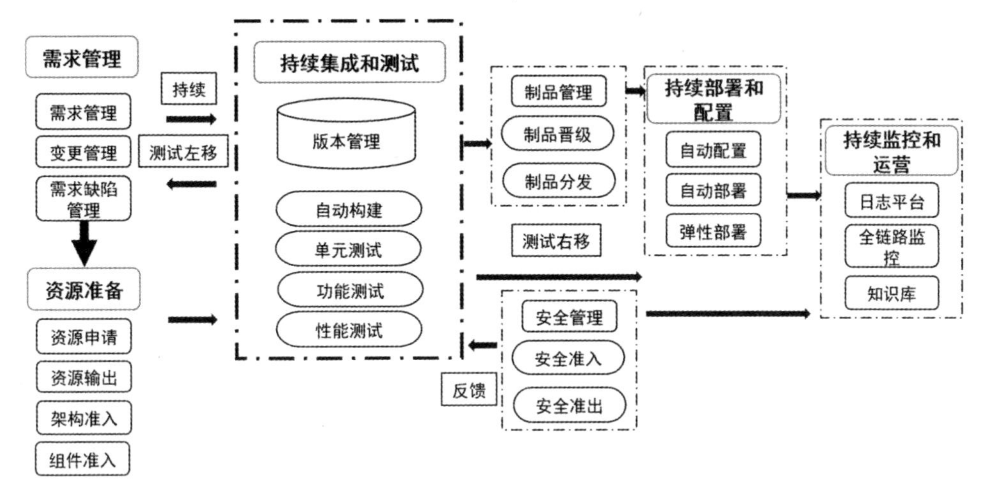


图 9-2

在全局的 DevOps 价值交付过程中，项目周期的流水线通常由项目经理主导，在敏捷团队中也可以由产品经理主导，重点控制项目进度，规避项目风险；持续集成的流水线由开发团队主导，重点保障开发吞吐率和代码质量；持续交付的流水线由测试团队主导，延续集成阶段的代码质量，提高测试覆盖率，形成高质量的“产品级制品”；持续部署的流水线由运维人员主导，通过信息末端反馈，选择合适的部署策略保障产品投产和后续运营。在产品运营阶段同时开展项目后评价，后评价阶段可以持续至产品运营的稳定期。对 IT 组织内部而言，通过项目后评价对项目过程进行回检，通过业务连续性对质量进行回检，通过业务验收结果对产品设计进行回检，通过项目交付时间对 IT 组织的吞吐率进行回检。对运营组织而言，通过项目后评价对项目预期进行回检，通过成本复盘对项目效益进行回检。

### 2. 中台生态的演变方式

技术中台是中台架构体系的基础。技术中台整合了基础架构层和可复用组件，如计算资源、网络资源、存储资源和安全资源，并通过公共 API 的方式对应用中台、数据中台、算法中台、AI 中台进行能力输出。其中，基础架构通过私有云、公有云或混合云的方式提供基础资源，为上层的 PaaS 层提供基础设施重用的能力；PaaS 层为微服务框架、分布式缓存、任务调度引擎、分布式搜索引擎、分布式数据库、分布式消息队列等提供可复用的组件，为应用中台和数据中台提供快速搭建和可靠性的能力，如图 9-3 所示。

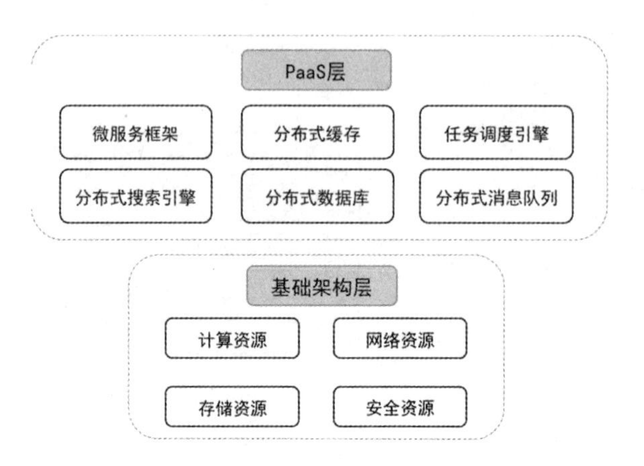


图 9-3

业务中台和数据中台是中台架构体系的核心，既需要为企业的业务目标服务，又需要负责中台战略的落地，因此业务中台和数据中台具备极强的业务属性。以阿里巴巴的“小前台、大中台”为例，如图 9-4 所示。

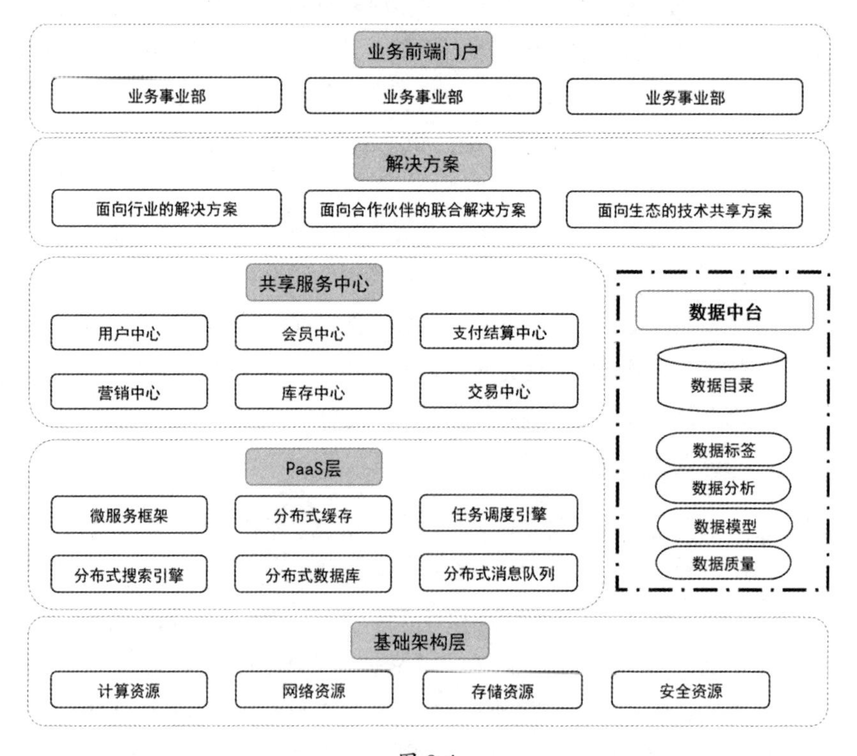


图 9-4

小前台代表了由阿里巴巴的各个业务事业部负责展业的前端门户；大中台代表了业务的行业属性和解决方案，如面向行业的解决方案、面向合作伙伴的联合解决方案、面向生态的技术共享方案。大中台要具备足够支撑能力的共享服务中心，如用户中心、会员中心、支付结算中心、营销中心、库存中心和交易中心。在实际的业务场景中，数据中台属于业务中台的一部分；在技术支撑方面，数据中台属于技术中台的一部分，它们共同为企业提供战略管理、内部管理、风险管理、资源管理功能。

## 9.1.4 中台演变的方式

企业的中台架构体系并非一成不变的，也并非频繁变化的。中台架构体系的演变需要遵循一个原则——一切因业务的变化而变化。通常，中台架构体系的演进由服务对象和中台生态决定，服务对象的范围越大，中台的范围就越大，中台生态就越丰富，中台的能力共享就越强。例如，企业在建设中台之初，通常只具备技术中台或数据中台，随着能力共享的扩展，技术中台中的 DevOps 能力逐渐被沉淀，形成交付中台或研发中台；数据中台中的 AI 能力逐步被沉淀，形成 AI 中台。因此，中台架构体系没有固定的范围，也没有固定的能力，需要根据企业战略和业务规划实现横向的功能扩展和纵向的能力扩展，如图 9-5 所示。

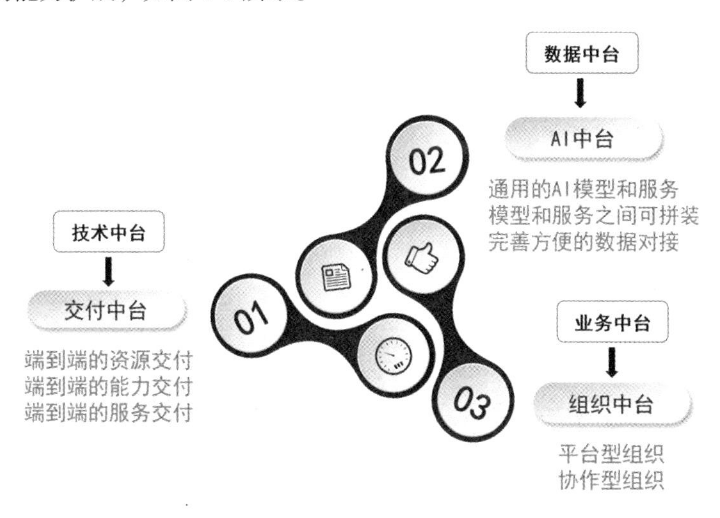


图 9-5

从技术中台到交付中台的转变过程通常由交付结果驱动。当技术中台作为 IT 组织的核心价值为业务组织贡献价值时，共享能力局限在 IT 组织内部，交付结果由业务组织来度量，这种共享能力明显不能满足业务的需要。因此，技术中台将端到端的资源交付、端到端的能力交付和端到端的服务交付进行沉淀，形成交付中台，可以支撑面向业务的交付需要，在面临海量需求的情况下，可以从业务价值的角度来编排不同的前端业务需求并确定优先级。

当技术中台或数据中台的能力不足以支撑所有的前端业务时，需要特定的能力（如 AI 能力或算法能力）来提供支撑。技术管理者可以将 AI 能力和算法能力单独进行建设，最终通过能力沉淀和能力共享的方式，为中台架构体系提供补充，提升中台架构体系的广度和深度。这种情况需要前端业务的创新作为支撑，还需要业务组织在市场中不断尝试，将结果反馈至中台架构体系，最终通过优化和迭代，以产品化的方式输出中台能力。

中台的演进来源于业务，服务于业务，最终通过业务架构中的业务组件为业务场景贡献价值，通过业务抽象建模来解决业务场景中的共性问题。因此，中台的演进路径取决于对业务场景的适配能力。中台架构体系中的所有中台（包括技术中台、数据中台、AI 中台和交付中台等）在业务运营过程中的参与度越高，中台的价值越大，其服务对象越多，生态范围越大。

## 9.2 中台架构体系的服务方式

中台架构体系具备四种服务方式，分别为扩展即服务、计算即服务、知识即服务、开放即服务。

### 9.2.1 扩展即服务

#### 1. 中台架构体系的扩展能力

中台架构体系是数字化转型过程中的重要支撑，需要更贴近业务场景，更好地为业务运营服务。因此，中台架构体系需要根据业务的变化而变化，通过应用能力的可编排性和数据能力的可延展性让业务架构在中台中获得扩展能力。这主要体现三个方面，分别是业务需求的扩展性、前端业务的连通性、数据资产的延展性。

（1）业务需求的扩展性

中台架构体系通过技术沉淀和能力共享，可以将通用的业务能力进行下沉，集中在应用中台和数据中台中，形成企业的基础能力。通过使用创新技术实现业务自治、业务编排和业务配置，快速应对业务需求的变化，让业务需求具备扩展性的特征，同时快速响应市场的变化，适配新的业务场景。

（2）前端业务的连通性

“小前台、大中台”的典型特征是前端业务具备连通性。中台体系作为业务运营的“中枢”，支撑所有的前端业务。因此，中台应提供足够的支撑能力，让众多的业务场景或前端业务之间互联互通，在流量互通和数据互通方面没有障碍，促进不同的业务场景和业务模式的融合和发展。

（3）数据资产的延展性

通过数据能力的输出，为企业的业务运营提供相应的数字可视和数字决策的能力。数据资产具备延展性是指通过利用数据维度、数据标签、数据血缘等技术，整合业务运营全域、数字生态全体系的数据，以构建数字生态的方式，为企业的业务创新提供支撑。

### 2. 中台架构体系的扩展服务

中台的演变方式有横向的业务支撑和纵向的技术沉淀，从扩展服务的角度来理解，也可以称为中台架构体系扩展性的广度和深度。

（1）广度

是指中台架构体系所涉及的业务场景越来越多，无论如何规划中台建设的路径，业务场景的扩展都将导致中台架构的支撑能力变得越来越力不从心。例如，随着业务的发展，企业的用户中心、产品中心需要扩展为营销中心、库存中心和内容中心。

（2）深度

是指随着中台架构体系的完善，相关的技术沉淀和能力共享会越来越丰富。例如，将技术中台细分为中间件中台和微服务中台，将数据中台细分为 AI 中台和算法中台。

中台架构体系的扩展需要以服务的方式来支撑业务场景。因此，在中台建设过程中，除路径设计外，还需要制定规范，满足扩展性的需求，使中台架构体系在面向业务需求时利用能力地图对业务进行编排，灵活应对业务的变化。

在接入前端业务时，需要分阶段构建业务中台、技术中台、数据中台，优先满足业务的需要，并通过能力共享的方式逐步推动和优化前端业务系统。在业务数据流通方面，通过业务中台将一切业务数据化，通过数据中台将一切数据业务化。这是一个循环的过程，可以利用数据对业务进行赋能，也可以以资产化的方式让数据为业务服务。

中台架构体系的扩展完全由业务驱动。当市场需求或用户需求不断变化时，中台架构体系需要具备极强的扩展性，满足不确定的市场变化，驱动业务场景和业务运营能力的正向优化和调整。中台架构体系的扩展服务并非固定的，新的业务机会或创新业务可以推进中台的持续运营，将不断抽象的业务场景和持续提炼的业务能力反向赋予中台架构体系，丰富中台架构体系的扩展性，以保证中台架构体系持续为业务赋能。

### 3. 中台架构体系扩展服务的案例

假如一个业务场景中的注册和登录步骤如图 9-6 所示，分别为发送验证码、注册、身份验证、权限验证、登录、退出。

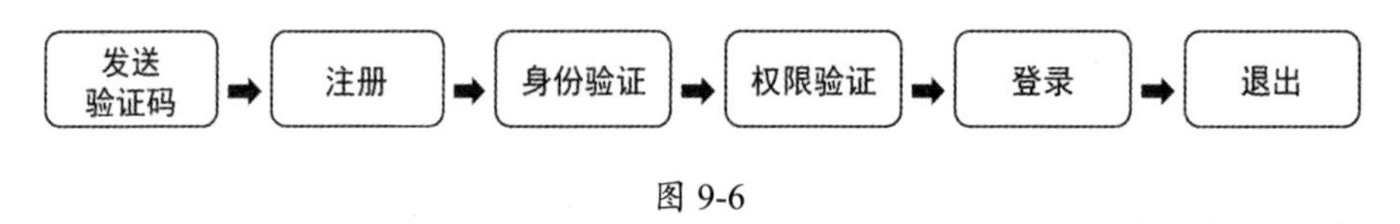


图 9-6

对单一的前端业务而言，这个过程是合理的。如果另一个业务场景为了提升用户体验或用户安全，扩充了短信或邮件通道，并需要在登录失败后给用户发送短信或邮件，那么可以将上述业务场景中的注册和登录步骤进行服务抽象，形成一个通用的能力。如图 9-7 所示，步骤分为发送验证码、注册、校验、登录失败后续动作、验证、退出。

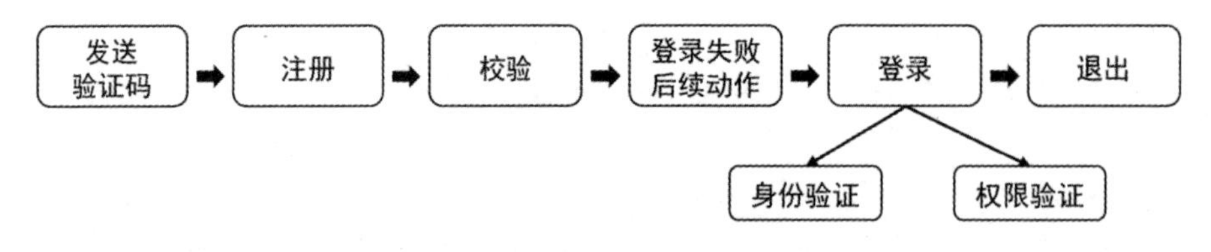


图 9-7

我们可以通过应用中台和技术中台的扩展性将相关的能力进行沉淀，并进行能力化输出，发送验证码和校验过程由短信平台支撑，身份验证和权限验证由统一鉴权系统支撑，登录和退出由单点登录系统支撑，如图 9-8 所示。

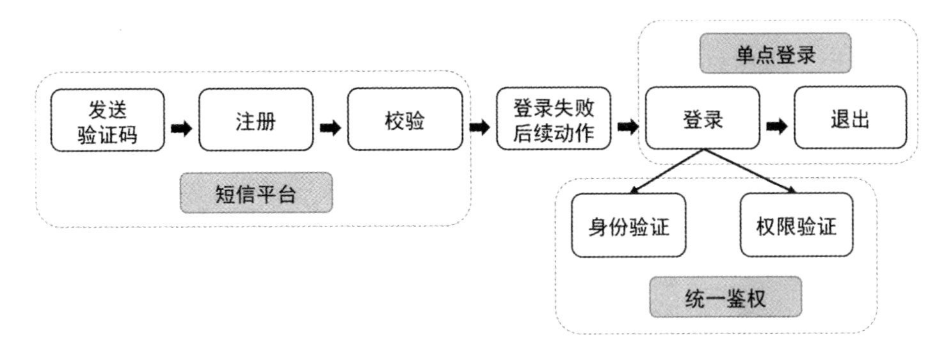


图 9-8

由此可见，中台架构体系的扩展完全由业务驱动，随着业务的发展，中台架构需要扩展出类似的业务场景。因业务快速发展的需要，可能会重新开发一个前端应用，两个前端应用在功能上存在着一定程度的相似或能力重复。这便是中台架构体系的扩展过程。

## 9.2.2 计算即服务

中台架构体系中的计算服务不仅是云计算服务，还包括业务中台在面向业务场景中的计算、数据中台在面向数据场景中的计算。我们可以将计算服务理解为一种通用能力，通过高度抽象提炼出使用频率高的、可复用性强的计算场景，由计算工具或系统承接计算工作，可以快速地响应业务场景或内部管理场景的需要。

在《企业 IT 架构转型之道：阿里巴巴中台战略思想与架构实战》一书中，将中台战略提升到一个新的高度，在阿里巴巴的“小前台、大中台”的模式中，共享是核心。在企业数字化转型或中台建设中，共享起到了“耦合剂”的作用，包含能力共享、数据共享、技术共享。在这些共享能力中，必不可少的有数据服务和计算服务。中台战略不仅是搭建中台架构体系、对中台架构体系进行演进，还需要根据业务的需要对中台架构体系进行能力分层。例如，围绕数据中台构建数据共享和数据治理体系，围绕业务中台共享应用系统的功能，围绕技术中台对技术组件进行标准化建设，围绕 AI 中台构建企业的 AI 生产力。在中台架构体系中，计算服务是所有中台的底座，提供支撑业务、连接应用、加工数据的能力，如图 9-9 所示。

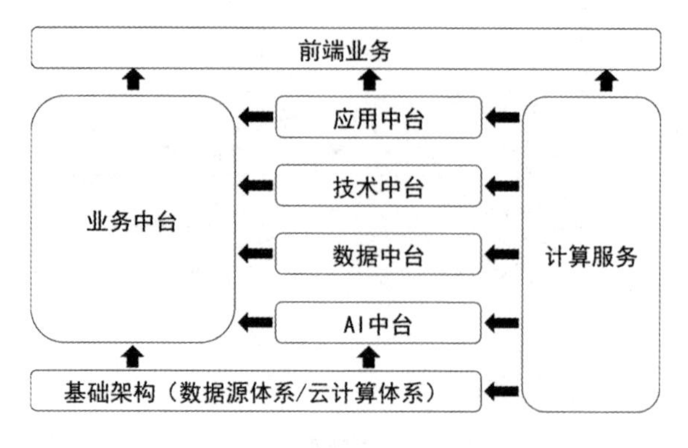


图 9-9

技术中台、数据中台、AI 中台的技术都比较成熟且标准。在相关厂商的推进下，数据中台已具备成熟的产品并不断完善；技术中台中的众多中间件也具备通用化的特征，且产品丰富；AI 中台中的 AI 技术和算法也具备普适的特征。计算服务与其他中台服务存在一定的区别，它的计算场景更多、面向业务场景的范围更大、计算类型更复杂。随着计算工具和计算系统的发展，计算服务将呈现标准化、统一化的特征，未来很可能会出现计算中台。

#### 1. 计算即服务的分类

计算服务主要由计算服务前台和计算服务后台构成。

计算服务前台主要面向各类业务场景和应用服务，包括业务数据计算和应用数据计算。计算服务不需要复杂的开发过程，结合低代码工具，对业务逻辑进行简单配置甚至不需要配置，便可以实现对业务逻辑的数据计算。计算服务前台可以归类为“小前台”的范畴。

计算服务后台主要包括云计算架构体系中的计算资源、数据中台中的数据处理和数据计算模块，以及全局业务流程中数据流通的计算过程。计算服务蓝图是计算服务后台的核心，用于描述计算服务的能力和范围，如提供什么服务、服务的能力、服务的价值。一个完整的计算服务后台需要集成计算资源、存储资源、网络资源、安全资源、数据处理资源、计算算法资源，以及面向应用的容器服务和功能性服务，甚至可以将 DevOps 能力集成在其中。计算服务蓝图的能力是评估计算服务能力的重要指标。

一个完整的计算服务如图 9-10 所示。计算服务前台面向业务应用场景和内部管理场景：业务应用场景有业务监控、智能运营、智能营销、智能客服、智能风控和智能仓储等；内部管理场景有办公管理、财务管理、审计管理、可视化管理等。计算服务后台贯穿于大多数中台架构体系之中，如业务中台、AI 中台、数据中台和基础架构。

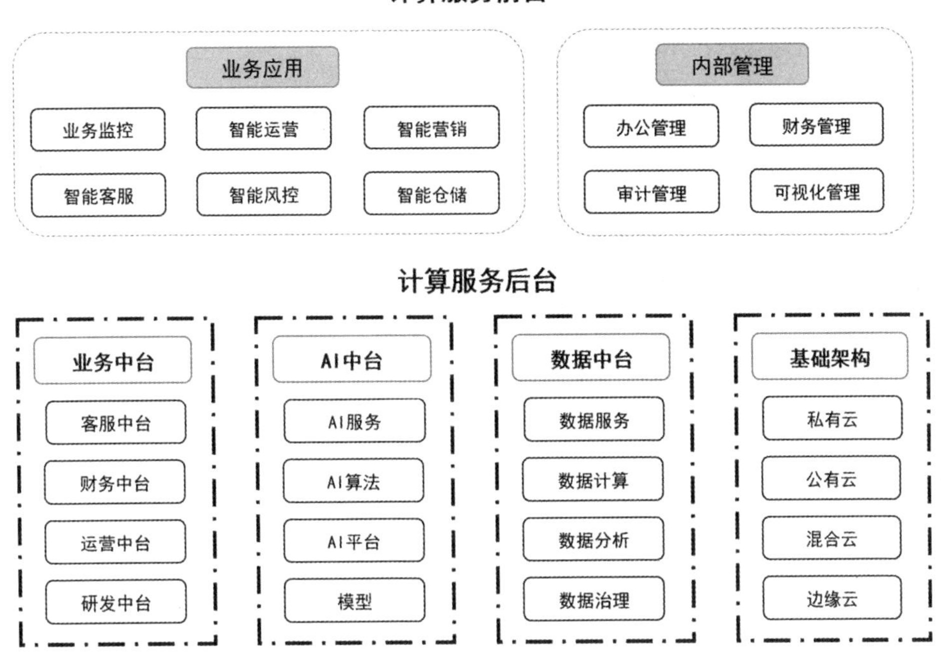


图 9-10

### 2. 计算即服务的能力

中台架构体系的计算服务需要具备三种核心能力，分别是响应运营的能力、支撑业务的能力和创造商业机会的能力。

（1）响应运营的能力

响应运营的能力是计算服务最基础的能力，也是中台架构体系对计算服务最基本的诉求。任何业务活动都需要根据相应的业务逻辑使业务数据得以流动，而计算服务是业务数据流动的基础。企业中的所有计算资源和计算能力都是为运营活动准备的。如果没有充分的计算服务能力，那么当出现业务增量或调整运营策略时，响应运营的能力将会减弱。在不同的业务场景中，响应运营的能力有所不同，如基本的运营分析、运营活动开展对计算能力的要求也不尽相同。比较典型的有，支撑运营活动的计算资源应该稳定可靠，支撑运营分析的计算工具应该快速精准。因此，响应运营的能力需要根据实际需求出发，并在逻辑上进行隔离和区分。

（2）支撑业务的能力

当计算服务能力仅停留在运营阶段时，会导致计算资源的投入与产出不均衡，这个问题在数字化转型过程中尤为明显。例如，在面向互联网的场景中，传统的计算工具不能解决海量数据和异构数据计算的问题，因此需要专业的架构团队和数据团队相互配合，借助创新技术来更好地支撑业务，但这也会导致基础架构的成本攀升。

业务活动离不开计算服务，计算服务能力的大小决定了业务活动的深度。例如，用户基本信息的传输和保存、用户行为数据的分析和计算、用户存量数据的挖掘等，这些经过计算后的数据可以供企业管理者在决策时使用，也可以输出至业务场景中供业务系统使用，还可以反馈至业务终端以提升用户体验和增加用户黏性。以证券软件的股票分析功能为例，将计算服务前置于用户场景中，用户可以对自持的股票进行多策略的分析。在这种自助式计算服务的场景中，打通服务端和用户端的服务通道，最终形成业务支撑能力的闭环。

（3）创造商业机会的能力

对企业而言，业务经过周期性的发展，会出现业务停滞甚至业务衰退的情况。以电商场景为例，当搜索某个品类的商品信息时，商品排序都是一样的，通过计算和分析用户轨迹数据，可以发现用户的偏好逻辑，因此个性化的商品推荐是必不可少的用户需求。

创造商业机会的能力取决于能否及时准确地捕捉终端用户的需求，当用户轨迹数据越来越多，通过强大的计算服务，结合管理者所具备的市场分析能力，可以对现有的业务运营策略进行补充和优化。因此，计算服务可以为商业模式变革提供支撑。

### 9.2.3 知识即服务

在中台架构体系中，知识即服务也可以称为“知识中台”。这个概念来源于美国，由美军作战体系演进而来，将各种作战能力或经验沉淀为知识，供前方作战单位或指挥中枢进行参考和决策。国内很多头部互联网公司通过调整组织架构的方式，对业务组织、技术组织的技术进行沉淀，构建知识服务体系，用于提高企业创新的能力，并且可以降低内部的沟通成本，提升协作效率。

知识即服务是中台架构体系的衍生能力，也是数字化转型过程中数据化阶段的能力。它主要由通用知识服务能力和数字知识服务能力构成，这两种能力可以通过技术中台、业务中台、数据中台整理并整合利用知识。

### 1. 通用知识服务能力

通用知识服务能力包括企业在日常管理过程中的知识沉淀，如员工经验、项目资料、内部文档，还包括产品研发过程中的需求知识、接口信息及效能管理信息。

通用知识服务能力可以帮助企业管理者在员工管理或知识传递的过程中即时地传递工作经验，可以实现在业务运营或产品交付过程中跨中心和跨部门之间的信息无障碍互通。通用知识属于企业资产的一部分，与数据类似，甚至可以成为企业的核心生产要素。因此，通用知识的场景适配和能力输出也是衡量企业中台架构体系和数字化能力是否成熟的核心标准。

在中台架构体系中，将通用知识服务能力以知识中台的方式嵌入业务运营场景或价值交付场景，可以快速响应用户的需求，解决前端业务和后端系统之间知识沉淀不及时的矛盾，并以知识转化的方式赋予员工相应的技能，从而达到快速支撑业务发展的效果。

### 2. 数字知识服务能力

数字知识服务能力是对通用知识服务能力的提炼，重点聚焦于数字输出场景和数字价值场景。与通用知识服务能力不同，数字知识服务能力主要是指从数据中提取知识，通过运用智能技术，提升企业数字化转型过程中的数字应用能力和生态构建能力，让数字知识更好地为企业运营过程中的业务运营和内部管理赋能。

数字知识服务能力主要由数字技术的处理和数字技术的应用两个方面构成。

（1）数字技术的处理

随着人工智能、大数据、5G 等创新技术在企业中的运用，企业产生了海量数据，且数据规模不断高速增长。同时，企业内沉淀的大量隐性知识，结构类、文档类数据向图片、音频、视频等各种多模态数据转变，数据越来越复杂。因此，数字技术的处理能力决定了知识的转化能力。

（2）数字技术的应用

技术管理者需要将转化后的知识用在创新的业务场景中，如商品搜索、知识问答、智能推荐，甚至需要用在数字可视、数字决策、数字预测等场景中。知识的深度运用可以满足企业产品与服务的自动化定制需求，最终实现企业的全面数字化转型。

### 3. 常见的知识服务技术

常见的知识服务技术有知识图谱技术、知识增强技术和知识挖掘技术。

（1）知识图谱技术

知识图谱技术可以完整地描述知识的实体、属性及其构成关系，针对不同应用场景和知识形态构建事件图谱、多模态图谱、行业知识图谱等多种图谱，并通过技术中台、业务中台、应用中台、数据中台的衔接，持续地获取和沉淀知识。

知识图谱技术可以帮助企业更好地表达知识，降低知识的学习成本，并通过人机协同的方式传递知识。

（2）知识增强技术

知识增强技术也称为跨模态深度语义理解技术。通过知识关联跨模态信息，解决不同模态语义空间融合表示的问题，突破跨模态语义理解的瓶颈，可以让机器像人类一样通过语言、听觉和视觉等获得对真实世界的统一认知，实现对复杂场景的理解。

（3）知识挖掘技术

知识挖掘技术属于数据挖掘技术的细分领域之一，将实体关系和事件中的信息进行抽取，通过统一建模和多任务训练获得有价值的知识。

### 4. 知识服务在中台架构体系中的定位

中台架构体系主要聚焦于业务运营场景，因此需要以业务中台为主。“小前台、大中台”中的小前台代表了灵活、敏捷的业务中台能力，尤其在业务数字化、业务在线等场景中，业务中台需要由应用中台、数据中台、技术中台提供相应的数据服务、计算服务和扩展服务。

在中台架构体系中，知识服务或知识中台更像一种“虚拟”的通用能力。无论是否有知识系统或知识中台，知识服务都存在于中台架构体系中，如图 9-11 所示。

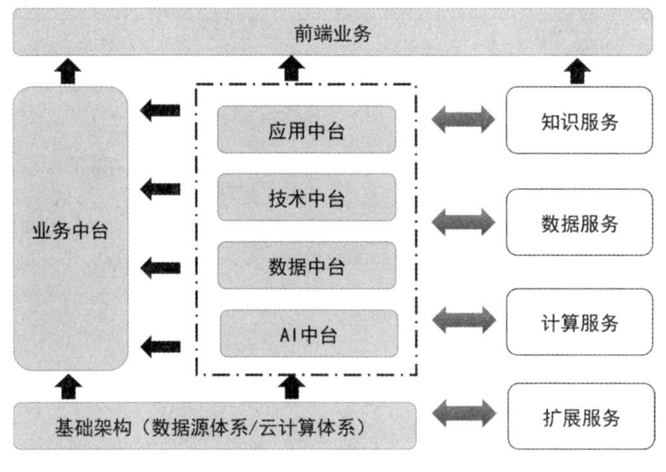


图 9-11

企业在构建中台架构体系时，通常需要解决四个核心问题，分别是用户的需求触达、业务的数字运营、数字的价值输出、知识的沉淀共享。

- 用户的需求触达主要由业务中台实现，通过“小前台”的方式实现灵活的、不断迭代的前端业务，敏锐地捕捉用户需求，并提升用户体验，增加用户黏性。
- 业务的数字运营主要由数据中台和应用中台配合实现，将数据能力转化成数字能力，实现业务在线和业务数字化。
- 数字的价值输出由数据中台、技术中台和 AI 中台配合实现，对数据进行价值化输出，在数字可视、数字运营、数字决策等场景中实现数字业务化能力。
- 知识的沉淀共享主要是通过全局的中台架构体系（包含所有的中台架构）实现知识和业务、知识和管理的有效融合，不断地将技术能力、管理能力、数字能力和业务能力沉淀成综合性的知识服务体系，形成知识和企业运营的闭环式知识生态，对员工和企业进行持续地正向赋能。

一个通用的知识服务体系由知识收集层、知识处理层、知识场景层、知识赋能层构成，如图 9-12 所示。

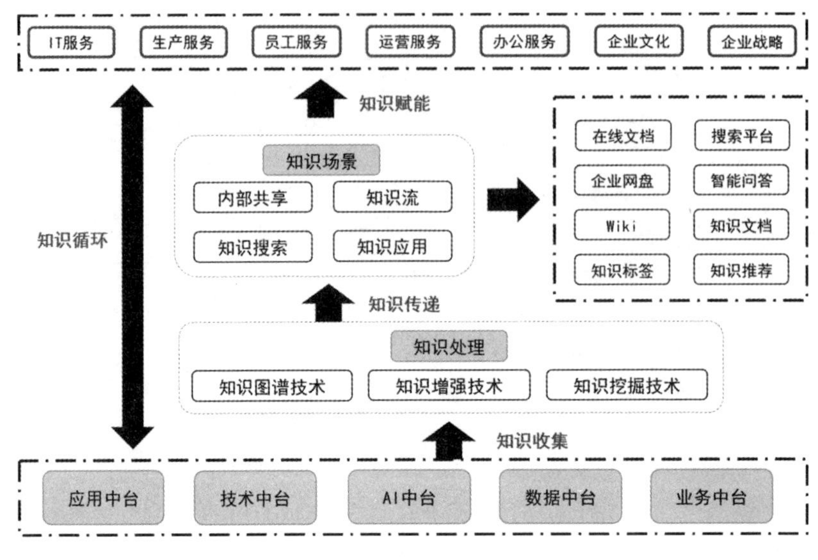


图 9-12

- 知识收集层主要用于收集业务场景的内部管理场景中的所有数据，这些数据主要由中台架构体系的各系统、组件或构件产生。
- 知识处理层主要利用知识图谱技术、知识增强技术和知识挖掘技术对知识进行处理，使知识具备传递性和学习性。
- 知识场景层以内部共享、知识流、知识搜索、知识应用的方式面向企业员工或众多业务场景，也可以将数据回流至各中台架构体系，如技术中台、数据中台和应用中台。
- 知识赋能层主要面向企业的实际经营场景或企业内所有的职能组织，如 IT 服务、生产服务、员工服务、运营服务、办公服务，也包括企业文化和企业战略。

在图 9-12 中，知识服务体系的建设过程也是对数据和信息的收集、处理、运用和沉淀过程。知识服务体系是中台架构体系乃至数字化转型体系中的重要组成部分，无论是中台架构体系中的数据中台，还是数字化转型过程中的数字场景，本质上都是知识价值的体现。

知识应该来源于企业，服务于企业。放眼未来，企业在数字化转型的过程中，需要以知识服务的方式打通底层数据和上层应用的通道，建立企业自身的知识大脑，最终提升企业的内部管理能力、业务运营能力和数字生态构建能力。

## 9.2.4 开放即服务

开放服务也称能力开放服务。随着中台架构体系的不断发展和完善，尤其是知识服务或知识中台的构建，中台架构体系不再局限于业务场景，而要服务于企业经营场景，甚至需要支撑企业的全面数字化经营。目前，国内大多数头部互联网公司在现有的中台架构体系中建设了能力开放平台，对内实现业务能力的下沉，给予共性业务的可复用和灵活的能力；对外实现技术能力和数字能力的输出，以构建数字生态的方式加强产业链协同。

### 1. 开放服务

中台架构体系需要具备开放服务的功能，这也是一种应用场景或业务产品。开放服务需要具备运营管理能力和自服务能力。

（1）运营管理能力

在应用中台、技术中台或数据中台中，组件或构件的选型需要具备能力开放的特征，如数据标签或数据模型的标准化、API 服务的统一化、技术组件的协同性。开放服务的运营管理能力可以避免多个部门在“小前台”的建设过程中出现重复建设问题，通过自行接入的方式降低“价值交付”的成本，并通过知识流转的方式提升业务创新的能力。

在数字生态中，中台架构体系的开放服务是企业的核心能力，通过能力开放平台为企业产业链的上下游组织提供能力开发环境和能力接入平台。

（2）自服务能力

当面向内部员工、外部渠道或合作伙伴时，可以通过相关能力的接入和接出（如服务目录、服务标准规范和自服务流程）自动完成能力的开放。能力开放既可以是自身能力的开放，也可以是聚合第三方或合作伙伴能力后的开放，无论哪种方式，都需要考虑数据一致性和 API 规范性。

### 2. 开放服务架构

开放服务架构包括四层，从下到上分别为能力基础层、能力共享层、能力接入层、能力门户层，如图 9-13 所示。

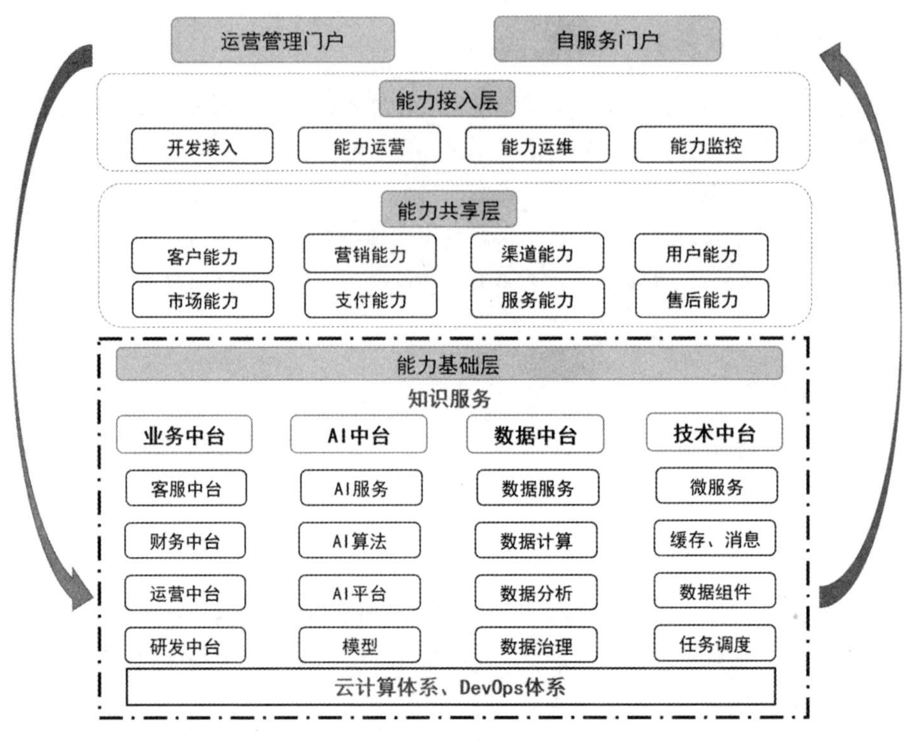


图 9-13

（1）能力基础层

由云计算体系、DevOps 体系、业务中台、AI 中台、数据中台、技术中台或其他中台构成。能力基础层以知识服务的方式对内开放技术，对外运营技术。

（2）能力共享层

主要着力于业务场景，以客户能力、营销能力、渠道能力、用户能力、市场能力、支付能力、服务能力、售后能力的方式形成完整的业务域能力，并提供开放 API 能力或数据能力。

（3）能力接入层

以开发接入、能力运营、能力运维和能力监控的方式提供能力的接入，包含注册接入功能、能力鉴权功能、配额控制功能、安全管理功能。

（4）能力门户层

主要以运营管理门户和自服务门户的方式对企业员工和合作伙伴开放，形成完整的中台架构体系的开放服务。

### 3. 开放服务在中台架构体系中的定位

在 9.1.4 节中详细描述了中台生态的重要性，开放服务是实现构建中台生态最直接的方式。中台生态具备开放服务，通过开放完整的能力接口，使数据和信息在技术中台、数据中台、应用中台、AI 中台之间无障碍流通，对内实现对业务场景的支撑，对外便于合作伙伴以能力接入的方式加入中台生态的构建过程。

中台生态的构建本质上是对内外部资源的聚合，无论是业务场景，还是数字场景，都需要通过聚合的方式实现中台架构体系内部所有服务能力的连接，最终提升服务的价值。开放服务的过程主要由能力接入、能力协同和能力优化构成。

（1）能力接入

无论是企业内部，还是合作伙伴，不管其能力的范围多大，都具有其相应的价值，如业务经验的积累、技术能力的沉淀、企业数据的场景和业务模式的优化。

（2）能力协同

在构建中台生态过程中，组件、构件或数据的连接往往不能直接产生价值，因此需要根据业务场景或客户需求通过能力协同产生价值。

（3）能力优化

一个完整的中台架构体系生态对外需要足够开放，对内需要不断地迭代和优化，因此能力优化过程是持续的，并随着数字化转型过程的推进而不断变化。

# 10

# 数字化转型过程中的技术要素

在企业数字化转型过程中，技术要素主要分为技术治理、技术创新和技术共享。

## 10.1 技术治理

技术是数字化转型的“基石”，尤其是在大量的创新技术在企业中得到运用，并获得了良好效果的当下。例如，通过大数据技术实时统计疫情数据，通过远程办公技术帮助企业正常展业，通过区块链技术实现物资流转，通过数字技术让企业获得技术创新的能力。由此可见，创新技术既可以帮助企业更好地推进数字化转型，还可以为企业提供技术创业和商业模式升级的能力。

由于技术在企业经营的多个场景中越来越重要，技术治理也需要得到重视。尤其在涉及个人信息保护和技术伦理方面，技术管理者需要在技术创新收益和风险之间寻求平衡，并考虑技术引进的成本和业务发展趋势之间的矛盾。有效的技术治理可以更好地支撑企业的业务发展，技术并非完美的，其中也存在缺陷和漏洞，因此需要通过相应的治理手段消除技术可能带来的隐患和危机。技术是重要的，但技术不是万能的，任何技术都具有两面性，因此技术治理是企业进行数字化转型过程中必不可少的工作。

### 10.1.1 技术治理的视角

与常见的技术治理有所不同，在数字化转型的背景下，技术治理需要从打造数字能力的视角出发，推动数字可视、数字合作、数字运营等能力的落地。因此，本节中技术治理的视角主要有数字技术治理、组织机制治理、数字管理治理。

### 1. 数字技术治理

数字技术既包括传统的信息技术、数据技术，也包括人工智能技术、云原生技术和创新应用架构技术。数字技术治理主要是为了实现企业在推动数字化转型过程中"人、财、物"等企业核心要素与技术、流程、数据的统筹协调和协同创新。根据数字技术的特性，将其与业务场景结合，实现技术的安全可控和持续改进。

数字技术治理需要有完善的治理机制，覆盖技术架构管理、技术场景管理、技术路径管理，确保在使用数字技术的过程中可以对其进行动态调整。在数字技术治理过程中，企业内应建立完善的数字技能、数字理念的宣贯和培训流程，确保企业在构建数字生态时能够有序地传递和流动数字价值。企业管理者和技术管理者需要制定数字技术的应用路径，确保数字技术在支撑数字场景的同时，能够以自主可控的方式保障网络安全、系统安全和数据安全。

### 2. 组织机制治理

在由中关村信息技术和实体经济融合发展联盟发布的 T/AIITRE 10001—2021《数字化转型 参考架构》团体标准中，对组织机制进行了完善的阐述。组织应从组织结构设置、职能职责设置等方面，建立与新型能力建设、运行和优化相匹配的组织职责和职权架构，不断提高对用户日益动态、个性化需求的响应速度和柔性服务能力。在企业的数字化转型过程中，组织机制治理至关重要，可以将数字技术锚定在"价值"的范畴内。组织机制治理主要有两种方式，分别是柔性组织结构和动态分工体系。

（1）柔性组织结构

柔性组织结构是指通过流程化、网络化和生态化的方式，以数据驱动实现组织结构的动态优化能力，提升数字化转型过程中组织能力和技术能力的匹配度。

例如，很多银行的科技部门通过科技输出的方式实现数字技术的价值，逐渐构建数字生态，然而在组织管理和资源调配过程中，依然会出现"协同不顺畅、资源不够用、场景不匹配"的问题，这就是典型的组织结构不柔性的体现。因此，管理者需要针对核心业务优先进行数字化转型，并鼓励金融科技创新，将数字能力嵌入业务场景，通过全组织的敏捷变革，最终实现组织结构的柔性。

（2）动态分工体系

建立业务运营过程中全过程和全员的数据驱动型职能与职责动态分工体系，通过动态沟通协调机制，提升新型能力建设活动的协调性和一致性。作者发现，很多企业内部将科技投入和创新投入进行预算分离并动态管理：科技投入的定位是对业务的支撑，如数据中心的投入、人力资源的投入、系统建设的投入；创新投入偏向数字场景的运营，更强调数字创新和场景探索，如数字体系的建设、数字生态的构建。

#### 3. 数字管理治理

在技术治理中，数字管理主要用于推动员工自学习、自组织地完成数字工作，并以数字为载体支持员工实现自我价值。数字管理治理主要包括管理方式的创新、员工工作模式的变革和组织文化的建设三种方式。

（1）管理方式的创新

技术管理者通过对数字技术的治理，将数字技术和数字场景进行结合，并给予管理者一定的数字敏感性，赋予管理者数字可视和数字决策的能力，推动从传统组织的流程管理到数字组织的数据管理的变革。

（2）员工工作模式的变革

员工可以利用数字工作平台的移动办公技术、社交技术和知识中台技术，更好地进行自我管理，尤其是在数字场景中目标明确的情况下更好地实现个人价值。

（3）组织文化的建设

在 T/AIITRE 10001—2021《数字化转型 参考架构》团体标准中，明确了企业的数字化转型需要建设数字组织文化，构建开放包容、创新引领、主动求变、务求实效的价值观。

### 10.1.2 技术治理的模式

通常，技术治理有三种模式，分别为集中式技术治理、阶段性技术治理和纲要性技术治理。

#### 1. 集中式技术治理

集中式技术治理也称为传统的技术治理模式，它是大多数企业选择的技术治理模式，是指企业的技术管理者或架构师通过集中控制的方式对技术选项和技术路径进行治理。集中式技术治理最为典型的特征是场景范围大、技术栈统一、治理过程标准化。如果在企业内部，所有的软件选型都需要使用某一个标准版本的组件或构件，那么这便是典型的集中式技术治理模式。

通常，当采取集中式技术治理模式时，所有项目中的技术选型（如服务器选型、开发框架选型、数据库选型）都采取某个固定标准，会出现选型超前或选型落后的问题，对后续的产品迭代和升级造成影响。集中式技术治理模式也具备一定的优点，如组件标准化可以降低成本，技术治理过程的一致性可以增加系统的可靠性。从成本的角度考虑，集中式技术治理模式可以大幅减少企业成本的支出。

### 2. 阶段性技术治理

阶段性技术治理是对集中式技术治理的优化，参考过往的技术治理先例或权威方法论，采取阶段性的、指导式的技术治理模式，但它依然具备集中式技术治理模式的特征。

阶段性技术治理适用于采用微服务架构、云计算架构、分布式架构的技术场景。为了更好地支撑和服务业务，将系统拆分为模块或服务，每个模块或服务都通过不同版本、不同类型的技术实现业务功能，而不是遵守全局的技术标准。将功能性和非功能性进行有机分离，可以有效提升产品的扩展性，并降低系统之间的耦合性。

### 3. 纲要性技术治理

企业在数字化转型过程中，需要制定技术治理纲要，为企业提供指导，通过平衡信息技术与过程的风险，提升技术价值，确保企业实现目标。企业在引进技术或制定技术路径的过程中，技术价值是技术治理的核心。

技术价值不仅是引进一项创新技术这么简单。由于企业在数字化转型过程中要推动业务流程的标准化和一体化，因此需要技术作为支撑，技术治理应纳入企业治理的范围，由技术专家和业务专家共同实现技术价值。很多企业在技术治理过程中不能取得良好的效果，一方面是技术自身的问题，另一方面是企业中缺乏相应的技术价值流，因此不能更好地实现技术价值。如图 10-1 所示，技术价值流由技术原则、技术架构、技术服务构成，最终驱动业务应用需求，实现技术价值。

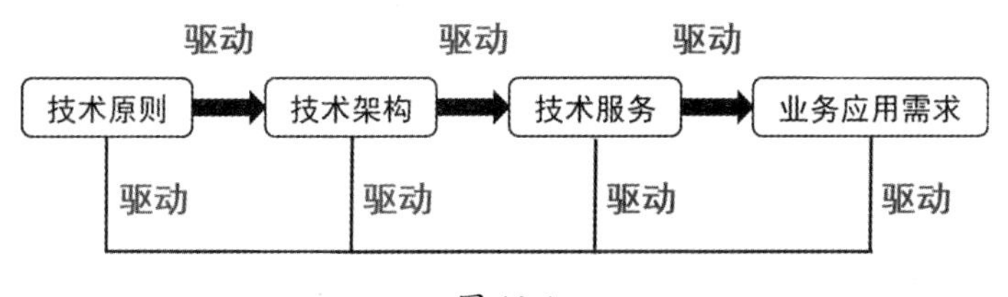


图 10-1

# 10.2 技术创新

企业的数字化转型过程通常有多种实践方式或实施路径，常见的有以技术为导向、以业务为导向和以价值为导向。无论采用什么方式，都需要大量的创新技术作为支撑，因此需要对技术进行创新，使其适配企业数字化转型过程中的数字场景。

## 10.2.1 技术创新的场景

技术作为数字化转型的“基石”，需要为数字场景服务，因此数字化转型的战略目标和愿景就是技术创新的方向。技术创新主要有以下场景，分别为数字语言转换场景、技术赋能场景、数字管理场景。

### 1. 数字语言转换场景

数字语言转换是一个新颖的概念。在数字化转型过程中，技术团队需要利用数字技术将信息由模拟格式转化为数字格式，业务团队需要将技术语言“翻译”成业务语言，实现企业内数据口径和业务口径的统一。因此，技术创新的首要任务是推进数字化转型过程中数字技术的应用，其次是实现数字语言的标准和统一，通过技术创新实现业务语言的一致性和明确性。

在数字化转型的数据化和智能化阶段，主要目标是实现业务模式的创新、商业模式的转型，甚至是重塑用户的价值主张，因此数字语言的转换格外重要。在技术领域，通过技术创新可以解决相对多样、复杂和多变的问题，更好地实现产品的价值交付和业务在线。在业务领域，以业务为导向，优化业务流程并持续对产品进行优化。技术领域与业务领域二者的协作和融合需要借助技术手段，将业务场景和 IT 技术进行衔接，通过技术创新的方式更好地支撑业务组织进行创新，最终实现业务数字化和数字业务化。

### 2. 技术赋能场景

本质上，技术赋能是技术在不具备业务属性的情况下唯一能体现价值的方式，因此技术管理者在推进技术创新或做决策时，需要考虑技术赋能的场景。在数字化转型的数据化和智能化阶段，技术赋能的场景主要聚焦于企业内外部数字资源的协同和动态配置。

技术管理者需要根据数字化转型的战略目标，将企业自身具备的技术进行数字化、平台化、模型化，并以技术可输出的方式构建数字生态，对内赋能业务和后台支撑组织。比较常见的赋能场景有业务数字化和业财一体化，对外提升用户体验和构建业务生态，大幅提升市场响应能力。

#### 3. 数字管理场景

在企业的数字管理场景中，数据是关键的核心资源。我们需要利用更多的创新技术对数据进行有效管理和妥善治理，使之具备更强大的数字能力，并在数字管理场景中发挥数据的创新驱动能力。

数字化转型需要企业具备数字组织，而数字组织需要数字技术的支撑，并且具备灵活、动态和弹性的特征，实现传统技术达不到的理想效果，因此需要进行技术创新。同时，数字管理已经不仅是技术问题，而且是整个商业模式、组织模式的转型和重塑，不同企业的数字管理效果存在差异，如技术自身的差距，以及技术创新和数字技能的差距。

### 10.2.2 技术创新的过程

技术随着数字化转型各个阶段的推进而逐步创新，通过对存量技术的迭代、增量技术的引进，最终转化成与数字场景相匹配的数字产品。技术创新的过程通常有三个步骤，分别是明确技术创新的目标、建立技术创新的主体和推动技术升级。

#### 1. 明确技术创新的目标

技术创新是企业创新的重要组成部分。在企业数字化转型过程中，技术创新和业务创新属于互相包含的关系，既可以由技术创新驱动业务创新，也可以由业务创新推动技术创新。因此，在技术创新的过程中，首先需要明确技术创新的目标，并树立技术创新的意识，站在数字化转型目标的高度，让技术创新成为企业创新的重要推手。

技术创新需要契合数字化转型的发展方向和推进路径，包括营销数字化、供应链数字化、生产数字化、管理数字化和研发数字化等各个环节，涵盖数字场景、数字产品、数字能力等各个阶段。明确技术创新的目标是技术创新的首要任务，技术创新的目标分为全局性的企业创新目标和阶段性的场景创新目标。无论是 IT 组织，还是业务组织，都需要认识到技术创新是企业发展壮大并在市场竞争中取得突出成绩的唯一有效途径。企业可以通过提升数字文化和数字思维认知的方式，实现全员重视并自发参与技术创新，从而获得符合预期的技术创新结果。

#### 2. 建立技术创新的主体

技术创新的主体并非只是 IT 组织，脱离业务场景的技术创新很难达到预期的结果。因此，企业需要成立技术创新组织，落实相应的技术创新管理职能，包括 IT 组织、业务组织、后台支撑组织、数据组织。

技术创新组织需要对技术创新进行顶层设计，确立数字化转型过程中需要技术升级或技术引入的场景，依据技术创新的目标，明确可行、可控、可评价的不同周期的技术创新规划和计划，并通过可度量、可优化的方式落实技术创新工作。

#### 3. 推动技术升级

技术创新的核心目标是推动技术升级。技术升级是指产业技术能力和业务能力不断提高，从而获得核心竞争力和更多附加价值的过程。

在数字化转型的过程中，不同的角色对技术升级有不同的理解。例如，企业经营过程中生产要素的改善、运营过程中运营能力的优化、产品研发过程中交付能力的持续性等。无论在何种场景中对技术进行升级，最终都是以提升产品附加值的方式使企业不断发展。因此，推动技术升级就是提升产品附加值能力的过程。例如，根据产品的受众人群优化产品操作过程，丰富用户体验，保持客户黏性，这种技术创新的方式便是面向客户操作的技术升级。

### 10.2.3 技术创新的路径

技术创新始终存在于企业的数字化转型过程中，既包括开发新功能和迭代旧功能，也包括创新意识的培养和创新概念的引进。企业通过阶段性地推进数字化转型过程，从中不断发现问题并不断解决问题，对产品进行升级，最终形成企业的数字优势。

企业的数字化发展需要数字技术提供支撑，而数字技术的发展和更新需要持续进行技术创新，为企业数字化转型持续创造价值。在数字化转型的不同阶段，技术创新的路径也有所不同。华为的徐直军先生认为，技术创新的路径主要有无处不在的连接、无所不及的智能、个性化体验和数字平台。

- 无处不在的连接：连接是每个人的基本权利，数字产品将致力于实现所有人与人、物与物、人与物的全面连接，并持续提升连接体验。
- 无所不及的智能：企业管理者需要将 AI 技术定位成一种通用目的技术，并致力于把 AI 技术注入企业经营过程的所有场景，促进价值创造全过程、全方位的转型升级。

- 个性化体验：每个人都是独特的，每个人的产品体验也是独特的。因此，企业应该具备提供个性化的产品和服务的能力，让每个人的个性得到充分尊重、潜能得到充分释放。
- 数字平台：数字化将推动人类文明的再一次飞跃，企业需要打造开放、灵活、易用、安全的数字平台，激发行业创新、产业升级和社会发展。

## 10.3 技术共享

企业在推进数字化转型的过程中，技术管理者通常将技术共享作为数字技术赋能业务的关键手段，借助数字工具和数字技术的能力持续获得收益。企业也可以借助云计算技术、大数据技术、低代码技术和人工智能技术，在数字化转型的推进和建设中提升效率、降低成本，并通过技术共享的驱动创造更大的商业价值，提升企业在市场中的竞争力。

### 10.3.1 技术共享的重要性

数字化平台通常具备应用场景化、能力服务化、数据融合化、技术组件化和资源共享化的特征。

- 应用场景化：企业在数字化转型过程中，需要根据不同的数字场景提供不同的应用功能，满足不同的客户群体或服务对象在企业经营活动中随时随地接入使用数字化系统的需要，丰富业务场景，提升用户体验。
- 能力服务化：对企业的业务能力的共性进行提取，形成标准的数字服务 API，给予业务流程灵活编排的能力，更好地支撑业务的敏捷和创新。
- 数据融合化：通过对企业全域数据进行采集和汇聚，并对数据进行融合和分析，辅助企业管理者洞察业务的内在规律，具备数字决策的能力。
- 技术组件化：在应用架构、技术架构或数据架构中，将大数据技术、AI 技术、物联网技术、云计算技术等新兴技术进行组件化处理，以技术元素的方式为业务架构提供承载能力。

- 资源共享化：将客户终端、智能终端、网络终端的数据进行存储，通过共享复用，使之具备弹性伸缩的能力。

通过数字化平台的能力分析，我们可以发现以上这五个特征都具备共享的能力，如场景共享、能力共享、数据共享、组件共享和资源共享。任何方式的共享在根本上都需要通过技术共享的方式来实现。

技术共享并不是一个新的概念，从早期的互联网技术到人工智能、区块链、大数据等技术的实践，以及未来 5G 基础设施的大规模应用，这些其实都是技术共享的方式。尤其在企业数字化转型过程中，企业内部的技术组件和资源用于在数字场景中建设技术中台或数据中台，通过服务能力和数字能力构建数字生态。技术共享是一个长期的过程，随着企业数字化转型的实践不断深入，尤其在网络化、数据化和智能化阶段，技术共享的参与程度也将越来越深入。

技术共享在企业中更像一种“连接器”，为企业的所有数字场景提供数字接口，推动企业的技术创新创新和技术治理，在技术层面，围绕业务场景和技术能力构建“技术孵化器”。

## 10.3.2 常见的技术共享方式

常见的技术共享方式有云计算的技术共享、数据的技术共享、安全的技术共享。

### 1. 云计算的技术共享

无论是公有云、私有云，还是混合云，都是基础架构的共享核心，具备技术共享的能力。尤其在企业数字化转型过程中，基于云计算技术构建底层的技术共享平台，集成多云管理技术、开发工具技术和组件框架技术，可以有效构建基础架构的技术体系和业务支撑体系。

云计算的技术共享涵盖了业务适配性、技术可靠性和数据安全性等特征，还具备资源的弹性伸缩、技术组件的动态调整能力，形成了标准化和层次化的技术共享体系，为企业数字化转型提供技术共享“底座”能力。

### 2. 数据的技术共享

数据是企业的核心战略资源，任何企业经营活动都离不开数据。数据的技术共享可以大幅度降低企业的经营成本，并构建面向业务领域的综合数据服务体系。

通过综合数据服务体系提供技术元数据、业务元数据、服务元数据视图，使资源更容易被发现，实现分区、分节点的体系化资源目录管理，保护数据安全，快速查找数据。通过自动化采集与解析手段获取元数据信息，建立技术、业务、服务元数据之间的服务关系。

### 3. 安全的技术共享

随着企业数字化转型逐步进入深水区，如果数字生态中的任何一个环节或组织出现安全问题，都会蔓延至整个生态。哪怕企业的安全预防技术、安全防护技术再强大，也很难完全规避安全问题。因此，需要将安全技术进行共享，只有将共享的安全能力渗透至数字生态中每一个环节，才能确保安全防护是立体的、全面的。

安全的技术共享范围包括业务安全、基础架构安全、操作安全、终端安全，以及数据安全和传输安全。这些安全能力通过共享的方式构建起基础安全平台。